航天科技图书出版基金资助出版

航天系统建模与仿真

王　华　李海阳　周剑勇　著

中国宇航出版社
·北京·

图书在版编目（CIP）数据

航天系统建模与仿真 / 王华，李海阳，周剑勇著. 北京 ： 中国宇航出版社，2025. 7. -- ISBN 978-7-5159-2564-6

Ⅰ. V411.8

中国国家版本馆CIP数据核字第2025A11M14号

责任编辑 马　喆　　**封面设计** 王晓武

出版发行 中国宇航出版社

社　址 北京市阜成路8号　**邮　编** 100830

(010)68768548

网　址 www.caphbook.com

经　销 新华书店

发行部 (010)68767386　(010)68371900

(010)68767382　(010)88100613（传真）

零售店 读者服务部　(010)68371105

承　印 北京厚诚则铭印刷科技有限公司

版　次 2025年7月第1版

2025年7月第1次印刷

规　格 787×1092

开　本 1/16

印　张 26

字　数 633千字

书　号 ISBN 978-7-5159-2564-6

定　价 158.00元

航天科技图书出版基金简介

航天科技图书出版基金是由中国航天科技集团公司于2007年设立的，旨在鼓励航天科技人员著书立说，不断积累和传承航天科技知识，为航天事业提供知识储备和技术支持，繁荣航天科技图书出版工作，促进航天事业又好又快地发展。基金资助项目由航天科技图书出版基金评审委员会审定，由中国宇航出版社出版。

申请出版基金资助的项目包括航天基础理论著作，航天工程技术著作，航天科技工具书，航天型号管理经验与管理思想集萃，世界航天各学科前沿技术发展译著以及有代表性的科研生产、经营管理译著，向社会公众普及航天知识、宣传航天文化的优秀读物等。出版基金每年评审2次，资助30～40项。

欢迎广大作者积极申请航天科技图书出版基金。可以登录中国航天科技国际交流中心网站，点击“通知公告”专栏查询详情并下载基金申请表；也可以通过电话、信函索取申报指南和基金申请表。

网址：http：//www.ccastic.spacechina.com

电话：(010) 68767205，88530006

序

建模与仿真技术是航天系统设计和分析的重要方法和手段。第一，航天系统构成复杂，需要多学科密切协同，建模和仿真是实现多学科协同和优化最有效的手段之一；第二，航天系统研制周期长，实物产品的迭代代价很大，利用建模和仿真技术可以有效实现方案、初样阶段的设计迭代和优化，起到事半功倍的作用；第三，航天环境的特殊性使得地面试验很难完全真实模拟且代价巨大，而且航天产品还具有小子样特点，建模和仿真可以有效弥补这一不足。因此，在现代航天系统设计和分析中，全数字仿真因其低成本、宽口径、多方案特点愈来愈显示出其重要性和优势。航天系统的复杂多样性、试验数据的长期积累、计算能力的进步等，使其数学建模与仿真软件开发需求不断增加，功能也越来越复杂，需要仿真系统设计、研发和使用人员对仿真技术有与时俱进的理解和训练。

本书对航天工程系统仿真涉及的模型、方法、工具、试验进行了全面阐述，并给出了丰富的案例，具有许多突出特点：一是鲜明的系统性。本书以航天系统建模仿真为主线，全面讲解了航天系统仿真的相关知识，包括基础建模、仿真软硬件到先进仿真技术等，各章内容相互衔接、形成整体。二是突出的实践性。本书不仅给出了航天系统仿真相关理论、模型、方法，而且对应给出了大量的实例，以及交会对接综合实例，这对航天仿真理论学习和仿真系统建设具有重要意义。三是良好的推广性。本书从航天系统仿真理论算法出发，给出了大量C＋＋实例代码，这些代码形成了较为完整的航天仿真算法库，同时给出了多个完整的仿真原型系统代码。这些代码在我国自主开源托管平台 Gitee 上进行开源共享，有助于读者更深入理解航天仿真理论和算法，也可以借助开源共享的力量，不断提高航天仿真基础算法库质量和我国航天仿真技术水平。

作者在载人航天工程系统仿真领域有 20 余年实践经验。本书提供了一套完整的航天仿真算法库，是一本航天任务仿真方面颇具价值的参考书。本书是作者多年教学科研经验的结晶，实现了从理论到实践的良好贯通，为航天工作者和从事相关领域研究的学者、研究人员提供了宝贵的学习材料，既可作为航天仿真的快速入门教材，也可将其用作工具书，是一本具有特色的专著。

相信本书的出版发行，能够更好地推动仿真技术服务我国航天事业，为我国航天技术的发展，为航天强国建设发挥积极的作用。

前言

航天系统建模与仿真是航空宇航科学与技术、软件工程、系统工程等多学科交叉的应用技术。本书作者从2000年开始一直从事载人航天系统仿真的教学和科研工作，深感要做好航天系统建模与仿真工作，一方面需要对航天系统数学模型深入理解，另一方面也需要对软件工程、计算机技术等熟练掌握，而国内尚缺少一本在航天系统仿真领域理论与实践结合的参考书。

作者所在团队30年来一直从事我国载人航天工程仿真和规划工作，研制了逃逸与应急救生仿真、交会对接全系统闭环仿真、空间站仿真、载人月球探测仿真等系列工程级仿真系统，在仿真软件上具有深厚积累。作者在国防科技大学讲授《飞行器系统仿真》《航天系统仿真与推演》研究生课程，一直努力使学生从最底层开始理解仿真，因此也开发了一些航天仿真基础代码。本书的初衷就是能够将航天系统仿真的理论与实践有机结合，借助本书开源的仿真代码使读者更好地理解航天仿真的原理。

本书对航天系统建模与仿真的模型、仿真算法和软件实现做了详细阐述，主要内容包括航天系统仿真基本概念、航天系统基础模型、航天系统仿真模型、航天系统仿真方法、航天系统仿真工具、航天系统仿真试验、航天系统仿真可视化、高级仿真技术，最后给出了交会对接仿真的综合实例。本书注重理论与实践的有机结合，每章都给出了关键技术的软件代码，并在最后一章给出了一个完整的交会对接仿真系统软件代码。由于篇幅所限，我们舍弃了仿真软件工程、仿真输入数据建模、飞行器控制系统分析等内容，这些内容对于航天系统仿真的应用也非常重要。

本书第8章由李海阳、王华编写，第7章由周剑勇编写，其余章节由王华编写，全书由王华统稿，李海阳和周剑勇校对。

本书的源代码可以通过开源网站Gitee（www.gitee.com/wanghmail/AstroLib）或Github（www.github.com/wanghmail/AstroLib）获取，欢迎对航天系统建模与仿真有

兴趣者参与代码升级维护，共同推动中国航天仿真进步。

本书可作为高等院校航空宇航科学与技术、自动化、系统工程等专业的本科生和研究生的教材，也可供从事飞行器设计、系统仿真、自动控制的科研人员和工程师参考。

2023年10月28日于长沙

目　录

第1章　绪　论

1.1　航天概述

1.1.1　航天发展简史

自古以来，人类就向往着遨游太空，如图 1－1 所示。从中国古代的嫦娥奔月传说，到现代的太空题材科幻小说及电影等，均表达了人类探索太空的梦想。

图 1－1　飞天壁画

近代自然科学的成就，特别是天体力学的创立，使人们得以从动力学的角度来研究天体的运动，为航天先驱寻求克服地球引力、从而进入太空奠定了理论基础。19 世纪后期到 20 世纪初，涌现出许多勇于探索的航天先驱。苏联的齐奥尔科夫斯基最早从理论上证明了多级火箭可以克服地球引力而进入太空，验证了人类可以实现环绕地球表面运转的第一宇宙速度、脱离地球引力场的第二宇宙速度和脱离太阳系引力场的第三宇宙速度。他建立了火箭运动的基本数学方程，奠定了航天学的基础。美国的罗伯特·戈达德博士将航天理论与工程技术相结合，研制出世界上第一枚液体火箭。德国的赫尔曼·奥伯特论述了火箭飞行的数学理论，并提出许多关于火箭结构和飞行的新观念，如图 1－2 所示。

第二次世界大战期间，德国在冯·布劳恩的领导下集中力量研制了 A1 到 A4 系列液体火箭（A4 即后来著名的 V2 火箭，如图 1－3 所示，于 1942 年 10 月成功发射）。二战后，苏联和美国分别在 1957 年成功发射洲际导弹。1957 年 10 月，苏联用卫星号运载火箭发射了第一颗人造地球卫星，揭开了人类航天的新篇章。

1961 年 4 月，苏联用东方号运载火箭成功发射了世界上第一艘载人飞船东方号，加加林成为世界上第一个进入太空的人。

(a)齐奥尔科夫斯基　(b)罗伯特·戈达德　(c)赫尔曼·奥伯特

图 1-2　航天先驱

图 1-3　V2 火箭

1969 年 7 月，美国用土星 5 号运载火箭发射了阿波罗 11 号飞船，实现了载人登月飞行，美国航天员阿姆斯特朗成为世界上第一个登上月球的人。

中国的航天事业在 20 世纪 50 年代中期开始创建并得以发展。1960 年 11 月，成功发射了第一枚弹道导弹。1970 年 4 月，用长征一号运载火箭成功发射了中国第一颗人造地球卫星东方红一号。2003 年，用长征二号 F 运载火箭成功发射了神舟五号载人飞船，杨利伟成为中国太空飞行第一人。

弹道导弹、运载火箭、人造卫星等飞行器发展至今，种类越来越多，技术越来越复杂。飞行器的研制和飞行试验任务的难度、危险度正在不断增加。系统仿真技术作为科学理论分析和实际试验研究之外的第三种认识世界和改造世界的工具，在航天系统的研制和飞行试验过程中发挥了不可或缺的作用。

1.1.2　飞行器分类

飞行器（Aerospace Vehicle，或 Flight Vehicle）是指在大气层内或大气层外空间（太空）飞行的器械。飞行器可分为三类：航空器、航天器、火箭和导弹，如图 1-4 所示。

航空器是指在大气层内飞行的飞行器。航空器又可分为两类：一类是轻于空气的航空器，它主要靠空气静浮力升空，自身无动力装置，这类航空器又称浮空器，如气球、飞艇等；另一类是重于空气的航空器，它主要靠空气动力来克服自身的重力升空，如飞机、直升机等。

航天器是指主要在地球大气层以外的太空飞行的飞行器。航天器可分为两类：一是无人航天器，如人造地球卫星、空间探测器等；二是载人航天器，如载人飞船、航天飞机和空间站等。它们在运载火箭的推动下获得必要的速度进入太空，然后主要在引力作用下完成轨道飞行。

火箭是以火箭发动机为动力的飞行器，可以在大气层内、也可以在大气层外飞行。导弹是装有战斗部的可控制的火箭，有主要在大气层外飞行的弹道导弹和装有翼面在大气层内飞行的地空导弹、巡航导弹等。导弹与火箭的区别是一个装有战斗部，可作为武器，一个不装战斗部，仅作运载工具。

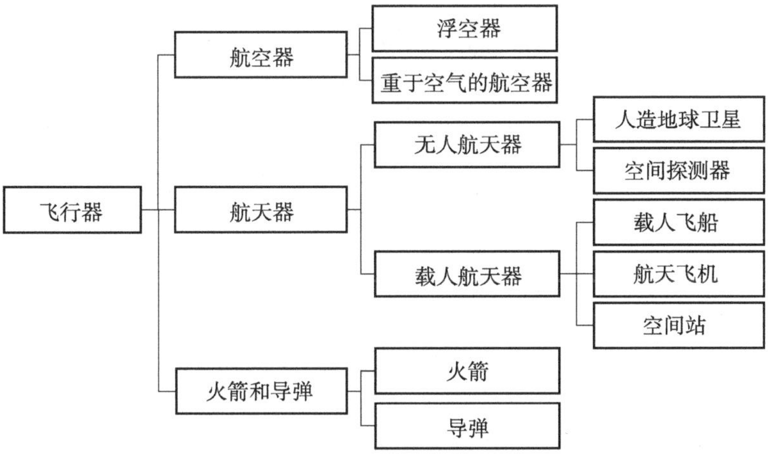

图 1-4 飞行器的分类

1.2 系统仿真概述

1.2.1 从第一范式到第四范式

范式一词来自美国哲学家、科学史家托马斯·库恩（Thomas Kuhn）1962 年出版的《科学革命的结构》（Kuhn，1962）。库恩指出，在科学发展的某一时期，总有一种主导范式，当这种主导范式不能解释的异例累积到一定程度时，就无法将该范式视为理所当然，并转而寻求既能解释支持旧范式的论据，又能说明用旧范式无法解释的论据的更具包容性的新范式。此时科学革命就发生了。范式转换是对科学进步的精辟概括，经典的例子就是古典物理学到相对论的转换。库恩的主要观点是科学革命的本质是范式转换，而不是知识的堆栈，科学发展的历史是一个新范式取代旧范式的运动过程，它包含着理论的积累，同时也包含着危机与裂变。

图灵奖得主、关系数据库鼻祖吉姆·格雷（Jim Gray）在 2007 年加州山景城召开的 NRC-CSTB（National Research Council - Computer Science and Telecommunications

Board）大会上，发表了题为《科学方法的革命》的演讲（Gray，2007），提出将科学研究分为四个范式，依次为实验科学、理论科学、计算科学和数据探索科学。人类最早的科学研究主要是通过实验来描述自然现象，称为实验科学（第一范式）；随后出现理论科学（第二范式），比如开普勒定律、牛顿万有引力定律、麦克斯韦方程组等；再后来，对于很多复杂问题，采用解析的理论模型变得难以求解，20世纪后半叶，随着计算机计算的发展，人们开始采用仿真模拟也就是计算科学（第三范式）来解决复杂问题，也就是本书重点讲述的仿真方法；随着时间的推移，仿真和实验积累了大量的数据，人们进入大数据时代，对大数据的分析称为数据探索科学（第四范式）。数据探索科学的最新技术是人工智能，机器学习、深度学习、强化学习、自然语言处理等都是人工智能的热点研究领域。

1.2.2 系统仿真概念

仿真（Simulation）一词来源于拉丁语“simulare”，意思是“假装”，即在仿真过程中，将模型假装成真实系统。Fritzson将仿真定义为基于模型开展的试验（Fritzson，2004）。该定义具有普遍意义，本书也将采用此定义。同时，根据侧重点不同，很多学者给出了仿真的不同定义。Banks将仿真定义为在一段时间内真实世界或系统过程的模拟（Banks，2005）。该定义强调了仿真模拟的是系统随时间的变化，实际上在航天系统仿真中，绝大部分仿真都是与时间紧密相关的，例如神舟飞船飞行仿真、航天员训练仿真等。Velten将仿真定义为一个模型应用的过程，以获得解决系统问题的策略（Velten，2009）。该定义强调了仿真在科学与工程中的应用，航天系统仿真就是具有明确工程背景的仿真应用。

系统（System）在仿真中的含义比较广泛，只要存在和对象相关的问题，而且可以应用仿真方法求解，那么任何对象都可以看作是一个系统。Fritzson提出了系统定义，系统是需要研究的对象或对象集合（Fritzson，2004）。

模型（Model）在仿真中是一个广义概念，是对所要模仿的系统（包括真实系统、实体、现象和过程）主要特征的一种物理的、数学的或其他方式的描述，包含数学模型、物理模型等，仿真是基于模型开展的。数学模型按照建立方法不同可分为机理模型（集中参数模型、分布参数模型等）、唯象模型（统计模型、线性回归模型、非线性回归模型、神经网络模型等）和混合模型。

本书主要介绍利用航天系统的数学模型在数字计算机上的仿真。此时，仿真过程涉及三个要素和三个具体活动，三个要素为航天系统、数学模型和计算机仿真模型，三个活动为两次模型化和一次计算活动，如图1-5所示。第一次模型化是将系统抽象为数学模型，常称为系统建模或系统辨识。第二次模型化是将数学模型变成计算机可接受的仿真模型。

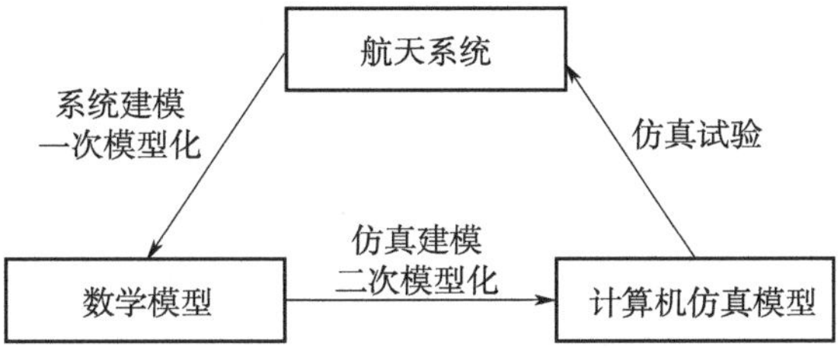

图 1－5　航天器系统仿真三要素和三个基本活动

1.2.3　系统仿真分类

1.2.3.1　连续系统仿真和离散事件系统仿真

连续系统仿真（Continuous System Simulation）是指系统状态随时间连续变化的仿真。用差分方程描述的离散时间系统仿真也归类为连续系统仿真。离散事件系统仿真（Discrete Event System Simulation）是指系统状态在某些随机时间点上发生离散变化的仿真。

在实际仿真时，要根据研究目标不同建立连续或离散的模型。例如，对于载人航天空间站运营任务，尽管货物和人员补充等是随时间连续进行的，但是如果我们关注的是长达数月甚至数年的长期运营，那么就可以将货物补给、人员补给等看做离散事件，采用离散事件系统仿真方法进行研究。

1.2.3.2　数学仿真、半实物仿真和物理仿真

数学仿真（Mathematical Simulation）就是将系统全部用数学模型来描述，并把数学模型变换为计算机可以运行的仿真模型，在计算机上进行试验研究的仿真。物理仿真（Physical Simulation）要求模型与原系统有相同的物理属性，其优点是能更真实全面地体现原系统的特性，缺点是模型制作复杂、成本高、周期长。半实物仿真又称为半物理仿真或硬件在回路仿真（Hardware in the Loop Simulation，HILS），是将一部分实物接在仿真回路中，用计算机和物理效应设备实现系统模型的仿真。数学仿真和半实物仿真的特点见表 1－1。

表 1－1　数学仿真和半实物仿真特点

项目	数学仿真	半实物仿真
逼真度	依赖数学模型	除动力学等都可用实物，由仿真实物决定
设备	计算机	要求接口系统精度和实时性
运动范围	无限制	受转台等设备物理限制
成本	经费少，人力少	经费多，人力多

与 HILS 对应，还有人在回路仿真（Man in the Loop Simulation，MILS）、软件在回路仿真（Software in the Loop Simulation，SILS）和算法在回路仿真（Algorithm in the Loop Simulation，AILS）。人在回路仿真是操作/决策人员接入仿真回路的仿真，软件在

回路仿真是实际工程软件接入仿真回路的仿真，算法在回路仿真是实际工程算法接入仿真回路的仿真。

航天器半实物仿真和物理仿真需要有一系列仿真设备的支持，这些设备主要包括运动仿真器、目标仿真器、仿真计算机等。运动仿真器主要包括转台、气浮台、导轨、悬吊设备等。目标仿真器主要包括太阳仿真器、地球仿真器、星仿真器等。仿真计算机需要具备两个特点，一是实时性，二是足够的 I/O 接口。图 1－6 所示为遥操作交会半实物仿真系统中的运动平台子系统。

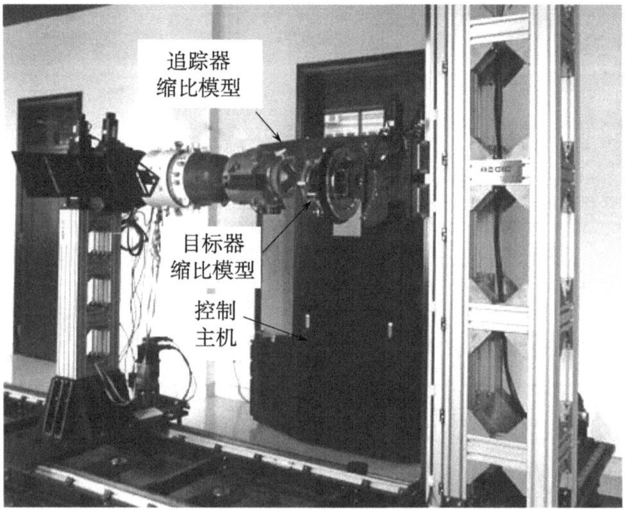

图 1－6　运动平台子系统实物图

1.2.3.3　实时仿真、超实时仿真和欠实时仿真

实时仿真（Realtime Simulation）是仿真时钟与实际物理时钟相同的仿真，当仿真系统中存在物理模型或实物时，通常采用实时仿真，例如航天员训练模拟器。超实时仿真是仿真时钟比物理时钟快的仿真。欠实时仿真是仿真时钟比物理时钟慢的仿真。

在仿真试验中，仿真时钟与物理时钟的比值称为仿真加速比。实时仿真的加速比为 1，超实时仿真的加速比大于 1，欠实时仿真的加速比小于 1。

1.2.3.4　确定性仿真和随机仿真

仿真模型中不包含随机变量的仿真称为确定性仿真，仿真模型中具有一个或多个随机变量的仿真称为随机仿真。

1.2.3.5　模拟仿真、数字仿真和数字模拟混合仿真

模拟仿真（Analog Simulation）是采用模拟计算机进行计算的仿真，模拟计算机仿真在 1945 年至 1965 年期间得到应用，在 20 世纪 50 年代达到顶峰。数字模拟混合仿真是采用模拟和数字计算机联合计算的仿真，20 世纪 60 至 70 年代，是数字模拟混合仿真发展的鼎盛时期。数字仿真（Digital Simulation）是采用数字计算机进行计算的仿真，数字计算机仿真在 1965 年后得到应用，在 20 世纪 70 年代中期以后占据了统治地位。

1.2.3.6　集中式仿真和分布式仿真

集中式仿真是所有模型运行在一台计算机上的仿真。分布式仿真是模型运行在多台计算机上的仿真。

1.2.3.7　实况仿真、虚拟仿真和构造仿真

实况仿真（Live Simulation）是指真人操作实际系统，例如，现场测试。虚拟仿真（Virtual Simulation）是指真人操作仿真系统，例如，坦克驾驶舱仿真器里的人与仿真生成的敌人作战。构造仿真（Constructive Simulation）是指仿真的人操作仿真的系统，例如，无人操作的手控交会对接仿真，见表1-2。实况仿真和虚拟仿真必须是实时仿真。

表1-2　实况仿真、虚拟仿真和构造仿真

仿真	人员	系统	行动
实况	真实	真实	仿真
虚拟	真实	仿真	仿真
构造	仿真	仿真	仿真

实况仿真、虚拟仿真和构造仿真可以混合使用。例如，为传感器系统使用仿真器，真实的系统可以与虚拟或构造的仿真联合运行，可以通过仿真的传感器感知这些虚拟或构造的实体。

可以认为实况仿真就是演习，但传统的演习可以增加很多仿真设备，这些仿真设备同样可以训练参与者。

1.2.3.8　其他分类

除了以上分类之外，在特定领域还有一些其他分类方法。例如，军事作战仿真通常分为工程级、交战级、任务/作战级、战区/战役级四层。

工程级仿真（Engineering）对单武器系统、分系统或组件的性能以及与性能相关的现象进行评估，主要支持武器装备的性能评估（Measures of Performance，MOP）。模型采用高细节等级表达。

交战级仿真（Engagement）用于对单平台针对特定目标或威胁的效能评估，主要支持武器装备的系统对系统的效能评估（Measuers of Effectiveness，MOE）。模型具有中等到高等的细节等级，描述一对一、一对多的对抗过程，有时也可以是多对多。

任务/作战级仿真（Mission/Battle）用于对多种部队或多个武器平台执行特定任务的效能进行评估，主要支持兵力对兵力层次的效能评估。模型通常采用低等到中等的细节等级，描述少对少或多对多的对抗。

战区/战役级仿真（Theater/Campaign）用于对联合部队在战区内为期数天到数月的作战情况进行评估，可以在战役层次上进行作战兵力价值和作战方案评估，有时称为战果评估（Measures of Outcome，MOO）。模型通常采用聚合级或较低细节等级，有时仅比电子表格略微详细一点。

1.2.4　航天系统仿真层次

军事作战仿真通常分为工程级、交战级、任务/作战级、战区/战役级四层。与军事作战领域类似，航天领域也是一个典型的多层次仿真领域。由于仿真层次不同，导致仿真的目标也不同，因此需要采用不同细节程度的模型和仿真。航天系统仿真大致可划分为部件级、系统级、任务级和战略级四个层次，如图 1－7 所示。层次较高的仿真对航天战略计划作整体安排，而层次较低的仿真则包含具体的航天器仿真试验。

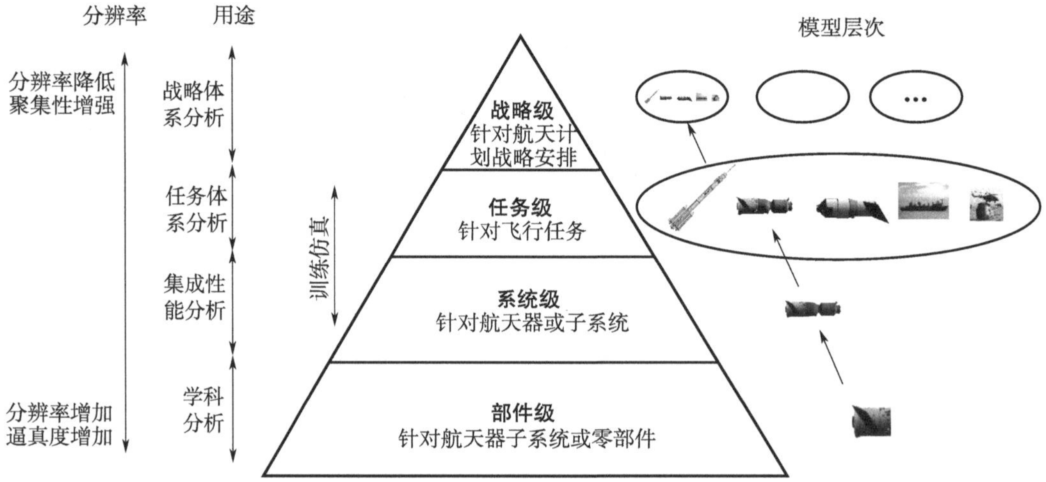

图 1－7　航天仿真层次

部件级、系统级、任务级和战略级四个层次的模型抽象程度不同。一般更高层次的建模与仿真应以低层次的模型为基础，低层次的模型通过直接组装或聚合形成高层次的模型。以火箭仿真模型为例，战略级仿真中火箭发射建模为一个离散事件，任务级仿真中通常建立火箭上升段的动力学、控制等模型，重点关注火箭飞行及入轨参数，系统级仿真中则关注火箭控制系统、发动机、增压输送系统、箭体质量特性等火箭总体相关模型，部件级仿真则关注结构、电、热、气动等学科模型及零部件模型。

1.2.4.1　部件级仿真

部件级（Element）仿真对航天器子系统或零部件的性能等进行评估。模型通常采用高细节等级表达。部件级仿真主要包括气动力仿真、动力系统仿真、结构系统仿真、控制系统仿真、大气环境仿真、热防护仿真等。部件级仿真大量借助商业软件进行，例如气动力仿真的 Fluent、结构分析的 Nastran 和 Ansys、热分析的 Flotherm、机械运动仿真的 Adams、机械 CAD/CAE 分析的 Pro/E 和 CATIA、控制系统仿真的 Matlab/Simulink。

在部件级仿真中，仿真模型从物理学基本原理出发，以较高的精度描述航天器子系统或零部件的内在物理性质，如气动、结构、热、电磁，以及部件的质量、转动惯量、尺寸等特性。

1.2.4.2 系统级仿真

系统级（System）仿真对航天器或其子系统的性能以及与性能相关的现象进行评估。模型通常采用较高细节等级表达。系统级仿真根据各子系统间的耦合模型建立航天器总体级、多学科仿真验证模型，重点开展各分系统间的耦合性能验证，验证总体指标分解的正确性，并评估航天器性能是否满足总体任务要求。例如航天器控制系统半实物仿真、航天员训练专项模拟器等。

在系统级仿真中，仿真模型重点从仿真目的出发，建立多物理场耦合、多子系统联合仿真模型，重点关注航天器子系统的耦合和接口。

1.2.4.3 任务级仿真

任务级（Mission）仿真针对某一特定飞行任务，评估分析航天工程系统完成飞行任务的能力。模型通常采用中等细节等级表达。例如运载火箭、载人飞船、测控通信、航天员等共同参与的联合仿真。

在任务级仿真中，仿真模型不需要反映航天器内部机、电、热等细节，重点关注系统间接口协调性。

1.2.4.4 战略级仿真

战略级（Campaign）仿真针对某一航天计划，评估分析航天计划整体安排的合理性。模型通常采用较低细节等级表达。例如，载人空间站全寿命周期内的货物补给、人员轮换、试验安排仿真，载人登月方案总体论证仿真等。

在战略级仿真中，可以将火箭发射、货船补给、试验安排等建立为离散事件模型，采用离散事件仿真方法对整个生命周期进行仿真分析。航天不同层次仿真特点见表1-3。

表1-3 航天不同层次仿真特点

类型	部件级	系统级	任务级	战略级
研究对象	航天器子系统或零部件。例如Orion飞船乘员舱，神舟飞船推进舱，Ares火箭逃逸航天器等	航天器或子系统。例如Orion飞船，Ares火箭，神舟飞船，长征火箭等	飞行任务。例如龙飞船与国际空间站交会对接飞行任务，中国神舟飞船交会对接飞行任务等	航天计划。例如美国星座计划，中国载人空间站计划等
模型详细程度	细化到单个零部件及相关物理现象	单个实体或详细的子系统	某种程度聚合或单个实体	高度聚合，也包括单个航天器（飞船、火箭等）
仿真用途	工程学科分析。包括热、能源、结构、费用、质量、尺寸、推进、气动等	航天器或部件集成性能分析。包括各部件间的耦合性能验证、部件指标验证、航天器性能分析等	任务分析。包括需求评估、灵敏度分析、接口匹配性分析等	航天任务战略体系分析。包括系统需求定义、系统体系结构分析、经济可行性分析等

1.3 系统仿真步骤

仿真研究的基本步骤如图1-8所示，各步骤之间还可能会有交叉迭代。

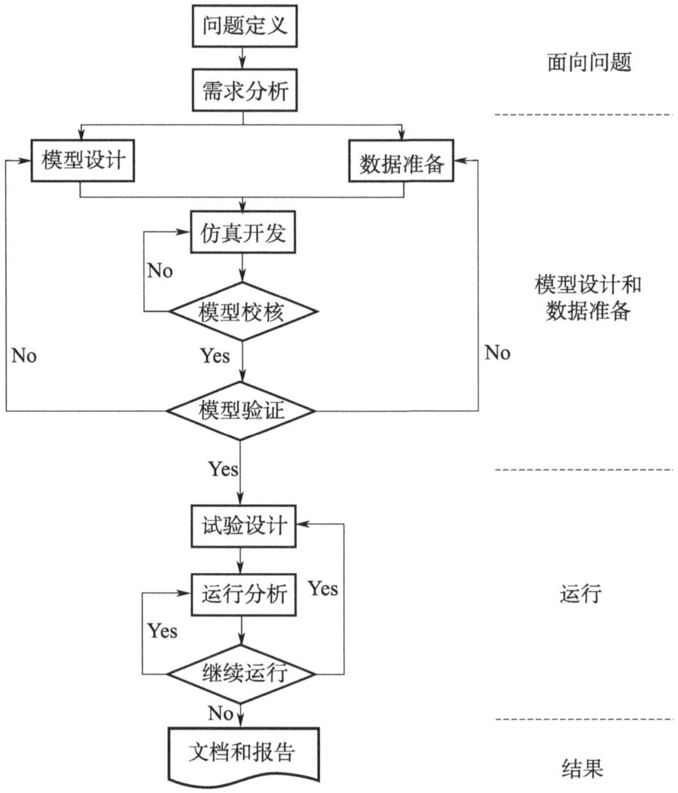

图 1-8　系统仿真研究的基本步骤

（1）问题定义

通过正式的语言描述问题，明确需要通过仿真解决的问题。

（2）需求分析

确立仿真研究的目标和要求，考察采用仿真方法是否可以解决该问题。分析仿真对象系统的构成、边界和环境，辨识系统的实体、属性、状态和行为，明确用于系统性能评价和方案优选的定量指标。形成建模的前提约束和假设条件，明确模型的层次类型、详尽程度、精度指标和适用范围，明确建模的数据需求和数据来源。

（3）模型设计

针对研究目标和需求，按照合理简化的原则，对仿真对象系统进行分解、抽象和简化，采用适当的建模方法，采取数学公式、逻辑流图等形式，对系统的功能、结构和特性进行描述，建立理论模型。选择程序设计语言和开发环境，将理论模型转换为能在计算机上实现的最佳形式。

（4）数据准备

收集模型运行所需的各种数据，包括模型输入数据和仿真验证数据。

（5）仿真开发

确立仿真体系结构，建立模型生成、模型组合、模型解算、运行控制、试验设计、数据统计、指标评估、图形显示等仿真支持系统，将数学模型或理论模型转换为可在计算机上执行的计算机程序或软件。

(6) 模型验证与确认

模型验证与确认过程一般称为模型的校核、验证与确认（Verification，Validation and Accreditation，VV&A）。VV&A 的目的是评估模型的可信度（Credibility），即用户对模型的可信任程度。

(7) 试验设计

根据试验需求所规定的试验类型与试验目的，明确试验所应用的仿真背景、试验类型与试验方法，确定试验因子及其变化规律，建立试验指标与模型相应的关联，明确仿真试验的运行次数、运行结束方式和数据采集方案。

(8) 运行和分析

运行仿真模型，进行仿真试验并收集仿真模型产生的仿真试验数据，对数据进行分析和处理。

(9) 文档和报告

仿真任务完成后，一般应包含以下文档：模型、程序、研制过程和试验分析文档。

以上步骤可以分为四个方面的活动：

1) 面向问题，包括阐述问题、建立目标和总体设计过程。

2) 模型建立和数据收集，包括仿真模型搜索修改的全过程。

3) 运行模型，从试验设计到重复修改。

4) 结果，取得仿真研究成果。

1.4 航天系统仿真应用

航天器全生命周期都需要仿真支持，从概念设计到飞行试验，仿真都是重要的设计与验证工具。从航天仿真层次看，航天器总体研制中的仿真属于系统级仿真。

1.4.1 何时使用仿真

随着仿真技术和计算机技术的不断发展，大规模计算因单次运行费用不断下降而成为可能，使得仿真成为航天器系统分析与设计中最广泛使用和采纳的技术。理论分析、试验研究和系统仿真已经成为航天器系统研制中的三种主要手段。尤其对于一些大的、复杂的系统，如航天器的制导控制系统，无法得到其数学模型的解析解，还有些分系统甚至无法得到可信的数学模型，而由于很多条件的限制，实物的试验又不能做或做起来困难很大等，这时就只能借助仿真来达到认识和研究的目的。许多学者都对仿真在何种环境下使用才适当进行了研究，有下列情况之一的，应考虑采用仿真的方法。

1) 系统模型过于复杂，无法得到解析解。即使存在解析解，仿真也可以作为解析解验证的工具。

2）系统还处于设计阶段，没有真正建立起来，因此不可能在真实系统上进行试验。例如，在航天器的方案论证阶段和设计阶段，航天器并没有真正研制完成，只能采用仿真手段进行研究。

3）在真实系统上做试验会对系统产生无法复原的破坏，或试验时间太长，或费用太高，或有危险。这一点在航天器中尤其典型，实际飞行试验耗资巨大，并且每试验一次就要消耗一个航天器，因此在实际飞行试验前，都需要进行大量的仿真试验。又例如导弹长期储存寿命评估，难以花费数十年进行试验，只能借助仿真手段。

4）对航天员或飞行员进行训练时，如借助仿真训练设备进行，可以节约费用。

5）如需使飞行过程具有可视性，常常借助仿真可视化技术。

但并不是所有系统都适合仿真。Banks（Banks，2005）总结了不适合仿真的情况：

1）当问题可以通过普通方法解决时，则不应使用仿真。

2）当问题可以通过解析解决时，则不应使用仿真。例如简单的轨道外推可以采用二体解析解直接计算。

3）如果直接进行试验更为简便，则不应使用仿真。因为真实系统永远比仿真模型更加准确和全面。

4）如果仿真成本超过仿真节省的开销，则不使用仿真。因为仿真需要很多阶段，需要耗费大量人力和时间才能完成。

5）如果没有足够的资源或时间，则不应使用仿真。例如仿真成本估计为 2 万元，但只有 1 万元可用。

6）仿真研究一般需要大量的数据，如果无数据可用，则不应使用仿真。

7）如果没有足够的时间或没有人可以检验和验证模型，则不应使用仿真。

8）如果负责人有不合理的预期，例如要求工作过多，没有明确的目标，时间进度要求过快，或者仿真的能力被过高估计，则仿真不适合。

9）如果系统行为太复杂或不可定义，则不适合使用仿真。

1.4.2 航天器研制过程

Eickhoff（Eickhoff，2009）将航天器研制过程分为五个阶段，见表 1－4。

表 1－4 航天器研制各阶段的主要任务

A 阶段	B 阶段	C 阶段	D 阶段	E 阶段
• 任务分析 • 系统概念开发和配置选择 • 概念和配置分析、系统权衡 • 开发标准化文档	• 系统设计优化和设计验证 • 系统和设备规范的开发与验证 • 功能算法设计与性能验证 • 接口和预算的设计支持	• 部件制造分包 • 部件和系统布局的详细设计 • 电气地面支持设备开发与测试 • 星载软件开发与验证 • 测试程序开发与验证 • 单元和子系统测试	• 软件验证 • 系统集成与测试 • 操作性能和功能验证 • 飞行程序开发验证	• 地面部分的验证 • 地面操作人员培训 • 发射 • 在轨运行 • 有效载荷标定 • 性能评估 • 主要承包商提供航天器故障排除支持

A 阶段通常包括 0 阶段，即预先研究阶段。此阶段的目标是开发系统概念，阐述基本

的系统特性和定义，满足特殊任务的需求。对于卫星来说，这些包括轨道定义和系统配置决策等，如太阳能帆板系统配置、有效载荷的电源配置、与地面的数据传输、姿态和轨道控制、电源和热控制系统等。这些任务基本上是设计任务。

B 阶段的主要任务是设计优化，完成系统级设计及详细部件级的需求分析。在这一阶段开发初步姿态/轨道控制算法，对产品结构进行详细系统拓扑化，制作第一张 CAD 图纸及电路图，进行首次热与机械计算，以及待实现功能的技术需求规范。

C 阶段再次考虑系统层面的设计，是真正的定义阶段。在此阶段，组件和子系统予以明确。

D 阶段是生产阶段，以完成航天器为结束标志。C/D 阶段重点研究航天器部件的构建和验证，以及如何将这些部件集成到整个系统。

E 阶段是系统运行阶段，重点研究航天器功能与性能的在轨验证。

有时还需要 F 阶段，即航天器的最终关闭和离轨处理等。

1.4.3　航天器研制需要的仿真工具

在航天器研制的 0/A/B 阶段需要支持设计任务的仿真工具，C/D 阶段需要支持验证任务的仿真工具。表 1－5 给出了航天器系统研制需要的 7 种系统设计与验证基础设施。

表 1－5　航天器研制各阶段需要的仿真工具

类型	名称	功能
设计工具	概念设计工具	基于电子表格的任务概念设计与预算分析等。基于商业工具的轨道分析和仿真
	航天器设计工具 (特定专业的工具)	轨道和姿态控制系统算法设计、热设计、电气设计、结构分析
验证工具	算法验证工具 (算法在回路)	控制算法在回路，卫星和空间环境首次完整功能建模，控制算法仿真测试
	软件验证工具 (软件在回路)	星载软件在仿真回路，二进制星载软件在模拟卫星上的星载计算机模型上运行
	混合验证工具 (控制器在回路)	星载计算机硬件在仿真回路，测试星载计算机软件与硬件的兼容性，测试模拟卫星上的星载软件
	混合验证工具 (硬件在回路)	星载计算机硬件在仿真回路，拓展到所有设备的软件与硬件兼容性测试
	操作支持模拟器	卫星详细仿真。连接到地面站实现操作支持

1.5　航天系统仿真发展

20 世纪 80 年代之前，飞行仿真是一个非常专业的学科。为满足航天器或航空器飞行模型实时计算、运动执行机构和视景系统需要，必须采用专门的硬件。20 世纪 60 年代中期之前，模拟计算机被用于解算复杂的微分方程和非线性方程。在模拟计算机被广泛应用于实时仿真的时候，从密码破译设备发展而来的数字计算机的进展却非常缓慢。直到 20 世纪 60 年代中期晶体管出现后，才促进了数字计算机的大发展。到了 20 世纪 70 年代，随着处理器速度的提升，计算机已经能够满足以 15 Hz 的频率解算飞机等的运动方程。仿真除了面临计算速度的压力，在视景系统方面进步也很缓慢。早期的载人航天仿真系统采用摄像机拍摄缩比模型，并将视频输出到置于航天员前方的监视器上。例如，早期的联盟飞船模拟器就是采用这一技术。

20 世纪 80 年代后期，随着微处理器和微电子技术的出现，两方面技术进步推动了飞行仿真的革命，一是利用标准商用硬件开发复杂非线性系统模型成为可能，二是现代图形系统性能的提升简化了仿真可视化工作。在飞行仿真领域，计算机已经可以按照 60 Hz 频率解算运动方程。在视景系统方面，多家公司推出了自己的图像生成系统，1992 年，SGI 公司推出了 OpenGL（Open Graphics Library）1.0 版，定义了跨编程语言、跨平台的专业图形程序接口，提供了独立于操作系统三维图形软件包，使得原来必须在高档图形工作站上运行的 3D 图形处理软件也可以在微机上运行。20 世纪 90 年代出现的广角投影系统，不仅显著降低了投影系统的重量，而且由多个投影仪投射得到的图像通过精细融合能够实现连续曲面视景。

除了计算速度和视景系统的革命，其他领域的进步也推动了航天仿真技术发展。20 世纪 90 年代，由微处理器控制的液压执行机构将运行系统的频率提高到 500 Hz 以上，实现了运动系统的平滑运动。网络技术的进步也促进了分布式仿真的发展。

1.5.1 美国

美国很早就注重仿真技术运用，如 Apollo 登月期间，就开发了用于飞船制导计算机验证的全数字仿真软件（Glick，1970）。在多年发展中，形成了以 NASA 各中心为主，大学和商业公司为辅的仿真发展环境。

NASA 约翰逊航天中心建设了气浮平台 ABF（Air Bearing Floor）、六自由度测试系统 SDTS（Six - Degree - of - Freedom Test System）和主动响应重力抵消系统 ARGOS（Active Response Gravity Offload System）。ABF 用于交会对接测试，面积为 20 m×30 m，采用环氧树脂地面，如图 1 - 9 所示。SDTS 用于在轨对接系统测试，可以对两个物体在自由空间的接触进行高精度仿真，其有效运动行程为 1.52 m，如图 1 - 10 所示。ARGOS 用于月面、火星或微重力环境模拟，如图 1 - 11 所示。

美国洛克希德·马丁公司建设了空间操作仿真中心（Space Operations Simulation Center，SOSC）作为自动交会对接动力学测试环境（Milenkovic，2012），如图 1 - 12 所示，支持 60 m×15.2 m×15.2 m 范围三自由度平移和六个自由度转动，该环境可以安装的模型包括：含 APAS 到 LIDS 对接机构适配器的国际空间站模型，弱撞击对接机构 LIDS 模型，全尺寸轻量化的猎户座飞船 Orion 乘员舱模型，小行星模型。

图 1-9 气浮平台 ABF

图 1-10 六自由度测试系统 SDTS

图 1-11 主动响应重力抵消系统 ARGOS

图 1－12　空间操作仿真中心中的猎户座飞船和国际空间站模型

1.5.2　欧洲

欧空局开发了实时仿真框架 EuroSim。EuroSim 是一个可配置的仿真工具，支持人在回路或硬件在回路的实时仿真，可方便地重用已有的仿真模型。EuroSim 提供了 MOSAIC（Model－Oriented Software Automatic Interface Converter）工具，可以将 Matlab 和 MATRIXx 模型自动转换为 EuroSim 或 SMP（Simulation Model Portability）标准模型。自 1996 年发布以来，EuroSim 已被应用到包括 ATV 在内的多个载人航天仿真系统中。

ATV 非实时仿真器的模型采用 Matlab/Simulink 开发，用于非实时仿真时采用 Matlab/RTW 工具转换为独立软件运行，用于实时仿真时则需要兼容 EuroSim 标准，能够采用 MOSAIC 软件转换后利用 EuroSim 集成（Blachere，2003）。

为了 ATV 半实物仿真验证，欧洲宇航防务集团 EADS 建设了 ATV 功能仿真设施 FSF（Functional Simulation Facility），FSF 完全采用 ATV 硬件搭建而成，结合飞行模型可以对整个飞行阶段进行仿真（Flagel，2006），如图 1－13 所示。德国宇航中心（DLR）在 20 世纪 90 年代开发了欧洲逼近操作仿真器 EPOS（European Proximity Operations Simulator），用于 ATV 和 HTV 与国际空间站交会对接的仿真测试（Krenn，1999）。2010 年左右，DLR 利用两个工业机器人对 EPOS 进行了升级（Ma，2012），称其为新欧洲逼近操作仿真器，如图 1－14 所示。EPOS 和 FSF 底层都采用 EuroSim 软件实现。

图 1－13　ATV 功能仿真设施 FSF

图 1－14　新欧洲逼近操作仿真器 EPOS

1.5.3　中国

中国航天工程历来注重仿真技术的应用。在运载火箭研制中，对逃逸飞行器进行了大量仿真（李东旭，2003）。在交会对接技术研究中，研制了交会对接飞行任务仿真系统进行全过程联合仿真（张柏楠，2014），研制了九自由度半实物仿真验证系统，对载人飞船与目标飞行器交会对接敏感器、控制系统等关键技术进行验证（石磊，2014），如图 1－15 所示。在飞船对接机构研制中，研制了对接缓冲试验台，采用气浮平台加两轴转台的全物理模拟方案，对对接过程进行全物理仿真，如图 1－16 所示；研制了对接综合试验台对对接过程进行半实物仿真（张崇峰，2014），如图 1－17 所示。在天宫一号研制中，采用数学仿真、半实物仿真、全物理仿真三种方式对控制力矩陀螺控制系统进行了验证（张锦江，2014），如图 1－18 所示。

图 1－15　九自由度半实物仿真验证系统和人控实时图像显示

图 1-16　对接缓冲试验台

图 1-17　对接综合试验台

图 1-18　天宫一号姿态控制系统全物理仿真系统

在中国载人航天工程实施中也建立了若干跨工程系统的仿真系统。特别是在 2010 年，由载人航天工程总体组织，建成了载人航天交会对接全系统联合仿真系统。集成了航天员、载人飞船、运载火箭、测控通信和空间实验室 5 个工程系统的任务规划软件，将包括航天员、地面飞控人员在内的实际任务人员纳入仿真回路，并新开发了仿真平台、动力学仿真、遥外测数据生成等仿真软件。该系统是中国航天领域首个大系统级全任务闭环仿真系统，在中国载人航天交会对接任务中得到了成功应用，提高了任务实施成功率（周建平，2013）。

1.6　航天系统仿真实现

航天系统仿真实现可以选择不同的工具，本书选择 C++语言作为主要实现工具，为了对比，少部分内容采用 Matlab/Simulink 实现。

C++语言来源于 C 语言，而 C 语言最初是为系统编程工作而不是为科学计算设计的。相对于其他高级编程语言，C 语言在许多方面使程序员很贴近机器。它的运算符丰富，能对机器语言指令集的多数功能直接寻址。它有许多不同的数据类型，例如长型（long）和短型（short）、有符号型（signed）和无符号型（unsigned）整数，浮点型（float）和双精度型（double）实数，指针类型等，并且能以简洁的句法进行数据转换。它定义了基于指针的算术运算，指针可以很巧妙地与数组地址相联系，并与许多计算机的变址寄存器结构高度兼容。所有这些特性在C++语言中同样具备。

可移植性一直是C语言的另一大优点，C++同样如此。C语言是UNIX和Linux操作系统的基础语言。这些语言和操作系统确确实实已在上百种不同的计算机上得到了应用。这类语言的通用性、可移植性和灵活性已经吸引了越来越多的科学家和工程师。

C或C++目前在航天器仿真中占据主流地位，其他经常使用的语言还包括Fortran、Java、Python等。Fortran在数值计算方面具有一定优势，特别是矩阵运算非常方便，并且有丰富的数值计算函数库。Java在网络方面具有独到的优势。Python在机器学习等方面使用非常方便。

在航天器系统仿真方面，非常需要一套用于C++的编程约定。这不是为了克服语言本身的限制，而是为了在C++中从众多的可能性中选择最好和最合乎规律的技术方法，然后将这些技术完全一致地应用于各个程序。

1.6.1 AstroLib航天仿真库

AstroLib是本书作者开发的C++类库，主要包含航天器系统仿真的一些非常有用的算法。本书中的示例代码均包含在AstroLib库中。AstroLib源代码可以通过开源网站Gitee或Github获取，网址为www.gitee.com/wanghmail/AstroLib或www.github.com/wanghmail/AstroLib，推荐使用Gitee。

AstroLib使用了一些C++特性，如模板、继承、虚函数等，以便在运行性能和开发难易程度上进行均衡。AstroLib实现为静态库形式，使用时只需要将静态库和头文件拷贝至自己的工程目录下，然后通过C++的#include“AstroLib.h”语句包含即可。AstroLib的详细介绍见5.2节。

1.6.2 向量和矩阵

向量和矩阵是仿真计算的基础建筑块。固定尺度的一维或二维数组在实现仿真程序时是不够的，为了保证程序的通用性，经常需要可变维数数组。

从技术上讲，需要C或C++允许编译以下语句：

```
void someroutine(double a, int m, int n)
{
    double a[m][n];
    ......
}
```

上面程序代码中可以根据输入的m和n计算可变维数的二维矩阵a。遗憾的是，上面的程序在C++语言定义中是禁止的。

在C++中，类是处理矢量和矩阵的自然方式。一个矩阵对象不仅能包含矩阵元素的值，而且包含矩阵尺寸的信息。此外，类可以提供各种重载运算符和函数以利于编程。许多人已经为一维和二维数组编写了他们自己的类库。多数这组类库出色地提供了一套高水平结构，但是在执行中是极端低效的。

Astrolib 采用C++的模板技术实现了矢量类 CVector 和矩阵类 CMatrix，对于数据类型为 double 型的矢量和矩阵，程序实现如下：

```
CVector<double> v(3);
CMatrix<double> mtx(3,3);
```

上面定义了数据类型为 double 型的一个 3 维矢量 v 和一个 3×3 维矩阵 mtx，如果构造函数中不给定维数，则默认构造 3 维矢量和 3×3 维矩阵。

1.6.3 一些技巧

(1) 关于量纲

航天器系统仿真中涉及大量的物理量，这些物理量的单位应该尽量采用国际标准单位制，这样既节省了单位转换，又不会引起歧义，见表 1-6。如果一定要采用非国际标准单位，则必须进行说明。

表 1-6 本书采用的单位

物理量	单位
距离	m
时间	sec
角度	rad
质量	kg
日期	UTC 或北京时

(2) 尽可能使用 const 关键字

包括成员函数、成员变量、指针、输入参数、输出参数等，尽可能地采用语法规范表示“某个对象不应该被修改”。

如果参数是指针，且仅作输入用，则应在类型前加 const，以防止该指针在函数体内被意外修改。

例如：

```
void StringCopy(char * strDestination,const char * strSource);
```

(3) 程序版式

程序版式应该追求清晰、美观，充分利用空行、空格等，使程序一目了然。

x = a + b;
y = c + d;
z = e + f;
	x= a + b; y = c + d; z = e + f;

if (width < height)
{
    dosomething();
}
	if (width < height)dosomething();

for (initialization; condition; update)
{
    dosomething();
}
//空行
other();
	for (initialization; condition; update)
	    dosomething();
	other();

示例 (a) 风格良好的对齐　　　　示例 (b) 风格不良的对齐

void Func1(int x, int y, int z);	// 良好的风格
void Func1(int x,int y,int z);	// 不良的风格,空格过少
if (year >= 2000)	// 良好的风格
if(year>=2000)	// 不良的风格
if ((a>=b) && (c<=d))	// 良好的风格,括号和空格使用恰当
if(a>=b&&c<=d)	// 不良的风格
for (i=0; i<10; i++)	// 良好的风格
for(i=0;i<10;i++)	// 不良的风格,空格过少
for (i = 0; i < 10; i++)	// 不良的风格,空格过多
x = a<b ? a:b;	// 良好的风格
x=a<b? a:b;	// 不良的风格
int *x = &y;	// 良好的风格
int *x = & y;	// 不良的风格

示例　代码行内的空格

(4) 程序注释

函数和成员变量要加注释，变量注释要说明量纲单位，特别是角度等易混淆单位的参数。

1.7　本书主要内容

本书内容围绕航天系统建模与仿真展开，共分为 9 章，如图 1-19 所示。

第 1 章为绪论，介绍了航天器和系统仿真基本概念、航天系统仿真作用、系统仿真步骤。

第 2 章和第 3 章为航天系统仿真模型，首先阐述了航天系统仿真的时间系统、时间类型、坐标系统、坐标类型，然后介绍了航天器运动参数、质心动力学模型、姿态动力学模型、环境模型和其他模型。

第 4 章至第 7 章为航天系统仿真的相关方法，包括数值积分方法、离散时间仿真方法、航天系统仿真工具、航天系统仿真试验、航天系统仿真可视化。

第 8 章为高级仿真技术，包括并行仿真，分布式仿真，模型的校核、验证与确认等。

第 9 章是本书内容的综合实例，针对空间交会对接建立了仿真模型，实现了仿真系统，进行了仿真试验。

每章内容都对应了 AstroLib 中的 C++源码或 Matlab/Simulink 程序，可以通过 Gitee 网站（www. gitee. com/wanghmail/AstroLib）获取。

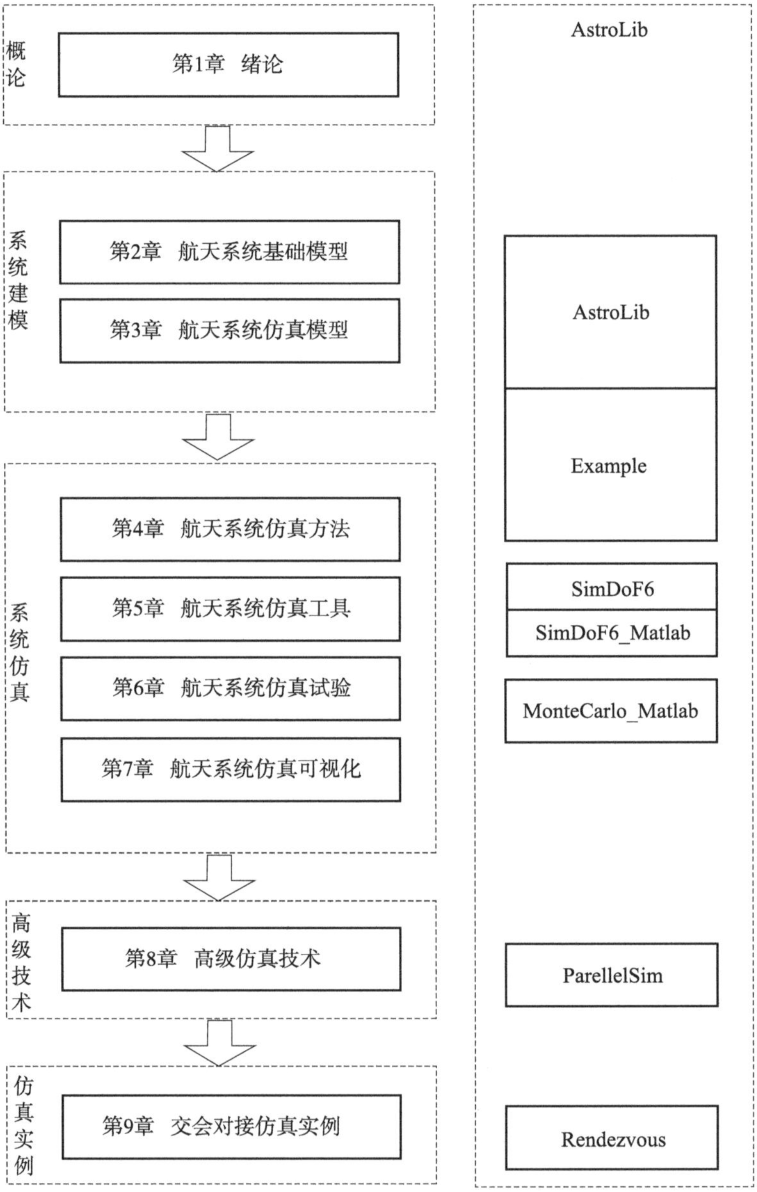

图 1-19 本书各章安排

参考文献

[1] Banks J. Handbook of Simulation: Principles, Methodology, Advances, Applications, and Practice [M]. Hoboken, New Jersey: John Wiley & Sons, 1998.

[2] Banks J, Carson J S, Nohn S, Nelson B L, Nicol D M. Discrete - Event System Simulation (fouth edition) [M]. Englewood, New Jersey: Prentice - Hall, 2005.

[3] Blachere H, Velta C, Berthelier D. Non Real - Time Simulator Dedicated to ATV GNC Nominal Algorithms Validation [C] //AIAA Modeling and Simulation Technologies Conference and Exhibit, Austin, USA, August 11 - 14, 2003.

[4] Eickhoff J. 航天器系统仿真 [M]. 杨开忠，翼蓉，李勇，译 . 北京：国防工业出版社，2017.

[5] Flagel P. Benefits from Early System Validation Tests on ATV Program [C] //SpaceOps 2006 Conference, Rome, Italy, June 19 - 23, 2006.

[6] Fritzson P. Principles of Object Oriented Modeling and Simulation with Modelica 2.1 [M]. Hoboken, New Jersey: John Wiley & Sons, 2004.

[7] Glick F K, Femino S R. A Comprehensive Digital Simulation for The Verification of Apollo Flight Software [C] //8th Aerospace Scienses Meeting, West Germany, January 19 - 21, 1970.

[8] Gray J. A Transformed Scientific Method [C] //National Research Council and Computer Science and Telecommunications Board (NRC - CSTB), Mountain View, USA, January 11, 2007.

[9] Krenn R, Schafer B, Limitations of hardware - in - the - loop simulations of space robotics dynamics using industrial robots [C] //Proceedings of Fifth International Symposium on Artificial Intelligence, Robotics and Automation in Space, Noordwijk, Netherlands, June 1 - 3, 1999.

[10] Kuhn T S. The Struct of Scientific Revolutions [M]. Chicage: University of Chicago Press, 1962.

[11] Ma O, Flores - Abad A, Boge T. Use of Industrial Robots for Hardware - in - the - loop Simulation of Satellite Rendezvous and Docking [J]. Acta Astronautica, 2012, 81 (1): 335 - 347.

[12] Milenkovic Z, D' Souza. The Space Operations Simulation Center (SOSC) and Closed - Loop Hardware Testing for Orion Rendezvous System Design [C] //AIAA Guidance, Navigation, and Control Conference, Minneapolis, USA, August 13 - 16, 2012.

[13] Velten K. Mathematical Modeling and Simulation: Introduction for Scientists and Engineers [M]. Weinheim: Wiley - VCH Verlag GmbH & Co. KGaA, 2009.

[14] 李东旭 . 逃逸飞行器分离动力学与仿真 [M]. 北京：科学出版社，2003.

[15] 石磊，管乐鑫，王京海，等 . 交会对接地面验证技术 [J]. 中国科学：技术科学，2014，44 (1)：27 - 33.

[16] 张柏楠，马晓兵，郑伟，等 . 中国载人交会对接技术的设计与实现 [J]. 中国科学：技术科学，2014，44 (1)：1 - 11.

［17］ 张崇峰，柏合民．飞船空间对接机构技术［J］．中国科学：技术科学，2014，44（1）：20－26.
［18］ 张锦江，范松涛，张志方，等．天宫一号基于控制力矩陀螺的智能多模自适应姿态控制系统设计与验证［J］．中国科学：技术科学，2014，44（1）：131－141.
［19］ 周建平．空间交会对接技术［M］．北京：国防工业出版社，2013.

第 2 章　航天系统基础模型

本章首先介绍系统数学模型分类和形式，其次介绍时间系统、时间类型、坐标系统、坐标类型，并给出了时间和坐标系统的仿真实现。

2.1　系统数学模型分类和形式

2.1.1　系统建模过程和原则

2.1.1.1　建模基本要求

建模与仿真是航天模拟的两个不可或缺的部分。建模是对所要模仿的对象特征进行抽象提取、构建模型的过程；仿真是基于模型的活动，通过模型的建立、实现、验证、分析、应用，以达到研究系统的目的，它是通过模型来模仿现实系统，帮助理解认识现实系统，对现实系统进行改进，对构思新系统进行设计规划、计划实现的一种有效活动。

航天系统的建模与仿真是以航天活动为原型，按照给定的应用背景、情况条件和应用程序与规则，构建各种航天器的功能模型、轨道动力学模型、目标环境模型，对航天器的应用过程、功能进行模仿的方法和活动。利用建模与仿真对航天活动相关问题进行研究和训练，具有以下要求。

1）清晰性：航天仿真系统由许多子模型组成。在子模型与子模型之间，除了为实现研究目的所必需的信息联系外，相互的耦合要尽可能少，结构要尽可能清晰。

2）切题性：例如研究载人航天中的交会对接远程导引问题，关心的是三自由度轨道动力学模型，而研究交会对接前的平移靠拢段，则更多关心的是轨道姿态六自由度动力学模型。

3）精确性：航天仿真系统的模型按照其精确程度要求可分为许多级，对不同的任务，精细度要求不一样，例如用于交会对接实时仿真的动力学模型精度要求高，需考虑各种摄动影响，而用于方案设计的动力学模型精度要求则相对较低。

2.1.1.2　建模基本过程

建模就是对所要模拟的系统特征进行抽象提取的过程，也就是利用模型来代替系统原型的抽象化或形象化的过程。模型可以具体定义如下。

定义：模型可以具体定义为三要素（S，Q，M）的集合体，其中 S 是系统，Q 是与系统 S 相关的问题，M 是用来回答问题 Q 的一组数学表达式，即 $M=\{\Sigma_1,\ \Sigma_2,\ \cdots,\ \Sigma_n\}$。

一般模型的建立流程如图 2－1 所示。

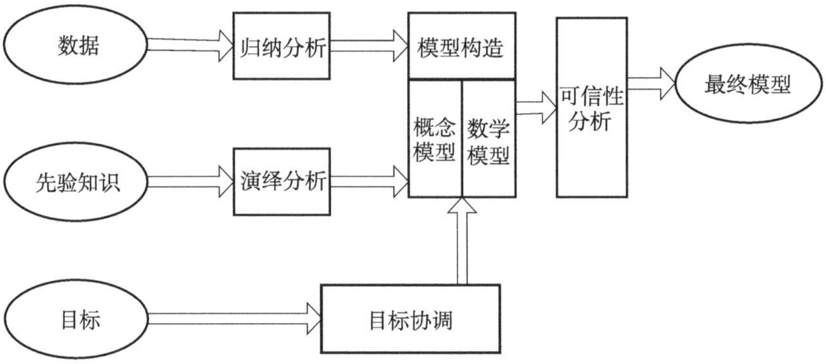

图 2-1　建模过程图

(1) 建模的信息源

1) 目标。一个数学模型，事实上只对研究的真实过程给出一个非常有限的映像。同一个实际系统可以有许多研究对象，这些研究对象将规定建模过程的方向，并对这些对象相关的环境等进行一定的约束。

2) 先验知识。建模过程是基于以往的知识源触发而进行开发的。在某项建模工作的开始阶段，所研究的过程常常是前人研究过的。通常，随着时间推移，关于某一类现象的知识已经被稽核，被统一成一个科学分支。在这个科学分支中，已经发现了许多定理、原理和模型。因此，这些先验知识可作为建模的信息源加以利用。

3) 试验数据。建模过程的信息来源，也可以通过现象的试验和量测来获得。合理的定量观测是解决建模信息的另一种途径。建模所需要的试验数据量，来自对真实系统的试验和调查统计，或者来自在一个仿真器上对模型的试验。

建模过程主要包括上述三类主要的信息源。建模任务的困难程度取决于信息来源的特殊性质，例如，模型的特殊目的是什么，先验信息有多大的利用价值，信息的质量如何，精确性和一般性如何，能收集到多少试验和调查数据，设计的试验或调查是否可行，测量或调查获得的数据信噪比有多大等。

(2) 建模的主要途径

建模的方案取决于对信息源的利用，同时也取决于信息的结构。根据建模信息源的不同，建模途径主要有演绎法和归纳法。

1) 演绎法。这是一种运用先验信息的十分经典的建模方法。根据已知的先验信息，在某些假设和原理的基础上，通过数学的逻辑演绎来建立有效而清晰的数学描述。这种方法是从一般到特殊，并且将模型看作是从一组前提下经过演绎而得出的结果。

航天器作为一种在太空运行的空间设备，其在轨运行的位置、状态和特性必须满足航天动力学的相关理论，也就是说，航天系统建模的主要依据是轨道动力学和姿态动力学的相关理论。

2) 归纳法。这种方法从观测到的行为出发，试图推导出与观测结果一致的更高一级的知识。因此，这是一个从特殊到一般的过程。归纳法从系统描述分类中最低一级水平开始，试图推断出较高水平的信息。

航天领域建模常用的归纳方法有两种：基于统计试验的建模方法和基于经验的建模方法。基于统计试验的建模方法在航天仿真中的应用较早，成果也较为显著。其中典型的是蒙特卡洛法，其基本思想是：针对求解问题，建立该问题的概率模型，将问题的解表述为该模型中事件的概率或随机变量的表征值；然后进行抽样试验；最后统计模拟结果，用事件发生的频率或随机变量的样本表征值给出解的近似估计及精度。如航天器初始入轨误差就是一个概率问题，在仿真时就可以采用蒙特卡洛法，进而分析误差对策略的影响。

（3）模型的可信度

仿真是基于模型的试验，在建模过程中不可避免地会忽略一些次要因素和不可观察因素，且对系统作了一些理论假设和简化处理。因此，模型是对所研究系统的近似描述，模型是否合理，是否满足与仿真对象的一致性要求，仿真实现是否正确等都是开发者和用户很关心的问题，建模与仿真的校核、验证与确认（VV&A）就是在这个背景下产生的。VV&A 技术的应用能提高和保证仿真的可信度，降低由于仿真系统在实际应用中模型不准确和仿真可信度水平低所引起的风险。

2.1.1.3　建模基本原则

在系统分析中建立能较全面、集中、精确地反映系统的状态、本质特征和变化规律的数学模型是系统建模的关键。在实际问题中，要求直接用数学公式描述的事物是有限的，在许多情况下模型与实际现象完全吻合也不大可能。系统分析下的数学模型只是系统结构和机理的一个抽象，只有在系统满足一些原则的前提下，所描述的模型才趋于实际。因此，一般建模遵循以下原则。

1）系统建模应当遵循可分离原则。系统中的实体在不同程度上都是相互关联的，但是在系统分析中，绝大部分的关联是可以忽略的，系统的分离依赖于对系统的充分认识、对系统环境的界定、系统因素的提炼以及约束条件与外部条件的设定。

2）系统建模应当遵循假设的合理性原则。在实际问题中，数学建模的过程是对系统进行抽象，并且提出一些合理的假设。假设的合理性直接关系到系统模型的真实性，无论是物理系统、经济系统，还是其他自然科学系统，它们的模型都是在一定的假设下建立的。

3）系统建模应当遵循因果性原则。按照集合论的观点，因果性原则要求系统的输入量和输出量满足函数映射关系，它是数学模型的必要条件。

4）系统建模还应当遵循输入量和输出量的可测量性、可选择性原则，对动态模型还应当保证适应性原则。

2.1.2　数学模型分类

由 2.1.1.2 节中的定义可知，数学模型包含系统 S、问题 Q 和一系列数学表达式 M，这三个要素构成了数学模型的空间。基于该定义，可在 SQM 空间内对数学模型进行分类。本书简单介绍两种分类方法。

2.1.2.1　黑盒白盒分类

图 2－2 给出了基于黑盒白盒模型分类方法的 *SQM* 空间示意图。心理学和社会学系统占据了黑盒的最左端，这类问题复杂性极高，包含很多子过程，比较难以理解，只能通过构建唯象模型去解决。另一方面，机械系统、电路系统等位于白盒的最右端，通过机理模型，很容易掌握这些系统的特性（如航天仿真中的轨道运动以及交会对接相对动力学模型）。

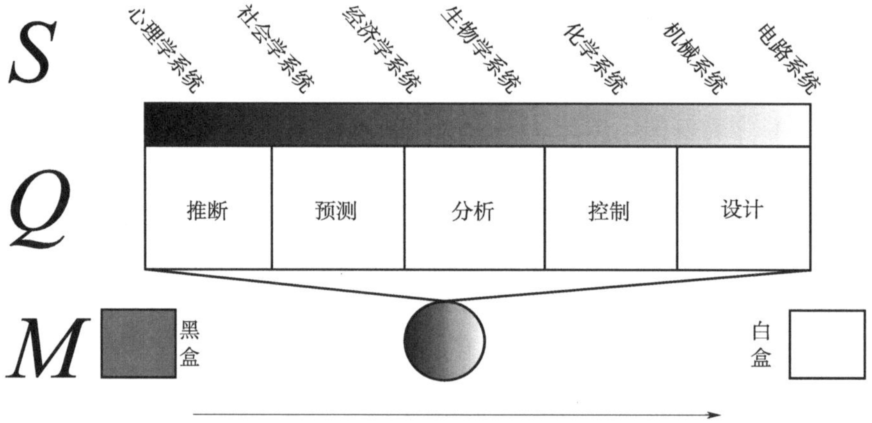

图 2－2　黑盒白盒模型分类

从图 2－2 中可以看出数学模型（*S*，*Q*，*M*）的三维空间分布：横线之上是系统 *S* 的分类，横线之下是数学模型的目标 *Q*，底部是相应的数学结构 *M*，范围从代数方程到微分方程。

2.1.2.2　*SQM* 空间分类

由于数学模型的特性取决于 *SQM* 的“值”，因此可以认为，每一个模型都处于 *SQM* 空间的某个位置。基于 Velten（Velten，2009）的分类标准，数学模型可以在 *SQM* 轴上进行分类。由此可以得到图 2－3 所示的空间模型分类。

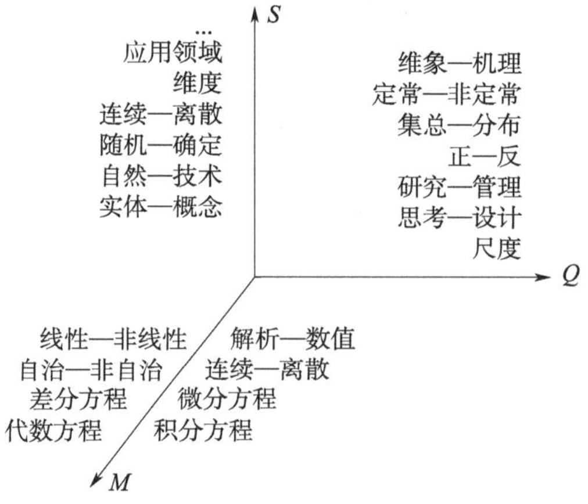

图 2－3　*SQM* 空间模型分类

为了对图 2－3 中的分类有更清楚的认识，下面将 *SQM* 空间模型分类列于表 2－1 中进行简单说明。

表 2－1　*SQM* 空间模型分类说明

空间轴	分类	说明
S 轴	实体—概念模型	实体系统是真实世界的一部分，概念系统主要由思想、创意等组成
	自然—技术模型	自然系统是自然界的一部分，技术系统是人为产生的，如一辆车等
	随机—确定模型	随机系统包含随机效应，确定系统不包含或者很少包含随机效应
	连续—离散模型	连续系统中包含与连续时间变化相关的变量，离散系统只包含与离散时间变化相关的变量
	维度	基于空间对称性，可采用 1 个、2 个或 3 个空间变量对实体系统进行描述
	应用领域	可以对化学系统、物理系统和生物系统等进行区分
Q 轴	唯象—机理模型	唯象模型基于试验数据构建，不使用系统先验信息，机理模型的表达式基于系统的先验信息构建
	定常—非定常模型	定常模型的系统参数和因变量均与时间无关，非定常模型中至少一个系统参数或因变量与时间有关
	集总—分布模型	集总模型中系统参数或因变量都与空间变量无关，分布模型中至少一个系统参数或因变量与空间变量有关
	正—反模型	正模型是给定输入量和系统参数来确定输出量，反模型是由输出量来确定输入量和系统参数
	研究—管理模型	如果问题为了理解系统，可使用研究模型；如果问题是确定系统实际问题的解，可使用管理模型
	思考—设计模型	见图 2－2 的论述
	尺度	针对问题，模型以合适的尺度对系统进行描述
M 轴	线性—非线性模型	在线性模型中，未知量只通过线性数学运算组合在一起；在非线性模型中，可能涉及未知量相乘或超越函数
	解析—数值模型	在解析模型中，可通过包含系统参数的数学公式对系统行为进行解读，数值模型主要用于研究给定参数情况下的系统特性
	自治—非自治模型	属于定常/非定常模型的数学分类
	连续—离散模型	在连续模型中，自变量在一定时间间隔内是任意值；在离散模型中，自变量被假定为某些离散值
	差分方程	在差分方程中，获得的结果是一系列离散数据
	微分方程	包含未知函数导数的方程，是建立机理模型的主要工具
	积分方程	包含未知函数积分项的方程
	代数方程	包含加、减、乘、除等基本代数运算的方程

需要注意的是，以上数学模型分类是互有交叉的。例如唯象模型和机械模型可以是集总、离散、定常或非定常模型等。本书涉及的航天仿真主要为连续系统，因此接下来的介绍主要围绕连续系统进行。

2.1.3 连续系统的数学模型形式

连续系统的数学模型表现为常微分方程、偏微分方程等，其中航天动力学与控制仿真中最常用的是常微分方程模型。常微分方程模型按照形式可分为状态空间方程、微分方程等形式。

除了状态空间方程和微分方程等形式，线性定常系统也经常采用传递函数、权函数等形式的模型。例如，在航天器控制领域经常采用传递函数模型。传递函数是古典控制理论研究的主要工具，它在频域或复频域内研究控制系统的自动调节问题，适合于单输入单输出线性定常系统控制系统设计。

2.1.3.1 状态空间方程形式

非线性连续状态空间模型的通用形式是常微分方程组

$$\begin{cases} \dot{\boldsymbol{x}} = f(t, \boldsymbol{u}, \boldsymbol{x}) \\ \boldsymbol{y} = g(t, \boldsymbol{u}, \boldsymbol{x}) \\ \boldsymbol{x}(t_0) = \boldsymbol{x}_0 \end{cases} \tag{2-1}$$

式中，$\boldsymbol{x}$ 为状态矢量，$\boldsymbol{u}$ 为输入矢量，$\boldsymbol{y}$ 为输出矢量。

如果系统是线性定常系统，则常微分方程组可写成

$$\begin{cases} \dot{\boldsymbol{x}} = \boldsymbol{A}\boldsymbol{x} + \boldsymbol{B}\boldsymbol{u} \\ \boldsymbol{y} = \boldsymbol{C}\boldsymbol{x} + \boldsymbol{D}\boldsymbol{u} \\ \boldsymbol{x}(t_0) = \boldsymbol{x}_0 \end{cases} \tag{2-2}$$

式中，$\boldsymbol{A}$ 为参数矩阵（又称动态矩阵），$\boldsymbol{B}$ 为输入矩阵，$\boldsymbol{C}$ 为输出矩阵，$\boldsymbol{D}$ 为交联矩阵（输出和输入直接交联）。

2.1.3.2 微分方程形式

设系统的输入为 u ，输出为 y ，则系统数学模型可表示为微分方程

$$\frac{\mathrm{d}^n y}{\mathrm{d}t^n} = f\left(t, u, y, \frac{\mathrm{d}^{n-1} y}{\mathrm{d}t^{n-1}}, \cdots, \frac{\mathrm{d}y}{\mathrm{d}t}, \frac{\mathrm{d}^{m-1} u}{\mathrm{d}t^{m-1}}, \cdots, \frac{\mathrm{d}u}{\mathrm{d}t}\right) \tag{2-3}$$

初始条件为

$$y(t_0) = y_0, \dot{y}(t_0) = \dot{y}_0, \cdots$$

$$u(t_0) = u_0, \dot{u}(t_0) = \dot{u}_0, \cdots$$

如果系统是线性定常系统系统，不失一般性，微分方程可写为

$$\begin{aligned} &\frac{\mathrm{d}^n y}{\mathrm{d}t^n} + a_1 \frac{\mathrm{d}^{n-1} y}{\mathrm{d}t^{n-1}} + a_2 \frac{\mathrm{d}^{n-2} y}{\mathrm{d}t^{n-2}} + \cdots + a_{n-1} \frac{\mathrm{d}y}{\mathrm{d}t} + a_n y \\ &= c_1 \frac{\mathrm{d}^{m-1} u}{\mathrm{d}t^{m-1}} + c_2 \frac{\mathrm{d}^{m-2}}{\mathrm{d}t^{m-2}} + \cdots + c_{m-1} \frac{\mathrm{d}u}{\mathrm{d}t} + c_m u \end{aligned} \tag{2-4}$$

2.1.3.3 传递函数形式

对于线性定常系统，系统模型可以采用传递函数形式，对式（2－4）两边取拉普拉斯变换，假设 y 及 u 的各阶导数的初值均为零，则有

$$s^n Y(s)+a_1 s^{n-1} Y(s)+a_2 s^{n-2} Y(s)+\cdots+a_{n-1} s Y(s)+a_n Y(s) \\ =c_1 s^{m-1} U(s)+c_2 s^{m-2} U(s)+\cdots+c_{m-1} s U(s)+c_m U(s) \tag{2-5}$$

式中，$Y(s)$ 为输出量 y 的拉普拉斯变换，$U(s)$ 为输入量 u 的拉普拉斯变换。

则式（2－4）的传递函数描述形式为

$$G(s)=\frac{Y(s)}{U(s)}=\frac{c_1 s^{m-1}+c_2 s^{m-2}+\cdots+c_{m-1} s+c_m}{s^n+a_1 s^{n-1}+a_2 s^{n-2}+\cdots+a_{n-1} s+a_n} \tag{2-6}$$

2.2　时间系统

时间几乎是每个学科分支不可或缺的基础物理量。在航天动力学领域，目标运行的速度快、距离远，因此获得精确的、可复现的计量时间间隔就显得尤为重要。这里给出三类计量时间的系统：以地球自转运动为基准建立的世界时；以行星公转运动为基准建立的历书时；以原子内部电子能级跃迁时辐射电磁波振荡频率为基准建立的原子时。以下为基本介绍，更详细的介绍可参见文献［3］（Vallado，2022）。

2.2.1　世界时系统

世界时以地球的自转运动为计时依据。由于地球上的观察者无法直接察觉地球自转，所以通过观测地球以外天体的周日视运动来计时，即以天体连续两次经过同一子午圈的时间间隔作为一日。根据参考天体的不同，世界时系统又有不同的时间表示形式，主要分为恒星时和太阳时。

2.2.1.1　恒星时

恒星时（Sidereal Time，ST）是由恒星（通常取春分点 γ）周日视运动来确定的时间计量系统。恒星周日视运动两次经过测站子午圈的时间间隔称为一个恒星日，如图 2－4，每个恒星日等分成 24 个恒星时，以 60 进制形成恒星分、恒星秒。

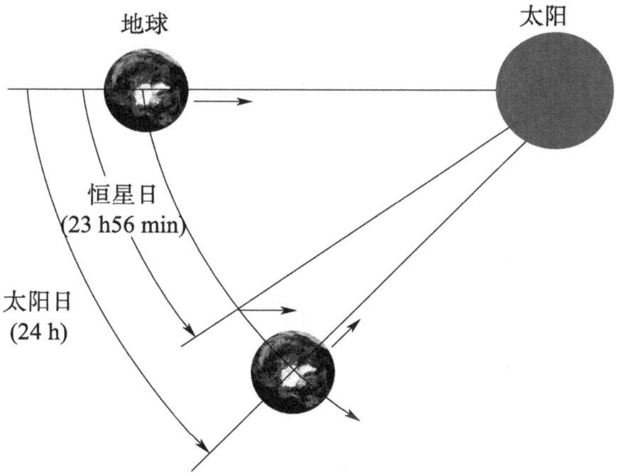

图 2－4　太阳时和恒星时

2.2.1.2 太阳时

(1) 真太阳时 (Apparent Solar Time)

太阳中心连续两次到达同一子午圈的时间间隔称为真太阳日，真太阳日的 1/24 为一个真太阳时，同样以 60 进制形成真太阳分、真太阳秒。真太阳时的起始点是正午时刻，而真太阳时角的起始点和人们的习惯一致，为子夜时刻。所以，真太阳时等于真太阳时角加上 12 h，如果真太阳时角大于 12 h，则再把真太阳时减去 24 h。

(2) 平太阳时 (Mean Solar Time)

黄道和赤道不重合以及地球公转运动的不均匀性，使得真太阳日的长短不均。最长和最短的真太阳日相差 51 s。若令太阳周年视运动轨迹在天赤道而非黄道，且运行速度均匀，由这种运动确定的时间称为平太阳时，真太阳时和平太阳时之差称为时差，2000 年时它的变化范围在－14 min 15 s 到 16 min 25 s。

(3) 地方时 (Local Time)

真太阳时、平太阳时、恒星时都与天体的时角有关，而时角是以测站的天子午圈起算的。各地的天子午圈不同，因此同一天体经过两地的天子午圈的时间不同，形成了各自的计时系统，分别称为地方真太阳时、地方平太阳时、地方恒星时。

(4) 世界时 (Universal Time)

通常把格林尼治地方平太阳时 (GMT) 称为世界时 (UT)，世界时是地球自转的反映，但是由于地球的自转速率不均匀以及地极移动引起的地球子午线变动都会造成世界时的不均匀。因此，国际上把世界时分为三种：通过天文观测直接测定的世界时记为 UT0，修正地极位移引起的子午圈变化后得到的世界时为 UT1，在 UT1 基础上考虑地球自转速度的周期性季节变化影响得到的较均匀的世界时为 UT2。应用中 UT2 已被国际原子时 TAI 取代。

2.2.1.3 协调世界时

世界时反映了地球的自转，能够与人们的日常生活相联系，但其变化是不均匀的；原子时时长十分稳定，但它的时刻没有具体的物理内涵，在大地测量、导航、太阳方位角计算等应用中不是很方便。为兼顾二者的长处，建立一种折中的时间系统，称为协调世界时 (Universal Time Coordinated System，UTC)。它的秒长与原子时秒一致，在时刻上则要求尽量与世界时接近，差值保持在 0.9 s 以内，由此可能需要在每季末添加闰秒，添加闰秒时首先考虑 6 月末和 12 月末，其次为 3 月末和 9 月末。UTC 如要变动，需提前 6 个月由国际地球自转服务 IERS 发布 C 公报。闰秒的历史记录见表 2－2。

表 2－2 1972 年以来的 UTC 闰秒

日期	TAI－UTC	日期	TAI－UTC	日期	TAI－UTC
1972.1.1	10	1981.7.1	20	1996.1.1	30
1972.7.1	11	1982.7.1	21	1997.7.1	31

续表

日期	TAI－UTC	日期	TAI－UTC	日期	TAI－UTC
1973.1.1	12	1983.7.1	22	1999.1.1	32
1974.1.1	13	1985.7.1	23	2006.1.1	33
1975.1.1	14	1988.1.1	24	2009.1.1	34
1976.1.1	15	1990.1.1	25	2012.7.1	35
1977.1.1	16	1991.1.1	26	2015.7.1	36
1978.1.1	17	1992.7.1	27	2017.1.1	37
1979.1.1	18	1993.7.1	28		
1980.1.1	19	1994.7.1	29		

2.2.2　历书时与动力学时

2.2.3.1　历书时

由于地球旋转运动的不均匀性，以地球旋转周期为基准的世界时不宜作为时间系统基准，因此就产生了以太阳系统内天体公转为基准的均匀时间系统——历书时（Ephcmcris Time，ET），其在 1960 年至 1967 年是世界公认的计时标准。历书时的时刻起算点是 1900 年初地球所处的位置为太阳几何平黄经为 279°41′48.04″的瞬间，也就是 1900 年 1 月 0 日格林尼治平午的时刻作为历书时 1900 年 1 月 0 日 12 时。历书时的秒长为整回归年长度的 1/（365.242 198 778×86 400）。历书时具有以下缺点：通过观测太阳、月亮或行星的位置均可以获得历书时，会导致不一致的历书时；天文常数系统的改变也会导致历书时的不连续性；精度低，获得速度慢等。因此，1976 年以后，采用动力学时替代历书时。

2.2.3.2　动力学时

动力学时（Dynamical Time）是天体动力学理论研究及天体历表编算中使用的时间系统，即广义相对论框架中的坐标时。1976 年国际天文联合会定义了天文学中常用的两种动力学时：以太阳系质心为原点的局部惯性坐标系中的坐标时，称为质心动力学时（Barycentric Dynamical Time，TDB）；以地心为原点的局部惯性坐标系中的坐标时，称为地球动力学时（Terrestrial Dynamical Time，TDT）。1991 年国际天文联合会重新定义地球时（Terrestrial Time，TT）取代 TDT，两者等价，都可以视为是在大地水准面上实现的与国际制秒（SI）一致的理想化的原子时。在地心坐标系下地面目标与天体的相关参数多采用 TT 作为时间尺度，例如各国颁布的天文年历。太阳、行星、月亮的星历表则多采用 TDB 作为时间尺度，例如喷气推进实验室的 DE 系列星历。

2.2.3　原子时系统

原子时（Atomic Time，AT）是以物质内部原子能级跃迁的辐射频率为基础建立的时间计量系统。1967 年 10 月，第十三届国际计量大会决定：位于海平面上的铯[133]（Cs^{133}）原子基态的两个超精细能级间在零磁场下跃迁辐射 9 192 631 770 次所经历的时间为一个原子时秒，称为国际制秒。在此基础上国际时间局对地球多个原子钟相互比对并经数据处理推算出统一的原子时，第十四届国际计量大会决定将该原子时记为国际原子时（International Atomic Time，TAI），以 1958 年 1 月 1 日 0 时的 UT1 为起点，以国际制秒长为基准。

全球定位系统 GPS 采用一个独立的时间系统，它以原子时为基准，与美国海军气象天文台原子钟同步，精确度为 1 ms 以内。GPS 时开始时间与 1980 年 1 月 6 日的 UTC 一致，因此与 TAI 始终保持 19 s 的常值偏移。

由于 UTC 中闰秒的存在，其并不适合在仿真中作为基准连续时间系统，因此在航天系统仿真中大多采用 TAI 作为时间推进的基准，进行时间累加。

2.2.4 时间系统转换

根据之前时间系统的基本介绍，不难发现系统之间存在着相互转换关系，各时间系统之间的转换关系如图 2－5 所示。

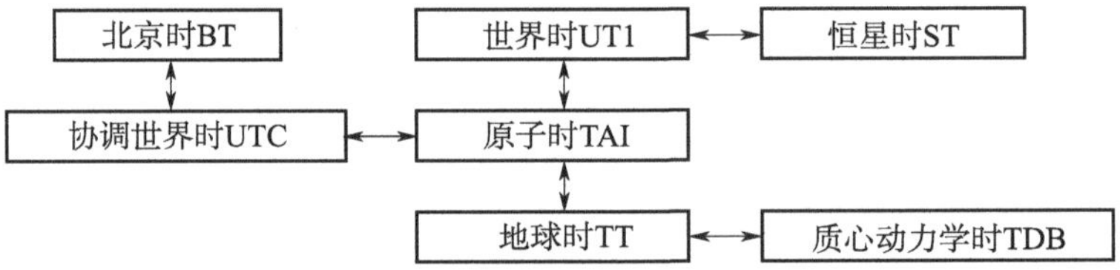

图 2－5 各种时间系统之间的转换

太阳时属于世界时，而地方时为不同天文经度的测站观测到的太阳时，规定地球天文经度起算点是格林尼治天文台的子午线，在此处直接测量的地方时称为世界时 UT0。自 1956 年起，加入地极移动引起的经度变化 $\Delta\lambda$，称为 UT1，加入地球自转速度引起的变化 ΔT_s，称为 UT2。一般精度要求可以采用 UT1 作为时间系统。

原子时 TAI 是以 1958 年 1 月 1 日 0 时 UT1 时间为起点，以国际制秒为基准时秒的时间。但是由于技术原因，两者存在微小误差 UT1＝TAI＋0.003 9 s。协调世界时 UTC 以 TAI 的秒长为度量，时刻与 UT1 尽量一致。地球时 TT 与原子时 TAI 存在概念差异，二者转换关系为 TT＝TAI＋32.184 s。质心动力学时 TDB 与地球时 TT 之间由于相对论效应产生偏差。

2.2.5 年、历元与儒略日

前面讨论了计量时间的基本单位——秒。为了度量更长的时间间隔，还需要引入以地球绕太阳公转为基础的时间单位“年”。为此，需要引入历元的概念。

2.2.5.1 年

地球绕太阳公转运动的周期，称为年。回归年是地球在以太阳为中心的天球上连续两次通过春分点的时间间隔，长度为 365.242 2 平太阳日。恒星年是地球在以太阳为中心的天球上连续两次通过某一恒星的黄经圈所需的时间间隔，长度为 365.256 36 平太阳日，即地球绕太阳公转的平均周期。

公元前 46 年，罗马统治者儒略·凯撒制定儒略历（Julian Calendar），以回归年作为历法基本单位，一年被划分为 12 个月，大小月交替，四年一闰，平年 365 日，闰年 366 日为在当年二月底增加一闰日，年平均长度为 365.25 日。

由于实际使用过程中累积的误差随着时间越来越大，1582 年罗马教皇格里高利十三世颁布推行了以儒略历为基础改善而来的历法，规定公元年被 4 整除仍为闰年，世纪年只有被 400 整除才为闰年，使得 400 年中只有 97 个闰年，平均长度为 365.2425 平太阳日，更接近回归年的长度，称为格里历（Gregorian Calendar），即沿用至今的公历。

2.2.5.2　历元

在计算航天器轨道和天体坐标时，常选定某一瞬间作为讨论问题的时间起点，称为历元（Epoch）。1984 年以前使用的是贝塞尔历元（Besselian Epoch），岁首取为平太阳黄经等于 280°的瞬间，长度与回归年相同，用“B＋年份＋.0”表示某一个贝塞尔岁首的贝塞尔历元，有时也简化为“B＋年份”。从 1984 年起，天文历年采用儒略纪元法，标准历元被确定为 2000 年 1 月 1 日 12 时的 TT，某年的儒略年首与标准历元的间隔为 365.25 日的整数倍，用“J＋年份＋.0”表示儒略历元，有时也简化为“J＋年份”。

航天系统仿真中经常用到的某些历元如下：

1）J2000＝2 451 545.0＝2000－1－1 12：00：00　TT

2）J1900＝2 415 021.0＝1900－1－1 12：00：00　UT1

3）B1900＝2 415 020.313 52＝1899－12－31 19：31：28.128　UT1

4）B1950＝2 433 282.423 459 05＝1949－12－31 22：09：46.862　UT1

2.2.5.3　儒略日

儒略日（Julian Day，JD）是天文上应用的一种不用年和月的长期纪日法，以公元前 4713 年儒略历 1 月 1 日格林尼治平午为起算点，每日累加。由于儒略日通常很大，1973 年国际天文联合会定义了简约儒略日（Modified Julian Day，MJD），起点为 1858 年 11 月 17 日 0 时，与 JD 的关系为 MJD＝JD－2400000.5。

2.3　时间类型

航天系统仿真中的时间分为时刻和时长两类。

1）时刻。时刻在航天仿真中通常指历元时刻（历元时间），表示方法有年月日时分秒、年日、儒略日和简约儒略日等。

2）时长。时长通常表示从参考历元时刻或仿真开始时刻累积的一段时间，表示方法有任务累计时间、天时分秒等。

2.3.1 年月日时分秒

历元时间通常用年月日时分秒表示。在C++语言中，可以采用多种数据结构表示年月日时分秒。

1）结构体表示。结构体内包含5个整形（short或int）和1个浮点型数据（float或double）。5个整形表示年月日时分，1个浮点型表示秒。该表示法较为直观，但所需存储空间较大，通常用于软件内部计算存储。

2）6字节表示。2字节表示累计天，例如相对于2000年1月1日的积日。另外4字节表示相对于当天零时的积时，单位为0.1 ms。如果以2000年1月1日为参考时间，那么该表示法能够表示的时间范围为2000年至2181年。该表示法需要的存储空间小，但时间精度只能达到0.1 ms，通常用于时间的网络传输。

3）8字节表示。采用64位整形表示，例如2022年6月4日12时30分10.123秒表示为整数20220604123010123。该表示法较为直观，但时间精度只能达到1 ms。

4）8字节操作系统表示。POSIX时间定义从1970年1月1日0时0分0秒起至现在的总秒数，又称为操作系统时间，一般采用64位整形表示，可以通过time()函数获取。该表示法时间精度只能达到1 s。

在AstroLib中用CCTime结构表示年月日时分秒形式的时间。

```
struct CCTime
{
    int       m_Year;  // 年
    int       m_Mon;   // 月,1 - 12
    int       m_Day;   // 日,1 - 31
    int       m_Hour;  // 时,0 - 23
    int       m_Min;   // 分,0 - 59
    double    m_Sec;   // 秒,0 - 60
};
```

2.3.2 年日

年日格式采用两个实数表示当前历元。

1）年。当前年。

2）日。从当年1月1日开始的天数。

计算年日涉及闰年（Leap Year）的概念。判断闰年的一般规律为：四年一闰，百年不闰，四百年再闰。AstroLib中AsIsLeapYear()函数可以判断输入年份是否是闰年。

```
//判断是否闰年
bool AsIsLeapYear(int year)
{
    if ( (year % 400 = = 0) || (year % 100!  = 0 && year % 4 = = 0) )
        return true;
    else
        return false;
}
```

2.3.3 儒略日

儒略日是从公元前 4713 年 1 月 1 日 12 时开始的天数。根据历元计算儒略日的公式为

$$JD = 367(year) - \mathrm{INT}\left(\frac{7\left(year + \mathrm{INT}\,\frac{mon+9}{12}\right)}{4}\right) + \mathrm{INT}\left(\frac{275mon}{9}\right) + day + 1\,72\,013.5 + \frac{\frac{\frac{sec}{60}+min}{60} + hour}{24} \tag{2-7}$$

这个经验公式适用于 1900 年 1 月 1 日至 2100 年 2 月 28 日之间的转换。AstroLib 中采用 AsTimeToJD() 函数计算儒略日。

```
//根据历元时间计算儒略日
void AsTimeToJD(const CCTime& t, double& JD)
{
    JD = 367.0 * t.m_Year -
        int((7 * (t.m_Year + int((t.m_Mon + 9) / 12))) * 0.25) +
        int( 275 * t.m_Mon / 9 ) +
        t.m_Day + 1721013.5 +
        ((t.m_Sec / 60.0 + t.m_Min) / 60.0 + t.m_Hour) / 24.0;
}
```

Meeus（Meeus，1991）给出了另一个不受历元约束的计算儒略日的公式，算法如下。

IF（day+31（mon+12$year$）≥588 829）

$$B = 2 - \mathrm{INT}\left(\frac{year}{100}\right) + \mathrm{INT}\left[\frac{\mathrm{INT}\left(\frac{year}{100}\right)}{4}\right]$$

ELSE

$B = 0$

IF $(mon = 1 \text{ or } 2)$

$mon = mon + 12$

$year = year - 1$

$$C = \frac{\dfrac{\dfrac{sec}{60} + min}{60} + hour}{24}$$

$$JD = \text{INT}[365.25(year + 4\,716)] + \text{INT}[30.600\,1(mon + 1)] + d + B - 1524.5 + C$$

2.3.4　任务累积时间

在航天系统仿真中，从任务开始时刻（经常是飞行器发射时刻）到当前时间的时间间隔是一个重要的时间量，称为任务累积时间（Mission Elapsed Time），通常用累积秒或累积分钟来表示。

2.3.5　天时分秒

天时分秒表示的也是相对于任务开始时刻的时间间隔。对于航天任务来说，用累积秒描述时间间隔不够直观，因此常将其转换为天时分秒来表示。AstroLib 中定义了 CCTimeSpan 结构表示天时分秒。

```
struct CCTimeSpan
{
    int         m_Day;       //天
    int         m_Hour;      //时
    int         m_Min;       //分
    double      m_Sec;       //秒
};
```

2.4　坐标系统

将一个以观测者为球心、无限长半径的假想球面称为天球，其目的是将天体沿观测者视线投影到球面上，以便于研究天体及其相互关系。有时还将天球球心设置在某些特殊点，如地心和日心，相应的天球分别称为地心天球和日心天球。以天球作为辅助工具可以帮助我们建立空间的概念，按照空间的不同可以分为星际坐标系统、地球基准坐标系统以及航天器基准坐标系统。这里仅给出坐标系统的简要介绍，读者也可查阅参考文献［6，7］（郗晓宁，2003；杨嘉墀，2001）。

2.4.1 基本概念

天球坐标系是指以天球的中心（如地心、日心）为原点，利用天球上的某些点和圈建立的坐标系。

在天球坐标系的定义中，常把球面上特别选定的大圆称为基圈，所在平面为基本平面，过原点与基圈垂直的特定大圈为辅圈，给定过原点的基圈法线的一个方向为极轴方向，给定基圈与辅圈的交线的一个方向为主轴方向，极轴、主轴分别投影为天球上的极点、主点。利用特殊的点和圈就可以建立起需要的直角坐标系或球坐标系。如图 2－6（a），以地心为原点，极轴为地球自转轴又称为天轴，交点为南北极点，与极轴垂直的基圈面又称为天赤道面，平行于天赤道面的小圆称为赤纬圈，辅圈又称为赤经圈，定义主点方位，即可明确主轴方向；如图 2－6（b），以地心为原点，极轴 Z 为当地水平面的铅垂方向，K 为地面观测点沿铅垂方向在天球上的投影，此时基圈又称为地平圈，平行于地平圈的小圆称为地平纬圈，辅圈又称为地平经圈，过极点的地平经圈称为子午圈，垂直于子午圈的地平经圈称为卯酉圈。

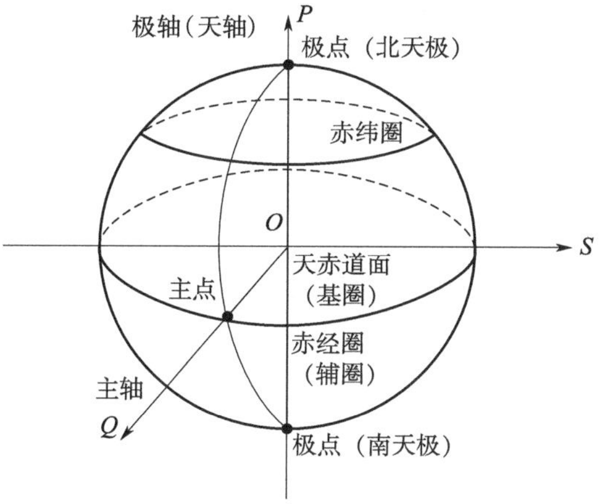

(a)赤道参考面

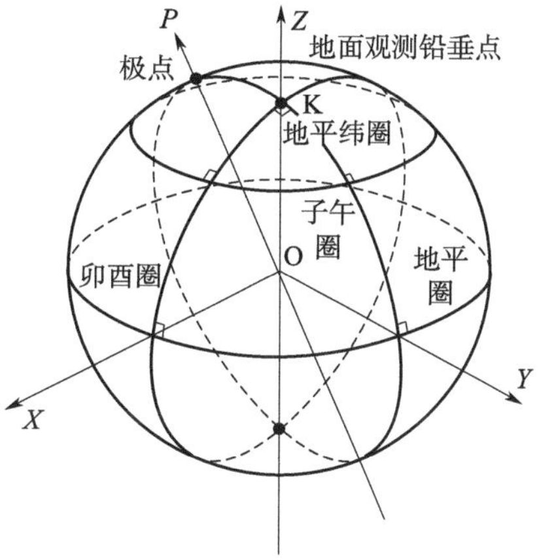

(b) 地平参考面

图 2－6 天球上的特殊点与圈

惯性系是不存在引力作用、不存在自身加速度的“自由”参考系。在经典力学中，这是一种理想参考系：由于宇宙空间中无处不存在引力，实际的惯性系是不存在的。本书中所说的标准惯性系能保证在太阳系内运动的粒子符合牛顿第一定律，且精度足够。通过甚长基线干涉测量（Very Long Baseline Interferometry，VLBI）观测银河系外辐射源等手段确定基准平面或基准轴，进而可以定义不同的惯性系，如 FK4（B1950）、FK5（J2000）和 IAU2000（GCRF）等。

自 1998 年 1 月 1 日起国际天文联合会（International Astronomical Union，IAU）开始采用国际天球参考系统（International Celestial Reference System，ICRS）作为标准惯性系，它由一系列银河系外辐射源的精确方向组成，更适用于长期高精度轨道计算。

2.4.2 星际坐标系统

2.4.2.1 日心坐标系

星际坐标系统最常用的是日心黄道坐标系和 J2000 日心惯性坐标系。日心黄道坐标系（Heliocentric Ecliptic Coordinate System，HECS）如图 2－7 所示，为一般星际任务的坐标系。坐标系原点为太阳中心，基础平面为黄道平面，主轴方向为春分点方向（春分点时刻地心指向日心的方向 X_{Υ}），Z 轴为地球运行黄道平面的极轴。J2000 日心惯性坐标系的原点为太阳中心，各轴与 J2000 地心惯性系平行。

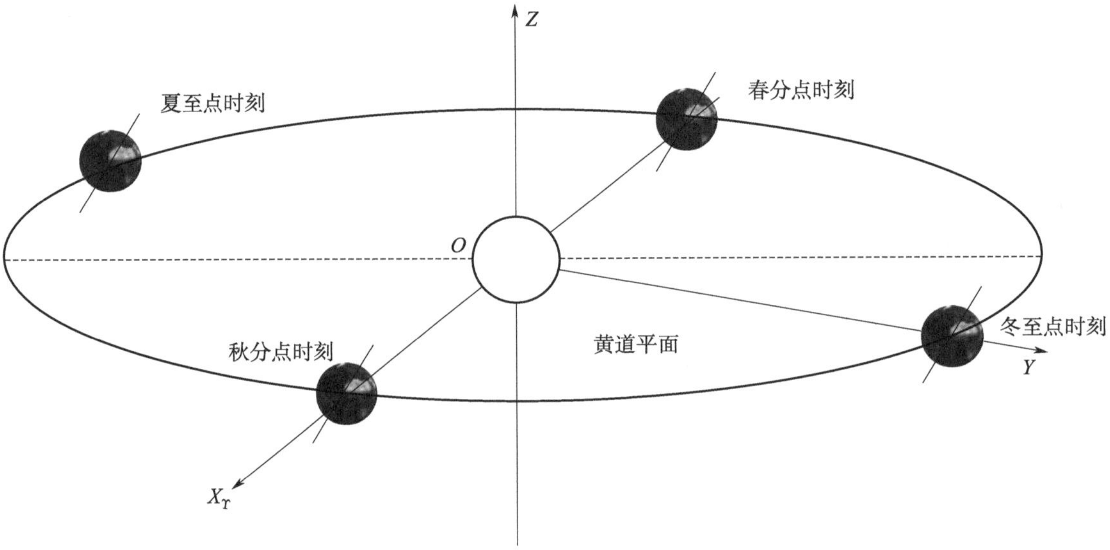

图 2－7 日心黄道坐标系

2.4.2.2 月心坐标系

在探测其他天体时需要建立以被探测天体为基准的坐标系。对于月球探测，常用坐标系包括 J2000 月心惯性坐标系、月心惯性坐标系和月固坐标系。

J2000 月心惯性坐标系（J2000 Lunar Centered Inertial，J2000 LCI）也简称为 J2000 月心坐标系，原点为月球质心，各轴与 J2000 地心惯性坐标系平行。类似地，也可建立以火星为原点的 J2000 火心惯性坐标系等。

月心惯性坐标系（Lunar Centered Inertial，LCI）也称为月心赤道惯性坐标系，原点为月球质心，Z 轴根据 IAU 报告给定的 2000 年 1 月 1.5 日标准历元的月球北极值（与该时刻的月固坐标系 Z 轴非常接近）计算得到（Seidelmann，2007），X 轴为沿 J2000 月心惯性坐标系 XY 平面与 Z 轴垂面的交线。

月固坐标系（Lunar Centered Fixed，LCF）有多种定义，通常采用平地球定义，其以月球质心为原点，月球赤道面为基本平面，Z 轴垂直于基本平面指向北极，X 轴在赤道面内指向经度原点方向（平均地球方向）。

由于月球质心与形心差距较大，月球自转与公转同周期，这就导致 J2000 月心惯性坐标系与月固坐标系转化需要求解月球星历。计算月球相对于地心 J2000 坐标系的升交点赤经、纬度幅角和轨道倾角及其各自对时间的变化率是求解转换矩阵的基础。在近似计算时，也可认为升交点赤经、轨道倾角对时间的变化率为 0，纬度幅角对时间的变化率为每天 13.2°。具体转化形式见文献［5］（郗晓宁，2001）。仿真中也可以从 JPL DE405 星历中读取月球天平动的三个欧拉角，从而计算得到转换矩阵。

2.4.3 地球基准坐标系统

2.4.3.1 地心惯性坐标系

地心赤道坐标系（Geocentric Equatorial Coordinate System，GECS）原点为地球质心，X 轴指向春分点，Z 轴为极轴。GECS 经常也被称为地心惯性坐标系（Earth Centered Inertial，ECI）和协议惯性坐标系统（Conventional Inertial System，CIS），但是必须认识到，由于春分点和赤道在不断微小移动，因此惯性这一词并不是特别准确，但在一般航天仿真中将其视为惯性系是足够精确的。

不同的历元会对应不同的平赤道惯性坐标系。例如，J2000 地心惯性系就是对应 2000 年 1 月 1.5 日标准历元的历元平赤道惯性系，它采用 IAU1976 岁差模型和 IAU1980 章动理论，采用 IAU 发布的 FK5 系统数据来确定平赤道和平春分点。

2003 年之后 IAU 发布新的 IAU2000 理论，J2000 地心惯性系被逐步替代为地心天球坐标系 GCRF（Geocentric Celestial Reference Frame）。与原来 FK5 J2000 不同的是，它的指向由极轴定义，而非赤道和春分点。该坐标系非常接近 FK5 J2000 坐标系（相差 0.023 角秒），在很多应用中可以忽略两者的差异（Wallace，2007）。国际地球自转服务（International Earth Rotation Service，IERS）发布了两个坐标系之间修正数据表。

2.4.3.2 地固坐标系

在 FK5 理论中，国际大地测量与地球物理联合会规定 1900 年至 1905 年地球自转轴瞬时位置的平均值称为协议地极（Conventional Terrestrial Pole，CTP），该位置也称为协议原点（Conventional International Original，CIO），注意在 IAU2000 理论中简写 CIO 表示天球过渡原点（Celestial Intermediate Origin）。国际时间局（Bureau International de l'Heure，BIH）决定通过 CIO 和格林尼治天文台的子午面称为起始子午面（BIH 零子午面），由 CTP 和 BIH 零子午面建立的坐标系称为协议地球坐标系（Conventional Terrestrial System，CTS）$O-X_{CTS}Y_{CTS}Z_{CTS}$。

在经典大地测量中，选用与局部大地水准面密合的地球椭球为参考椭球，其中心一般不与地球质心重合，称为参心。随着大地测量技术的发展，可以确定全球范围内与大地体最为密合的参考椭球，称为总地球椭球。以地球质心为中心、总地球椭球的主轴为参考轴可以建立地固坐标系（Earth - Centered Fixed，ECF），有时直接称为中心体固连坐标系（Body - Fixed Coordinate System，BF），在不同的理论中该坐标系的命名略有不同。在 IAU2000 理论中，ECF 也称为国际地球参考坐标系（International Terrestrial Reference

Frame，ITRF），CTP 重新命名为国际参考极轴（International Reference Pole，IRP）。

20 世纪中后期，我国先后采用地心大地坐标系 DX－1 和 DX－2。21 世纪初，我国正式发布了 2000 中国大地坐标系（China Geodetic Coordinate System 2000，CGCS2000），它符合 ITRF 标准，与 WGS－84 的定向一致。表 2－3 中给出了几种常用的地心坐标系的地球椭球参数（张守信，1992）。

表 2－3　几种常用的地球椭球参数

地心坐标系	缩写	a_E/m	f_E	GM（$\times 10^9$ m^3/s^2）	ω_E（$\times 10^{-11}$ rad/s）
中国地心坐标系	DX－1，DX－2	6 378 140	1/298.257	398 600.5	7 292 115
中国大地坐标系	CGCS2000	6 378 137	1/298.257	398 600.44	7 292 115
世界大地坐标系	WGS－84	6 378 137	1/298.257	398 600.5	7 292 115
苏联大地坐标系	SGS－85	6 378 136	1/298.257	3986 00.44	7 292 113

2.4.3.3　地平坐标系

地平坐标系（ENZ）如图 2－8 所示。地面点 O_c 为原点，O_cX_c 轴在水平面内指向正东 E，O_cY_c 轴在水平面内指向正北 N，O_cZ_c 轴沿铅垂方向构成右手系。

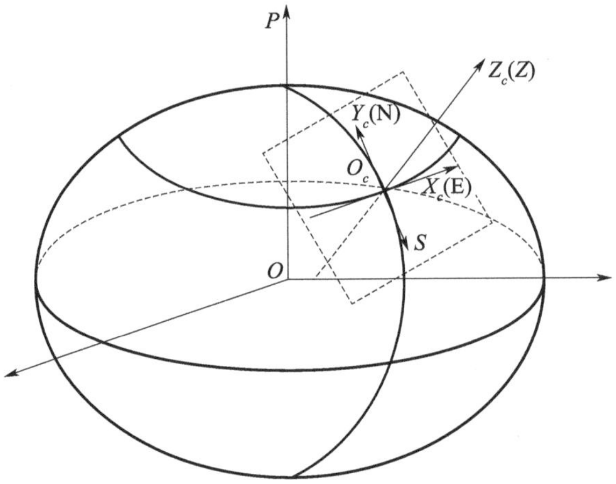

图 2－8　地平坐标系

除了上述定义以外，地平坐标系也可以定义为 SEZ，S 轴指向南，E 轴指向东，Z 轴与当地水平面垂直指向天。另外，在航天动力学仿真中，还经常使用当地水平坐标系（Local Horizontal Coordinate System，LH），定义为 Z 轴垂直地球表面指向地心，X 轴与 Z 轴垂直指向北，Y 轴与其他两轴成右手坐标系。

2.4.3.4　FK5 规约

FK5 理论主要用于协议地球坐标系 CTS 与 J2000 地心惯性系之间的转换。CTS 中的协议地极，为 5 年内自转轴瞬时位置的平均值，在日、月和其他天体引力的作用下，地球自转轴的方向改变如图 2－9 所示。

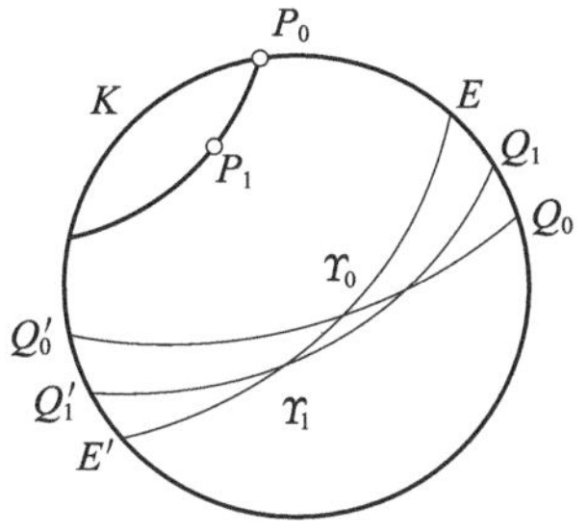

图 2-9 日月岁差示意图

图中 Q_0Q_0'和 Q_1Q_1' 为某一瞬时平赤道（Mean Equator of Date，MOD）位置，与之垂直的北天极称为瞬时平均北天极（瞬时平北天极），EE' 为黄道，与之垂直的天极称为北黄极，则黄赤交角等于平天极与北黄极的夹角。在任意瞬间，平北天极总是以北黄极 K 为圆心，以黄赤交角 ε 做小圆运动。平北天极从 P_0 运行到 P_1 时，黄道与瞬时平赤道交点即瞬时平春分点 Υ，从 Υ_0 移动到了 Υ_1， 在黄道上产生周期大约为 25 800 年的缓慢西移，这一现象称为岁差。由某一时刻的平赤道和平春分点建立的天球坐标系称为历元平赤道坐标系 $O-X_{\mathrm{MOD}}Y_{\mathrm{MOD}}Z_{\mathrm{MOD}}$。

在日月引力作用下，自转轴还会绕瞬时平北天极做周期为 18.6 年的微小摆动，称为章动，如图 2-10 所示。由章动和岁差共同作用下的北天极称为瞬时北天极，相应的天球赤道和春分点，称为瞬时真赤道（True Equator of Date，TOD）和瞬时春分点。在某一时刻以瞬时真天极和瞬时真春分点为基准建立的天球坐标系称为历元真赤道坐标系 $O-X_{\mathrm{TOD}}Y_{\mathrm{TOD}}Z_{\mathrm{TOD}}$。

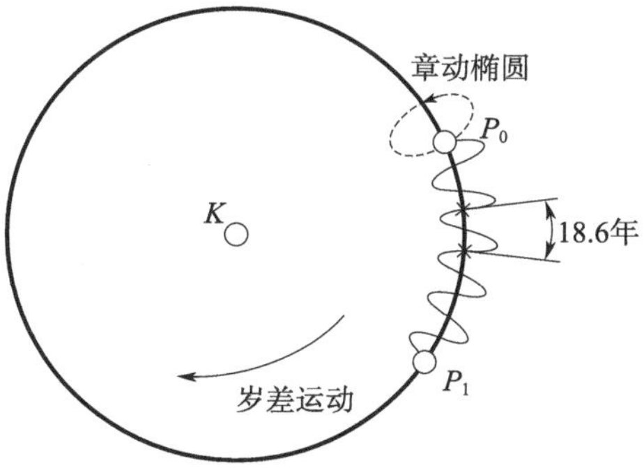

图 2-10 岁差和章动引起的天极运动

为了建立协议地球坐标系 CTS 与历元真赤道坐标系之间的联系，定义瞬时地球坐标系或称准地固系（Pesudo-Earth Fixed，PEF）$O-X_{\mathrm{PEF}}Y_{\mathrm{PEF}}Z_{\mathrm{PEF}}$， 自转轴与历元真赤道坐标系 Z 轴相同，主轴指向起始子午面与瞬时真赤道的交点。自转轴相对于地球的协议轴 CTP 位置改变称为极移，垂直于瞬时真赤道的地球自转轴定义为天球历元极（Celestial Ephemeris Pole，CEP），对应的子午面与赤道的交点为天球历元原点（Celestial Ephemeris Origin，CEO）。

各坐标系的转换关系如图 2-11 所示。

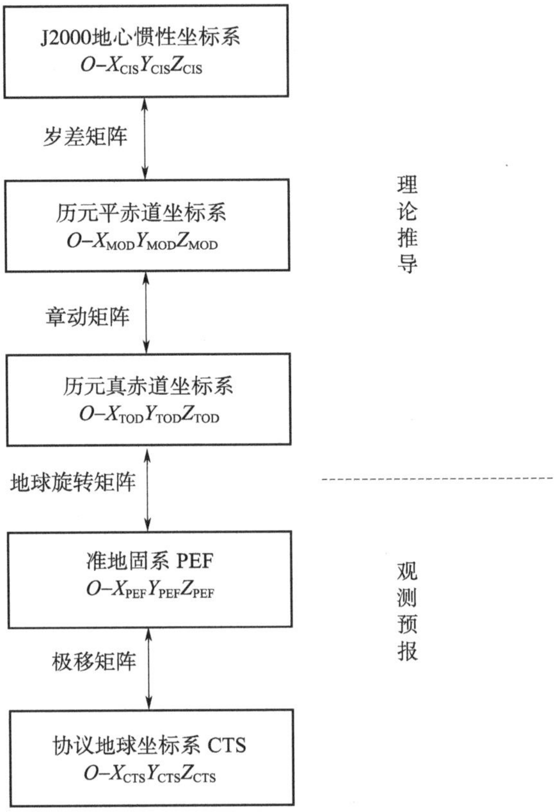

图 2-11 FK5 坐标系统转换

2.4.3.5 IAU2000 规约

IAU2000 理论主要用于国际地球参考坐标系 ITRF 与地心天球坐标系 GCRF 之间的转换（Vallado，2022）。FK5 理论中的 CEP 被重新定义为天球过渡极（Celestial Intermediate Pole，CIP），对应的位置 CEO 被重新定义为天球过渡原点（Celestial Intermediate Origin，CIO）。

ITRF 进行极移转换得到准地固系 PEF，还需要绕 CIP 旋转一个地球旋转角才能转到历元过渡参考坐标系（Intermediate Reference Frame of Epoch，IRE）。地球旋转角（Earth Rotation Angle，ERA）定义为 CIO 与地球历元原点（Terrestrial Ephemeris Origin，TEO）在 CIP 对应的瞬时真赤道面上的点形成的夹角，其中 TEO 为地球上的参考子午线上与赤道交点，如图 2-12 所示。最后，同时考虑岁差章动将 IRE 转换为 GCRF，如图 2-13 所示。

2.4.4 航天器基准坐标系统

航天器 VVLH 坐标系（Vehicle Velocity，Local Horizontal）如图 2-14 所示，原点为航天器质心，Z 轴指向地球质心，Y 轴为轨道面法线负方向，X 轴与其他两轴构成右

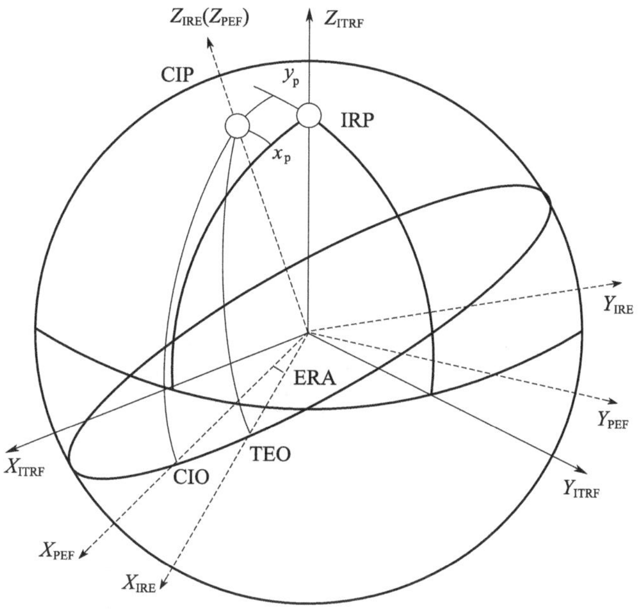

图 2-12　ITRF 与 PEF 之间的转换

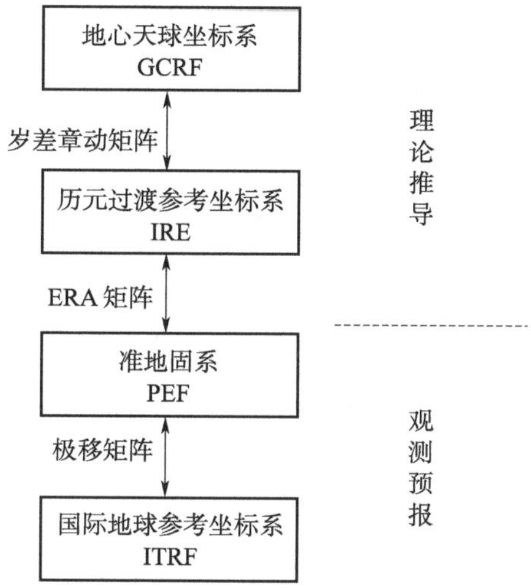

图 2-13　IAU2000 坐标系统转换

手系。

航天器 LVLH 坐标系（Local Vertical，Local Horizontal）如图 2-14 所示，也称为 RSW 或 RTN（Radial，Transverse/Along-track，Normal/Cross-track）或 RIC（Radial，In-Track，Cross-Track）坐标系。原点为航天器质心，R 轴沿地心到航天器质心方向，称为径向（Radial）；W 轴沿轨道面法线方向，称为法向（Normal）或横向（Cross-track）；S 轴沿当地水平指向速度方向，但并不一定平行于速度方向，称为迹向（Transverse 或 Along-track）。

航天器速度坐标系 VNC（Velocity－Normal－Conormal），原点为航天器质心，X 轴为航天器速度方向（In－track/Tangential），Y 轴为轨道面法线法向，Z 轴与另外两轴构成右手系，如图 2－14 所示。对于火箭等大气层内飞行器，速度坐标系通常采用另一种定义，原点为飞行器质心，X 轴为飞行器相对大气的速度方向，Y 轴在飞行器对称面上，取向上为正。

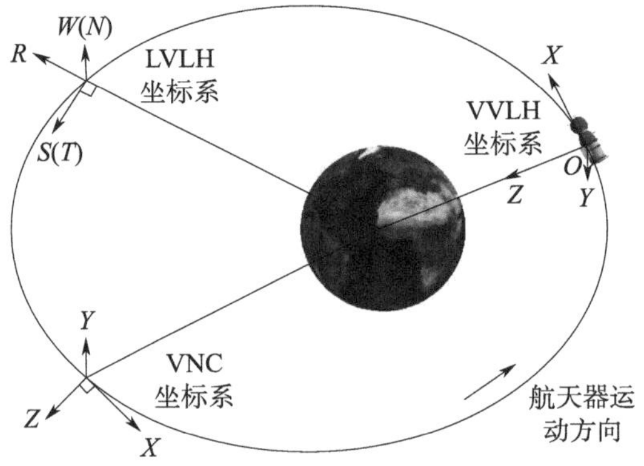

图 2－14　VVLH/RSW/VNC 坐标系

表 2－4 汇总了本节中常用的坐标系。

表 2－4　几类常用的坐标系定义

序号	名称	符号	原点	坐标轴或坐标
1	日心坐标系	HECS	日心	主轴平春分点、黄道平面
2	J2000 月心惯性坐标系	J2000 LCI	月心	主轴与 FK5 中 J2000 地心惯性坐标系平行
3	月心赤道惯性坐标系	LCI	月心	Z 轴根据 IAU 报告给定的 J2000 历元的月球北极值计算得到，X 轴为沿 Z 轴垂面与 J2000 XY 平面的交线
4	月固坐标系	LCF	月心	X 轴在月球赤道平面内，通过月面上的中央湾；Z 轴垂直于月球赤道平面，指向月球自转轴方向；Y 与其他两轴构成右手坐标系
5	地心惯性坐标系	ECI	地心	FK5 中坐标系历元为 2000 年 1 月 1.5 日的质心动力学时(TDB)，坐标原点在地球质心，基本平面为 J2000.0 平赤道，X 轴指向 J2000.0 平春分点，Z 轴沿基本平面的法线方向，Y 轴与 X 轴、Z 轴构成右手坐标系。IAU2000 理论中将地心天球坐标系 GCRF 作为标准地心惯性系
6	历元平赤道坐标系	MOD	地心	某一时刻的 Z 轴指向瞬时平天极和 X 轴指向瞬时平春分点建立的坐标系
7	历元真赤道坐标系	TOD	地心	某一时刻的 Z 轴指向瞬时真天极和 X 轴指向瞬时真春分点建立的坐标系
8	准地固坐标系	PEF	地心	Z 轴与瞬时真天球坐标系相同，主轴指向起始子午面(BIH 零子午面)与瞬时真赤道的交点

续表

序号	名称	符号	原点	坐标轴或坐标
9	地固坐标系	ECF	地心	Z 轴指向协议地极，X 轴在赤道平面内指向格林尼治子午线(BIH 零子午面)。可用大地坐标系 (h,ϕ_{gd},λ) 表示，可用大地直角坐标系表示，也可用赤经、赤纬表示
10	地平坐标系	ENZ	地面上某点	X 轴在水平面内正指向正东，Y 轴在水平面内正指向正北，Z 轴沿铅垂方向构成右手系
11	当地水平坐标系	LH	地面上某点	Z 轴垂直地球表面指向地心，X 轴与 Z 轴垂直指向北，Y 轴与其他两轴构成右手坐标系
12	发射坐标系	LC	地面发射点	X 轴在发射点水平面内，指向发射瞄准方向，Y 轴垂直于发射点水平面指向上方，Z 轴与其他两轴构成右手坐标系
13	发射惯性系	LCI	地面发射点	飞行器起飞瞬间，坐标原点与发射点重合，各坐标轴与发射坐标系各轴也相应重合。飞行器起飞后，坐标系原点及各轴方向在地心惯性系保持不动
14	航天器 VVLH 坐标系	VVLH	航天器质心	Z 轴指向地球质心，Y 轴为轨道面法线负方向，X 轴与其他两轴构成右手系
15	航天器 LVLH 坐标系	LVLH	航天器质心	X 轴为地心到航天器质心方向，Z 轴沿轨道面法线方向，Y 轴为沿速度方向的当地水平方向
16	航天器速度坐标系	VNC	航天器质心	对于火箭、导弹等航天器，通常定义为：X 轴为航天器速度方向，Z 轴为速度平面负法线方向，Y 轴与另外两轴构成右手系 对于卫星等航天器，通常定义为：X 轴为航天器速度方向，Y 轴为轨道面法线方向，Z 轴与另外两轴构成右手系
17	航天器体坐标系	BF	航天器质心	对于火箭、导弹等航天器，通常定义为：X 轴为航天器体对称轴，指向航天器的头部；Y 轴垂直 X 轴在航天器主对称面内，该平面在发射瞬时与发射系 OXY 平面重合；Z 轴垂直于主对称面，顺着发射方向看去，Z 轴指向右方 对于卫星等航天器，通常定义为：X 轴为航天器体对称轴，指向航天器的头部；Z 轴垂直 X 轴指向天底；Y 轴与其他两轴构成右手坐标系

2.5　坐标类型

2.5.1　坐标类型及仿真实现

航天系统仿真首先遇到的问题是如何确定飞行器在空间的位置。飞行器的位置必须相对某参考系描述，即只能确定一个飞行器相对参考坐标系的位置。对于确定的飞行器位置，可用不同形式的坐标来描述，例如直角坐标、柱坐标、球坐标等。在不同形式的坐标中，飞行器的位置描述需要定义不同的数据结构。

2.5.1.1　直角坐标

直角坐标是最常用的坐标类型，飞行器的位置、速度、加速度通常都以直角坐标形式给出。

直角坐标在 C++中可以采用两种方式表示。

1）数组。定义形式为

```
double vec[3];
```

2）类。定义形式为

```
class CVec {
    double m_Data[3];
}
```

数组和类两种方式都有各自的优缺点。数组方式简单易理解，但是存在内存溢出等安全隐患。类方式复杂，但可以进行内存溢出检查，并且可以在类中实现坐标转换等成员函数。因此，一般推荐采用类方式实现坐标。

直角坐标形式在 AstroLib 中实现为 CCoord 类。CCoord 类继承自 CVector 类，具备直接与矩阵类 CMatrix 执行乘法等运算的函数。CCoord 定义了 Rotate()和 RotateTo()系列函数实现不同坐标系之间的坐标转换。Rotate()和 RotateTo()系列函数采用函数重载机制，允许多个具有相同名称但不同参数列表的函数，可以适应欧拉角、四元数、转换矩阵等不同输入参数的坐标转换。

```
class CCoord:public CVector<double>
{
public:
    CCoord();
    CCoord(double x, double y, double z);
    CCoord(const CVector<double> &vec);
    virtual ~CCoord();
    void  Rotate(const CVector<double>& angle, const CVector<int>& seqFlag);
    void  Rotate(const double angle[], const int seqFlag[], int n);
    void  Rotate(const CQuaternion& quaternion);
    void  Rotate(double angle, int axFlag);
    void  Rotate(const CEuler& angle, int seqFlag);
    void  Rotate(const CCoord& axis, double angle);
    void  Rotate(const CMatrix<double>& mtx);
    const CCoord RotateTo(const CVector<double>& angle,
                const CVector<int>& flag) const;
    const CCoord RotateTo(const CQuaternion& quaternion) const;
```

```
    const CCoord RotateTo(double angle, int axFlag) const;
    const CCoord RotateTo(const CEuler& angle, int seqFlag) const;
    const CCoord RotateTo(const CCoord& axis, double angle) const;
    const CCoord RotateTo(const CMatrix<double>& mtx) const;
};
```

2.5.1.2　纬度经度半径（球坐标）

航天系统仿真中经常采用纬度、经度和半径三个分量表示一个点在地球上的位置，这就是一种球坐标表示方式。

球坐标等其他坐标类型也可以分为数组和类两种方式实现，AstroLib 中优先采用类实现。纬度经度半径在 AstroLib 中用类 CLatLonRad 实现。

```
class CLatLonRad
{
public:
    CLatLonRad();
    CLatLonRad(double lat, double lon, double rad);

public:
    double     m_Lat;     //纬度
    double     m_Lon;     //经度
    double     m_Rad;     //半径
};
```

2.5.1.3　纬度经度高度

航天系统仿真中经常采用纬度、经度和高度三个分量表示一个点在地球上的位置，这是一种球坐标表示的变化形式。

纬度存在地理纬度和地心纬度两种定义，如图 2-15 所示。飞行器和地心的连线与椭球赤道面的夹角称为飞行器的地心纬度（Geocentric Latitude），记为 ϕ_{gc}。过飞行器作椭球面的法线，该法线与赤道面的夹角称为飞行器的地理纬度（Geodetic Latitude）或大地纬度，记为 ϕ_{gd}。该法线与椭球面的交点为 P，从飞行器到点 P 的距离称为大地高（Geodetic Altitude），记为 h。飞行器大地子午面与起始子午面的夹角为经度 λ，从北极看逆时针为正。

纬度经度高度表示中的纬度对应的就是大地坐标（ϕ_{gd}，λ，h），其中 ϕ_{gd} 就是地理纬度，而纬度经度半径表示的中的纬度通常为地心纬度。

对于球形地球模型，地心纬度等同于地理纬度，对于回转椭球地球模型，地心纬度和

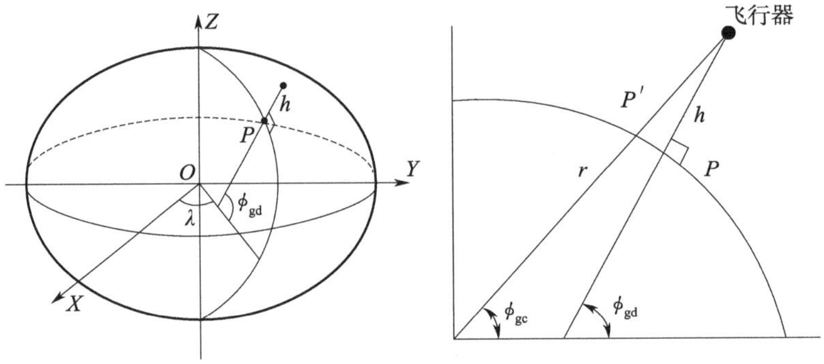

图 2－15　地心纬度和地理纬度

地理纬度不同。

AstroLib 中表示纬度经度高度的结构体为 CLatLonAlt。

```
class CLatLonAlt
{
public:
    CLatLonAlt();
    CLatLonAlt(double lat, double lon, double alt);


public:
    double    m_Lat;     // 纬度
    double    m_Lon;     // 经度
    double    m_Alt;     // 高
};
```

2.5.1.4　极（柱）坐标

坐标还可以通过柱坐标方式表示，AstroLib 中表示柱坐标的结构体为 CPolar3。

```
struct CPolar3
{
    double    m_Radius;    //极径
    double    m_Theta;     //极角
    double    m_Z;         //高
};
```

2.5.2 坐标类型转换及仿真实现

2.5.2.1 位置速度转换为纬度经度半径

根据位置 $\boldsymbol{r}=[x \quad y \quad z]^{\mathrm{T}}$ 计算纬度经度半径的公式为

$$\begin{cases} r=\sqrt{x^2+y^2+z^2} \\ \phi_{gc}=\arcsin\dfrac{z}{r} \\ \lambda=\arctan\dfrac{y}{x} \end{cases} \tag{2-8}$$

式中，r 为半径，λ 为经度，ϕ_{gc} 为地心纬度。

根据位置和速度 $\boldsymbol{v}$ 计算纬度经度半径变化率的公式为

$$\begin{cases} \dot{r}=\dfrac{\boldsymbol{r}\cdot\boldsymbol{v}}{r} \\ \dot{\phi}_{gc}=\dfrac{v_z-\dot{r}\sin\phi_{gc}}{r\cos\phi_{gc}} \\ \dot{\lambda}=\dfrac{v_x y-v_y x}{-x^2-y^2} \end{cases} \tag{2-9}$$

在 AstroLib 中，实现了位置速度转换为纬度经度半径的函数 AsCartToLLR()。函数实现中使用了 C 语言的 atan2()函数，atan2()函数与 atan()函数类似，但其输入两个参数 y 和 x ，可根据输入参数的正负号自动判断结果的范围，不再需要人工判断。其内部判断逻辑为：

1) $\mathrm{atan2}(y, x)=\arctan(\dfrac{y}{x})$ 。

2) 如果 $x<0$ 并且 $y>0$，$\lambda=\lambda+\pi$ 。

3) 如果 $x<0$ 并且 $y<0$，$\lambda=\lambda-\pi$ 。

```
void AsCartToLLR(
          const CCoord& cartPos,
          const CCoord& cartVel,
          CLatLonRad& llrPos,
          CLatLonRad& llrRate)
{
     double xy2   = cartPos[0] * cartPos[0] + cartPos[1] * cartPos[1];
     llrPos.m_Rad  = sqrt(xy2 + cartPos[2] * cartPos[2]);

     if (llrPos.m_Rad == 0)
     {
```

```
        llrPos.m_Lat = llrPos.m_Lon = 0;
    }
    else
    {
        llrPos.m_Lat = atan(cartPos[2] / sqrt(xy2));
        llrPos.m_Lon = atan2(cartPos[1], cartPos[0]);
    }

    if (llrPos.m_Rad==0)
    {
        llrRate.m_Lat = 0;
        llrRate.m_Lon = 0;
        llrRate.m_Rad = 0;
    }
    else if (xy2==0)
    {
        llrRate.m_Lat = 0;
        llrRate.m_Lon = 0;
        llrRate.m_Rad = (cartPos[2] * cartVel[2]) / llrPos.m_Rad;
    }
    else
    {
        llrRate.m_Lon = (cartVel[1] * cartPos[0] - cartVel[0] * cartPos[1]) / xy2;
        llrRate.m_Rad = (cartPos[0] * cartVel[0] + cartPos[1] * cartVel[1]
              + cartPos[2] * cartVel[2]) / llrPos.m_Rad;
        llrRate.m_Lat = (cartVel[2] - sin(llrPos.m_Lat) * llrRate.m_Rad)
              / (cos(llrPos.m_Lat) * llrPos.m_Rad);
    }
}
```

2.5.2.2 纬度经度半径转换为位置速度

根据纬度经度半径及其变化率计算位置速度的公式为

$$\begin{cases} x = r\cos\phi_{gc}\cos\lambda \\ y = r\cos\phi_{gc}\sin\lambda \\ z = r\sin\phi_{gc} \end{cases} \tag{2-10}$$

$$\begin{cases} v_x = \dot{r}\cos\phi_{gc}\cos\lambda - r\sin\phi_{gc}\cos\lambda\,\dot{\phi}_{gc} - r\cos\phi_{gc}\sin\lambda\dot{\lambda} \\ v_y = \dot{r}\cos\phi_{gc}\sin\lambda - r\sin\phi_{gc}\sin\lambda\,\dot{\phi}_{gc} + r\cos\phi_{gc}\cos\lambda\dot{\lambda} \\ v_z = \dot{r}\sin\phi_{gc} + r\cos\phi_{gc}\,\dot{\phi}_{gc} \end{cases} \tag{2-11}$$

在 AstroLib 中，实现了纬度经度半径转换为位置速度的函数 AsLLRToCart()。

```
void AsLLRToCart(const CLatLonRad& llrPos, const CLatLonRad& llrRate,
          CCoord& cartPos, CCoord& cartVel)
{
      double coslat        = cos(llrPos.m_Lat);
      double coslon        = cos(llrPos.m_Lon);
      double sinlat        = sin(llrPos.m_Lat);
      double sinlon        = sin(llrPos.m_Lon);
      double rcoslat       = llrPos.m_Rad * coslat;
      double rsinlat       = llrPos.m_Rad * sinlat;
      double dr_coslat     = llrRate.m_Rad * coslat;
      double rdlatsinlat = rsinlat * llrRate.m_Lat;
      double rdloncoslat = rcoslat * llrRate.m_Lon;
      cartPos[0]     = rcoslat * coslon;
      cartPos[1]     = rcoslat * sinlon;
      cartPos[2]     = rsinlat;
      cartVel[0]     = dr_coslat * coslon - rdlatsinlat * coslon - rdloncoslat * sinlon;
      cartVel[1]     = dr_coslat * sinlon - rdlatsinlat * sinlon + rdloncoslat * coslon;
      cartVel[2]     = llrRate.m_Rad * sinlat + rcoslat * llrRate.m_Lat;
}
```

2.5.2.3　位置转换为纬度经度高度

位置转换为纬度经度高度通常采用扁球形地球模型，经度采用以下公式计算

$$\lambda = \arctan\frac{y}{x} \tag{2-12}$$

纬度和高度需要采用迭代算法来计算，本书给出一种执行效率较高的迭代算法。在迭代求解地理纬度时，可以采用地心纬度作为初值。

Let $\phi_{gd} = \phi_{gc}$

LOOP

$$N = \frac{a_E}{\sqrt{1 - {e_E}^2\sin^2\phi_{gd}}}$$

$$\tan\phi_{gd}=\frac{z+Ne_E^2\sin\phi_{gd}}{\sqrt{x^2+y^2}}$$

UNTIL $\phi_{gd}-\phi_{gdold}<\text{Tolerance}$

$$h=\frac{\sqrt{x^2+y^2}}{\cos\phi_{gd}}-N$$

在 AstroLib 中，实现了位置转换为纬度经度高度的函数 AsOblCartToLLA()，其中 Obl 表示算法中采用了扁球形地球模型。

```
void AsOblCartToLLA ( const CCoord& cart, double radius, double flatFact,
CLatLonAlt& lla)
{
    const double EPS = 1.0e-13;

    double B,H,xy,newN,newB,ee,sinB;

    lla.m_Lon = atan2(cart[1], cart[0]);

    ee = 1.0 - AsSqr(1.0 - flatFact);
    xy = sqrt(cart[0] * cart[0] + cart[1] * cart[1]);
    H = cart.Norm() - radius * radius * (1 - flatFact);
    newB = atan( cart[2] / (xy * (1 - ee * radius/(radius + H))) );

    do
    {
        B = newB;
        sinB = sin(B);
        newN = radius/sqrt(1 - ee * AsSqr(sinB));
        newB = atan( (cart[2] + ee * newN * sinB) / xy );
    }while ( fabs(newB - B) > EPS );

    lla.m_Lat = newB;
    lla.m_Alt = xy/cos(newB) - newN;
}
```

2.5.2.4 纬度经度高度转换为位置

由大地坐标转换为直角坐标的公式为

$$\begin{cases} x=(N+h)\cos\phi_{gd}\cos\lambda \\ y=(N+h)\cos\phi_{gd}\sin\lambda \\ z=[N(1-e_E^2)+h]\sin\phi_{gd} \end{cases} \tag{2-13}$$

式中，e_E 为地球偏心率，N 为 P 点的卯酉圈曲率半径

$$N=\frac{a_E}{\sqrt{1-e_E^2\sin^2\phi_{gd}}} \tag{2-14}$$

式中，a_E 为地球赤道半径。

在 AstroLib 中，实现了纬度经度高度转换为位置的函数 AsOblLLAToCart()。

```
void AsOblLLAToCart ( const CLatLonAlt& lla, double radius, double flatFact,
CCoord& cart)
{
    double slat      = sin(lla.m_Lat);
    double ee        = 1.0 - AsSqr(1.0 - flatFact);
    double N         = radius/sqrt(1.0 - ee * AsSqr(slat));
    double temp      = (N + lla.m_Alt) * cos(lla.m_Lat);
    cart[0]          = temp * cos(lla.m_Lon);
    cart[1]          = temp * sin(lla.m_Lon);
    cart[2]          = (N * (1.0 - ee) + lla.m_Alt) * slat;
}
```

2.5.2.5　直角坐标（位置）转换为柱坐标

根据位置 $\boldsymbol{r}=[x \quad y \quad z]^T$ 计算柱坐标的公式为

$$\begin{cases} \rho=\sqrt{x^2+y^2} \\ \theta=\arctan\dfrac{y}{x} \\ z=z \end{cases} \tag{2-15}$$

式中，ρ 为极径，θ 为极角。

在 AstroLib 中，实现了位置转换为柱坐标的函数 AsCartToPolar()。

```
void AsCartToPolar(const CCoord& cart, CPolar3& polar)
{
    polar.m_Theta   = atan2(cart[1], cart[0]);
    polar.m_Radius  = sqrt(cart[0] * cart[0] + cart[1] * cart[1]);
    polar.m_Z       = cart[2];
}
```

2.5.2.6　柱坐标转换为直角坐标（位置）

根据柱坐标计算位置的公式为

$$\begin{cases} x = \rho\cos\theta \\ y = \rho\sin\theta \\ z = z \end{cases} \tag{2-16}$$

在 AstroLib 中，实现了纬度经度高度转换为位置的函数 AsPolarToCart()。

```
void AsPolarToCart(const CPolar3& polar, CCoord& cart)
{
    cart[0] = polar.m_Radius * cos(polar.m_Theta);
    cart[1] = polar.m_Radius * sin(polar.m_Theta);
    cart[2] = polar.m_Z;
}
```

参考文献

[1] Meeus J. Astronomical Algorithms (2nd Edition) [M]. Richmond, Virginia: Willmann-Bell, 1998.

[2] Velten K. Mathematical Modeling and Simulation: Introduction for Scientists and Engineers [M]. Hoboken, New Jersey: John Wiley & Sons, 2009.

[3] Vallado D A. Fundamentals of Astrodynamics and Applications (5th Eidtion) [M]. California: Microcosm Press, 2022.

[4] Wallace P T. SOFA Tools for Earth Attitude [R]. Paris, France: International Astronomical Union, 2007.

[5] 郗晓宁，曾国强，任萱，等．月球探测器轨道设计 [M]. 北京：国防工业出版社，2001.

[6] 郗晓宁，王威，高玉东．近地航天器轨道基础 [M]. 长沙：国防科技大学出版社，2003.

[7] 杨嘉墀，吕振铎．航天器轨道动力学与控制 [M]. 北京：中国宇航出版社，2001.

[8] 张守信．外弹道测量与卫星轨道测量基础 [M]. 北京：国防工业出版社，1992.

第3章　航天系统仿真模型

本章首先介绍航天器运动参数，包括质心运动学参数和姿态运动学参数两部分，其次介绍质心动力学模型及仿真实现，再次介绍姿态动力学模型及仿真实现，最后介绍空间环境模型和航天器其他模型。

3.1　航天器运动学参数

3.1.1　质心运动学参数

众所周知，描绘一个航天器在三维空间中的运动，最一般的运动学参数是每个时刻物体位置矢量 $\boldsymbol{r}$ 和速度矢量 $\boldsymbol{v}$，但描述航天器在空间的轨道运动时，由于位置矢量 $\boldsymbol{r}$ 和速度矢量 $\boldsymbol{v}$ 是时刻变化的，因此在使用中存在很多不便之处，这里给出了轨道根数、位置速度以及两行根数的描述方式，关于轨道运动学方面的内容，详见参考文献［7］（郗晓宁，2003）。

3.1.1.1　状态矢量（位置速度）

轨道参数可以用位置速度来描述，AstroLib 中采用 CCartState 表示航天器的位置速度。

```
class CCartState
{
public:
    CCoord3 m_Pos;      //position
    CCoord3 m_Vel;      //velocity
};
```

3.1.1.2　经典轨道根数

几百年前，开普勒推导了一种描述轨道的方法，可以用来描绘轨道的大小、形状、方位以及航天器的位置。描绘航天器的运动需要位置和速度 6 个独立的分量，因此开普勒定义了六个轨道根数，称为经典轨道根数（轨道要素），包括描述航天器轨道大小的半长轴 a，描述航天器轨道形状的偏心率 e，描述航天器轨道平面方位的轨道倾角 i 和升交点赤经 Ω，描述航天器轨道平面内方向的近拱点角距 ω 和描述航天器在轨道上位置的真近点角 f。

航天器轨道可以用各种参数来描述，除了经典轨道根数的 6 个参数外，还有很多等价的参数，如图 3 - 1 所示。

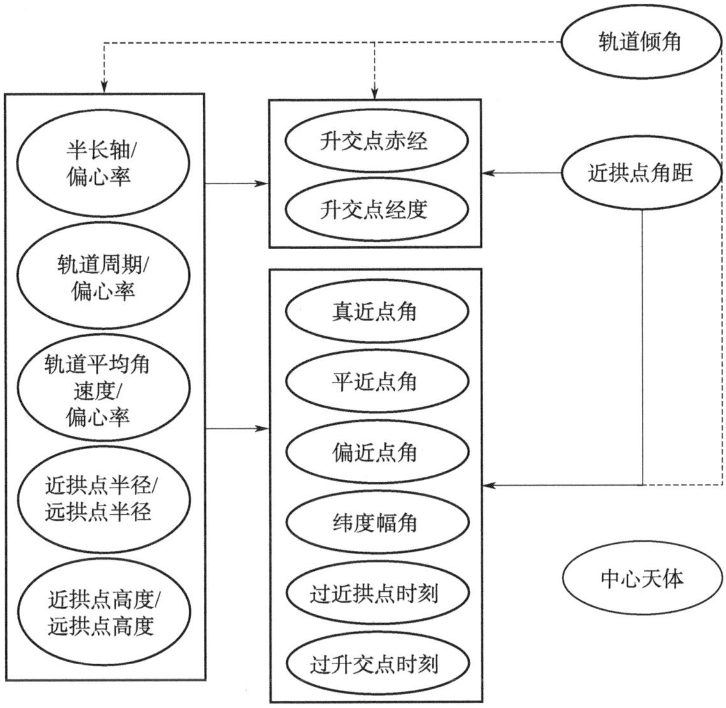

图 3 - 1　轨道根数的多种参数形式

（1）轨道形状参数

对于描述轨道大小和形状，常用的参数组合如下。

1）半长轴 a 和偏心率 e

2）轨道周期 T 与偏心率 e

$$T=2\pi\sqrt{\frac{a^3}{\mu}} \tag{3-1}$$

3）轨道平均运动角速度 n 与偏心率 e

$$n=\frac{2\pi}{T}=\sqrt{\frac{\mu}{a^3}} \tag{3-2}$$

4）近拱点半径 r_{peri} 与远拱点半径 r_{apo}

$$r_{\text{peri}}=a(1-e) \tag{3-3}$$

$$r_{\text{apo}}=a(1+e) \tag{3-4}$$

5）近拱点高度 h_{peri} 与远拱点高度 h_{apo}

$$h_{\text{peri}}=r_{\text{peri}}-a_{\text{E}} \tag{3-5}$$

$$h_{\text{apo}}=r_{\text{apo}}-a_{\text{E}} \tag{3-6}$$

式中，a_{E} 为地球半径。

(2) 轨道面空间指向参数

对于描述轨道面在空间指向的参数升交点赤经 Ω ，还可以用升交点经度（Longitude of Ascending Node）来替换。升交点赤经是从惯性系 x 轴方向度量到升交点的角度，升交点经度则是从地固系 x 轴方向度量到升交点的角度。

(3) 轨道具体位置参数

对于描述航天器在轨道上具体位置的参数真近点角 f ，通常进行替代的参数如下。

1) 偏近点角（Eccentric Anomaly）E

$$\tan\frac{f}{2}=\sqrt{\frac{1+e}{1-e}}\tan\frac{E}{2} \tag{3-7}$$

2) 平近点角（Mean Anomaly）M

$$M=E-e\sin E \tag{3-8}$$

3) 过近拱点时刻（Time Past Perigee）τ

$$M=n(t-\tau) \tag{3-9}$$

式中，t 表示平近点角等于 M 时的时间。

4) 过升交点时刻（Time Past Ascending Node）

5) 纬度幅角（Argument of Latitude）u

$$u=f+\omega \tag{3-10}$$

(4) 轨道参数变形

在某些特殊情况下，经典轨道根数必须进行变形。下面分别给出圆轨道、轨道在赤道平面内等特殊情况下的轨道根数定义。

1) $i=0$，轨道在赤道面内

此时升交点难以确定，因此引入近心点经度 θ，等于升交点赤经 Ω 和近拱点角距 ω 之和，定义为轨道偏心率矢量与地心惯性坐标系 x 轴的夹角。

2) $e=0$，轨道为圆轨道

真近点角由纬度幅角 u 来替代。

与纬度幅角 u 类似的一个参数为平纬度幅角（Mean Argument of Latitude）u_M ，其由近拱点角距 ω 和平近点角 M 确定，为 $u_M=\omega+M$ 。

3) $i=0$ 且 $e=0$，轨道为赤道面内圆轨道

轨道面与赤道面重合，同时又是圆轨道的情况，升交点和近拱点都不存在，引入真经度（True Longitude）λ_{true} ，其定义为升交点赤经 Ω 、近拱点角距 ω 和平近点角 M 的和，即 $\lambda_{true}=\Omega+\omega+f$；轨道为赤道面内圆轨道时，定义为地心惯性系 x 轴方向与航天器位置矢量的夹角。

与真经度 λ_{true} 类似的一个参数为平经度（Mean Longitude）λ_M ，其定义为升交点赤经 Ω 、近拱点角距 ω 和平近点角 M 的和，为 $\lambda_M=\Omega+\omega+M$。

AstroLib 中采用 COrbElem 表示经典轨道根数。

```
class COrbElem
{
public:
    COrbElem();
    COrbElem(double sMajAx, double ecc, double i, double raan, double argPeri,
    double trueA);

public:
    double  m_SMajAx;  ///< 长半轴
    double  m_Ecc;     ///< 偏心率
    double  m_I;       ///< 轨道倾角
    double  m_RAAN;    ///< 升交点赤经
    double  m_ArgPeri; ///< 近拱点角
    double  m_TrueA;   ///< 真近点角
};
```

3.1.1.3　修正轨道根数

采用经典轨道根数可以描述椭圆轨道，但是对于双曲线轨道和抛物线轨道则难以描述，因此，在仿真中经常采用一组称为修正轨道根数（Modefied Orbital Element）的参数 $\sigma=(r_{\mathrm{peri}}, e, i, \Omega, \omega, f)$。修正轨道根数与经典轨道根数的不同是用近拱点半径 r_{peri} 代替了轨道长半轴 a 。

AstroLib 中采用 CModOrbElem 表示修正轨道根数。

```
class CModOrbElem
{
public:
    CModOrbElem();
    CModOrbElem(double periRad, double ecc, double i, double raan, double argPeri,
    double trueA);

public:
    double  m_PeriRad;  ///<近拱点半径
    double  m_Ecc;      ///<偏心率
    double  m_I;        ///<轨道倾角
    double  m_RAAN;     ///<升交点赤经
    double  m_ArgPeri;  ///<近拱点角
    double  m_TrueA;    ///<真近点角
};
```

3.1.1.4 TLE数据格式及轨道预报模型

除了经典轨道根数外，也存在很多其他的描述形式。美国军方就采用两行根数来描述轨道。两行根数与经典轨道根数类似，但是并不等同。两行轨道根数（Two Line Element，TLE）是一组用于确定空间目标位置和速度的轨道数据。TLE以文本格式给出，由三行组成，其中第一行为空间物体的名字，在22个字符以内，其他两行为标准的两行轨道根数数据，由北美防空联合司令部（NORAD）制定格式标准，如图3－2和表3－1所示。

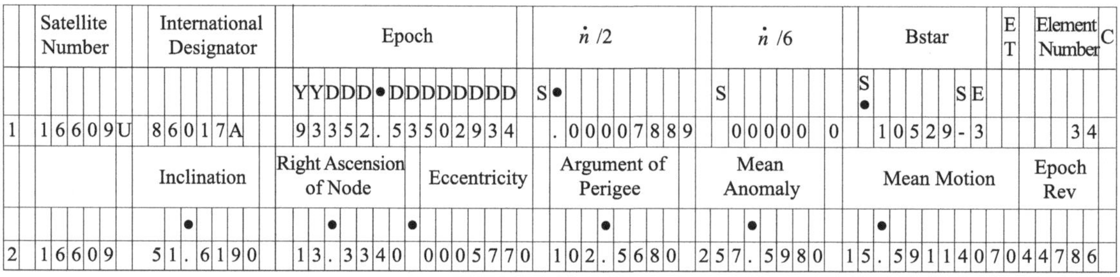

图3－2 两行根数

注：ET（Ephemeris Type），C（Check），S表示符号位，E表示指数，●表示小数点。

表3－1 两行根数格式的具体描述

行数	列数	数据描述
Line 1	01	TLE行号
	03～07	NORAD卫星编号
	08	是否保密:公开为U
	10～11	国际编号:年份的后两位
	12～14	国际编号:发射次数
	15～17	国际编号:发射物体编号
	19～20	历元年:年份的后两位
	21～32	历元时刻:年积日和该天的小数部分
	34～43	平均角速度一阶导数的1/2或弹道系数(取决于轨道模型)
	45～52	平均角速度二阶导数的1/6
	54～61	如果采用GP4摄动模型为BSTAR阻力系数,否则为辐射系数
	63	轨道模型
	65～68	目标第几组TLE
	69	校验位

续表

行数	列数	数据描述
Line 2	01	TLE 行号
	03～07	NORAD 卫星编号
	09～16	轨道倾角 [°]
	18～25	升交点赤经 [°]
	27～33	偏心率
	35～42	近拱点角 [°]
	44～51	平近点角 [°]
	53～63	轨道平均角速度[revs/day]
	64～68	历元时刻圈次
	69	校验位

TLE 考虑了地球扁率、日月引力的长期和周期摄动影响，以及大气阻力和引力共振产生的轨道衰减。TLE 是平根数，它用特定的方法去掉了周期扰动项，预测模型必须使用同样的方法重构这些扰动项，因此 TLE 并不适合于所有的解析解模型。目前与 TLE 数据相适应的计算模型是 SGP4/SDP4，使用的摄动模型主要是下列三种：

1）地球非球形引力摄动（低轨为带谐项 J_2、J_3 和 J_4，同步和半同步轨道还考虑了共振项）；

2）大气摄动模型（静止非自旋的球对称大气模型）；

3）日月引力摄动一阶项。

利用 SGP4/SDP4 近似解析模型计算空间目标位置速度的方法与通常利用平根数进行轨道计算的过程基本相同。主要计算步骤：首先，引入基本的参数系统；其次，TLE 数据恢复为平根数；再次，由平根数依次计算长期项、长周期项、短周期项；最后计算空间目标的位置与速度。

3.1.2　轨道参数转换

3.1.2.1　位置速度转换为轨道根数

假定已知航天器相对于地心赤道坐标系的位置和速度矢量，在地心赤道坐标系的 $\boldsymbol{I}$、$\boldsymbol{J}$、$\boldsymbol{K}$ 方向确定的情况下，可以求出相应的轨道根数。

动量矩矢量 $\boldsymbol{h}=\boldsymbol{r}\times\boldsymbol{v}$，升交点矢量 $\boldsymbol{n}=\boldsymbol{K}\times\boldsymbol{h}$，偏心率矢量 $\boldsymbol{e}$ 计算表达式为

$$\boldsymbol{e}=\frac{1}{\mu}\boldsymbol{v}\times\boldsymbol{h}-\frac{\boldsymbol{r}}{r} \tag{3-11}$$

由此，半长轴为

$$a=\frac{p}{1-e^2},\quad p=\frac{h^2}{\mu} \tag{3-12}$$

轨道倾角 i 满足

$$\cos i = \frac{h_K}{h} \tag{3-13}$$

轨道倾角总是小于等于 180°。

升交点赤经 Ω 满足

$$\cos\Omega = \frac{n_I}{n} \tag{3-14}$$

当 $n_I > 0$ 时，$\Omega < 180°$。

近拱点角 ω 满足

$$\cos\omega = \frac{\boldsymbol{n} \cdot \boldsymbol{e}}{ne} \tag{3-15}$$

当 $\boldsymbol{K} \cdot \boldsymbol{e} = e_K > 0$ 时，$\omega < 180°$（因在交点线的上半轨道面，$\boldsymbol{e}$ 与 $\boldsymbol{K}$ 夹角小于 90°，所以 $\omega < 180°$）。

特定时刻的真近点角 f 是 $\boldsymbol{e}$ 与瞬时矢径 $\boldsymbol{r}$ 之间的夹角，故有

$$\cos f = \frac{\boldsymbol{r} \cdot \boldsymbol{e}}{re} \tag{3-16}$$

当 $\boldsymbol{r} \cdot \boldsymbol{v} > 0$ 时，$f < 180°$（因在近拱点至远拱点是上升轨道，$\boldsymbol{r}$、$\boldsymbol{v}$ 夹角小于 90°，所以 $f < 180°$）。

特定时刻的升交点角距 u_0 是 r 与 n 之间的夹角，故有

$$\cos u_0 = \frac{\boldsymbol{r} \cdot \boldsymbol{n}}{rn} \tag{3-17}$$

当 $r_K > 0$ 时，$u_0 < 180°$（在上半轨道平面内 $\boldsymbol{r}$、$\boldsymbol{K}$ 夹角小于 90°，所以 $u_0 < 180°$）。

3.1.2.2　轨道根数转换为位置速度

由轨道根数计算位置矢量和速度矢量可以分两步走：第一步在近焦点坐标系中写出 $\boldsymbol{r}$ 和 $\boldsymbol{v}$ 的表达式；第二步，通过坐标转换由近焦点坐标系转换成地心赤道坐标系。

在轨道根数已知的情况下，可立即写出 $\boldsymbol{r}$ 在近焦点坐标系中的表达式为

$$\boldsymbol{r} = r\cos f\boldsymbol{P} + r\sin f\boldsymbol{Q} \tag{3-18}$$

式中，r 由圆锥曲线的极坐标方程给出，即

$$r = \frac{p}{1 + e\cos f} \tag{3-19}$$

$\boldsymbol{P}$、$\boldsymbol{Q}$ 在惯性系中的分量表示为

$$\boldsymbol{P} = \begin{bmatrix} \cos\Omega\cos\omega - \sin\Omega\sin\omega\cos i \\ \sin\Omega\cos\omega + \cos\Omega\sin\omega\cos i \\ \sin\omega\sin i \end{bmatrix}^{\mathrm{T}} \begin{bmatrix} \boldsymbol{i} \\ \boldsymbol{j} \\ \boldsymbol{k} \end{bmatrix}$$

$$\boldsymbol{Q} = \begin{bmatrix} -\cos\Omega\sin\omega - \sin\Omega\cos\omega\cos i \\ -\sin\Omega\sin\omega + \cos\Omega\cos\omega\cos i \\ \cos\omega\sin i \end{bmatrix}^{\mathrm{T}} \begin{bmatrix} \boldsymbol{i} \\ \boldsymbol{j} \\ \boldsymbol{k} \end{bmatrix} \tag{3-20}$$

对式（3-18）求导，即可求出速度矢量 $\boldsymbol{v}$。因 $\boldsymbol{P}$、$\boldsymbol{Q}$ 是常矢量，所以

$$\dot{\boldsymbol{r}}=\boldsymbol{v}=(\dot{r}\cos f-r\dot{f}\sin f)\boldsymbol{P}+(\dot{r}\sin f+r\dot{f}\cos f)\boldsymbol{Q} \tag{3-21}$$

将式（3－19）对 t 求导，并将 $h=r^2\dot{f}$ 、$p=h^2/\mu$ 关系代入，得

$$\dot{r}=\sqrt{\frac{\mu}{p}}e\sin f \tag{3-22}$$

又因为

$$r\dot{f}=\frac{h}{r}=\frac{\sqrt{p\mu}}{p/(1+e\cos f)}=\sqrt{\frac{\mu}{p}}(1+e\cos f) \tag{3-23}$$

将以上这些公式代入式（3－21），经简化后得

$$\boldsymbol{v}=\sqrt{\frac{\mu}{p}}[-\sin f\boldsymbol{P}+(e+\cos f)\boldsymbol{Q}] \tag{3-24}$$

3.1.3 姿态运动学参数

本节给出几种常用的姿态描述方式，姿态参数经常用于坐标旋转（Coordinate Rotation），也就是将同一个矢量在不同的坐标系下表示。坐标旋转不改变矢量的大小和方向，仅仅是矢量在坐标系投影的三个分量发生改变。坐标旋转和坐标平移（Translation）结合就是矢量的坐标转换。

3.1.3.1 方向余弦阵

（1）方向余弦阵定义

设空间有一右手正交参考坐标系 $Oxyz$ ，其各坐标轴上的单位矢量记为 $\boldsymbol{x}$、$\boldsymbol{y}$、$\boldsymbol{z}$ 。设一刚体航天器或航天器上的一个刚体部件上固连一个右手正交坐标系 $O'x'y'z'$ ，此坐标系各坐标轴上的单位矢量为 $\boldsymbol{x}'$、$\boldsymbol{y}'$、$\boldsymbol{z}'$ 。由于 $O'x'y'z'$ 相对于 $Oxyz$ 的定向和坐标原点 O 与 O' 的相对位置无关，因此下面假设 O 与 O' 相重合，并记为 O 。记 $\boldsymbol{x}'$，$\boldsymbol{y}'$，$\boldsymbol{z}'$ 在 $Oxyz$ 中的坐标为

$$\begin{cases}\boldsymbol{x}'=[x'_1\quad x'_2\quad x'_3]^{\mathrm{T}}, & x'_1=\boldsymbol{x}'\cdot\boldsymbol{x}, & x'_2=\boldsymbol{x}'\cdot\boldsymbol{y}, & x'_3=\boldsymbol{x}'\cdot\boldsymbol{z}\\ \boldsymbol{y}'=[y'_1\quad y'_2\quad y'_3]^{\mathrm{T}}, & y'_1=\boldsymbol{y}'\cdot\boldsymbol{x}, & y'_2=\boldsymbol{y}'\cdot\boldsymbol{y}, & y'_3=\boldsymbol{y}'\cdot\boldsymbol{z}\\ \boldsymbol{z}'=[z'_1\quad z'_2\quad z'_3]^{\mathrm{T}}, & z'_1=\boldsymbol{z}'\cdot\boldsymbol{x}, & z'_2=\boldsymbol{z}'\cdot\boldsymbol{y}, & z'_3=\boldsymbol{z}'\cdot\boldsymbol{z}\end{cases}$$

并记

$$\boldsymbol{T}=\begin{bmatrix}x'_1 & x'_2 & x'_3\\ y'_1 & y'_2 & y'_3\\ z'_1 & z'_2 & z'_3\end{bmatrix}$$

则称 $\boldsymbol{T}$ 为 $O'x'y'z'$ 在 $Oxyz$ 中的方向余弦阵（Direct Cosine Transformation Matrix），它完全确定了该刚体在参考系 $Oxyz$ 中的定向。方向余弦阵也称为转换矩阵（Transformation Matrix）、姿态矩阵、变换矩阵、转移矩阵、旋转矩阵。

$\boldsymbol{T}$ 是一个行列式值为 1 的正交矩阵，它的 9 个元素是不独立的，仅有 3 个独立变量。

用方向余弦阵 $\boldsymbol{T}$ 来描述姿态是姿态描述方法之一，它有一定的优点，进行坐标变换时计算比较容易，不含三角函数，$\boldsymbol{T}$ 的导数矩阵有紧凑的形式。但它也有不便之处，如 9 个

参数不独立，即使给定了其中独立的 3 个参数，也并不一定能唯一确定 $\boldsymbol{T}$，而有多重解。另外，它的几何直观性差，不能直接看出坐标系之间转动的几何关系。

（2）基元方向余弦阵

任意两个空间坐标系之间的关系可以通过一组欧拉（Euler）角表示，从一个坐标系到另一个坐标系的变换是根据这组 Euler 角依次旋转得到。任意坐标系方向余弦阵都可以通过基元方向余弦阵（也称为基元旋转矩阵或基元转换矩阵）相乘得到。这一特点在仿真编程时非常重要，只需要编写 3 个计算基元方向余弦阵的函数，其他所有坐标方向余弦阵都可以通过调用这 3 个计算函数得到。

$\boldsymbol{T}_1(\alpha)$ 是绕 x 轴旋转的基元方向余弦阵

$$\boldsymbol{T}_1(\alpha)=\begin{bmatrix}1 & 0 & 0\\ 0 & \cos\alpha & \sin\alpha\\ 0 & -\sin\alpha & \cos\alpha\end{bmatrix} \tag{3-25}$$

$\boldsymbol{T}_2(\alpha)$ 是绕 y 轴旋转的基元方向余弦阵

$$\boldsymbol{T}_2(\alpha)=\begin{bmatrix}\cos\alpha & 0 & -\sin\alpha\\ 0 & 1 & 0\\ \sin\alpha & 0 & \cos\alpha\end{bmatrix} \tag{3-26}$$

$\boldsymbol{T}_3(\alpha)$ 是绕 z 轴旋转的基元方向余弦阵

$$\boldsymbol{T}_3(\alpha)=\begin{bmatrix}\cos\alpha & \sin\alpha & 0\\ -\sin\alpha & \cos\alpha & 0\\ 0 & 0 & 1\end{bmatrix} \tag{3-27}$$

（3）方向余弦阵仿真实现

AstroLib 采用矩阵类 CMatrix<double>表示方向余弦阵。

考虑跟踪问题，地面站 B 上的天线 A 跟踪导弹 T，然后将测量信息发送到卫星 S 上（见图 3-3），上行到卫星的信息包括 $\boldsymbol{T}_{A\to T}$、$\boldsymbol{T}_{A\to B}$ 和 $\boldsymbol{T}_{S\to B}$。卫星如何处理这些数据得到导弹相对卫星本体坐标系的转移矩阵 $\boldsymbol{T}_{S\to T}$？

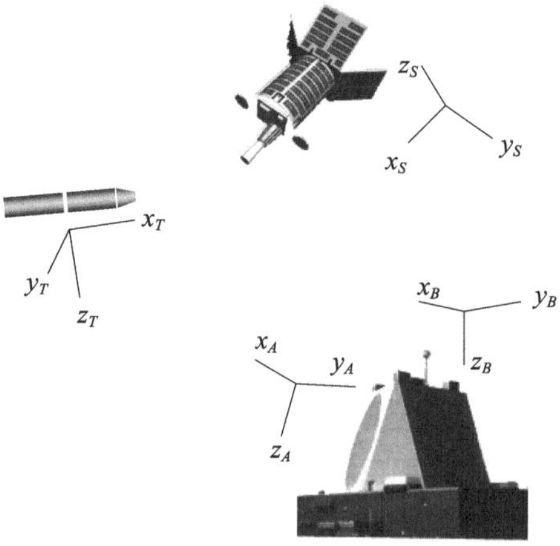

图 3-3　地面站测控站跟踪导弹并上行数据到卫星

根据坐标转换矩阵的传递性质，得到

$$\begin{aligned} \boldsymbol{T}_{S\to T} &= \boldsymbol{T}_{A\to T}\boldsymbol{T}_{B\to A}\boldsymbol{T}_{S\to B} \\ &= \boldsymbol{T}_{A\to T}\boldsymbol{T}_{A\to B}^{-1}\boldsymbol{T}_{S\to B} \end{aligned} \tag{3-28}$$

3.1.3.2　Euler 角

描述坐标系间的转换关系最直接的方式是从一个坐标系到另一个坐标系的一组 Euler 角。欧拉法采用 3 个 Euler 角表征两个坐标系之间的转换关系。按照转动顺序，Euler 角分为两类。

1）第一类：每次转动都是绕不同类别的坐标轴进行的。用 1 表示绕 x 轴转动，用 2 表示绕 y 轴转动，用 3 表示绕 z 轴转动，则此类转动包括 123、132、213、232、312、321 六种转动。

2）第二类：第一次和第三次是绕同类坐标轴进行的，而第二次转动是绕另两个坐标轴中的某一轴进行的，包括 121、131、212、232、313、323 六种。

例如，在航天器轨道坐标系 $O_Lx_Ly_Lz_L$ 中，航天器质心坐标系 $O_cx_cy_cz_c$ 的方位使用俯仰角、偏航角和滚转角来描述。从轨道坐标系到质心坐标系有两种常用的转动方式。

方式一：先把 $O_Lx_Ly_Lz_L$ 沿 O_Lz_L 转动角度 ϕ 得到坐标系 $O_Lx_L'y_L'z_L$，再沿 O_Ly_L' 轴转动角 θ 度得到坐标系 $O_Lx_c'y_L'z_L'$，然后沿 O_Lx_c' 轴转动角度 ψ 得到坐标系 $O_Lx_c'y_c'z_c'$，最后通过平移得到坐标系 $O_cx_cy_cz_c$，这就是通常所说的按 3－2－1 顺序旋转，也是目前最为常用的一种转换方式，得到的变换矩阵为

$$\begin{aligned} \boldsymbol{T}_{321} &= \boldsymbol{T}_1(\psi)\boldsymbol{T}_2(\theta)\boldsymbol{T}_3(\phi) \\ &= \begin{bmatrix} 1 & 0 & 0 \\ 0 & \cos\psi & \sin\psi \\ 0 & -\sin\psi & \cos\psi \end{bmatrix} \begin{bmatrix} \cos\theta & 0 & -\sin\theta \\ 0 & 1 & 0 \\ \sin\theta & 0 & \cos\theta \end{bmatrix} \begin{bmatrix} \cos\phi & \sin\phi & 0 \\ -\sin\phi & \cos\phi & 0 \\ 0 & 0 & 1 \end{bmatrix} \end{aligned} \tag{3-29}$$

方式二：先把 $O_Lx_Ly_Lz_L$ 沿 O_Ly_L 转动角度 ϕ 得到坐标系 $O_Lx_L'y_Lz_L'$，再沿 O_Lz_L' 轴转动角度 θ 得到坐标系 $O_Lx_c'y_c'z_L'$，然后沿 O_Lx_c' 轴转动角度 ψ 得到坐标系 $O_Lx_c'y_c'z_c'$，最后通过平移得到坐标系 $O_cx_cy_cz_c$，这就是通常所说的按 2－3－1 顺序旋转，得到的变换矩阵为

$$\begin{aligned} \boldsymbol{T}_{231} &= \boldsymbol{T}_1(\psi)\boldsymbol{T}_3(\theta)\boldsymbol{T}_2(\phi) \\ &= \begin{bmatrix} 1 & 0 & 0 \\ 0 & \cos\psi & \sin\psi \\ 0 & -\sin\psi & \cos\psi \end{bmatrix} \begin{bmatrix} \cos\theta & \sin\theta & 0 \\ -\sin\theta & \cos\theta & 0 \\ 0 & 0 & 1 \end{bmatrix} \begin{bmatrix} \cos\phi & 0 & -\sin\phi \\ 0 & 1 & 0 \\ \sin\phi & 0 & \cos\phi \end{bmatrix} \end{aligned} \tag{3-30}$$

坐标变换矩阵为单位正交矩阵，即 $\boldsymbol{T}_i^{\mathrm{T}} = \boldsymbol{T}_i^{-1}$（$i$ 为 321 或 231）。因此，航天器轨道坐标系矢量 $\boldsymbol{v}_L$ 到航天器质心坐标系矢量 $\boldsymbol{v}_c$ 的变换关系为 $\boldsymbol{v}_c = \boldsymbol{T}_i\boldsymbol{v}_L$。

用 Euler 角表示姿态，其优点是几何直观明显，小角度线性运算简便，缺点是包含三角函数，有奇点，即当列写运动方程时，用本体角速度分量求解 Euler 角时，运动微分方程会出现如式（3－92）中 $\tan\theta$ 趋于无穷大、姿态角存在多值等奇异情况。

AstroLib 中采用 CEuler 表示欧拉角。

```
class CEuler
{
public:
    CEuler();
    CEuler(double ang1, double ang2, double ang3);
    virtual ~CEuler();

    void ToMtx (int seqFlag, CMatrix<double>& mtx) const;
    void ToQuat(int seqFlag, CQuaternion& quat) const;

public:
    double  m_Angle1;  ///< 第一个角
    double  m_Angle2;  ///< 第二个角
    double  m_Angle3;  ///< 第三个角
};
```

3.1.3.3 四元数

姿态参数的另一种表示法为四元数。四元数起源于 19 世纪 40 年代，Hamilton 企图仿照平面问题用复数理论来研究空间矢量，建立了四元数代数。之后，由于它少量的简单应用未能解决任何工程实际问题，所以几乎整整一个世纪没有得到任何发展。自 20 世纪 60 年代开始，随着航空航天领域航天器姿态研究工作的迅速发展，特别是捷联惯性制导系统的发展，发现用 Euler 角描述航天器姿态有奇异点，于是广泛采用了变量为四个的四元数方法。

(1) 四元数的定义

四元数是有四个元素的超复数，即

$$\boldsymbol{q}=q_0+q_1\boldsymbol{i}+q_2\boldsymbol{j}+q_3\boldsymbol{k} \tag{3-31}$$

式中，$\boldsymbol{i}$、$\boldsymbol{j}$、$\boldsymbol{k}$ 是虚数单位。如果 $q_0^2+q_1^2+q_2^2+q_3^2=1$，则称 $\boldsymbol{q}$ 为单位范化的四元数。q_0 称为四元数的标部，q_1、q_2、q_3 称为四元数的矢部。当矢部等于零，四元数便退化为标部；当标部等于零，四元数便退化为矢部。但是矢部不是简单等于矢量，而具有其特定的运算法则。

$\boldsymbol{i}$、$\boldsymbol{j}$、$\boldsymbol{k}$ 满足如下运算法则

$$\begin{aligned}&\boldsymbol{i}^2+\boldsymbol{j}^2+\boldsymbol{k}^2=-1\\&\boldsymbol{jk}=-\boldsymbol{kj}=\boldsymbol{i}\\&\boldsymbol{ki}=-\boldsymbol{ik}=\boldsymbol{j}\\&\boldsymbol{ij}=-\boldsymbol{ji}=\boldsymbol{k}\end{aligned} \tag{3-32}$$

(2) 四元数的运算

定义 $\boldsymbol{q}^{*}=q_0-q_1\boldsymbol{i}-q_2\boldsymbol{j}-q_3\boldsymbol{k}$，称 $\boldsymbol{q}^{*}$ 为 $\boldsymbol{q}$ 的共轭四元数。

设 $\boldsymbol{p}$ 、$\boldsymbol{q}$ 为任意两个四元数

$$\begin{aligned}\boldsymbol{p}&=p_0+p_1\boldsymbol{i}+p_2\boldsymbol{j}+p_3\boldsymbol{k}\\ \boldsymbol{q}&=q_0+q_1\boldsymbol{i}+q_2\boldsymbol{j}+q_3\boldsymbol{k}\end{aligned} \tag{3-33}$$

则 $\boldsymbol{p}$ 、$\boldsymbol{q}$ 的相加定义为

$$\boldsymbol{p}+\boldsymbol{q}=(p_0+q_0)+(p_1+q_1)\boldsymbol{i}+(p_2+q_2)\boldsymbol{j}+(p_3+q_3)\boldsymbol{k} \tag{3-34}$$

易证四元数满足以下定律

交换律

$$\boldsymbol{p}+\boldsymbol{q}=\boldsymbol{q}+\boldsymbol{p} \tag{3-35}$$

结合律

$$(\boldsymbol{p}+\boldsymbol{q})+\boldsymbol{u}=\boldsymbol{p}+(\boldsymbol{q}+\boldsymbol{u}) \tag{3-36}$$

对实数乘法的分配律

$$d(\boldsymbol{p}+\boldsymbol{q})=d\boldsymbol{p}+d\boldsymbol{q} \tag{3-37}$$

式中，d 为任意实数。

四元数 $\boldsymbol{p}$ 、$\boldsymbol{q}$ 的相乘定义为

$$\begin{aligned}\boldsymbol{pq}&=(p_0+p_1\boldsymbol{i}+p_2\boldsymbol{j}+p_3\boldsymbol{k})(q_0+q_1\boldsymbol{i}+q_2\boldsymbol{j}+q_3\boldsymbol{k})\\ &=(p_0q_0-p_1q_1-p_2q_2-p_3q_3)+(p_0q_1+p_1q_0+p_2q_3-p_3q_2)\boldsymbol{i}\\ &\quad+(p_0q_2+p_1q_0+p_3q_1-p_1q_3)\boldsymbol{j}+(p_0q_3+p_3q_0+p_1q_2-p_2q_1)\boldsymbol{k}\end{aligned} \tag{3-38}$$

四元数乘法不满足交换律，但易证乘法满足结合律和分配律。

四元数乘法仍为四元数，可用矩阵形式表示为

$$\boldsymbol{p}=[p_0\quad p_1\quad p_2\quad p_3]^{\mathrm{T}}$$

$$\boldsymbol{q}=[q_0\quad q_1\quad q_2\quad q_3]^{\mathrm{T}}$$

$$\boldsymbol{pq}=\begin{bmatrix}p_0&-p_1&-p_2&-p_3\\p_1&p_0&-p_3&p_2\\p_2&p_3&p_0&-p_1\\p_3&-p_2&p_1&p_0\end{bmatrix}\begin{bmatrix}q_0\\q_1\\q_2\\q_3\end{bmatrix} \tag{3-39}$$

或

$$\boldsymbol{pq}=\begin{bmatrix}q_0&-q_1&-q_2&-q_3\\q_1&q_0&q_3&-q_2\\q_2&-q_3&q_0&q_1\\q_3&q_2&-q_1&q_0\end{bmatrix}\begin{bmatrix}p_0\\p_1\\p_2\\p_3\end{bmatrix} \tag{3-40}$$

注意上面两式的系数矩阵的对角元素均为标部元素，非对角元素具有反对称形式，且第一行与第一列元素的下标取递增形式。

定义

$$qq^* = q_0^2 + q_1^2 + q_2^2 + q_3^2 = N(q) \tag{3-41}$$

$N(\boldsymbol{q})$ 称为四元数 $\boldsymbol{q}$ 的范数。

(3) 用四元数表示坐标变换

设 $\boldsymbol{r}_1$、$\boldsymbol{r}_2$、$\boldsymbol{r}_3$ 分别表示同一个矢量在三个坐标系中的分量表示，则

$$\begin{aligned} \boldsymbol{r}_2 &= \boldsymbol{q}_{12}{}^* \boldsymbol{r}_1 \boldsymbol{q}_{12} \\ \boldsymbol{r}_3 &= \boldsymbol{q}_{23}{}^* \boldsymbol{r}_2 \boldsymbol{q}_{23} \end{aligned} \tag{3-42}$$

式中，$\boldsymbol{q}_{12}$ 表示从 $\boldsymbol{r}_1$ 所在坐标系到 $\boldsymbol{r}_2$ 所在坐标系的四元数，$\boldsymbol{q}_{23}$ 表示从 $\boldsymbol{r}_2$ 所在坐标系到 $\boldsymbol{r}_3$ 所在坐标系的四元数。从 $\boldsymbol{r}_1$ 所在坐标系到 $\boldsymbol{r}_3$ 所在坐标系的四元数为

$$\boldsymbol{q}_{12} = \boldsymbol{q}_1 \boldsymbol{q}_2 \tag{3-43}$$

(4) 误差修正

在数值计算中，由于计算误差，四元数分量值有可能不会严格地满足单位范化约束方程，因此，在数值计算中不用 $\boldsymbol{q}$ 而用其修正值

$$\boldsymbol{q}' = \frac{\boldsymbol{q}}{\sqrt{q_0^2 + q_1^2 + q_2^2 + q_3^2}} \quad (i = 0,1,2,3) \tag{3-44}$$

(5) 基元四元数

定义只绕 x 、y 或 z 轴转动一次的四元数为基元四元数。

$\boldsymbol{q}_1(\alpha)$ 是绕 x 轴旋转的基元四元数

$$\boldsymbol{q}_1(\alpha) = \cos\frac{\alpha}{2} + \sin\frac{\alpha}{2}\boldsymbol{i} \tag{3-45}$$

$\boldsymbol{q}_2(\alpha)$ 是绕 y 轴旋转的基元四元数

$$\boldsymbol{q}_2(\alpha) = \cos\frac{\alpha}{2} + \sin\frac{\alpha}{2}\boldsymbol{j} \tag{3-46}$$

$\boldsymbol{q}_3(\alpha)$ 是绕 z 轴旋转的基元四元数

$$\boldsymbol{q}_3(\alpha) = \cos\frac{\alpha}{2} + \sin\frac{\alpha}{2}\boldsymbol{k} \tag{3-47}$$

根据基元四元数进行组合，可以得到任意转序 Euler 角对应的四元数计算公式。

(6) 四元数仿真实现

AstroLib 中采用 CQuaternion 表示航天器的四元数，该类实现了四元数的运算和四元数与 Euler 角、方向余弦阵的计算。

```
class CQuaternion
{
public:
    CQuaternion();
    CQuaternion(double e, double x, double y, double z);
    virtual ~CQuaternion();

    inline    double    operator [](int i) const;
```

```
    inline    double&    operator [](int i);
    const CQuaternion operator +() const;
    const CQuaternion operator -() const;
    const CQuaternion& operator+ =(const CQuaternion& q);
    const CQuaternion operator +(const CQuaternion& q) const;
    const CQuaternion& operator- =(const CQuaternion& q);
    const CQuaternion operator -(const CQuaternion& q) const;
    const CQuaternion& operator* =(const CQuaternion& q);
    const CQuaternion operator *(const CQuaternion& q) const;
    const CQuaternion& operator* =(double d);
    const CQuaternion operator *(double d) const;
    const CQuaternion& operator/ =(double d);
    const CQuaternion operator /(double d) const;

    bool operator= =(const CQuaternion& q) const;
    bool operator! =(const CQuaternion& q) const;

    const CQuaternion Conjugate() const;
    const CQuaternion Invert() const;
    double Norm() const;
    void Unit();
    void FromEuler(double angle, int axFlag);
    void FromEuler(const CEuler& euler, int seqFlag);
    void FromEuler(const CVector<double>& angle, const CVector<int>&
    seqFlag);
    void FromAxAng(const CCoord& axis, double angle);
    void FromMtx(const CMatrix<double>& mtx);
    void ToAxAng(CCoord& axis, double& angle) const;
    void ToMtx(CMatrix<double>& mtx) const;

public:
    double  m_Qx;///< x
    double  m_Qy;///< y
    double  m_Qz;///< z
    double  m_Qs;///< s
};
```

3.1.3.4 Euler 轴/角

因矩阵 $\boldsymbol{T}$ 可以作为从坐标系 $Oxyz$ 到 $O'x'y'z'$ 的方向余弦阵，而 $\boldsymbol{T}$ 是实正交的，行列式为 1，因而 $\boldsymbol{T}$ 是一个绕 O 点的旋转变换。存在单位特征矢量 $\boldsymbol{s}$ ，使 $\boldsymbol{Ts}=\boldsymbol{s}$ 。等式 $\boldsymbol{Ts}=\boldsymbol{s}$ 表示 $\boldsymbol{s}$ 在这一旋转变换中是不变的。因而这一旋转变换是绕 $\boldsymbol{s}$ 轴的一个旋转。这就论证了 Euler 定理：刚体绕固定点的任一转动可绕通过此点的某一轴转动一个角度而得到。于是可以由定轴 $\boldsymbol{s}$ 及旋转的角度 ϕ 来描述 $O'x'y'z'$ 相对 $Oxyz$ 的姿态，共有四个参数：$\boldsymbol{s}=[s_x \quad s_y \quad s_z]^{\mathrm{T}}$ ，ϕ 。其中 s_x、s_y、s_z 满足约束条件 $s_x^2+s_y^2+s_z^2=1$。s_x、s_y、s_z、ϕ 称为 Euler 轴/角姿态参数。

3.1.3.5 双欧法

双欧法是我国学者黄雪樵首先提出的。严格说，双欧法不是一种独立的方法，它只是一种避开 Euler 方程求解中奇异性的有效措施。

以 321 顺序转动的 Euler 角进行说明。设从惯性系到航天器体坐标系需要经过顺序为 321 的三次坐标变换，对应的角度为偏航角、俯仰角、滚转角分别记为 ψ 、θ 、ϕ ，称为正 Euler 角。对应的 Euler 运动方程为

$$\begin{cases}\dot{\psi}=\dfrac{\omega_y\cos\phi-\omega_z\sin\phi}{\cos\theta}\\ \dot{\theta}=\omega_y\sin\phi+\omega_z\cos\phi\\ \dot{\phi}=\omega_x-\dot{\psi}\sin\theta\end{cases} \tag{3-48}$$

当 $\theta=\pm 90°$ 时，$\cos\theta=0$，方程出现奇异；当 $\theta=0°$ 或 $\theta=\pm 180°$ 附近时求解精度高，为方程的精华区。如果改变坐标变换顺序为 312，对应的偏航角、滚转角和俯仰角记为 ψ_r 、ϕ_r 、θ_r ，称为反 Euler 角，则其 Euler 运动方程为

$$\begin{cases}\dot{\psi}_r=\dfrac{\omega_x\cos\theta_r-\omega_y\sin\theta_r}{\cos\phi_r}\\ \dot{\phi}_r=\omega_z\cos\theta_r+\omega_z\cos\phi_r\\ \dot{\theta}_r=\omega_z+\dot{\psi}_r\sin\phi_r\end{cases} \tag{3-49}$$

称为反 Euler 方程。反 Euler 方程也存在奇异性。即当 $\phi_r=\pm 90°$ 时，$\cos\phi_r=0$，方程无法求解。

上述两组方程尽管都有奇异点，但二者正好差一个相位（精华区也是），双欧法将这两组方程结合起来使用，不但避开了 Euler 的奇异性困扰，而且巧妙地利用其精华区提高了求解精度。

3.1.4 姿态参数转换

3.1.4.1 四元数转换为 Euler 角

从四元数到 Euler 角的转换，可分别比较式（3-55）和（3-29）、（3-30）。

按 3-2-1($\phi-\theta-\psi$) 顺序旋转，得到由 Euler 角求四元数分量的公式为

$$\begin{cases} \tan\phi = \dfrac{2q_0q_3 + 2q_1q_2}{q_0^2 + q_1^2 - q_2^2 - q_3^2}, -\pi \leqslant \phi < \pi \\ \sin\theta = 2q_0q_2 - 2q_1q_3, -\dfrac{\pi}{2} \leqslant \theta \leqslant \dfrac{\pi}{2} \\ \tan\psi = \dfrac{2q_0q_1 + 2q_2q_3}{q_0^2 - q_1^2 - q_2^2 + q_3^2}, -\pi \leqslant \psi < \pi \end{cases} \tag{3-50}$$

按 3-1-2($\phi-\theta-\psi$) 顺序旋转，得到由 Euler 角求四元数分量的公式为

$$\begin{cases} \tan\phi = \dfrac{2q_0q_2 - 2q_1q_3}{q_0^2 + q_1^2 - q_2^2 - q_3^2}, -\pi \leqslant \phi < \pi \\ \sin\theta = 2q_0q_3 + 2q_1q_2, -\dfrac{\pi}{2} \leqslant \theta \leqslant \dfrac{\pi}{2} \\ \tan\psi = \dfrac{2q_0q_1 - 2q_2q_3}{q_0^2 - q_1^2 + q_2^2 - q_3^2}, -\pi \leqslant \psi < \pi \end{cases} \tag{3-51}$$

其他转序 Euler 角计算四元数的公式可以类似推导。

3.1.4.2 Euler 角转换为四元数

(1) Euler 角到四元数的转换关系

Euler 角到四元数的转换关系可作如下推导。以 3-2-1($\phi-\theta-\psi$) 顺序旋转为例，三次转动的四元数表示为

$$\begin{aligned} \tilde{\boldsymbol{q}}_\phi &= \sin\frac{\phi}{2}\boldsymbol{k} + \cos\frac{\phi}{2} \\ \tilde{\boldsymbol{q}}_\theta &= \sin\frac{\theta}{2}\boldsymbol{j} + \cos\frac{\theta}{2} \\ \tilde{\boldsymbol{q}}_\psi &= \sin\frac{\psi}{2}\boldsymbol{i} + \cos\frac{\psi}{2} \end{aligned} \tag{3-52}$$

三次转动后航天器体坐标系的最终姿态可用四元数乘积表示为

$$\begin{aligned} \boldsymbol{q} &= \tilde{\boldsymbol{q}}_\phi \tilde{\boldsymbol{q}}_\theta \tilde{\boldsymbol{q}}_\psi \\ &= \left(\sin\frac{\phi}{2}\boldsymbol{i} + \cos\frac{\phi}{2}\right)\left(\sin\frac{\theta}{2}\boldsymbol{j} + \cos\frac{\theta}{2}\right)\left(\sin\frac{\psi}{2}\boldsymbol{k} + \cos\frac{\psi}{2}\right) \\ &= q_0 + q_1\boldsymbol{i} + q_2\boldsymbol{j} + q_3\boldsymbol{k} \end{aligned} \tag{3-53}$$

Euler 角按 3-2-1($\phi-\theta-\psi$) 顺序旋转

$$\boldsymbol{q} = \begin{bmatrix} q_0 \\ q_1 \\ q_2 \\ q_3 \end{bmatrix} = \begin{bmatrix} \cos\dfrac{\phi}{2}\cos\dfrac{\theta}{2}\cos\dfrac{\psi}{2} + \sin\dfrac{\phi}{2}\sin\dfrac{\theta}{2}\sin\dfrac{\psi}{2} \\ \cos\dfrac{\phi}{2}\cos\dfrac{\theta}{2}\sin\dfrac{\psi}{2} - \sin\dfrac{\phi}{2}\sin\dfrac{\theta}{2}\cos\dfrac{\psi}{2} \\ \cos\dfrac{\phi}{2}\sin\dfrac{\theta}{2}\cos\dfrac{\psi}{2} + \sin\dfrac{\phi}{2}\cos\dfrac{\theta}{2}\sin\dfrac{\psi}{2} \\ \sin\dfrac{\phi}{2}\cos\dfrac{\theta}{2}\cos\dfrac{\psi}{2} - \cos\dfrac{\phi}{2}\sin\dfrac{\theta}{2}\sin\dfrac{\psi}{2} \end{bmatrix} \tag{3-54}$$

对应不同转序的 Euler 角存在不同的四元数计算公式，因此需要推导所有可能的转序

对应的四元数计算公式。这种方法在仿真实现时不够灵活。

(2) 仿真实现

AstroLib 实现了根据 Euler 角计算基元四元数函数 AsEulerToQuat()。该函数根据输入的转轴输出相应的基元四元数，转轴用整数 1、2、3 表示，1 表示 x 轴，2 表示 y 轴，3 表示 z 轴。

```
void  AsEulerToQuat (const CEuler& euler, int seqFlag,
      CQuaternion& quat)
{
    quat.FromEuler(euler, seqFlag);
}
```

AstroLib 实现了根据 Euler 角计算四元数函数 AsEulerToQuat()、ToQuat()、FromEuler()，这三个函数功能是等价的，其中 ToQuat()是 CEuler 类的成员函数，FromEuler()是 CQuaternion 类的成员函数。

```
void CQuaternion::FromEuler(const CEuler& angle, int seqFlag)
{
    assert(seqFlag == 123 || seqFlag == 132 || seqFlag == 121 || seqFlag == 131
        || seqFlag == 213 || seqFlag == 231 || seqFlag == 212 || seqFlag == 232
        || seqFlag == 321 || seqFlag == 312 || seqFlag == 313 || seqFlag == 323);

    int m;
    CQuaternion q1;

    m      = seqFlag/100;
    FromEuler(angle.m_Angle1, m);

    seqFlag  =  seqFlag - m * 100;
    m      = seqFlag/10;
    q1.FromEuler(angle.m_Angle2, m);
    *this   *= q1;

    seqFlag  =  seqFlag - m * 10;
    q1.FromEuler(angle.m_Angle3, seqFlag);
    *this   *= q1;

    Unit();
}
```

3.1.4.3　四元数转换为方向余弦阵

若矢量 $\boldsymbol{r}$ 经过四元数旋转变换到矢量 $\boldsymbol{r}'$，当旋转变换四元数 $\boldsymbol{q}$ 是规范四元数时，方向余弦阵 $\boldsymbol{T}$ 与四元数 $\boldsymbol{q}$ 的关系为

$$\boldsymbol{T}=\begin{bmatrix} q_0^2+q_1^2-q_2^2-q_3^2 & 2(q_1q_2+q_0q_3) & 2(q_1q_3-q_0q_2) \\ 2(q_1q_2-q_0q_3) & q_0^2-q_1^2+q_2^2-q_3^2 & 2(q_2q_3+q_0q_1) \\ 2(q_1q_3+q_0q_2) & 2(q_2q_3-q_0q_1) & q_0^2-q_1^2-q_2^2+q_3^2 \end{bmatrix} \tag{3-55}$$

在 AstroLib 中，实现了根据四元数计算方向余弦阵的函数 AsQuatToMtx( ) 和 ToMtx()，这两个函数功能是等价的，其中 ToMtx()是 CQuaternion 类的成员函数。

```
void CQuaternion::ToMtx(CMatrix<double>& m) const
{
    assert(m.GetSizeCol() == 3 && m.GetSizeRow() == 3);

    double xy  =  m_Qx * m_Qy;
    double yz  =  m_Qy * m_Qz;
    double zx  =  m_Qz * m_Qx;
    double sx  =  m_Qs * m_Qx;
    double sy  =  m_Qs * m_Qy;
    double sz  =  m_Qs * m_Qz;
    double xx  =  m_Qx * m_Qx;
    double yy  =  m_Qy * m_Qy;
    double zz  =  m_Qz * m_Qz;

    m[0][0] = 1.0 - 2.0 * (yy + zz);
    m[0][1] = 2.0 * (xy + sz);
    m[0][2] = 2.0 * (zx - sy);
    m[1][0] = 2.0 * (xy - sz);
    m[1][1] = 1.0 - 2.0 * (xx + zz);
    m[1][2] = 2.0 * (yz + sx);
    m[2][0] = 2.0 * (zx + sy);
    m[2][1] = 2.0 * (yz - sx);
    m[2][2] = 1.0 - 2.0 * (xx + yy);

    for (int i = 0; i<3; i++)
    {
        for (int j = 0; j<3; j++)
        {
```

```
            if (m[i][j] > 1.0)
              m[i][j] = 1;
            else if (m[i][j] < -1.0)
              m[i][j] = -1;
        }
    }
}
```

3.1.4.4 方向余弦矩阵转换为四元数

根据方向余弦阵 $\boldsymbol{T}$ 与四元数 $\boldsymbol{q}$ 的关系，可以得到根据方向余弦阵 $\boldsymbol{T}$ 计算四元数 $\boldsymbol{q}$ 的公式

$$\begin{cases} q_0 = \dfrac{1}{2}\sqrt{1 + T_{11} + T_{22} + T_{33}} \\ q_1 = \dfrac{T_{23} - T_{32}}{4q_0} \\ q_2 = \dfrac{T_{31} - T_{13}}{4q_0} \\ q_3 = \dfrac{T_{12} - T_{21}}{4q_0} \end{cases} \tag{3-56}$$

在 AstroLib 中，实现了根据方向余弦阵计算四元数的函数 AsMtxToQuat( ) 和 FromMtx()，这两个函数功能是等价的，其中 FromMtx()是 CQuaternion 类的成员函数。

```
void CQuaternion::FromMtx(const CMatrix<double>& m)
{
    double w = 1.0 + m[0][0] + m[1][1] + m[2][2];
    m_Qs = sqrt(w) * 0.5;
    double tempdbl = 4.0 * m_Qs;
    m_Qx = (m[1][2] - m[2][1])/tempdbl;
    m_Qy = (m[2][0] - m[0][2])/tempdbl;
    m_Qz = (m[0][1] - m[1][0])/tempdbl;

    Unit();
}
```

3.1.4.5 Euler 角转换为方向余弦阵

(1) Euler 角到方向余弦阵的转换关系

设 $s_i(i=1, 2, 3)$ 表示第 i 次转动角的 sin 值，$c_i(i=1, 2, 3)$ 表示第 i 次转动角的

cos 值，从 Euler 角到方向余弦阵的转换关系见表 3－2。

表 3－2　Euler 角到方向余弦阵的转换关系

第一类 Euler 角表示法	方向余弦阵
123	$\begin{bmatrix} c_3c_2 & c_3s_2s_1+s_3c_1 & -c_3s_2c_1+s_3s_1 \\ -s_3c_2 & -s_3s_2s_1+c_3c_1 & s_3s_2c_1+c_3s_1 \\ s_2 & -c_2s_1 & c_2c_1 \end{bmatrix}$
132	$\begin{bmatrix} c_3c_2 & c_3s_2c_1+s_3s_1 & c_3s_2s_1-s_3c_1 \\ -s_2 & c_2c_1 & c_2s_1 \\ s_3c_2 & s_3s_2c_1-c_3s_1 & s_3s_2s_1+c_3c_1 \end{bmatrix}$
231	$\begin{bmatrix} c_2c_1 & s_2 & -c_2s_1 \\ -c_3s_2c_1+s_3s_1 & c_3c_1 & c_3s_2s_1+s_3c_1 \\ s_3s_2c_1+c_3s_2 & -s_3c_2 & -s_3s_2s_1+c_3c_1 \end{bmatrix}$
213	$\begin{bmatrix} c_3c_1+s_3s_2s_1 & s_3c_2 & -c_3s_1+s_3s_2c_1 \\ -s_3c_1+c_3s_2s_1 & c_3c_2 & s_3s_1+c_3s_2c_1 \\ c_2s_1 & -s_2 & c_2c_1 \end{bmatrix}$
312	$\begin{bmatrix} c_3c_1-s_3s_2s_1 & c_3s_1+s_3s_2c_1 & -s_3s_2 \\ -c_2s_1 & c_2c_1 & s_2 \\ s_3c_1+c_3s_2s_1 & s_3s_1-c_3s_2c_1 & c_3c_1 \end{bmatrix}$
321	$\begin{bmatrix} c_2c_1 & c_2s_1 & -s_2 \\ -c_3s_1+s_3s_2c_1 & c_3c_1+s_3s_2s_1 & s_3c_2 \\ s_3s_1+c_3s_2c_1 & -s_3c_1+c_3s_2s_1 & c_3c_2 \end{bmatrix}$
第二类 Euler 角表示法	方向余弦阵
121	$\begin{bmatrix} c_2 & s_2s_1 & -s_2c_1 \\ s_3s_2 & c_3c_1-s_3c_2s_1 & c_3s_1+s_3c_2c_1 \\ c_3s_2 & -s_3c_1-c_3c_2s_1 & -s_3s_1+c_3c_2c_1 \end{bmatrix}$
131	$\begin{bmatrix} c_2 & s_2c_1 & s_2s_1 \\ -c_3s_2 & c_3c_2c_1-s_3s_1 & c_3c_2s_1+s_3c_1 \\ s_3s_2 & -s_3c_2c_1-c_3s_1 & -s_3c_2s_1+c_3c_1 \end{bmatrix}$
212	$\begin{bmatrix} c_3c_1-s_3c_2s_1 & s_3s_2 & -c_3s_1-s_3c_2c_1 \\ s_2s_1 & c_2 & s_2c_1 \\ s_3c_1+c_3c_2s_1 & -c_3s_2 & -s_3s_1+c_3c_2c_1 \end{bmatrix}$
232	$\begin{bmatrix} c_3c_2c_1-s_3s_1 & c_3s_2 & -c_3c_2s_1-s_3c_1 \\ -s_2c_1 & c_2 & s_2s_1 \\ s_3c_2c_1+c_3s_1 & s_3s_2 & -s_3c_2s_1+c_3c_1 \end{bmatrix}$
313	$\begin{bmatrix} c_3c_1-s_3c_2s_1 & c_3s_1+s_3c_2c_1 & s_3s_2 \\ -s_3c_1-c_3c_2s_1 & -s_3s_1+c_3c_2c_1 & c_3s_2 \\ s_2s_1 & -s_2c_1 & c_2 \end{bmatrix}$
323	$\begin{bmatrix} c_3c_2c_1-s_3s_1 & c_3c_2s_1+s_3c_1 & -c_3s_2 \\ -s_3c_2c_1-c_3s_1 & -s_3c_2s_1+c_3c_1 & s_3s_2 \\ s_2c_1 & s_2s_1 & c_2 \end{bmatrix}$

(2) 仿真实现

AstroLib 实现了基元方向余弦阵计算函数 AsEulerToMtx()，该函数根据输入的转轴输出相应的基元方向余弦阵，转轴用整数 1、2、3 表示，1 表示 x 轴，2 表示 y 轴，3 表示 z 轴。

```
void AsEulerToMtx(double angle, int axFlag, CMatrix<double>& mtx)
{
    assert(axFlag<=3 && axFlag>0);

    double c = cos(angle);
    double s = sin(angle);
    switch(axFlag)
    {
    case 1:
        mtx[0][0] = 1.0;    mtx[0][1] = 0.0;    mtx[0][2] = 0.0;
        mtx[1][0] = 0.0;    mtx[1][1] = c;      mtx[1][2] = s;
        mtx[2][0] = 0.0;    mtx[2][1] = -s;     mtx[2][2] = c;
        break;
    case 2:
        mtx[0][0] = c;      mtx[0][1] = 0.0;    mtx[0][2] = -s;
        mtx[1][0] = 0.0;    mtx[1][1] = 1.0;    mtx[1][2] = 0.0;
        mtx[2][0] = s;      mtx[2][1] = 0.0;    mtx[2][2] = c;
        break;
    case 3:
        mtx[0][0] = c;      mtx[0][1] = s;      mtx[0][2] = 0.0;
        mtx[1][0] = -s;     mtx[1][1] = c;      mtx[1][2] = 0.0;
        mtx[2][0] = 0.0;    mtx[2][1] = 0.0;    mtx[2][2] = 1.0;
        break;
    }
}
```

AstroLib 实现了根据 Euler 角计算方向余弦阵函数 AsEulerToMtx()、ToMtx()，这两个函数功能是等价的，其中 ToMtx()是 CEuler 类的成员函数。

```
void CEuler::ToMtx (int seqFlag, CMatrix<double>& mtx) const
{
    assert(seqFlag==123|| seqFlag==132|| seqFlag==121|| seqFlag==131
        || seqFlag==213|| seqFlag==231|| seqFlag==212|| seqFlag==232
        || seqFlag==321 || seqFlag==312 || seqFlag==313 || seqFlag==323);
```

```
    int m;
    CMatrix<double> mat(3,3);

    m = seqFlag/100;
    AsEulerToMtx(m_Angle1, m, mtx);

    seqFlag = seqFlag - m * 100;
    m       = seqFlag/10;
    AsEulerToMtx(m_Angle2, m, mat);
    mtx     = mat * mtx;

    seqFlag = seqFlag - m * 10;
    AsEulerToMtx(m_Angle3, seqFlag, mat);
    mtx     = mat * mtx;
}
```

3.1.4.6 Euler 轴/角转换为方向余弦阵

方向余弦阵 $\boldsymbol{T}$ 和 Euler 轴/角有如下关系

$$\boldsymbol{T}=\cos\phi\cdot\boldsymbol{I}+(1-\cos\phi)\boldsymbol{ss}^{\mathrm{T}}-\sin\phi\cdot\boldsymbol{E} \tag{3-57}$$

式中，$\boldsymbol{I}$ 为 3×3 单位阵，$\boldsymbol{ss}^{\mathrm{T}}$ 为外积，$\boldsymbol{E}$ 为

$$\boldsymbol{E}=\begin{bmatrix}0 & -s_z & s_y\\ s_z & 0 & -s_x\\ -s_y & s_x & 0\end{bmatrix}$$

AstroLib 实现了根据 Euler 轴/角计算方向余弦阵函数 AsAxAngToMtx()。

```
void AsAxAngToMtx(const CCoord& axis, double angle,
     CMatrix<double>& mtx)
{
    CCoord ax(axis);
    ax.Unit();
    double cc       = cos(angle);
    double ss       = sin(angle);
    double sigma    = 1.0 - cc;
    mtx[0][0]  = ax[0] * ax[0] * sigma + cc;
    mtx[0][1]  = ax[0] * ax[1] * sigma + ax[2] * ss;
```

```
    mtx[0][2] = ax[0] * ax[2] * sigma - ax[1] * ss;
    mtx[1][0] = ax[0] * ax[1] * sigma - ax[2] * ss;
    mtx[1][1] = ax[1] * ax[1] * sigma + cc;
    mtx[1][2] = ax[1] * ax[2] * sigma + ax[0] * ss;
    mtx[2][0] = ax[0] * ax[2] * sigma + ax[1] * ss;
    mtx[2][1] = ax[1] * ax[2] * sigma - ax[0] * ss;
    mtx[2][2] = ax[2] * ax[2] * sigma + cc;
}
```

3.1.4.7　方向余弦阵转换为 Euler 轴/角

用方向余弦阵 $\boldsymbol{T}$ 的元素来表示 Euler 轴/角 s_x、s_y、s_z、ϕ 为

$$\begin{cases} \cos\phi = \dfrac{1}{2}[\mathrm{tr}(\boldsymbol{T}) - 1] \\ s_x = (a_{23} - a_{32})/(2\sin\phi) \\ s_y = (a_{31} - a_{13})/(2\sin\phi) \\ s_z = (a_{12} - a_{21})/(2\sin\phi) \end{cases} \tag{3-58}$$

式中，$\mathrm{tr}(\boldsymbol{T})$ 为 $\boldsymbol{T}$ 的主对角元素之和，后三式中应假定 $\sin\phi \neq 0$。当 $\sin\phi = 0$ 时，仍可求得 $\boldsymbol{s}$ 。

确定 s_x、s_y、s_z、ϕ 时可有两组解：s_x、s_y、s_z、ϕ 和 $-s_x$、$-s_y$、$-s_z$、$-\phi$ 。这在几何上是显然的：绕 $\boldsymbol{s}$ 旋转 ϕ 角和绕 $-\boldsymbol{s}$ 旋转 $-\phi$ 角是等价的。

3.1.4.8　Euler 轴/角转换为四元数

根据 Euler 轴/角计算四元数公式为

$$\begin{cases} q_0 = \cos\dfrac{\phi}{2} \\ q_1 = s_x \sin\dfrac{\phi}{2} \\ q_2 = s_y \sin\dfrac{\phi}{2} \\ q_3 = s_z \sin\dfrac{\phi}{2} \end{cases} \tag{3-59}$$

AstroLib 实现了根据 Euler 轴/角计算四元数函数 AsAxAngToQuat()、FromAxAng()，这两个函数功能是等价的，其中 FromAxAng()是 CQuaternion 类的成员函数。

```
void CQuaternion::FromAxAng(const CCoord& axis, double angle)
{
    CCoord ax(axis);
    ax.Unit();
```

```
    double a = angle * 0.5;
    double b = sin(a);
    m_Qs = cos(a);
    m_Qx = axis[0] * b;
    m_Qy = axis[1] * b;
    m_Qz = axis[2] * b;
}
```

3.1.4.9　四元数转换为 Euler 轴/角

根据四元数计算 Euler 轴/角公式为

$$\begin{cases} \phi = 2\arccos q_0 \\ s_x = \left(\sin \dfrac{\phi}{2}\right) / q_1 \\ s_y = \left(\sin \dfrac{\phi}{2}\right) / q_2 \\ s_z = \left(\sin \dfrac{\phi}{2}\right) / q_3 \end{cases} \tag{3-60}$$

AstroLib 实现了根据四元数计算 Euler 轴/角函数 AsQuatToAxAng()、ToAxAng()，这两个函数功能是等价的，其中 ToAxAng()是 CQuaternion 类的成员函数。

```
void CQuaternion::ToAxAng(CCoord& axis, double& angle) const
{
    angle = 2.0 * acos(m_Qs);
    double b = sin(angle * 0.5);
    if (b! = 0)
    {
        axis[0] = m_Qx/b;
        axis[1] = m_Qy/b;
        axis[2] = m_Qz/b;
    }
    else
    {
        axis[0] = 1.0;
        axis[1] = 0.0;
        axis[2] = 0.0;
    }
}
```

3.2　质心动力学模型

3.2.1　质心动力学

3.2.1.1　基本方程

Newton（1643—1727）第二运动定律描述了质点的动力学规律，其数学表达式为

$$m\boldsymbol{a} = \boldsymbol{F} \tag{3-61}$$

航天器作为质点系，其质心动力学方程与质点动力学方程形式类似。下面进行推导。

根据质点系的动量定理，得到

$$\frac{\mathrm{d}\boldsymbol{K}}{\mathrm{d}t} = \boldsymbol{F} \tag{3-62}$$

式中，$\boldsymbol{K}$ 为质点系的动量，$\boldsymbol{F}$ 为作用于质点系的外力系主矢量。

由于质点系的动量等于质点系的质量 m 与质心速度 $\boldsymbol{v}_c$ 的乘积，即 $\boldsymbol{K} = m\boldsymbol{v}_c$，因此有

$$\frac{\mathrm{d}(m\boldsymbol{v}_c)}{\mathrm{d}t} = \boldsymbol{F} \tag{3-63}$$

对于定质量航天器来说，式（3-63）变为

$$m\frac{\mathrm{d}\boldsymbol{v}_c}{\mathrm{d}t} = m\frac{\mathrm{d}^2\boldsymbol{r}_c}{\mathrm{d}t^2} = \boldsymbol{F} \tag{3-64}$$

式（3-64）即为航天器质心动力学方程，其与 Newton 第二运动定律的形式是类似的。可叙述为：质点系的质量与质心加速度的乘积，等于作用在质点系上的外力系的主矢量。

将式（3-64）写成一阶微分方程形式，在不影响理解的前提下去掉方程中的下标，得到

$$\begin{cases} \dfrac{\mathrm{d}\boldsymbol{v}}{\mathrm{d}t} = \dfrac{\boldsymbol{F}}{m} \\ \dfrac{\mathrm{d}\boldsymbol{r}}{\mathrm{d}t} = \boldsymbol{v} \end{cases} \tag{3-65}$$

对于不同的航天器，通常选择不同的坐标系建立质心动力学方程，例如对于卫星，通常在地心惯性系建立质心动力学方程，对于火箭，通常在发射惯性系建立质心动力学方程。

实际运载火箭、导弹、人造卫星、载人飞船等航天器的发动机在工作时，推进剂会不断喷出，航天器的质量会不断减少。除了推进剂消耗外，还可能有冷却系统工作时的工质消耗，以及作为再入大气层的弹头或航天器烧蚀影响等。因此，航天器在运动过程中实际上是一个变质量系。针对这一情况要作两点说明：

1）如果将航天器看作变质量质点，同样可以得到与上式类似的质心运动方程，但是外力 $\boldsymbol{F}$ 还要加上发动机排出的气体产生的反推力。

2）如果将航天器看作变质量质点系，作用在航天器上的力除了外界作用在整个质点系上的力和发动机的推力外，还有附加哥氏力，由于附加哥氏力通常非常小，因此可以忽略不计。这样，航天器的质心运动方程就与定质量质心运动方程类似。详细推导可参考相关文献［4］（贾沛然，2009）。

3.2.1.2　轨道动力学模型

在地心惯性坐标系下，航天器在地球附近的轨道运动所受的外力包括：地球中心引力、地球非球形摄动力、大气阻力、其他天体的引力等。由于其他力相对地球中心引力而言都是小量，因此在初步研究中只考虑地球的中心引力（杨嘉墀，2001；王华，2019）。

在地心惯性坐标系中，地球中心引力的矢量表达式为

$$\boldsymbol{F}=-\frac{\mu m}{r^2}\frac{\boldsymbol{r}}{r} \tag{3-66}$$

由质点系的动量定理可知

$$m\ddot{\boldsymbol{r}}=-\frac{\mu m}{r^2}\frac{\boldsymbol{r}}{r} \tag{3-67}$$

方程两边同时消去航天器的质量 m，得到二体问题的运动微分方程

$$\ddot{\boldsymbol{r}}+\frac{\mu}{r^2}\frac{\boldsymbol{r}}{r}=0 \tag{3-68}$$

式中，$\ddot{\boldsymbol{r}}$ 为航天器的加速度，$\boldsymbol{r}$ 为航天器位置矢量。

通过求解式（3-68），可以得到航天器在太空位置矢量的大小

$$r=\frac{a(1-e^2)}{1+e\cos f} \tag{3-69}$$

式（3-69）是圆锥曲线的极坐标方程，包括圆、椭圆、抛物线和双曲线四种类型，由此可从数学上得到一个重要的结论：二体引力作用下航天器的运动轨迹为圆锥曲线。

当考虑其他摄动因素时，除了中心引力体的引力以外，还要加上其他摄动加速度，即

$$\begin{aligned} m\ddot{\boldsymbol{r}} &= \boldsymbol{F}_{\mathrm{G}}+\boldsymbol{F}_{\mathrm{N}}+\boldsymbol{F}_{\mathrm{A}}+\boldsymbol{F}_{\mathrm{SR}}+\boldsymbol{F}_{\mathrm{T}}+\boldsymbol{F}_{\mathrm{H}} \\ &= \boldsymbol{F}_0+\boldsymbol{F}_{\mathrm{NS}}+\boldsymbol{F}_{\mathrm{N}}+\boldsymbol{F}_{\mathrm{A}}+\boldsymbol{F}_{\mathrm{SR}}+\boldsymbol{F}_{\mathrm{T}}+\boldsymbol{F}_{\mathrm{H}} \end{aligned} \tag{3-70}$$

式中，m 为航天器质量，$\boldsymbol{r}$ 为航天器位置矢量，$\boldsymbol{F}_{\mathrm{G}}$ 为航天器所受的地球引力，$\boldsymbol{F}_{\mathrm{N}}$ 为航天器所受的日月引力摄动力，$\boldsymbol{F}_{\mathrm{A}}$ 为航天器所受的大气阻力摄动力，$\boldsymbol{F}_{\mathrm{SR}}$ 为航天器所受的太阳光压摄动力，$\boldsymbol{F}_{\mathrm{T}}$ 为航天器所受的潮汐摄动力，$\boldsymbol{F}_0$ 为地球球形引力，$\boldsymbol{F}_{\mathrm{NS}}$ 为地球非球形引力摄动力，$\boldsymbol{F}_{\mathrm{H}}$ 为航天器所受的其他摄动力。

3.2.2　非惯性系中的质心动力学

3.2.2.1　基本方程

上面推导的航天器质心动力学方程只适用于惯性参考系。然而在实际航天器仿真中常常需要考虑航天器相对非惯性系的运动。例如，航天器相对地球的运动，太阳帆板相对卫星本体的运动等。下面推导非惯性系中的航天器质心动力学方程。

设航天器在力 $\boldsymbol{F}$ 的作用下，对惯性系有

$$m\boldsymbol{a}=\boldsymbol{F} \tag{3-71}$$

如果非惯性系对惯性系作一般运动，那么根据加速度合成定理，则有

$$\boldsymbol{a}=\boldsymbol{a}_e+\boldsymbol{a}_r+\boldsymbol{a}_k \tag{3-72}$$

式中，$\boldsymbol{a}_e$ 为牵连加速度，$\boldsymbol{a}_r$ 为相对加速度，$\boldsymbol{a}_k$ 为科氏加速度（Coriolis Acceleration）。则

$$m(\boldsymbol{a}_e+\boldsymbol{a}_r+\boldsymbol{a}_k)=\boldsymbol{F} \tag{3-73}$$
$$m\boldsymbol{a}_r=\boldsymbol{F}+(-m\boldsymbol{a}_e)+(-m\boldsymbol{a}_k)$$

令

$$\boldsymbol{Q}_e=-m\boldsymbol{a}_e,\quad \boldsymbol{Q}_k=-m\boldsymbol{a}_k \tag{3-74}$$

则

$$m\boldsymbol{a}_r=\boldsymbol{F}+\boldsymbol{Q}_e+\boldsymbol{Q}_k \tag{3-75}$$

式（3－75）即为相对于非惯性系的航天器质心动力学方程。式中，$\boldsymbol{Q}_e$ 和 $\boldsymbol{Q}_k$ 是由于非惯性系对惯性系有运动变化及动点对非惯性系有相对运动的相互影响带来的，分别称为牵连惯性力和科氏惯性力。

3.2.2.2 以地球为参考系的航天器运动方程

地固坐标系是航天器仿真中常用的一种非惯性参考系，其具有两个特点可以简化运动方程：1）地固坐标系相对地心惯性系的角加速度为零；2）地固坐标系的原点相对于地心惯性系固定不动。因此，牵连惯性力和科氏惯性力都可以大大化简。

牵连惯性力为

$$\boldsymbol{Q}_e=-m\boldsymbol{a}_e=-m[\boldsymbol{\omega}_\mathrm{E}\times(\boldsymbol{\omega}_\mathrm{E}\times\boldsymbol{r}_r)] \tag{3-76}$$

科氏惯性力为

$$\boldsymbol{Q}_k=-m\boldsymbol{a}_k=-2m(\boldsymbol{\omega}_\mathrm{E}\times\boldsymbol{v}_r) \tag{3-77}$$

因此，以地固坐标系为参考系时，航天器运动方程为

$$m\boldsymbol{a}_r=\boldsymbol{F}+\boldsymbol{Q}_e+\boldsymbol{Q}_k=\boldsymbol{F}-m[\boldsymbol{\omega}_\mathrm{E}\times(\boldsymbol{\omega}_\mathrm{E}\times\boldsymbol{r}_r)-2\boldsymbol{\omega}_\mathrm{E}\times\boldsymbol{v}_r] \tag{3-78}$$

式中，$\boldsymbol{F}$ 为航天器受到的实际力，$\boldsymbol{\omega}_\mathrm{E}$ 为地固坐标系相对地心惯性系的转动速度，$\boldsymbol{r}_r$ 为航天器在地固系中的位置矢量，$\boldsymbol{v}_r$ 为航天器相对地固系的运动速度，$\boldsymbol{a}_r$ 为航天器相对地固系的加速度。

3.2.3 轨道摄动理论

3.2.3.1 摄动方程

虽然我们给出了二体问题运动微分方程的齐次解，但任何在轨航天器的运动都不是严格的二体问题。航天器除受中心引力外，还受到地球非球形摄动力、大气阻力、其他天体引力等因素的影响，由于这些力相对地球中心引力而言都是小量，因此统称为摄动力，这些力作用下的航天器运动称为摄动运动。

根据各种摄动力对航天器轨道运动的影响，可将摄动分为长期摄动和周期摄动。长期摄动引起轨道根数稳定偏离；周期摄动引起轨道根数以正弦、余弦函数变化。周期摄动还分为长周期摄动和短周期摄动。其中，短周期摄动的周期小于等于轨道周期，长周期摄动的周期大于轨道周期。不同类型摄动的相对影响如图 3－4 所示。

为了更好地分析受摄轨道的性质，引入密切轨道和平均轨道的概念（赵钧，2011）。密切轨道（Osculating Orbit）：以航天器在真实轨道上 S 点的运动状态（$\boldsymbol{r}$，$\boldsymbol{v}$）形成的圆锥曲线轨道，用其轨道要素来描述该点的真实轨道。平均轨道（Mean Orbit）：航天器真实

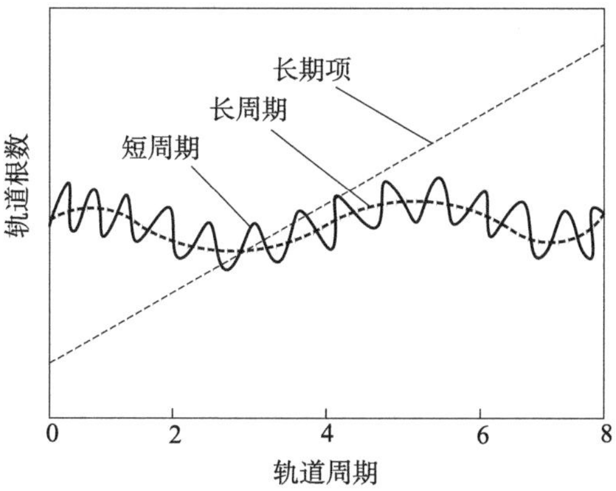

图 3-4　轨道摄动类型

轨道上 S 点和相邻 S' 点间的若干密切轨道要素的平均值构成的圆锥曲线轨道。用其来描述 SS' 段的真实轨道，如图 3-5 所示。

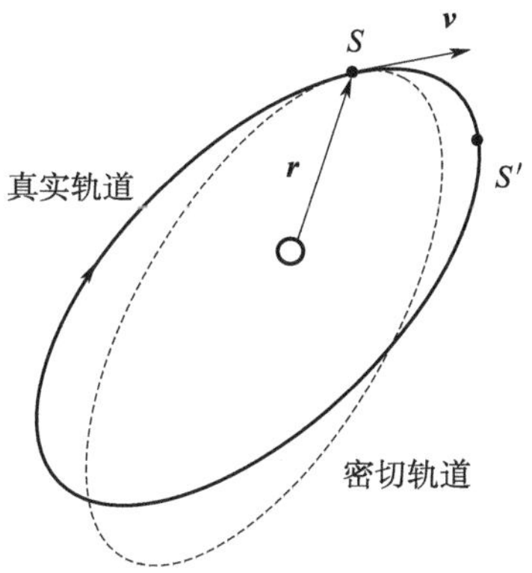

图 3-5　真实轨道与密切轨道

各种摄动力对航天器轨道的影响可以用高斯（Gauss）摄动方程描述

$$\begin{cases} \dot{a} = \dfrac{2}{n\sqrt{1-e^2}}[ef_r\sin f + (1+e\cos f)f_t] \\ \dot{e} = \dfrac{\sqrt{1-e^2}}{na}[f_r\sin f + (\cos f + \cos E)f_t] \\ \dot{i} = \dfrac{r\cos u}{na^2\sqrt{1-e^2}}f_z \\ \dot{\Omega} = \dfrac{r\sin u}{na^2\sqrt{1-e^2}\sin i}f_z \\ \dot{\omega} = \dfrac{\sqrt{1-e^2}}{nae}\left[-f_r\cos f + \left(1+\dfrac{r}{p}\right)f_t\sin f\right] - \cos i\,\Delta\Omega \\ \dot{M} = n - \dfrac{1-e^2}{nae}\left[-\left(\cos f - 2e\dfrac{r}{p}\right)f_r + \left(1+\dfrac{r}{p}\right)f_t\sin f\right] \end{cases} \tag{3-79}$$

式中，a 、e 、i 、Ω 、ω 为之前介绍的航天器轨道根数，M 为航天器平近点角，$n=\sqrt{\mu/a^3}$ 为航天器的平均角速度，f_r 为各种摄动加速度在轨道坐标系中径向的分量，f_t 为各种摄动加速度在轨道坐标系中迹向的分量，f_z 为各种摄动加速度在轨道坐标系中轨道面法向的分量，E 为偏近点角。

3.2.3.2　地球引力摄动模型

地球对航天器的引力显然是保守力，在地固坐标系中，质点 m 所受的地球引力为

$$\boldsymbol{F}(\boldsymbol{r})=m\,\mathrm{grad}U(\boldsymbol{r}) \tag{3-80}$$

式中，$\boldsymbol{r}=\boldsymbol{r}[x\quad y\quad z]^{\mathrm{T}}$ 是质点的地心位置矢量，$U(\boldsymbol{r})$ 即地球引力场位函数。

地球引力场位函数的具体计算参见 3.4.1 节。

3.2.3.3　第三体引力摄动模型

日、月和大行星的引力作用对航天器运动的影响，是天体力学中的一种典型的第三体摄动问题。虽然这类摄动力也是一种保守力，但由于日、月和地球、航天器相距都不太远，问题就变得比较复杂。对于高精度问题，日、月和地球都不能简单看成质点，而且还要精确计算日、月的位置。

第三体摄动加速度与地球中心引力加速度之比即为第三体摄动量级，对于轨道高度在 2 000 km 以下的低轨道航天器，大约有

$$\varepsilon=\begin{cases}0.6\times10^{-7}\text{，太阳摄动}\\1.2\times10^{-7}\text{，月球摄动}\end{cases}$$

对于轨道高度在 3 000 km 以上的中高轨航天器，大约有

$$\varepsilon=\begin{cases}1\times10^{-5}\text{，太阳摄动}\\2\times10^{-5}\text{，月球摄动}\end{cases}$$

关于大行星摄动状况，对于低轨道航天器，木星摄动量级 $\varepsilon=10^{-13}$ ，而其他大行星的摄动量级 $\varepsilon<10^{-13}$。

根据上述估计，在一般情况下，第三体摄动主要是指日、月摄动，且将该摄动量看成二阶小量。但是，并不像地球引力场位函数展开式那么简单，它将涉及日、月位置矢量的计算问题。除此之外，还要考虑日、月和地球非球形部分的影响。

对于第三体、地球和航天器这一力学系统（见图 3-6），最简单的模型就是全部处理成质点，这是一个典型的限制性 $N=(n+1)$ 体系统。相应的摄动力为

$$\begin{cases}\boldsymbol{F}_{\mathrm{N}}=-Gm'\left(\dfrac{\boldsymbol{\Delta}}{\Delta^3}+\dfrac{\boldsymbol{r}'}{r'^3}\right)\\\boldsymbol{\Delta}=\boldsymbol{r}-\boldsymbol{r}'\end{cases} \tag{3-81}$$

尽管在上述模型中，日、月位置矢量是作为已知函数处理的，但实际上它必须根据天文观测或近似计算得到，日、月位置的计算参见 3.4.4 节。

3.2.3.4　大气阻力摄动模型

大气阻力是除地球引力之外对近地航天器影响最大的摄动力，它将航天器轨道周期逐

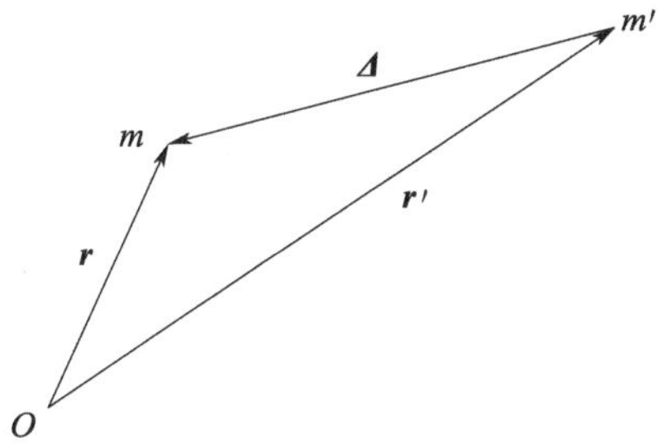

图 3-6　地心 O、航天器 m 和第三体 m' 的相对位置

渐变小。由于近地点阻力相对较大，使椭圆逐渐变圆，轨道半长轴不断减少，直至陨落。

在地面上空 80 km 和 100 km 处，气体分子运动的平均自由程分别约为 1 cm 和 10 cm，而在 180 km 高度上则增大到 100 m。航天器的特征尺度通常为几米。因此，一般而言，80 km 以下的气体可处理成连续介质流，100 km 高度处于滑流区，而 180 km 以上的高空则对应自由分子流。

由于航天器表面受大气自由分子流撞击，形成滞留、镜反射和漫反射过程，引起沿速度方向和太阳翼面法向两部分阻力

$$\begin{cases}\boldsymbol{F}_{\mathrm{A}}=-\rho V^2\left\{\left[\dfrac{C_D S_0}{2}+S_{\mathrm{A}}\mid\cos\theta\mid(1-\mu_e\mu_S)\right]\dfrac{\boldsymbol{V}_{ra}}{V_{ra}}+\dfrac{2}{3}\cos\theta S_{\mathrm{A}}\mu_e[1+\mu_S(3\mid\cos\theta\mid-1)]\boldsymbol{N}\right\}\\ \boldsymbol{V}_{ra}=\boldsymbol{v}-\boldsymbol{v}_a\end{cases}\tag{3-82}$$

式中，C_D 是阻力系数，S_0 是航天器本体阻尼面积，S_{A} 是航天器太阳翼面积，ρ 是航天器所在空间处的大气密度，$\boldsymbol{N}$ 为太阳翼法向。$\boldsymbol{V}_{ra}$ 是航天器相对大气的运动速度矢量，$\boldsymbol{v}$ 和 $\boldsymbol{v}_a$ 分别是航天器和大气相对地心的运动速度矢量。其他参数取值为：$\mu_e=0.9$，$\mu_S=0.1$，$\cos\theta=\dfrac{\boldsymbol{V}_{ra}\cdot\boldsymbol{N}}{V_{ra}}$。阻力系数 C_D 在自由分子流中可视其为常数，根据实验结果，其值取为 2.2。

关于大气运动速度 $\boldsymbol{v}_a$，它主要来源于大气随地球旋转的结果，但它的旋转规律较复杂。若记相应的旋转角速度为 ω_a，地球自转角速度为 ω_{E}，那么，通常在 200 km 高度以下，有 $\omega_a=\omega_{\mathrm{E}}$，而在 200 km 高度以上则有

$$\frac{\omega_a}{\omega_{\mathrm{E}}}=0.8\sim1.4$$

不同的高度有不同的值，325 km 处的值约为 1.22，这一旋转机制目前尚不够清楚。大气质量密度 ρ 在地球引力作用和太阳辐射的影响下，有

$$\rho=\rho(\boldsymbol{r},t)$$

大气密度的确定需要一个具有较高精度的大气模型。大气模型就是大气状态参数（压力 p，温度 T，密度 ρ 等）及其变化的一种数学模型（包括离散型的各类数据和有关表达式）。关于大气模型的详细内容参见 3.4.2 节。

以载人飞船为例，考虑将大气阻力按圆柱本体和太阳翼两部分计算。由于飞船的正常轨道飞行是三轴稳定对地定向姿态控制模式，圆柱本体可以当作零攻角，主轴保持与速度方向一致，所以阻尼截面积为沿主轴方向前端截面积。而太阳翼法向保持与太阳在轨道面内投影一致，在轨道运行一周保持不变，而对于迎气流方向的横截面积是在不断变化的。

1）飞船本体阻尼面积，等于圆柱体前端圆面积。

2）太阳翼迎气流面积

$$S_A|\cos\theta| = S_A \frac{|\boldsymbol{V}\cdot\boldsymbol{N}|}{V} \tag{3-83}$$

式中，S_A 为太阳翼面积；$\boldsymbol{V}=\dot{\boldsymbol{r}}+\boldsymbol{r}\times\boldsymbol{\omega}_E$，$\dot{\boldsymbol{r}}$ 为航天器的速度，$\boldsymbol{\omega}_E$ 为地球自转角速度；$\boldsymbol{N}$ 为太阳翼法向。如图 3-7 所示，太阳翼法向的确定过程如下。

首先确定轨道面法向

$$\boldsymbol{n} = \frac{(\boldsymbol{r}\times\dot{\boldsymbol{r}})}{|\boldsymbol{r}\times\dot{\boldsymbol{r}}|} \tag{3-84}$$

式中，$\boldsymbol{r}$、$\dot{\boldsymbol{r}}$ 为航天器位置矢量和速度矢量。设 $\boldsymbol{L}_S$ 为太阳方向单位矢量，通常载人飞船的太阳翼面法向始终指向太阳在轨道面的投影，所以

$$\boldsymbol{N} = (\boldsymbol{n}\times\boldsymbol{L}_S)\times\boldsymbol{n} \tag{3-85}$$

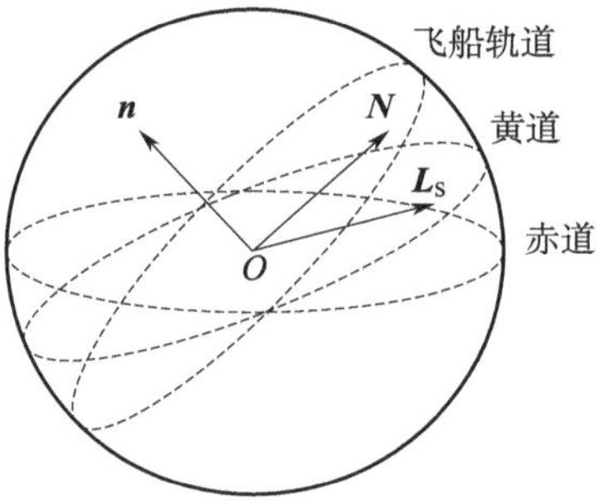

图 3-7　太阳翼法向

3.2.3.5　太阳光压摄动模型

光压摄动力的大小与航天器离太阳的距离、航天器面质比、航天器表面的反射特性以及航天器相对日、地的位置有关，其中涉及航天器的光线入射截面积的计算十分复杂。另外，光压摄动的计算需考虑地影问题。

根据太阳光的动量流撞击航天器表面的物理过程引起光压的假设，航天器的光压力为沿太阳光方向和太阳翼负法向（$-\boldsymbol{N}$）两部分。

空间中任一点的光压强度与该点到太阳的距离有关，在地球表面处（相应的日地距离记为 $\Delta_0=1.496\times10^{11}$ m）的值为 $4.560\,5\times10^{-6}$ N/m²，也被称为太阳常数。若记 Δ_0 处的光压强度为 P_0，则距太阳 Δ 处的光压强度为 $P_0\Delta_0{}^2/\Delta^2$，作用在航天器上的光压力为

$$\begin{cases} \boldsymbol{F}_{\mathrm{SR}} = P_0 \dfrac{\Delta_0^2}{\Delta^2}\left\{[C_R S_s + (1-\beta\gamma) S_A \cos\phi]\left(\dfrac{\boldsymbol{\Delta}}{\Delta}\right) + [2\beta\gamma\cos\phi + B_f\gamma(1-\beta)]S_A\cos\phi(-\boldsymbol{N})\right\} \\ C_R = 1 + \eta \end{cases} \tag{3-86}$$

式中，η 是航天器的反射系数，若为完全镜反射则 $\eta=1$，完全漫反射则 $\eta=0.44$，完全吸收则 $\eta=0$，通常取值 $0<\eta<0.44$；S_s 表示太阳垂直辐射的航天器本体有效表面积，S_A 表示航天器太阳翼表面积；对于太阳翼，$\cos\phi = \boldsymbol{L}_S \cdot \boldsymbol{N}$；其余参数的参考数值为 $\beta=0.9$，$\gamma=0.1$，$B_f=2/3$。

以载人飞船为例，其圆柱形本体外加太阳翼结构的有效面积计算如下。太阳翼在对地姿态控制时可绕 Y 轴转动，始终保持太阳翼法向指向太阳在轨道面内的投影。

1）飞船本体面积分侧面积 S_c 和底面积 S_e，如图 3-8 所示。因为飞船主轴方向为 $(\boldsymbol{v}/v)$，所以飞船本体的光压有效面积为

$$S_s = S_e\cos\alpha + S_c\sin\alpha,\ \cos\alpha = \frac{\boldsymbol{v}\cdot\boldsymbol{L}_S}{v} \tag{3-87}$$

式中，$\boldsymbol{v}$ 为航天器速度矢量；$\boldsymbol{L}_S$ 为太阳方向单位矢量。

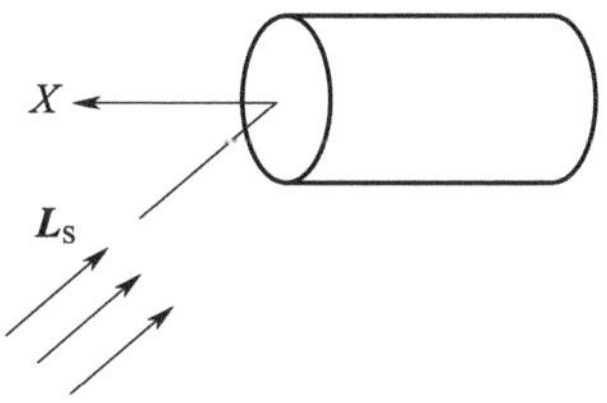

图 3-8　飞船本体的光照

2）太阳翼的光压有效面积为 $S_A\cos\phi$，S_A 是太阳翼的实际面积，$\cos\phi = \boldsymbol{L}_S' \cdot \boldsymbol{N}$，太阳翼法向 $\boldsymbol{N}$ 的确定同大气阻尼摄动模型。

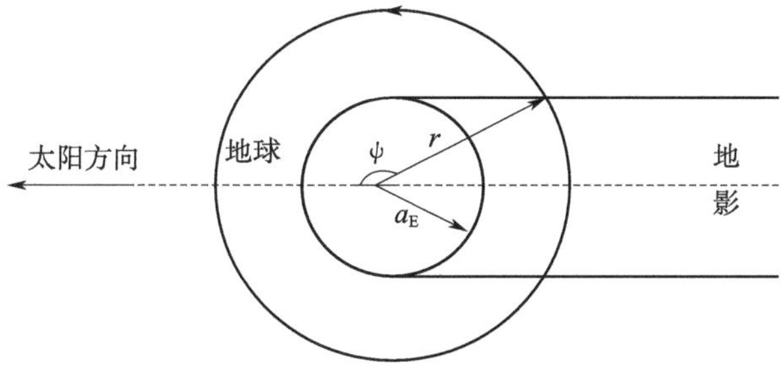

图 3-9　航天器进出地影平面图

太阳是一个视半径为 109 个地球赤道半径的球光源，由于太阳距离地球很远，近地情况下可以把太阳光处理成无穷远的平行光，这样就形成柱形地影。近地球处柱形地影和锥形地影的差别很小，而且锥形地影的锥顶在地球背向太阳一侧约 140 万千米处，对于一般精度要求情况，把地影处理成柱形就可以了。即使在较高精度问题中，对于观测弧段短的

情况也同样可以采用这一简单的地影模型。除上述因素外，还有地球形状和大气衰减效应问题。但两项因素差别均在 10^{-3} 量级，故可忽略。这样采用圆柱形地影模型，则无本影和半影之分，相应的地影因子就取 1 和 0，分别表示地影外与地影内。由图 3－9 可知航天器在地影内所满足的条件是

$$\cos\psi = \frac{\boldsymbol{r}_S \cdot \boldsymbol{r}}{|\boldsymbol{r}_S \cdot \boldsymbol{r}|} < 0, \sin\psi < \frac{a_E}{r} \tag{3-88}$$

式中，$\boldsymbol{r}_S$ 为太阳位置矢量，$\boldsymbol{r}$ 为航天器位置矢量，a_E 为地球赤道平均半径。

3.2.3.6　潮汐摄动模型

导致地球形变摄动的原因很复杂，但就研究航天器运动的角度而言，在当前测量精度前提下，可以归结为外部引力作用（主要是日、月）引起的潮汐形变和地球自转不均匀性导致的自转形变两大类。前者又分为固体潮、海潮和大气潮三种，当然，大气潮的起因更主要的是热源。

关于潮汐形变，研究表明，海潮对航天器运动的影响比固体潮的影响要小 5～10 倍，而大气潮对航天器运动的影响比固体潮影响约小 100 倍。因此，一般情况下，主要只考虑固体潮和海潮的影响，而这两种潮汐引起的地球形变对航天器运动的影响规律很类似，不易分开，对一般定轨精度要求不很高的问题，往往可以将它们作综合考虑。

日月引力引起的潮汐形变对航天器产生的摄动位只取二阶项为

$$U_T = \sum_{j=S,L} \frac{GM_j}{r_j^3} \frac{a_E^5}{r^3} K_2 P_2(\cos\psi_j) \tag{3-89}$$

式中，K_2 为二阶 Love 数，一般取为 0.3；r_j 为引力体地心距；j＝S，L 分别表示日、月；r 为航天器的地心距；a_E 为地球赤道平均半径；$\cos\psi_j = \hat{\boldsymbol{r}}_j \cdot \hat{\boldsymbol{r}}$ 或记作 $\hat{\boldsymbol{r}}_j^T \hat{\boldsymbol{r}}$，其中 $\hat{\boldsymbol{r}}_j$、$\hat{\boldsymbol{r}}$ 分别为引力体和航天器的单位矢量。因有

$$P_2(\cos\psi_j) = \frac{1}{2}[3(\hat{\boldsymbol{r}}_j^T \hat{\boldsymbol{r}})^2 - 1] \tag{3-90}$$

那么，航天器的潮汐摄动加速度为

$$\ddot{\boldsymbol{R}}_T = \frac{\partial U_T}{\partial \boldsymbol{r}} = \frac{K_2}{2} \sum_{j=S,L} \frac{GM_j}{r_j^3} \frac{a_E^5}{r^4} \{[3 - 15(\hat{\boldsymbol{r}}_j^T \hat{\boldsymbol{r}})^2]\hat{\boldsymbol{r}} + 6(\hat{\boldsymbol{r}}_j^T \hat{\boldsymbol{r}})^2 \hat{\boldsymbol{r}}_j\} \tag{3-91}$$

3.2.4　轨道动力学仿真实现

3.2.4.1　仿真模型粒度选择

影响模型粒度选择的主要因素如下。

（1）航天器仿真的对象

根据具体航天器的不同，动力学模型相应不同。例如对于火箭等飞行时间较短的航天器，采用二体或考虑 J_2 摄动的引力模型就可以满足精度要求；对于长期在轨的空间站，则需要建立包含各种摄动的轨道动力学模型；如果航天器较大，包含大型太阳帆板，则需要考虑建立较详细复杂的包含挠性体振动的模型。

（2）模型的用途

初步设计阶段，仿真中可以使用比较粗糙的模型，以便较快获得系统的一些重要特性。例如，用刚体模型仿真估计轨道和姿态机动所需的推力和时间。

详细设计时，需要能反映实际系统全部重要特性，这时采用的模型应该尽可能逼真、详细、完善，例如使用多变量高阶非线性的挠性充液系统模型。详细仿真的目的，正是要发现分析阶段忽略的那些认为次要因素引起的问题。

（3）计算机速度、容量和字长

计算机的能力是对仿真模型详细程度的主要限制因素，其中计算速度又是最主要的，模型复杂是计算量大的直接原因，并且高阶模型中包含的小时间常数和特征频率使时域仿真的步长必须很小，也间接地增大了计算量。在实时和半实物仿真时这一问题更加突出。

3.2.4.2　二体引力计算仿真实现

AstroLib 实现了二体引力计算函数 AsBasicGravAccel()。

```
void AsBasicGravAccel(double gm, const CCoord& pos, CCoord& accel)
{
    double r2 = pos.SqrNorm();
    double r3 = r2 * sqrt(r2);
    accel = (-gm/r3) * pos;
}
```

3.2.4.3　二体轨道外推仿真实现

二体轨道外推可以采用 f 和 g 级数方法计算，也可以采用数值积分法计算。数值积分法可以进一步拓展用于考虑摄动的轨道外推，因此，本节采用数值积分法建立轨道外推仿真框架。

AstroLib 中实现了轨道外推类 COrbit，其中 OrbitStep()成员函数实现了二体轨道外推。

```
void COrbit::OrbitStep(double step, CCoord& pos, CCoord& vel)
{
    if (step == 0)
        return;

    CVector<double> x(6);
    memcpy((double *)x, (const double *)pos, 3 * sizeof(double));
    memcpy((double *)x + 3, (const double *)vel, 3 * sizeof(double));

    AsODERungeKutta4(m_FuncOrbit, step, 0, x);
```

```
    memcpy((double * )pos, (const double * )x, 3 * sizeof(double));
    memcpy((double * )vel, (const double * )x + 3, 3 * sizeof(double));
}
```

函数中 m _ FuncOrbit 为继承自右函数类 CRightFunc 的子类 CFuncOrbit 的实例化对象，CRightFunc 类将在下一章详细介绍。CFuncOrbit 中通过函数 operator()实现具体的二体引力计算，该函数可进一步拓展用于包含摄动的轨道计算。

```
void COrbit::CFuncOrbit::operator()(double t, const CVector<double> &x,
        CVector<double> &result) const
{
    CCoord pos, vel;
    CCoord pertAccel;
    memcpy((double * )pos, (const double * )x, 3 * sizeof(double));
    memcpy((double * )vel, (const double * )x + 3, 3 * sizeof(double));

    AsBasicGravAccel(AsCEarthGrav, pos, pertAccel);

    memcpy((double * )result, (const double * )x + 3, 3 * sizeof(double));
    memcpy((double * )result + 3, (const double * )pertAccel, 3 * sizeof(double));
}
```

3.3　姿态动力学模型

描述姿态运动的方程可分为两类：一类是运动学方程，它描述各运动参数之间的相互关系；另一类是动力学方程，它确定运动和作用力之间的关系。

航天器姿态动力学和航天器结构也有着密切的联系，航天器的力学特性，如惯量分布、挠性振型、液体燃料贮箱的尺寸和安装位置等都直接影响航天器姿态动力学特性，本书只阐述刚体姿态动力学模型，包含弹性振动、液体晃动等非刚性运动的复杂系统动力学建模请参看相关文献［2］（黄圳圭，1990）。

3.3.1　姿态运动学

3.3.1.1　欧拉运动学方程

Euler 角变化率与角速度之间的关系也就是运动学方程，根据 Euler 角转动顺序不同，欧拉运动学方程也不同。如图 3－10 所示，按 3－2－1($\phi-\theta-\psi$) 顺序旋转时的运动学方程为

$$\begin{cases}\dot{\phi}=(\omega_y\sin\psi+\omega_z\cos\psi)\sec\theta\\ \dot{\theta}=\omega_y\cos\psi-\omega_z\sin\psi\\ \dot{\psi}=\omega_x+(\omega_y\sin\psi+\omega_z\cos\psi)\tan\theta\end{cases}\tag{3-92}$$

按 2－3－1($\phi-\theta-\psi$) 顺序旋转时的运动学方程为

$$\begin{cases}\dot{\phi}=(\omega_y\cos\psi-\omega_z\sin\psi)\sec\theta\\ \dot{\theta}=\omega_y\sin\psi+\omega_z\cos\psi\\ \dot{\psi}=\omega_x-(\omega_y\cos\psi-\omega_z\sin\psi)\tan\theta\end{cases}\tag{3-93}$$

如果运动学方程（3－92）是建立在惯性系基准上，则按照 3－2－1(ϕ－θ－ψ) 顺序旋转时航天器姿态角速度矢量满足

$$\boldsymbol{\omega}=\dot{\boldsymbol{\psi}}+\dot{\boldsymbol{\theta}}+\dot{\boldsymbol{\phi}}\tag{3-94}$$

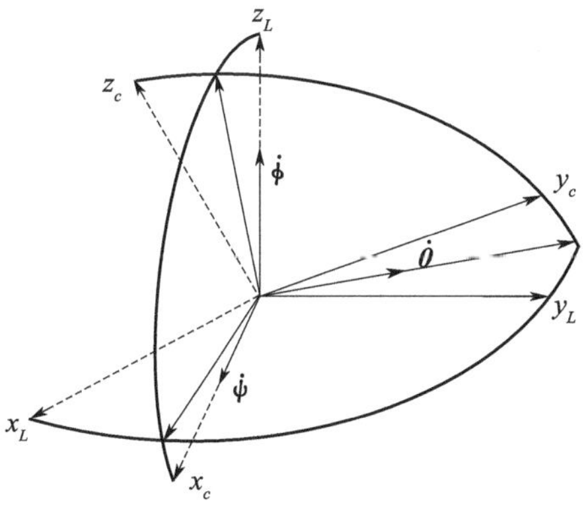

图 3－10　3－2－1 转序时转动角速度示意图

设第一次转动 Euler 角为 ϕ ，第二次转动 Euler 角为 θ ，第三次转动 Euler 角为 ψ ，则不同转序 Euler 角对应的 Euler 运动学方程见表 3－3。

表 3－3　不同转序 Euler 角对应的 Euler 运动学方程

第一类 Euler 角表示法	Euler 运动学方程
123	$\dot{\phi}=(\omega_x\cos\psi-\omega_y\sin\psi)\sec\theta$ $\dot{\theta}=\omega_y\cos\psi+\omega_x\sin\psi$ $\dot{\psi}=\omega_z-(\omega_x\cos\psi-\omega_y\sin\psi)\tan\theta$
231	$\dot{\phi}=(\omega_y\cos\psi-\omega_z\sin\psi)\sec\theta$ $\dot{\theta}=\omega_z\cos\psi+\omega_y\sin\psi$ $\dot{\psi}=\omega_x-(\omega_y\cos\psi-\omega_z\sin\psi)\tan\theta$
312	$\dot{\phi}=(\omega_z\cos\psi-\omega_x\sin\psi)\sec\theta$ $\dot{\theta}=\omega_x\cos\psi+\omega_z\sin\psi$ $\dot{\psi}=\omega_y-(\omega_z\cos\psi-\omega_x\sin\psi)\tan\theta$

续表

第一类 Euler 角表示法	Euler 运动学方程
132	$\dot{\phi}=(\omega_x\cos\psi+\omega_z\sin\psi)\sec\theta$ $\dot{\theta}=\omega_z\cos\psi-\omega_x\sin\psi$ $\dot{\psi}=\omega_y+(\omega_x\cos\psi+\omega_z\sin\psi)\tan\theta$
213	$\dot{\phi}=(\omega_y\cos\psi+\omega_x\sin\psi)\sec\theta$ $\dot{\theta}=\omega_x\cos\psi-\omega_y\sin\psi$ $\dot{\psi}=\omega_z+(\omega_y\cos\psi+\omega_x\sin\psi)\tan\theta$
321	$\dot{\phi}=(\omega_z\cos\psi+\omega_y\sin\psi)\sec\theta$ $\dot{\theta}=\omega_y\cos\psi-\omega_z\sin\psi$ $\dot{\psi}=\omega_x+(\omega_z\cos\psi+\omega_y\sin\psi)\tan\theta$
第二类 Euler 角表示法	Euler 运动学方程
121	$\dot{\phi}=(\omega_z\cos\psi+\omega_y\sin\psi)\csc\theta$ $\dot{\theta}=\omega_y\cos\psi-\omega_z\sin\psi$ $\dot{\psi}=\omega_x-(\omega_z\cos\psi+\omega_y\sin\psi)\cot\theta$
232	$\dot{\phi}=(\omega_x\cos\psi+\omega_z\sin\psi)\csc\theta$ $\dot{\theta}=\omega_z\cos\psi-\omega_x\sin\psi$ $\dot{\psi}=\omega_y-(\omega_x\cos\psi+\omega_z\sin\psi)\cot\theta$
313	$\dot{\phi}=(\omega_y\cos\psi+\omega_x\sin\psi)\csc\theta$ $\dot{\theta}=\omega_x\cos\psi-\omega_y\sin\psi$ $\dot{\psi}=\omega_z-(\omega_y\cos\psi+\omega_x\sin\psi)\cot\theta$
131	$\dot{\phi}=(-\omega_y\cos\psi+\omega_z\sin\psi)\csc\theta$ $\dot{\theta}=\omega_z\cos\psi+\omega_y\sin\psi$ $\dot{\psi}=\omega_x+(\omega_y\cos\psi-\omega_z\sin\psi)\cot\theta$
212	$\dot{\phi}=(-\omega_z\cos\psi+\omega_x\sin\psi)\csc\theta$ $\dot{\theta}=\omega_x\cos\psi+\omega_z\sin\psi$ $\dot{\psi}=\omega_y+(\omega_z\cos\psi-\omega_x\sin\psi)\cot\theta$
323	$\dot{\phi}=(-\omega_x\cos\psi+\omega_y\sin\psi)\csc\theta$ $\dot{\theta}=\omega_y\cos\psi+\omega_x\sin\psi$ $\dot{\psi}=\omega_z+(\omega_x\cos\psi-\omega_y\sin\psi)\cot\theta$

3.3.1.2 四元数运动学方程

航天器角速度也可用四元数及其导数表示，相应称为四元数运动学方程，为

$$\dot{\boldsymbol{q}}=\frac{1}{2}\boldsymbol{\Omega}(\boldsymbol{q})\boldsymbol{\omega} \tag{3-95}$$

$$\boldsymbol{\Omega}(\boldsymbol{q})=\begin{bmatrix}-q_1 & -q_2 & -q_3\\ q_0 & -q_3 & q_2\\ q_3 & q_0 & -q_1\\ -q_2 & q_1 & q_0\end{bmatrix} \tag{3-96}$$

表示成分量形式为

$$\begin{cases}\dfrac{\mathrm{d}q_0}{\mathrm{d}t}=-\dfrac{1}{2}(\omega_x q_1+\omega_y q_2+\omega_z q_3)\\ \dfrac{\mathrm{d}q_1}{\mathrm{d}t}=\dfrac{1}{2}(\omega_x q_0-\omega_y q_3+\omega_z q_2)\\ \dfrac{\mathrm{d}q_2}{\mathrm{d}t}=\dfrac{1}{2}(\omega_x q_3+\omega_y q_0-\omega_z q_1)\\ \dfrac{\mathrm{d}q_3}{\mathrm{d}t}=\dfrac{1}{2}(-\omega_x q_2-\omega_z q_0+\omega_y q_1)\end{cases} \tag{3-97}$$

3.3.2　姿态动力学

姿态动力学方程可从刚体的动量矩定理导出。设外力系对质心 O 的主矩为 $\boldsymbol{M}$，则绕质心转动方程为

$$\frac{\mathrm{d}\boldsymbol{h}}{\mathrm{d}t}=\boldsymbol{M} \tag{3-98}$$

设航天器惯量张量为 $\boldsymbol{I}$，可推导出在航天器体坐标系内建立的绕质心转动方程的具体形式为

$$\boldsymbol{I}\cdot\frac{\mathrm{d}\boldsymbol{\omega}}{\mathrm{d}t}+\boldsymbol{\omega}\times(\boldsymbol{I}\cdot\boldsymbol{\omega})=\boldsymbol{M} \tag{3-99}$$

式中，$\boldsymbol{\omega}$ 为航天器对惯性空间的瞬时转速在本体坐标系中的投影，称为惯性角速度，也可表示为：$\boldsymbol{\omega}=\boldsymbol{\omega}_{\mathrm{b}}+\boldsymbol{C}_{b0}\dot{\boldsymbol{f}}$，$\boldsymbol{\omega}_{\mathrm{b}}$ 为体角速度，$\dot{\boldsymbol{f}}$ 为轨道角速度，当轨道偏心率很小时可由轨道根数近似得到，$\dot{\boldsymbol{f}}\approx n(1+2e\cos nt_{\mathrm{p}})$，$n$ 为轨道平均角速度，t_{p} 为从近拱点算起的飞行时间。

3.3.3　空间环境力矩

航天器姿态控制的指向精度和稳定度与它所受的干扰力矩有关，影响航天器姿态的外干扰力矩有：重力梯度、太阳光压力、气动力、剩磁干扰力等，内干扰力矩来源有：有效载荷活动部件、帆板挠性、俯仰偏置动量轮的动不平衡、太阳电池阵驱动机构、飞轮的安装误差和动不平衡等（黄圳圭，1997）。

空间环境力矩对卫星姿态稳定与控制十分重要，本节对航天器所受的空间环境力矩进行分析。空间环境力矩一般都比较小，其量级为 10^{-4} N·m，但即使如此小的力矩，对航天器姿态稳定与控制也十分重要。为了进行姿态动力学计算，主要考虑以下四种空间环境力矩：重力梯度力矩、太阳辐射力矩、气动力矩以及地磁力矩。这些力矩的大小主要取决

于航天器运行的轨道高度、质量分布、几何形状、表面特性、太阳活动情况、大气密度、星上磁体以及姿态运动。

3.3.3.1 重力梯度力矩

重力梯度力矩对航天器姿态运动的影响十分重要。在与距离平方成反比的引力场内作轨道运动的任意物体，只要其惯量张量是非球对称的，都将受到梯度力矩作用。航天器飞行经验表明，重力梯度力矩是影响姿态运动的重要因素。

在建立重力梯度力矩的数学模型时，需要进行简化假设：

1）引力场中吸引体是单体，即地球；

2）吸引体质量分布对称；

3）航天器的尺寸与吸引体质心至航天器质心之间距离相比要小得多；

4）航天器本身亦是单体。

由上述假设，推导重力梯度力矩实用算式为

$$\boldsymbol{M}_{\mathrm{G}}=-\frac{3\mu}{R_{\mathrm{c}}^{5}}\boldsymbol{i}_{\mathrm{c}}\times\boldsymbol{I}_{\mathrm{c}}\cdot\boldsymbol{i}_{\mathrm{c}} \tag{3-100}$$

式中，$\boldsymbol{I}_{\mathrm{c}}=\int_{m}\boldsymbol{rr}\mathrm{d}m$，$\boldsymbol{rr}$ 是质量元对刚体质心的并矢，$\boldsymbol{i}_{\mathrm{c}}$ 为地心与航天器质心连线方向的单位矢量。如果引入坐标计算，上式可以表示为

$$\boldsymbol{M}_{\mathrm{G}}=\frac{3\mu}{R_{\mathrm{c}}^{5}}\tilde{\boldsymbol{i}}_{\mathrm{c}}\left[\int_{m}(r^{2}\boldsymbol{E}-\boldsymbol{rr}^{\mathrm{T}})\mathrm{d}m\right]\boldsymbol{i}_{\mathrm{c}} \tag{3-101}$$

式中，$\tilde{\boldsymbol{i}}_{\mathrm{c}}$ 为 $\boldsymbol{i}_{\mathrm{c}}$ 的伴随矩阵

$$\tilde{\boldsymbol{i}}_{\mathrm{c}}=\begin{bmatrix}0 & -i_{cz} & i_{cy}\\ i_{cz} & 0 & -i_{cx}\\ -i_{cy} & i_{cx} & 0\end{bmatrix}$$

$\boldsymbol{I}=\int_{m}(r^{2}\boldsymbol{E}-\boldsymbol{rr}^{\mathrm{T}})\mathrm{d}m$，是刚体对其质心惯量张量。

航天器姿态动力学方程通常用体坐标系来描述，因此要代入体坐标系中的分量进行计算。

3.3.3.2 气动力矩

航天器运行轨道的高度都在 120 km 以上，大气很稀薄，但气动力矩对航天器姿态的影响不能忽略。从物理机制看，气动力矩是由大气分子撞击航天器表面进行动量交换而产生的。撞击到航天器表面的气体分子被二次发射出来，但在自由分子流情况下，二次发射的分子与入射的大气分子不发生相互作用。因而在计算总动量交换时，可以对入射流与二次发射流的动量交换进行独立计算，而后再相加即可。同时自由分子流允许把复杂气动外形的航天器分解成几个简单外形的叠加，使得计算工作得以简化。

对自由分子流而言，常用的气动力矩表达式为

$$\boldsymbol{M}_{\mathrm{A}}=\frac{\rho V_{R}}{2}C_{D}A_{P}\boldsymbol{C}_{P}\times\boldsymbol{V}_{R} \tag{3-102}$$

式中，$\frac{\rho V_R^2}{2}$ 为动压头；ρ 为大气密度，主要通过大气模型计算获得；C_D 为阻力系数，取值范围为 2.2～2.6；A_P 为迎流面面积；$\boldsymbol{C}_P$ 为航天器质心至压心的矢径，$\boldsymbol{V}_R$ 为大气相对航天器的速度。

3.3.3.3　地磁力矩

作用于航天器上的磁力矩由航天器内磁体的磁矩 $\boldsymbol{N}$ 与航天器所在处的磁场 $\boldsymbol{B}$ 相互作用产生。假定航天器体内的等效磁矩为 $\boldsymbol{N} = [N_{xb} \quad N_{yb} \quad N_{zb}]^{\mathrm{T}}$（航天器体坐标系），则作用于航天器上的磁力矩（在航天器体坐标系中）为 $\boldsymbol{M}_{\mathrm{m}} = \boldsymbol{N} \times \boldsymbol{B}$，分量表示为

$$\begin{cases} M_{\mathrm{m}x} = N_{yb}B_{zb} - N_{zb}B_{yb} \\ M_{\mathrm{m}y} = N_{zb}B_{xb} - N_{xb}B_{zb} \\ M_{\mathrm{m}z} = N_{xb}B_{yb} - N_{yb}B_{xb} \end{cases} \tag{3-103}$$

航天器所在处的磁场 $\boldsymbol{B}$ 求法：根据星下点计算公式求得航天器轨道高度及航天器星下点的地理经度与地理纬度（R，λ，θ），再计算地磁场磁位势。在计算磁扰动力矩时，实际上为了简化模型，通常采用偶极子模型，距地心 r 处的磁场为

$$\boldsymbol{B}_0 = \frac{\mu_{\mathrm{m}}}{r^3}(-2\sin\theta_{\mathrm{m}}\boldsymbol{e}_r + \cos\theta_{\mathrm{m}}\boldsymbol{e}_\theta) \tag{3-104}$$

式中，$\mu_{\mathrm{m}} = 8.1 \times 10^{15}\ \mathrm{T \cdot m^3}$，$\theta_{\mathrm{m}}$ 为从地磁赤道（地球表面磁针与水平方向夹角为 0 的各点连线）算起的磁纬度。

将其对轨道坐标系进行投影，得

$$B_{0x} = 0,\quad B_{0y} = -\frac{\mu_{\mathrm{m}}}{r^3}\cos\theta_{\mathrm{m}},\quad B_{0z} = \frac{2\mu_{\mathrm{m}}}{r^3}\sin\theta_{\mathrm{m}} \tag{3-105}$$

3.3.4　姿态动力学仿真实现

姿态动力学通常采用数值积分法计算，并可以进一步拓展用于考虑摄动的姿态运动。

AstroLib 中实现了姿态计算类 CAttitude，其中 AttitudeStep()成员函数实现了姿态动力学计算。

```
void CAttitude::AttitudeStep(double step,
            const CMatrix<double>& inertia, const CCoord& torque,
            CQuaternion& quat, CCoord& angVel)
{
    int i;
    CVector<double> x(7);

    //设置右函数中的参数
    m_FuncAtt.m_Torque      = torque;
```

```
    m_FuncAtt.m_Inertia   = inertia;

    for (i = 0; i<3; i++)
    {
        x[i] = angVel[i];
    }
    x[3] = quat.m_Qs;
    x[4] = quat.m_Qx;
    x[5] = quat.m_Qy;
    x[6] = quat.m_Qz;

    //利用 RK4 方法求解姿态模型
    double t = 0;
    AsODERungeKutta4(m_FuncAtt, step, t, x);

    for (i = 0; i<3; i++)
    {
        angVel[i] = x[i];
    }
    quat.m_Qs = x[3];
    quat.m_Qx = x[4];
    quat.m_Qy = x[5];
    quat.m_Qz = x[6];
}
```

函数中 m_FuncAtt 为继承自右函数类 CRightFunc 的子类 CFuncOrbit 的实例化对象，CRightFunc 类将在下一章详细介绍。m_FuncAtt 中通过函数 operator()实现具体的姿态计算，该函数可进一步拓展用于包含摄动的姿态计算。

```
void CAttitude::CFuncAtt::operator()(double t, const CVector<double> &x,
CVector<double> &result) const
{
    int i;
    CCoord    angVel;
    CQuaternion quat;
    for (i = 0; i<3; i++)
    {
```

```
        angVel[i] = x[i];
    }
    quat.m_Qs = x[3];
    quat.m_Qx = x[4];
    quat.m_Qy = x[5];
    quat.m_Qz = x[6];

    //姿态四元数运动学方程右函数
    result[0] = 0.5 * ( - quat.m_Qx * angVel[0] - quat.m_Qy * angVel[1]
    - quat.m_Qz * angVel[2]);
    result[1] = 0.5 * (quat.m_Qs * angVel[0] - quat.m_Qz * angVel[1]
    + quat.m_Qy * angVel[2]);
    result[2] = 0.5 * (quat.m_Qz * angVel[0] + quat.m_Qs * angVel[1]
    - quat.m_Qx * angVel[2]);
    result[3] = 0.5 * ( - quat.m_Qy * angVel[0] + quat.m_Qx * angVel[1]
    + quat.m_Qs * angVel[2]);

    //姿态动力学方程右函数
    angVel = (m_Inertia.Inv()) * (m_Torque - angVel * (m_Inertia * angVel));
    for (i = 0; i<3; i + + )
        result[i + 4] = angVel[i];
}
```

3.4　空间环境模型

空间环境对航天器轨道和姿态影响很大，图 3 - 11 所示为大气、太阳光压等摄动对不同高度航天器轨道和姿态的影响。本节对各种空间环境模型进行阐述。

3.4.1　空间引力场模型

在轨道确定及轨道分析中，引力是最基本最重要的考虑因素，它等于质点 P 在空间引力场中所具有的势函数负梯度 $-\mathrm{grad}V$ 或引力位梯度 $\mathrm{grad}U$ ，只与质点 P 的地心距 r 和地心纬度 ϕ 有关，位于包含 r 的子午面内，如图 3 - 12 所示（贾沛然，2009）。定义由 O_E 指向 P 的单位矢量为 $\boldsymbol{r}^0$，垂直于 $\boldsymbol{r}^0$ 指向地心纬度增大方向的单位矢量为 $\boldsymbol{\phi}^0$，地球自转轴方向单位矢量为 $\boldsymbol{\omega}_E^0$ 。既可以将引力沿着 $\boldsymbol{r}^0$ 及 $\boldsymbol{\phi}^0$ 方向投影，也可以将其沿 $\boldsymbol{r}^0$ 及 $\boldsymbol{\omega}_E^0$ 方向投影。

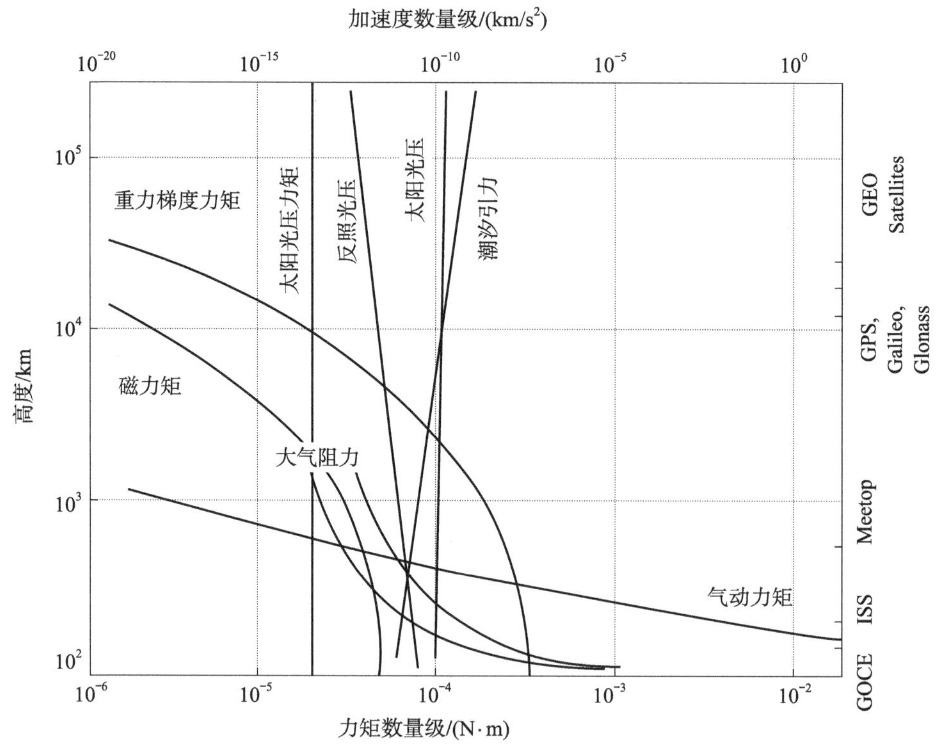

图 3-11　空间环境对轨道和姿态的影响

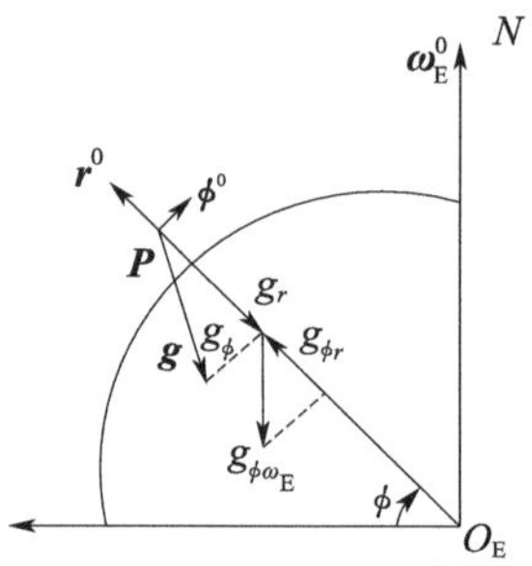

图 3-12　g 在 $\boldsymbol{r}^0$ 及 $\boldsymbol{\phi}^0$ 方向上的投影

（1）引力位及引力加速度

用归一化球谐系数，引力位函数可表示为

$$U=-V$$
$$=\frac{GM}{r}\left[1+\sum_{n=2}^{N}\left(\frac{a_{\mathrm{E}}}{r}\right)^{n}\overline{C}_{n}\overline{P}_{n}(\sin\phi)+\sum_{n=2}^{N}\sum_{m=1}^{n}\left(\frac{a_{\mathrm{E}}}{r}\right)^{n}(\overline{C}_{nm}\cos m\lambda+\overline{S}_{nm}\sin m\lambda)\overline{P}_{n}^{m}(\sin\phi)\right] \tag{3-106}$$

式中，G 为万有引力常数，M 为地球质量，GM 也常表示为地球引力常数 μ，a_{E} 为地球平均赤道半径，r 为计算点至地心的距离，ϕ 为计算点地心纬度，λ 为计算点经度，$\overline{P}_{n}(\sin\phi)$ 为归一化的勒让德函数，$\overline{P}_n^m(\sin\phi)$ 为归一化的缔合勒让德函数，N 为球谐函数的最高阶，$\overline{C}_n$、$\overline{C}_{nm}$、$\overline{S}_{nm}$ 为归一化球谐系数。引力常数、平均赤道半径、球谐系数的组合称为引力场模型。位函数可分为三部分，其中第一项为中心引力场；第二项只与纬度有关，称为带谐项；第三项与经度、纬度有关，称为田谐项，其中当 $m=n$ 时，称为扇谐项。在地固直角坐标系中的引力加速度向量可用下式计算

$$\begin{bmatrix} \dfrac{\partial V}{\partial x} \\ \dfrac{\partial V}{\partial y} \\ \dfrac{\partial V}{\partial z} \end{bmatrix} = \begin{bmatrix} \cos\phi\cos\lambda & -\dfrac{\sin\phi\cos\lambda}{r} & -\dfrac{\sin\lambda}{x^2+y^2} \\ \cos\phi\sin\lambda & -\dfrac{\sin\phi\sin\lambda}{r} & \dfrac{\cos\lambda}{x^2+y^2} \\ \sin\phi & \dfrac{\cos\phi}{r} & 0 \end{bmatrix} \begin{bmatrix} \dfrac{\partial V}{\partial r} \\ \dfrac{\partial V}{\partial \phi} \\ \dfrac{\partial V}{\partial \lambda} \end{bmatrix} \tag{3-107}$$

式中，引力位函数对球坐标的偏导数为

$$\begin{cases} \dfrac{\partial U}{\partial r} = -\dfrac{GM}{r^2}\sum\limits_{n=2}^{N}(n+1)\left(\dfrac{a_E}{r}\right)^n \sum\limits_{m=0}^{n}(\overline{C}_{nm}\cos m\lambda + \overline{S}_{nm}\sin m\lambda)\overline{P}_n^m(\sin\phi) \\ \dfrac{\partial U}{\partial \phi} = \dfrac{GM}{r}\sum\limits_{n=0}^{N}\left(\dfrac{a_E}{r}\right)^n \sum\limits_{m=0}^{n}[\overline{P}_n^{m+1}(\sin\phi) - m\tan\phi\,\overline{P}_n^m(\sin\phi)](\overline{C}_{nm}\cos m\lambda + \overline{S}_{nm}\sin m\lambda) \\ \dfrac{\partial U}{\partial \lambda} = \dfrac{GM}{r}\sum\limits_{n=0}^{N}\left(\dfrac{a_E}{r}\right)^n \sum\limits_{m=0}^{n}[m\,\overline{P}_n^m(\sin\phi)](\overline{S}_{nm}\cos m\lambda - \overline{C}_{nm}\sin m\lambda) \end{cases} \tag{3-108}$$

式中，$\overline{P}_n^m(\sin\phi)$ 可用递推公式计算。

地球引力场是随时间和空间变化的量，目前的处理方法是首先将地球当作不变形的固体，根据观测资料求解其引力场模型，得到所谓固体地球引力场模型参数 GM、a_E、$\overline{C}_{nm}$、$\overline{S}_{nm}$，然后考虑潮汐引起的引力场变化，对 $\overline{C}_{nm}$、$\overline{S}_{nm}$ 加以修正，得到 $\Delta\overline{C}_{nm}$、$\Delta\overline{S}_{nm}$。

(2) 考虑地球扁率时的引力加速度

引力加速度在 $\boldsymbol{r}^0$ 和 $\boldsymbol{\phi}^0$ 方向的分量为

$$\begin{cases} g_r = \dfrac{\partial U}{\partial r} = -\dfrac{GM}{r^2}\left[1+\dfrac{3}{2}J_2\left(\dfrac{a_E}{r}\right)^2(1-3\sin^2\phi)\right] \\ g_\phi = \dfrac{1}{r}\dfrac{\partial U}{\partial \phi} = -\dfrac{GM}{r^2}\dfrac{3}{2}J_2\left(\dfrac{a_E}{r}\right)^2\sin 2\phi \end{cases} \tag{3-109}$$

引力加速度在 $\boldsymbol{r}^0$ 和 $\boldsymbol{\omega}_E^0$ 方向的分量为

$$\begin{cases} g'_r = g_r + g_{\phi r} = -\dfrac{GM}{r^2}\left[1+\dfrac{3}{2}J_2\left(\dfrac{a_E}{r}\right)^2(1-5\sin^2\phi)\right] \\ g_{\omega_E} = g_{\phi\omega_E} = -3\dfrac{GM}{r^2}J_2\left(\dfrac{a_E}{r}\right)^2\sin\phi \end{cases} \tag{3-110}$$

(3) 常用的引力场模型

通过几十年的发展，目前已经有许多不同的引力场模型，如图 3-13 所示。但是引力系数很难确定，而且必须通过多种数据源和多种类型的卫星轨道数据来确定，见表 3-4，

这就使得引力模型的确定更加困难。

为适应高精度仿真和精密定轨的需要，可采用地球引力场模型 JGM－3（70×70），它来自 GSFC、OSU、UT 和欧洲，完整的 70 阶、70 次归一化球谐系数可从文献或网上获取。EGM－96 是由美国得克萨斯大学、国防测绘局、俄亥俄州立大学、戈达德航天飞行中心联合发展的一个引力场模型，采用了 30 个卫星和不同地面引力的测量数据，共包含 360×360 阶。

根据航天器的不同，仿真时选择的引力场阶数和次数相应不同：

1）对于深空探测航天器来说，通常需要 4×4 阶引力场模型；

2）对于低轨航天器来说，通常需要 50×50 阶引力场模型；

3）对于弹道导弹或运载火箭来说，由于其飞行时间较短，因此经常采用考虑 J_2 摄动的引力场模型，若要求弹道计算精度较高，则需要考虑引力位异常的影响。

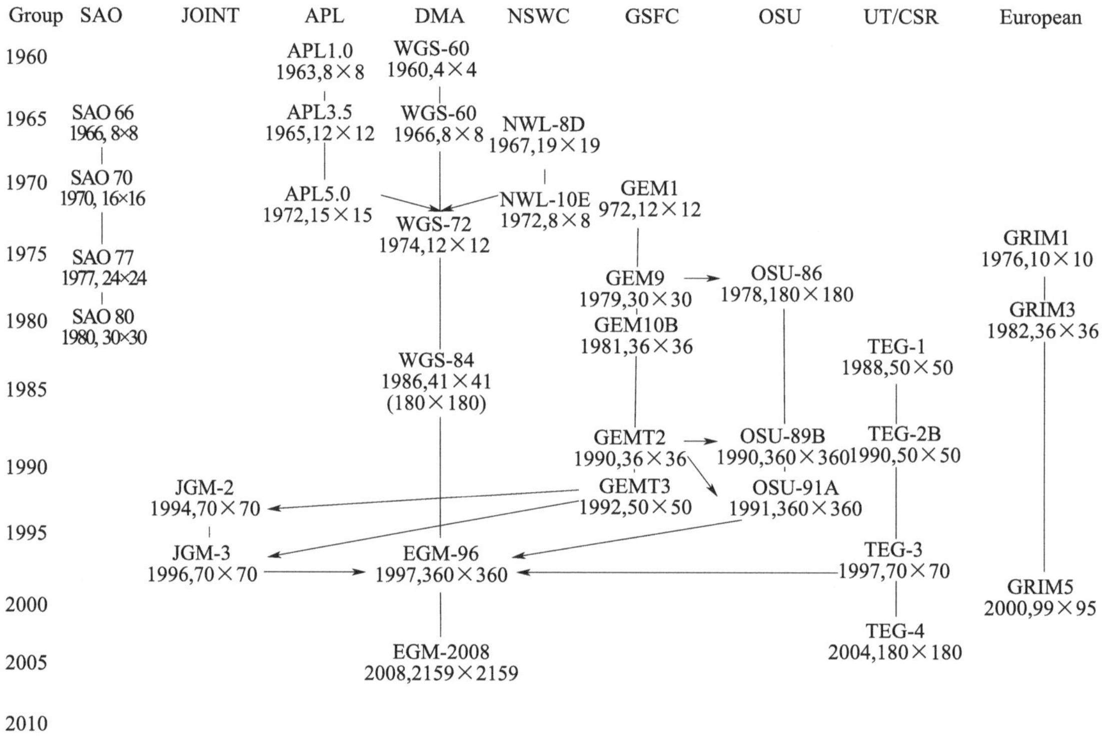

图 3－13　地球引力场模型

注：史密松天体物理台（Smithsonian Astrophysical Observatory，SAO）、应用物理实验室（Applied Physics Laboratory，APL）、国防测绘局（Defense Mapping Agency，DMA）、海军水面作战中心（Naval Surface Warfare Center，NSWC）、戈达德航天飞行中心（Goddard Space Flight Center，GSFC）、俄亥俄州立大学（Ohio State University，OSU）、得克萨斯大学太空研究中心（University of Texas Center for Space Research，UT/CSR）。WGS（World Geodetic Survey）、JGM（Joint Gravity Model）、EGM（Earth Gravity Model）、GEM（Goddard Earth Model）、TEG（Texas Earth Gravitational model）、GRIM（GRGS and German geodetic research Institute Munich）。

表 3-4　常用引力场模型的数据源

模型	数据类型	近拱点高度/km	轨道倾角/(°)	表面重力	高度计	卫星数量
JGM-3	O，L，D，RR，S2 SLR，DORIS	600～2 000 5 900,35 000	1～144	1×1°MGA	Seasat，Geosat， GEOS-3，SPOT-2	30
WGS-84	L，D，GPS	800～1 100 5 700,20 500	50～90	1×1°MGA	Seasat，GEOS-3	10
EGM-96	All Type	600～2 000 5 900,35 000	1～144	1×1°MGA 30×30′MGA	ERS-1，Geosat， TOPEX	30+
GEM T3	O，L，D，RR，S2	600～2 000 5 900,35 000	1～144	1×1°MGA	Seasat，Geosat， GEOS-3	30
OSU91A	O，L，D，RR，S2	600～2 000	1～144	1×1°MGA	TOPEX	30
TEG-3	L，D，RR	780～1 600 5 900,19 200	15～108	1×1°MGA	Seasat，Geosat， GEOS-3	30
GRIM 5	O，L，D	19 200	15～115	1×1°MGA	SPOT-2	32

注：该表列出了引力场模型主要的数据源(Vallado,2007)，包括光学 O(Optical)、激光 L(Laser)、多普勒 D(Doppler)、距离变化率 RR(Range Rate)、卫星激光测距 SLR(Satellite Laser Ranging)、卫星对卫星跟踪 S2、全球定位导航系统 GPS 和星基多普勒卫星轨道确定与无线电定位组合系统 DORIS(Doppler Orbitography and Radio positioning Integrated by Satellite)。

3.4.2　大气模型

航天器与弹箭所采用的气动计算模型有所不同，航天器所受的大气阻力加速度可以表示为

$$\boldsymbol{a}_{\text{drag}} = -\frac{1}{2} C_D A \frac{1}{m} \rho v_{\text{rel}}^2 \frac{\boldsymbol{v}_{\text{rel}}}{|\boldsymbol{v}_{\text{rel}}|} \tag{3-111}$$

式中，C_D 是阻力系数，是一个无量纲系数。对于球形航天器来说，通常取为 2.1～2.2；对于沿轴线方向运动的圆柱形航天器，通常取为 2.1～2.2；对于方盒形航天器，通常取为 2.2；对于锥形航天器，通常取为 2.1。ρ 为大气密度，是一个非常难以精确确定的量。另一个难以估计的量是阻力面积 A ，定义为垂直速度方向的截面面积。对于高精度计算而言，必须根据航天器的姿态来确定阻力面积。对于一个翻转再入的航天器而言，例如 1979 年再入大气层的 Skylab，不可能精确得到航天器的姿态，因此阻力面积 A 必然不准。m 为航天器质量，在某些情况下，经常认为质量是常值。通常将 $m/(C_D A)$ 称为弹道系数 BC (Ballistic Coefficient)。BC 越小，则大气对航天器的影响越大。上式中的速度指的是航天器相对大气的速度。由于地球的自转，地球大气也随之转动，风可以看作大气平均运动的扰动。

大气密度需要采用大气模型进行计算，具有代表性的大气模型发展如图 3-14 所示。

(1) 指数模型 (0～1 000 km)

指数模型 (Exponential Model) 是一种最简单的静态大气模型，其假定大气密度随高度呈指数变化，大气密度为

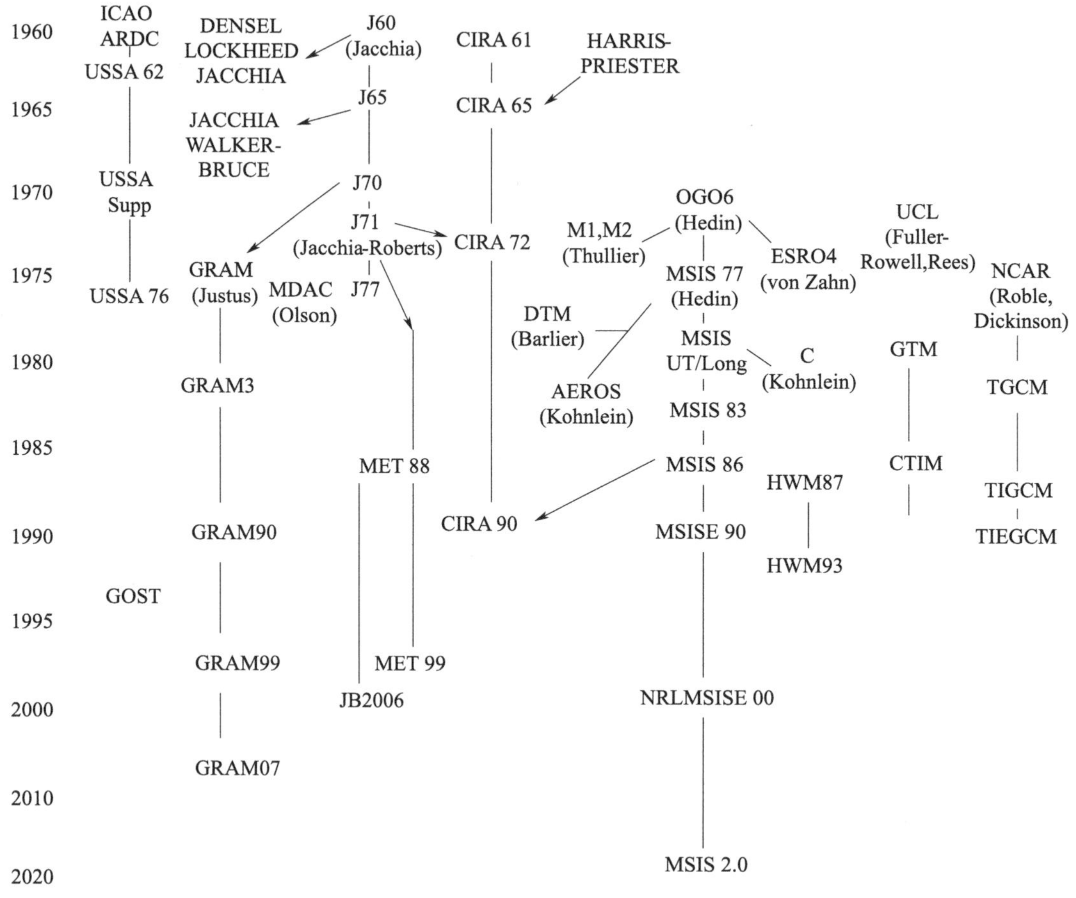

图 3-14　地球大气模型

注：国际民航组织（International Civil Aviation Organization，ICAO）、阿伯丁研究与发展中心（Aberdeen Research and Development Center，ARDC）、空间研究委员会（The Committee on Space Research，COSPAR）、欧洲空间研究组织（European Space Research Organization，ESRO）、伦敦学院大学（University College London，UCL）、美国大气研究中心（National Center for Atmospheric Research，NCAR）。模型缩写含义 USSA（United States Standard Atmosphere）、GOST（Gosudarstvennyy standart，Russian National Standard）、GRAM（Global Reference Atmosphere Model）、MET（Marshall Engineering Thermosphere）、CIRA（COSPAR International Reference Atmosphere）、OGO（Orbit Geophysical Observatory）、DTM（Drag Temperature Model）、MSIS（Mass Spectrometer and Incoherent Scatter radar）、HWM（Horizontal Wind Model）、GTM（Global Thermosphere Model）、CTIM（Coupled Thermosphere-Ionosphere Model）、TGCM/TIGCM/TIEGCM（Thermosphere/Thermosphere-Ionosphere/Thermosphere-Ionosphere-Electrodynamics General Circulation Model）。

$$\rho=\rho_0 e^{-\frac{h-h_0}{H}} \tag{3-112}$$

式中，参考高度 h_0 处的大气参考密度为 ρ_0，h 为航天器的实际大地高度，H 为密度标高。

（2）美国标准大气模型（0～1 000 km）

美国标准大气模型（Standard Atmosphere）先后发展了 1962 年版本、1966 年增补大气版本和 1976 年版本。美国标准大气 1976 是一种使用方便、得到国际上承认、被广泛使用的标准大气模型，它代表了北半球中纬度（45°N）、中等太阳活动下的平均状态。

（3）国际参考大气模型 CIRA（25～2 500 km）

CIRA（COSPAR International Reference Atmosphere）是由国际科学联盟理事会的空间研究委员会 COSPAR（The Committee on Space Research）确定的一种大气模型。该系列参考大气模型是国际性和权威性最强的参考大气模型，是美、欧、亚、澳及苏联等世界各洲/国科学家共同努力的结果。该系列大气模型包括 CIRA－65、CIRA－72 和 CIRA－90 模型。CIRA 系列模型是一个半理论模型，其数据主要来自于卫星阻力和地基的测量。

（4）Harris－Priester 模型（120～2 000 km）

Harris－Priester 模型根据太阳 10.7 cm 辐射通量 F10.7，用不同表格值提供了各个高度上大气密度周日变化的最大值和最小值，它对半年和季节性变化取了平均值。该模型在保证计算效率的前提下提供了相对高的精度，因此在轨道计算中经常采用。Harris－Priester 模型是 CIRA－65 模型的一部分，但是它也经常被单独使用。

（5）Jacchia－Roberts 模型（70～2 500 km）

Jacchia 模型（J70，J71，J77）是航天器动力学中经常采用的模型。Jacchia－Roberts 包含分析表达式，利用位置、时间、太阳活动和地磁活动来确定外逸层的温度，然后利用温度来计算密度。Jacchia 模型比 CIRA－65 模型具有优势的地方是适用于所有纬度。

（6）MSIS 模型（0～2 000 km）

该系列模型由美国海军研究实验室（US Naval Research Laboratory，NRL）提出，是利用多颗卫星质谱计和 5 个非相干散射雷达探测资料编制的半经验大气模式，经常也表示为 NRLMSIS。模型前几个版本重点是高层大气，它的 MSIS－86 被 COSPAR 等同采用为 CIRA－86 的热层经验大气模型，包括 MSIS－86、MSISE－90、NRLMSISE－00 和 NRLMSIS 2.0 等版本。

3.4.3 空间磁场模型

空间磁场对航天器的主要影响是作用在航天器上的磁干扰力矩，它会改变航天器的姿态，这里简要介绍 IGRF 磁场模型，更多内容详见文献［10］（王鹏，2012）。

自 1965 年卡安（J. Cain）等研究了全球地磁资料的高斯分析并得出全球地磁场模型（IGRF）以来，国际地磁学与高空大气物理学协会（IAGA）每 5 年给出一组高斯系数表示的基本磁场。该模型是全球地磁场经验模型，实际计算中采用插值方式获得 IGRF 模型的高斯系数。

3.4.4 星历模型

3.4.4.1 *JPL 星历*

JPL 星历最早是由麻省理工学院（MIT）的一个科研小组提出的，目的是为太阳系观测数据的科学分析提供支持。到 20 世纪 70 年代初，来自 JPL 和 MIT 的星历已经成为世界标准，被广泛应用于太空导航、行星探索、天文观测等领域，同时它也成为各主要历书部门出版星历的基础。根据功能及使用时间范围，目前 JPL 提供了 DE200、DE403、DE405、DE406、DE410、DE430 等多种星历文件，见表 3-5。

表 3-5 可用的 JPL 星历

名称	基准	年	起始时间	终止时间	备注
DE102	FK4	1977	-1411-04-16	3000-05-06	
DE118	FK4	1980	1599-12-9	2166-3-31	
DE200	FK5	1982	1599-12-9	2166-3-31	1984—2003 年美国天文年历编写使用
DE245	FK5	1993	1750-6-16	2051-8-1	
DE403	ICRF	1995	1599-12-9	2199-12-31	首次采用 ICRF
DE405	ICRF	1997	1599-12-9	2199-12-31	包含章动和天平动
DE406	ICRF	1997	-3000-2-23	3000-5-6	
DE410	ICRF	2003	1900-2-6	2019-12-15	“火星探险漫游者”探测器导航使用
DE413	ICRF	2004	1899-12-04	2050-03-07	冥卫-轨道计算
DE414	ICRF	2005	1899-12-04	2050-03-07	拟合了火星探测器数据
DE418	ICRF	2005	1899-07-29	2051-01-21	
DE421	ICRF	2008	1899-07-29	2053-10-09	拟合了行星测距与 LLR
DE422	ICRF	2009	1899-07-29	2053-10-09	拟合了火星、水星探测数据，用于水星任务
DE423	ICRF	2010	1799-12-26	2200-02-02	用于“信使号”水星任务
DE424	ICRF	2011	-3001-12-21	3000-01-30	用于火星任务
DE430	ICRF	2014	1549-12-21	2650-01-25	从 2015 年开始用于美国天文年历编写
DE431	ICRF	2013	-13200-08-15	17191-03-15	比 DE430 时间长但精度稍差
DE432	ICRF	2014	1549-12-21	2650-01-25	主要用于“新视野号”探测冥王星
DE434	ICRF	2015	1549-12-21	2650-01-25	主要用于“朱诺导航团队”木星任务
DE435	ICRF	2016	1549-12-21	2650-01-25	主要用于“卡西尼号”探测土星

JPL 的太阳系动力学网站（http://ssd.jpl.nasa.gov）上提供了星历文件及相关计算程序，其中星历文件包括 ASCII 和 UNIX 两种格式，计算程序主要是基于 Fortran 语言开发，本书以 DE405（ASCII 格式）为例，给出具体的使用方法。

（1）星历文件格式

JPL 提供的 ASCII 格式的星历文件名为 ascSYYYY.XXX，代表了星历 DEXXX，其中每个文件覆盖 20 年，开始年份为 SYYYY（p/m 分别代表+/-）。对于 ASCII 版本的星历文件，星历数据的主要部分被分割成 20 年跨度的子文件块，每个子文件块包含若干个 32 天（DE200、DE403、DE405 和 DE410）或 64 天（DE406）的星历数据。每个星历数据的前两个数据分别记录了该星历的标题信息和星历常量数值信息，其余的数据为每个天体的切比雪夫位置系数。行星的切比雪夫系数代表了行星系统中心的太阳系质心位置。

第一个数据依次记录如下信息。

1）星历表头信息，星历名称，包含在 ASCII 头文件的 1010 组；

2）星历跨度信息，以儒略日表示的星历开始和结束历元，星历记录的时间跨度，包含在 ASCII 头文件的 1030 组；

3）星历常量名称，包含在 ASCII 头文件的 1040 组；

4）星历常量的个数，包含在 ASCII 头文件的 1040 和 1041 组；

5）天文单位所对应的距离，包含在 ASCII 头文件的 1041 组；

6）地月质量比率，包含在 ASCII 头文件的 1041 组；

7）插值星历号，包含在 ASCII 头文件的 1041 组；

8）从星历数据记录中提取各项目插值系数的标志指示器，具体含义下面给出详细解释，包含在 ASCII 头文件的 1050 组；

9）月球天平动的标志指示器，包含在 ASCII 头文件的 1050 组。

星历数据记录通过包含在二进制星历文件第一个记录（或包含在 ASCII 文件的 GROUP1050）中的标志指示器来区分。标志指示器由 3 组每组 13 个整数组成，在二进制星历文件中，3 组整数中的前 12 个数据存储在一起，每组的第 13 个数据单独存储在第一个记录的最后。这 13 个三维整数提供了 13 个插值项目所对应的切比雪夫多项式系数在星历数据记录中的位置、个数和时间分块。例如，对于 DE405 标志指示器的结构见表3-6 。

表 3-6　标志指示器的具体含义

插值项目	1	2	3	4	5	6	7	8	9	10	11	12	13
开始位置	3	171	231	309	342	366	387	405	423	441	753	819	899
位置系数	14	10	13	11	8	7	6	6	6	13	11	10	10
时间分块	4	2	2	1	1	1	1	1	1	8	2	4	4

以上数据中，按列划分相应的 13 个插值项目依次为水星、金星、地月系质心、火星、木星、土星、天王星、海王星、冥王星、月球（地心位置）、太阳、章动和月球天平动。第一列第一个数“3”表示水星的切比雪夫系数从第 3 个数据开始；第二个数“14”表示水星的位置分量 x、y、z 分别含有 14 个系数，第三个数“4”表示数据被分为 4 小块，每一小块的时间跨度为 32/4=8 天，所以关于水星的系数个数为 $3\times14\times4=168$。其他列的数据可以以此类推。由于水星和月球的运动周期较短，为了提高精度，水星和月球的切比雪夫系数分为多块：水星的分为 4 块，月球的分为 8 块。

对于前 11 个项目（太阳、月亮、八大行星和冥王星），每个项目包含三个笛卡儿直角坐标分量 x、y、z；对于第 12 个项目章动，仅包含两个分量：黄经章动和交角章动；第 13 个项目同样有三个分量，分别是月球天平动的三个欧拉角。行星（太阳和月球）的速度分量可通过位置插值多项式系数按第二类切比雪夫多项式插值获得。

星历文件中，行星的位置单位为 km（速度单位为 km/s），章动和天平动单位为弧度。

（2）星历求解方法

当给定星历文件时，在任意时刻 t ，每个天体的位置、速度以及章动和月球天平动等参数，都可以通过切比雪夫插值多项式给出。下面以 x 坐标分量为例，在 t 时刻它的位

置为

$$R_x(t)=\sum_{k=0}^{n}a_kT_k(t) \tag{3-113}$$

式中，$T_k(t)$ 是第一类切比雪夫多项式，a_k 是存在星历文件中的系数，方程中的时间 t 是一个标准化的时刻，即 $-1<t<1$，它的值根据儒略日计算得到

$$t=\frac{T-T_0}{\Delta T}-1 \tag{3-114}$$

式中，T 为当前的儒略日数，T_0 为存在系数节点开始处的儒略日数，ΔT 为系数记录的时间跨度。

第一类切比雪夫多项式定义得到

$$T_k(t)=\cos(k\arccos t) \tag{3-115}$$

根据以下三角递归表达式，式（3－115）可以看作是 $t\equiv\arccos t$ 的一个 n 次多项式

$$\cos nt=2\cos(n-1)t\cos t-\cos(n-2)t \tag{3-116}$$

它的前四阶可表示为

$$\begin{cases}T_0(t)=1\\T_1(t)=t\\T_2(t)=2t^2-1\\T_3(t)=4t^3-3t\end{cases} \tag{3-117}$$

高阶次的切比雪夫多项式可通过下面的一般递归表达式求得

$$T_{k+1}(t)=2tT_k(t)-T_{k-1}(t) \tag{3-118}$$

利用式（3－118）就可以计算得到式（3－113）中切比雪夫多项式，其他位置分量和星历角的计算与以上算法相同。

另外，对于速度的插值可通过对式（3－113）求微分获得，即

$$V_x(t)\equiv\dot{R}_x(t)=\sum_{k=0}^{n}a_k\dot{T}_k(t) \tag{3-119}$$

切比雪夫多项式的微分为

$$\dot{T}_k(t)=kU_{k-1}(t) \tag{3-120}$$

式中，$U_{k-1}(t)$ 称作第二类切比雪夫多项式，定义为

$$U_k(t)=\frac{\sin[(k+1)\arccos t]}{\sin(\arccos t)} \tag{3-121}$$

与第一类切比雪夫多项式类似，它是 t 的多项式，其前四阶表达式为

$$\begin{cases}U_0(t)=1\\U_1(t)=2t\\U_2(t)=4t^2-1\\U_3(t)=8t^3-4t\end{cases} \tag{3-122}$$

一般情况下，它由以下递归表达式计算

$$U_{k+1}(t)=2tU_k(t)-U_{k-1}(t) \tag{3-123}$$

注意在式（3－120）中有一个因子 k，因此用在插值多项式中的递归表达式为

$$kU_{k-1}(t)=2t(k-1)U_{k-2}(t)+2T_{k-1}(t)-(n-2)U_{k-3}(t) \tag{3-124}$$

3.4.4.2　解析计算法

（1）太阳的轨道根数

包含长期变化的太阳平均轨道根数分别记为 a_S、e_S、ε_S、$\tilde{L}_S$、$\tilde{\Gamma}_S$，表示太阳轨道长半轴、偏心率、黄赤交角、对应当天平春分点的几何平黄经、对应当天平春分点的近地点平黄经，有

$$\begin{cases} a_S=1.000\,001\,02\,(\text{天文单位 AU}) \\ e_S=0.167\,086\,2-0.000\,042\,04t-0.000\,001\,24t^2 \\ \varepsilon_S=23°26'21''.448-46''.815\,0\,t-0''.000\,59t^2 \\ \tilde{L}_S=280°27'59''.21+129\,602\,771''.36\,t+1''.093t^2 \\ \tilde{\Gamma}_S=282°56'14''.45+6\,190''.32t+1''.655t^2 \end{cases} \tag{3-125}$$

设 $\tilde{M}_S$ 为太阳的平近点角，有

$$\tilde{M}_S=\tilde{L}_S-\tilde{\Gamma}_S=357°31'44''.76+129\,596\,581''.04\,t-0''.562t^2 \tag{3-126}$$

式中，t 为自 J2000.0 起算的儒略世纪数。如果需要求解 $\tilde{L}_S$、$\tilde{\Gamma}_S$ 对标准历元平春分点的值，只需进行岁差改正。则太阳在瞬时地心平赤道坐标系下的位置矢量为

$$\boldsymbol{R}_S=\boldsymbol{R}_1(\varepsilon_S)\begin{bmatrix}R_S\cos\tilde{\theta}_S & R_S\sin\tilde{\theta}_S & 0\end{bmatrix}^T \tag{3-127}$$

式中，设 R_S 为太阳的地心距，$\boldsymbol{R}_1$ 为绕 X 轴旋转的转换矩阵，$\tilde{\theta}_S$ 为太阳相对于当日平春分点的真近点角。因太阳轨道的偏心率较小，则在近似计算中有

$$\begin{cases} R_S=a_S\left(1+\dfrac{1}{2}e_S^2-e_S\cos\tilde{M}_S-\dfrac{1}{2}e_S^2\cos2\tilde{M}_S\right) \\ \tilde{\theta}_S=\tilde{L}_S+2e_S\sin\tilde{M}_S+\dfrac{5}{4}e_S^2\sin2\tilde{M}_S \end{cases} \tag{3-128}$$

（2）月球的轨道根数

包含长期变化的月球平均轨道根数分别记为 a_L、e_L、$\tilde{i}_L$、$\tilde{L}_L$、$\tilde{\Gamma}_L$、$\tilde{\Omega}_L$，表示月球轨道的长半轴、偏心率、黄白交角、对应当天平春分点的几何平黄经、近地点平黄经和升交点平黄经。有

$$\begin{cases} a_L=384\,747.98\text{ km} \\ e_L=0.054\,879\,905 \\ \sin\dfrac{\tilde{i}_L}{2}=0.044\,751\,305 \\ \tilde{L}_L=218°18'59''.96+481\,267°52'5''.833t-4''.787t^2 \\ \tilde{\Gamma}_L=83°21'11''.67+4\,069°00'49''.36t-37''.165t^2 \\ \tilde{\Omega}_L=125°02'40''.40-1\,934°08'10''.266t+7''.476t^2 \end{cases} \tag{3-129}$$

这组数据对应于地心黄道坐标系。

设 $\widetilde{M}_L$ 为月球的平近点角，有 $\widetilde{M}_L = \widetilde{L}_L - \widetilde{\Gamma}_L$；设 F 为月球的升交距角，有 $F = \widetilde{L}_L - \widetilde{\Omega}_L = 93°16'19''.56 + 483\ 202°00'16''.099t - 12''.263t^2$；另外，设 D 为月球与太阳的平距角，也称月相角，有

$$D = \widetilde{L}_L - \widetilde{L}_S = 297°51'00''.74 + 445\ 267°05'54''.473t - 5''.88t^2 \tag{3-130}$$

式中，t 为自 J2000.0（即 2000 年 1 月 1.5 日 TT）起算的儒略世纪数。如果需要求解 $\widetilde{L}_L$、$\widetilde{\Gamma}_L$ 和 $\widetilde{\Omega}_L$ 对标准历元平春分点的值，只需要进行岁差改正。则月球在瞬时地心平赤道坐标系下的位置矢量 $\boldsymbol{R}_L$ 为

$$\boldsymbol{R}_L = \boldsymbol{R}_1(-\varepsilon)(R_{EL}\cos u\boldsymbol{P}^* + R_{EL}\sin u\boldsymbol{Q}^*) \tag{3-131}$$

在瞬时地心平赤道坐标系下的速度矢量 $\dot{\boldsymbol{R}}_L$ 为

$$\dot{\boldsymbol{R}}_L = \sqrt{\frac{\mu_L}{a_L(1-e_L^2)}}\boldsymbol{R}_1(\varepsilon_S)[(-\sin u + \eta)\boldsymbol{P}^* + (\cos u + \xi)\boldsymbol{Q}^*] \tag{3-132}$$

式中

$$\boldsymbol{P}^* = \begin{bmatrix} \cos\widetilde{\Omega}'_L \\ \sin\widetilde{\Omega}'_L \\ 0 \end{bmatrix}, \quad \boldsymbol{Q}^* = \begin{bmatrix} -\sin\widetilde{\Omega}'_L\cos\check{i}'_L \\ \cos\widetilde{\Omega}'_L\cos\check{i}'_L \\ \sin\check{i}'_L \end{bmatrix}$$

$$u = \widetilde{L}'_L - \widetilde{\Omega}'_L, \quad \xi = e_L\cos(\widetilde{\Gamma}_L - \widetilde{\Omega}'_L), \quad \eta = e_L\sin(\widetilde{\Gamma}_L - \widetilde{\Omega}'_L)$$

$$\widetilde{L}'_L = \widetilde{L}_L + C_1 + \sum_j K_j\sin\alpha_j$$

$$R_{EL} = \frac{60.268\ 207\ 51a_e}{\left(1 + C_2 + \sum_j \Omega_j\cos\alpha_j\right)}$$

$$\widetilde{\Omega}'_L = \widetilde{\Omega}_L + C_3 + \sum_j \Omega_j\sin\alpha_j$$

$$\check{i}'_L = \check{i}_L + \sum_j J_j\cos\alpha_j$$

$$C_1 = 0.109\ 76\sin M' + 0.003\ 73\sin 2M' + 0.000\ 17\sin 3M'$$

$$C_2 = 0.054\ 50\cos M' + 0.002\ 97\cos 2M' + 0.000\ 18\cos 3M'$$

$$C_3 = 0.000\ 47\sin M'$$

式中，K_j、Q_j、Ω_j、J_j 的数值和 α_j 的计算见其他相关文献［5］（刘林，2006）。

3.4.5 空间环境模型仿真实现

3.4.5.1 考虑地球扁率的引力加速度计算仿真实现

空间引力场计算需要读取引力场模型文件，然后采用勒让德函数计算，整个计算过程比较复杂，但是考虑地球扁率时的引力加速度计算较为简单。AstroLib 中实现了 J_2 摄动引力加速度计算函数 AsJ2Accel()。

```
void AsJ2Accel (double gm, double J2, double refDist, const CCoord& pos,
               CCoord& pertAccel)
{
    double r   = pos.Norm();
    double r2  = AsSqr(pos[2] / r);

    double Temp1  =  - refDist * refDist * gm * 1.5 * J2 / pow(r, 5);
    double Temp2  = Temp1 * (1.0 - 5.0 * r2);
    pertAccel[0]  = Temp2 * pos[0];
    pertAccel[1]  = Temp2 * pos[1];
    pertAccel[2]  = Temp1 * pos[2] * (3.0 - 5.0 * r2);
}
```

3.4.5.2 指数大气模型仿真实现

AstroLib 中实现了指数大气模型计算函数 AsExponentialAtmDens()。

```
double  AsExponentialAtmDens  ( double  refDensity,  double  refHeight,  double
scaleHeight, double alt)
{
    return refDensity * exp((refHeight - alt) / scaleHeight);
}
```

3.4.5.3 太阳位置解析计算仿真实现

AstroLib 中实现了太阳位置解析计算函数 AsSunProp()。

```
void AsSunProp(double JD, CCoord& RSun)
{
    //the distance between sun and earth. IAU1976
    const double AU  = 1.4959787e11;

    double RSun4, MeanLong, MeanAnomaly, EclpLong, Obliquity, TUT1, TTDB;

    // Initialize values
    TUT1  = (JD - 2451545.0) / 36525.0;

    //Mean Longitude
    MeanLong  = 280.4606184 + 36000.77005361 * TUT1;
    MeanLong  = fmod(MeanLong, 360.0);   // deg
```

```
    TTDB        = TUT1;
    MeanAnomaly = 357.5277233 + 35999.05034 * TTDB;
    MeanAnomaly = AsDegToRad(MeanAnomaly);   // rad

    //Ecliptic Longitude
    EclpLong   = MeanLong + 1.914666471 * sin(MeanAnomaly) +
                 0.019994643 * sin(2.0 * MeanAnomaly); // deg
    EclpLong   = AsDegToRad(EclpLong);

    //Mean Obliquity of the Ecliptic
    Obliquity = 23.439291 - 0.0130042 * TTDB;   // deg
    Obliquity = AsDegToRad(Obliquity);

    // Find magnitude of SUN vector, THEN components
    RSun4    = 1.000140612 - 0.016708617 * cos(MeanAnomaly) -
               0.000139589 * cos(2.0 * MeanAnomaly);   // in AU's
    RSun4    = RSun4 * AU;//AU to meter
    RSun[0] = RSun4 * cos(EclpLong);
    RSun[1] = RSun4 * cos(Obliquity) * sin(EclpLong);
    RSun[2] = RSun4 * sin(Obliquity) * sin(EclpLong);
}
```

3.5　航天器其他模型

航天器的种类不同，其飞行仿真任务重点也不同。例如运载火箭和弹道导弹的仿真重点主要集中在主动段，卫星的仿真重点集中在轨道飞行段，载人飞船的仿真重点从箭船分离后开始，持续到再入返回至地面为止。由于各种航天器的飞行任务和关注点不同，因此导致其仿真系统的组成也千差万别，除了动力学仿真外，对导航、制导、控制、电源、测控等都可能需要进行仿真和分析。本节将对敏感器、执行结构、电源相关模型进行介绍。

3.5.1　敏感器模型

3.5.1.1　姿态确定基本原理

姿态测量就是利用航天器上的姿态敏感器获得包含航天器姿态信息的物理量（电压、电流或其他信息）。敏感器输出的测量量不一定就是姿态参数，也未必能直接用于姿态控制，于是就出现了姿态确定这个概念。姿态确定就是对航天器姿态测量数据进行处理，给出航天器的姿态参数。姿态测量和姿态确定是姿态控制的前提。常把实现姿态测量和姿态确定的那部分系统称为姿态测量系统。姿态确定方法可分为参考矢量法、惯性测量法和统计估计法等。

（1）参考矢量法

设有两个不共线的参考矢量，均为单位矢量。为区别起见，它们在参考坐标系 $Oxyz$ 中表示为 $\boldsymbol{S}_1$、$\boldsymbol{S}_2$，在体坐标系 $O\xi\eta\zeta$ 中表示为 $\boldsymbol{S}_1^*$、$\boldsymbol{S}_2^*$。记 $\boldsymbol{S}_3=\boldsymbol{S}_1\times\boldsymbol{S}_2$，$\boldsymbol{S}_3^*=\boldsymbol{S}_1^*\times\boldsymbol{S}_2^*$。设航天器在 $Oxyz$ 中的姿态矩阵为 $\boldsymbol{A}$，则有

$$\boldsymbol{S}_i^* = \boldsymbol{A}\boldsymbol{S}_i \quad (i=1,2,3) \tag{3-133}$$

记矩阵 $\boldsymbol{B}$ 和 $\boldsymbol{B}^*$ 为

$$\begin{cases} \boldsymbol{B} = [\boldsymbol{S}_1 \quad \boldsymbol{S}_2 \quad \boldsymbol{S}_3] \\ \boldsymbol{B}^* = [\boldsymbol{S}_1^* \quad \boldsymbol{S}_2^* \quad \boldsymbol{S}_3^*] \end{cases} \tag{3-134}$$

则有

$$\boldsymbol{B}^* = [\boldsymbol{S}_1^* \quad \boldsymbol{S}_2^* \quad \boldsymbol{S}_3^*] = [\boldsymbol{A}\boldsymbol{S}_1 \quad \boldsymbol{A}\boldsymbol{S}_2 \quad \boldsymbol{A}\boldsymbol{S}_3] = \boldsymbol{A}\,[\boldsymbol{S}_1 \quad \boldsymbol{S}_2 \quad \boldsymbol{S}_3] = \boldsymbol{A}\boldsymbol{B} \tag{3-135}$$

由于 $\boldsymbol{S}_1$、$\boldsymbol{S}_2$ 不共线，矩阵 $\boldsymbol{B}$ 可逆，所以

$$\boldsymbol{A} = \boldsymbol{B}^*\boldsymbol{B}^{-1} \tag{3-136}$$

即在不共线的双参考矢量为完全可测量的情况下，姿态矩阵可唯一确定。

如果有大于两个的参考矢量，利用某些量测量的组合可确定姿态。但由于测量量有误差，因此不同的测量量组合将会得到不同的姿态矩阵，这时就需要用统计数据处理的方法来得到姿态的最佳估计。有很多方法可以解决这类问题，常用的是最小二乘方法。

（2）惯性测量法

参考矢量法是用测量外部参考矢量相对于航天器的方位来确定航天器的姿态。也可以在航天器内部建立惯性基准，测量航天器相对于此基准的姿态变化，这就是惯性姿态测量。

惯性姿态测量的优点是，在已知初始姿态及参考坐标相对惯性空间姿态的条件下，在一段时间内，可以不需要测量外部参考矢量，星上自主确定姿态。通常惯性姿态敏感器在短期使用时积分误差小，具有较高的精度，且噪声也小，因此常用于姿态机动及外部参考矢量不可测量时的姿态测量。

惯性姿态测量的缺点是：1）必需知道初始姿态；2）若积分时间较长，陀螺漂移引起的姿态确定误差较大。

（3）统计估计法

利用上述姿态确定方法，根据姿态敏感器的一组姿态测量数据，原则上可以直接确定所需的卫星姿态参数。这样的方法可称为姿态直接确定法。但由于测量数据中含有噪声及系统偏差等，所得的姿态参数往往精度不高，在实际应用中一般都采用统计估计理论对姿态测量参数进行处理，这样可以显著提高姿态确定精度。常用的状态估计算法有最小二乘法和卡尔曼滤波法等。

3.5.1.2　姿态敏感器

按照在姿态确定中功能的不同，姿态敏感器可分为两大类：方向姿态敏感器和惯性姿

态敏感器，如图 3－15 所示。

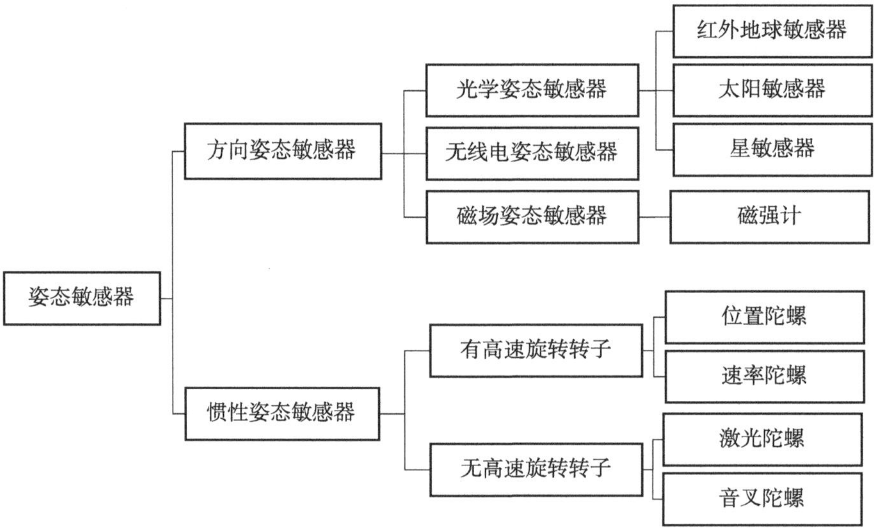

图 3－15　姿态敏感器的分类

方向姿态敏感器是测量空间基准场的仪表，它能敏感空间基准场矢量在姿态敏感器坐标系中的分量值。所获得的信息作适当的数据处理后，可获得外部参考矢量在航天器本体坐标系中的分量，从而可用参考矢量法来确定卫星的姿态。按所敏感的基准场的不同可分为光学、无线电、磁场等类型。最常用的方向姿态敏感器是光学姿态敏感器，有红外地球敏感器、太阳敏感器、星敏感器等。

惯性姿态敏感器包括各种各样的陀螺。陀螺中的一大类是利用高速旋转转子的轴在惯性空间指向稳定性的原理工作的。陀螺仪表能够敏感航天器相对于惯性空间的姿态运动，故称它们为惯性姿态敏感器。按其输出信号可分为位置（姿态）陀螺和速率陀螺。按其结构可分为液浮陀螺、挠性陀螺（也称动力调谐陀螺）、静电陀螺等。位置陀螺的输出是航天器相对于陀螺转子角动量矢量所组成的参考系的姿态。速率陀螺的输出是航天器的角速度矢量在陀螺输入轴（敏感轴）方向上的分量。位置陀螺的转子一般相对于惯性空间稳定，或作已知的进动运动。而速率陀螺的敏感轴矢量则是与航天器固连，因而它能测得航天器的角速度，利用积分即可求得航天器的姿态。也有不利用高速转子的陀螺，如音叉陀螺和激光陀螺。激光陀螺利用光波的多普勒效应来测量星体的角速度。

不同姿态敏感器的特点见表 3－6。

表 3－6　姿态敏感器的性能比较

姿态敏感器类型	优点	缺点
红外地球敏感器	1)适用于近地轨道卫星 2)信号强 3)分析方便	1)一般需要扫描部件 2)精度约 0.1° 3)受轨道影响大 4)不能测出偏航姿态

续表

姿态敏感器类型	优点	缺点
太阳敏感器	1)信噪比高,容易检测 2)功耗低,质量轻	1)在阴影区不能提供信息 2)精度约 1′
星敏感器	1)精度高,约 0.003° 2)视场不受限制 3)不受轨道影响 4)可确定卫星的三轴姿态	1)信号弱 2)结构复杂 3)星识别复杂 4)有可能受到杂散光的影响
磁强计	1)对低轨道卫星灵敏度高 2)可确定卫星的三轴姿态	1)分辨率大于 0.5° 2)受轨道影响大 3)在星体内要进行磁清洁
无线电敏感器	1)精度可达 0.01°	1)需借助外部发射站 2)精度受基准场影响
惯性敏感器	1)自主性强 2)不受轨道影响 3)动态精度高 4)可连续获得三轴姿态	1)有漂移,不宜长期使用 2)有高速旋转部件,易磨损 3)功率大,质量大

(1) 红外地球敏感器

红外地球敏感器测量地球相对于航天器的方位，也称为红外地平仪。敏感器内有探测地球红外辐射的热敏元件，热敏元件的视场可以是穿越地平扫描式或静态辐射平衡式的。

地球上空有一个红外线辐射较为稳定的二氧化碳吸收带，其红外辐射的波长为 14～16 μm，这个红外辐射场的一个极为重要的特点是它在红外地平附近有极高的梯度。红外地球敏感器就选择此波段工作，其热敏元件看见与未看见地球时，输出有很大的变化。

利用红外地平（地球与空间的交界处）的信息，即可确定地心的位置，由此可获得外部参考矢量——卫星的当地垂线矢量在卫星本体坐标系中的方向。这就是用红外地球敏感器测量卫星姿态的基本原理。

需要指出，红外地球敏感器测到的是航天器相对于当地垂线的姿态角，考虑到地球为一个椭球，如果要得到航天器相对地心矢量的姿态角，需要对由红外地球弦宽求得的俯仰角和滚转角进行修正。还需指出，红外地球敏感器可获得星体绕当地垂线转动的滚转和俯仰姿态，但不能确定偏航姿态。

(2) 太阳敏感器（Sun Sensor）

太阳敏感器是敏感太阳光方向的敏感器，也称太阳角计。太阳敏感器通过测量太阳相对航天器本体坐标系的位置来确定卫星的姿态。选择太阳作为参考目标是因为太阳视在圆盘的角半径几乎和航天器轨道无关并且很小，因此，对大多数应用而言，可以把太阳近似看作点光源。这样就简化了敏感器设计和姿态确定算法。并且，太阳的高亮度、高信噪比使得检测比较容易实现。太阳敏感器按照其工作的方式可以分成“0－1”式、模拟式和数字式几种。

当航天器在地球阴影区时，太阳敏感器就无法使用。太阳敏感器不但可用于航天器姿态测量，而且可用于太阳帆板的定向控制及用于红外地球敏感器和星敏感器的太阳保护。

（3）星敏感器

星敏感器敏感星光方向场，也有各种形式。按光敏感探测元件来分有析象管式、CCD式等。星的视角很小，它在空间中的方位由于长期天文观测的结果是精确已知的。因此，星敏感器的姿态确定精度很高，比太阳敏感器高一个数量级。但星光比较弱，信号检测比较困难，同时，天空中星的数目很多，它一方面带来对视场的限制少，应用方便的优点，但同时也带来要对所检测到的星进行识别的困难，需要有很强的数据处理能力。

单独使用红外地球敏感器或太阳敏感器都不能获得对地定向航天器的三轴姿态，而用一个 CCD 星敏感器便可以确定航天器的三轴姿态。但是考虑到观察几何上的原因，实用中要在航天器上安装两个光轴相互正交的 CCD 星敏感器，这样才能精确确定卫星三个本体轴相对于惯性空间的方向。

（4）磁强计

磁强计能敏感地球的磁场强度。如果测得不共面的三个方向上的地磁分量的强度，就能测得地磁矢量的方向及强度，由此可获得地磁参考矢量在航天器本体坐标系中的方位。

磁强计简单可靠，常用于中低轨卫星的姿态测量。由于地球磁场随时间变化且不能精确算得，所以单独使用磁强计不能完成高精度的姿态确定。

（5）无线电敏感器

无线电（射频）敏感器能敏感无线电波场，它通常装有定向接收天线，利用它可测量无线电波的传播方向相对于定向天线的定向。若采用图 3－16 所示的比相检测装置，两副定向接收天线的中心距离为 d 。当无线电波到达方向与天线指向成 α 角时，则它到达的距离差为 $d\sin\alpha$ ，这造成两副天线接收信号的时间差，反映成相位差为 $\upsilon=\frac{2\pi}{\lambda}d\sin\alpha$ 。由 υ 、λ 、d 即可确定 α 。

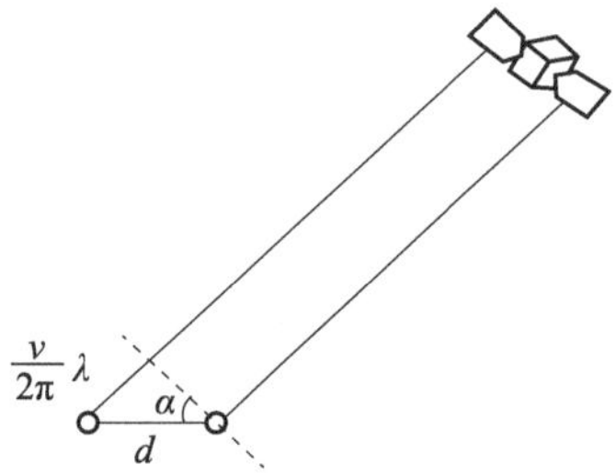

图 3－16　GPS 接收机姿态测量原理图

利用 GPS 定姿的方法与上述方法相同。单天线 GPS 定位接收器如能同时接受四颗导航星信号，则可同时确定接收机天线的三维位置及接收机钟差；多天线 GPS 接收机则可求出距离差，确定接收机的多天线载体的姿态，如果导航星到卫星的矢量可作为已知的外部参考矢量，只要星上有三个不共线的天线同时接收两颗导航星的信号，即可确定航天器的姿态。

基准场的各种不确定性是方向敏感器的外部信号误差源，这些误差源的功率决定了敏感器的方法精确度，也就是有理想特性的敏感器所能达到的最大精确度。

（6）惯性姿态敏感器（陀螺）

陀螺性能的一个重要指标是它的漂移，即单位时间内陀螺基准轴的角度变化量。随着时间的增加，漂移造成的姿态确定误差也将逐渐增加，所以惯性姿态敏感器在实际使用中不宜长时间单独使用，需要经常用外部参考矢量的测量来修正。

目前中低轨道卫星卡尔曼滤波定姿中常用的陀螺漂移模型为

$$\begin{cases}\omega_{\text{out}}=\omega_R+d+b+W_a\\ \dot{d}=-ad+W_d\\ \dot{b}=W_b\end{cases} \tag{3-137}$$

式中，d 为指数漂移项，a 为指数漂移项中时间衰减系数，W_d 为指数漂移项中的激励噪声，b 为常值漂移项，W_b 为常值漂移中的激励噪声，W_a 为白噪声漂移项。

3.5.1.3　加速度表模型

加速度表是惯性制导系统中的惯性敏感元件，如图 3－17 所示，它的输出与航天器运动的加速度成一定函数关系。陀螺加速度表与各种加速度计的类型很多，但其作用原理都是基于牛顿经典力学。

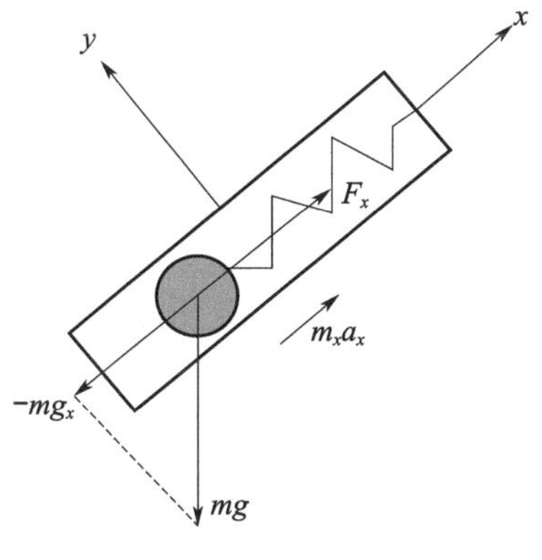

图 3－17　加速度表原理图

只考虑地球引力因素范围内飞行的航天器，加速度表敏感头的力平衡方程为

$$F_x=m_xa_x-m_xg_x \tag{3-138}$$

式中，F_x 是仪表弹簧（或类似弹簧）产生的平衡力，$\boldsymbol{a}$ 为加速度表壳体的加速度，也就是加速度表所在航天器的真实加速度，a_x 是其在 x 方向的分量，g_x 为引力加速度在 x 方向的分量，m_x 为加速度敏感头（或测量头）的质量。式（3－138）也可以写为

$$\frac{F_x}{m_x}=a_{\text{App}}=a_x-g_x \tag{3-139}$$

将式（3－139）右端称为视加速度（Apparent Acceleration），记为 a_{App} 。已知加速度敏感头质量 m_x ，根据测量得到的 F_x 大小即可以得到视加速度 a_{App} 。

将式（3－139）写成一般形式

$$\boldsymbol{a}_{\mathrm{App}}=\boldsymbol{a}-\boldsymbol{g} \tag{3-140}$$

设航天器在飞行中所受的作用力除引力外的其他所有力的合力为 $\boldsymbol{F}$，航天器质量为 m，根据牛顿第二定律

$$m\boldsymbol{a}=\boldsymbol{F}+m\boldsymbol{g} \tag{3-141}$$

即

$$\boldsymbol{a}=\frac{\boldsymbol{F}}{m}+\boldsymbol{g} \tag{3-142}$$

则可得到

$$\boldsymbol{a}_{\mathrm{App}}=\frac{\boldsymbol{F}}{m} \tag{3-143}$$

上式说明，视加速度为除引力加速度以外的其他力的合力作用在航天器上产生的加速度。将视加速度对时间一次积分和两次积分即得视速度（Apparent Velocity）及视位移。

根据理论分析，太阳引力场对地球表面附近引力加速度不超过 $1.4\times10^{-7}g_0$，月球在地球表面空间的最大引力效应相当于 $4\times10^{-6}g_0$。同样，可求出距地球最近的金星在地球表面空间的引力效应相当于 $1.89\times10^{-8}g_0$，而太阳系中质量最大的木星在地球表面引力效应相当于 $3.7\times10^{-8}g_0$。由此可知，其他行星对地球的引力效应将更加微弱。显然，只有当制导系统总的制导精度要求加速度表敏感精度优于 $1\times10^{-6}g_0$ 时，制导系统设计才必须考虑月球引力场对制导精度的影响。

加速度表的量测量一般为

$$a_{\mathrm{App}}(N)=\sum_{i=1}^{N}\Delta a_{\mathrm{App}i}$$

式中，$\Delta a_{\mathrm{App}i}$ 为加速度表在第 i 个采样周期内以输出脉冲之和表示的视速度增量，N 为飞行测量时采样周期总数。

一般情况下，都把加速度计输出的脉冲作如下转换

$$\Delta a_{\mathrm{App}i}=Kn_i \tag{3-145}$$

式中，$K=g_0s/n_0$ 为脉冲当量，即加速度表输出的每个脉冲相当的视速度增量；n_i 表示加速度表在飞行条件下，第 i 个采样周期内输出的脉冲个数；n_0 表示加速度表在地面测量时，即在一个 g_0 输入条件下，一秒钟内输出的脉冲个数；g_0 表示加速度表在地面测量时测得的当地重力加速度。

上面介绍的只是加速度表的一般原理，目前实际使用的加速度表是陀螺加速度表。陀螺加速度表亦称陀螺摆式加速度表，精度较高，一般分为气浮陀螺加速度表和液浮陀螺加速度表，他们的工作原理都基于陀螺力学。而非陀螺加速度敏感元件，一般称加速度计，如液浮式加速度计、挠性加速度计等，这类加速度计类型很多，与陀螺加速度表相比结构较简单，其工作原理都基于牛顿力学。

3.5.2　执行机构模型

执行机构根据控制指令提供航天器所需的控制力和控制力矩，以改变航天器的飞行状

态。航天器上的执行机构有很多种，一般来说，火箭执行机构有燃气舵、摇摆发动机、空气舵等。对于远程火箭而言，多采用燃气舵和摇摆发动机，对于空空导弹和地空导弹等在大气层内飞行的导弹而言，大多还加装空气舵。卫星等航天器执行机构有飞轮、力矩陀螺、发动机等。

3.5.2.1　火箭发动机推力模型

火箭发动机的原理可以追溯到中国古代的烟花，其实质是排出燃气所需的力产生的推动航天器前进的反作用力。火箭发动机产生的燃气经过燃烧形成高压，通过喷管膨胀而加速，产生作用于航天器的反作用力。

（1）火箭发动机的分类

火箭发动机所携带的推进剂按物理状态可以分为液体推进剂、固体推进剂和固液推进剂三种，与之对应的发动机分别为液体火箭发动机、固体火箭发动机和固液火箭发动机，如图 3－18 所示。

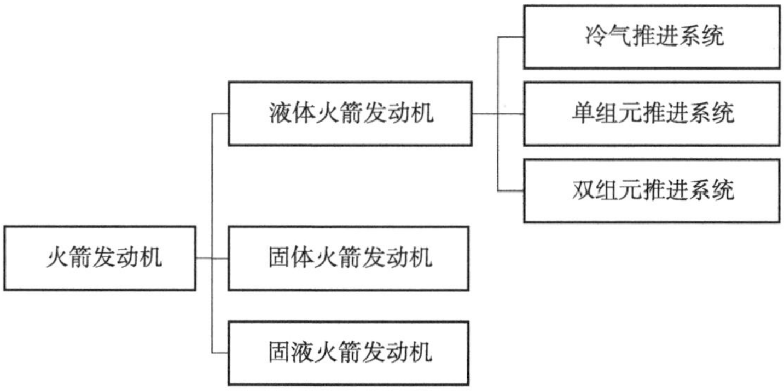

图 3－18　火箭发动机的分类

(a) 液体火箭发动机

液体火箭发动机的推进剂有冷气、单组元、双组元和多组元之分。

1）冷气推进系统。冷气推进系统采用惰性气体氮气在室温高压作用下作推进剂，其优点是系统简单、没有推进剂的燃烧问题，惰性气体不会使系统中的部件和材料因腐蚀而性能退化。它工作可靠、性能稳定，但因其推进剂比冲低，一般适用于总冲量较低（通常小于 44 500 N·s）的情况，因此在质量轻、使用寿命短的卫星上使用较多。冷气推进系统在早期航天器上使用较广泛。

2）单组元推进系统。单组元推进剂如过氧化氢（H_2O_2）或肼（N_2H_4）在催化剂作用下进行分解，从而产生高温、高压燃气。在 20 世纪 70 至 80 年代，单组元推进系统在航天器的姿控和轨控中几乎占据了统治地位。特别是中等质量的卫星单组元肼推进系统有很强的竞争力，只有在大型卫星和飞船上才考虑采用双组元推进系统。

3）双组元推进系统。双组元推进剂为自燃推进剂，包含燃烧剂和氧化剂，如液氧-液氢、液氧-煤油、偏二甲肼-四氧化二氮等。双组元推进剂的火箭发动机工作过程为涡轮泵将推进剂送入燃烧室进行燃烧产生高温、高压燃气。涡轮泵可以利用一部分燃气能量来驱动，也有采用独立的燃气发生器提供燃气来驱动。近代多级火箭发动机中多采用预燃室，即燃料与一部分氧化剂先在预燃室中进行化学反应，其预燃产物先去驱动涡轮泵，然后再进入主燃烧室，并在主燃烧室内与剩下的氧化剂进行反应。对于简单的火箭，可以用使推进剂箱内增压的方法来取代涡轮泵。双组元推进系统性能高，稳态比冲高于单组元肼推进系统，但其结构较复杂，推力室的设计、材料和工艺问题以及两种推进剂量混合比等技术问题使工作可靠性有所降低。双组元推进系统广泛用于大型长寿命卫星上，运载火箭也采用的是双组元火箭发动机。

(b) 固体火箭发动机

固体火箭发动机是将全部推进剂装在燃烧室壳体内，在固体药柱表面进行燃烧。药柱的形状设计极为重要，因为药柱形状决定了固体火箭的相对力对时间的变化关系。固体推进剂主要分为双基推进剂（Double Base Propellant）和复合推进剂（Composite Propellant）。

1）双基推进剂主要由硝化纤维素、硝化甘油和一些添加剂组成，两种主要成分的分子结构中都含有燃烧剂和氧化剂。双基推进剂理论比冲为170～220 s（1 660～2 150 m/s）。

2）复合推进剂使用单独的燃烧剂和氧化剂材料，以液态高分子聚合物粘合剂作为燃料，添加结晶状的氧化剂固体填料和其他添加剂，融合凝固成多相物体。为提高能量和密度，还可加入铝粉等粉末状轻金属材料作为可燃剂。复合推进剂理论比冲为225～265 s（2 200～2 600 m/s）。

(c) 固液火箭发动机

固液火箭发动机的氧化剂装在压力容器内并用挤压方式送入燃烧室，固体燃料在表面与氧化剂发生化学反应，从而产生高温、高压的燃烧产物。

(2) 火箭发动机工作原理

根据变质量质点系动力学方程可知，火箭产生的推力与喷气速度和质量流量相关，为

$$F = \frac{\mathrm{d}m}{\mathrm{d}t} v_e = \dot{m} v_e \tag{3-146}$$

通常不直接采用喷气速度来表示发动机特性，而采用比冲（Specific Impulse）I_{SP}。比冲定义为：发动机在无限小时间间隔 Δt 内产生的冲量与该段时间消耗的推进剂重量之比，即

$$I_{SP} = \frac{F \Delta t}{\dot{m} g_0 \Delta t} \tag{3-147}$$

式中，$g_0 = 9.806\ 65\ \mathrm{m/s^2}$ 为海平面标准重力加速度。从上式解出推力可得

$$F = I_{SP} \dot{m} g_0 \tag{3-148}$$

对比两个推力公式，可得比冲与喷气速度的关系为

$$v_e = I_{SP} g_0 \tag{3-149}$$

比冲是火箭发动机及其推进剂的一个重要性能参数。对于固体推进剂，比冲大致为200～300 s，现代液体推进剂的比冲较高，约为250～460 s。固液混合推进剂组合的比冲通常略高于固体推进剂。

火箭发动机通常给出的是海平面推力。如果航天器不在海平面飞行，则推力计算时需要进行校正。设 F_0 是海平面推力，海平面大气压为 p_0，航天器飞行高度处的大气压为 p，喷管出口面积为 S_e，则推力为

$$F = F_0 + (p_0 - p)S_e \tag{3-150}$$

(3) 后效冲量

当根据发动机关机指令关机，由于有剩余推进剂的燃烧，发动机仍然会产生推力，直至燃烧完全结束，推力才为 0。在关机指令之后的推力会造成推力冲量，又称为后效冲量。它是一个随机变量，变化范围约为平均值的 15%，这种瞬变特性对火箭的级间分离或头体分离是有影响的，更重要的是它直接影响火箭的精度。

为了减少后效冲量的影响，在关机之前可先下达“预备关机”指令，使发动机先工作在输入推进剂较少的工作状态。然后当航天器运动状态满足所要求的指标时，再下达全部关闭发动机的指令，停止推进剂的供应，这样发动机燃烧室内剩余的推进剂较少，从而减少后效冲量。

现代火箭通过采用先关闭主发动机，然后由几个很小推力的发动机（游动发动机）继续工作，使航天器运动满足规定指标时，再关闭小推力发动机的方式，达到减小后效冲量影响的目的。例如，我国的载人运载火箭 CZ-2F 为了精确控制关机精度，采用的就是先关闭二级主发动机，由游机继续工作，当满足入轨条件后，再关闭游机。

(4) 推力模型

火箭发动机的海平面推力或真空推力计算是执行机构的重要模型，根据仿真目的不同，需要采用不同粒度的推力模型。

(a) 固定推力模型

火箭发动机的海平面推力通常设计有标称值 F_S，固定推力模型直接采用该标称值作为火箭发动机推力

$$F = F_S \tag{3-151}$$

(b) 考虑启动过程和后效冲量的固定推力模型

火箭发动机的推力曲线通常是从 0 增长到额定工作推力，然后在额定工作推力下工作一段时间，并在关机时减小到 0 的过程，如图 3-19 所示。

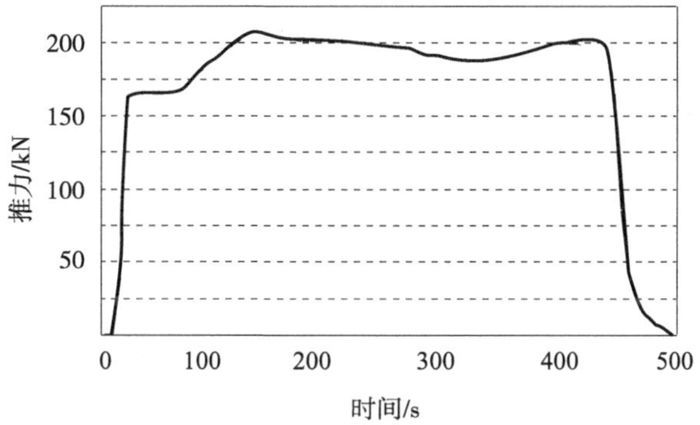

图 3-19　火箭发动机推力曲线

设火箭发动机推力从 0 增长到额定工作推力 90%的时间为 t_{90} ，在额定工作推力下工作时间为 t_S ，从关机指令时刻到推力减小到额定工作推力 10%的时间为 t_{10} ，则考虑启动过程和后效冲量的固定推力模型为

$$F=\begin{cases}0 & 0<t<t_{90}\\ F_S & t_{90}\leqslant t<t_{90}+t_S+t_{10}\end{cases} \tag{3-152}$$

该模型实际上将发动机开机时间推迟了 t_{90} ，将关机时间推迟了 t_{10} ，并没有考虑开关机时推力的变化过程。

(c) 考虑启动过程和后效冲量的梯形推力模型

将发动机开关机时推力变化考虑为线性模型，则得到考虑启动过程和后效冲量的梯形推力模型为

$$F=\begin{cases}F_S\dfrac{t}{t_{90}} & 0<t<t_{90}\\ F_S & t_{90}\leqslant t<t_{90}+t_S\\ F_S\left(1-\dfrac{t-t_{90}-t_S}{t_{10}}\right) & t_{90}+t_S\leqslant t<t_{90}+t_S+t_{10}\end{cases} \tag{3-153}$$

(d) 试验曲线模型

对于大推力的火箭发动机，在高精度仿真中，也可以直接采用试验推力曲线数据，仿真中采用查表并插值的方法得到具体的推力值。对于固体火箭发动机，海平面推力通常给定为燃烧时间和推进剂温度的函数。

3.5.2.2　涡轮喷气发动机推力模型

涡轮喷气发动机通常作为飞航式导弹或飞机的动力，其动量变化率取决于通过涡轮的空气流量 $\dot{m}_a$ 、飞行速度 v 和喷气速度 v_e ，假设理想气体膨胀，其推力为

$$F=\dot{m}_a(v_e-v) \tag{3-154}$$

喷气速度越快，或者经过涡轮的空气越多，推力越大。推力通常与以下几个参数有关：马赫数，高度，发动机安装位置，攻角。在某些问题中，可以忽略攻角的影响。

比燃料消耗率（Specific Fuel Consumption，SFC）b_F 是描述涡轮喷气发动机效率的一个重要参数，定义为燃料流量与推力之比，即

$$b_F=\frac{\dot{m}_f}{F} \tag{3-155}$$

b_F 的单位通常采用千克/（十牛・小时）[kg/（dN・h）]，这里 dN 也可以写为10 N。这里采用 dN 这一较陌生的单位是由于国际标准单位与英制单位的近似关系

$$1\ \text{kg/(dN}\cdot\text{h)}=0.980\ 665\ \text{lbm/(lbf}\cdot\text{h)}$$

SFC 通常在 0.3 到 1.0 kg/（dN・h）之间。

3.5.2.3　其他类型发动机

除了以上介绍的较成熟的发动机外，航空航天领域还有某些飞行器具有其他类型的发动机，例如，高超声速飞行器通常采用的冲压发动机等。

涡轮喷气发动机和涡轮风扇发动机适合低速飞行器，通常用于马赫数小于 3 的飞行器，其上限通常受材料能够承受的热的约束。

冲压式喷气发动机没有旋转部件，通常用于马赫数大于 2 的飞行器，其上限受离解和材料温度的约束，可用于马赫数小于 6 的飞行器。

超声速冲压喷气发动机与冲压发动机类似，不同之处在于其燃烧是在超声速下进行的。超声速冲压喷气发动机虽然也可以用于较低马赫数的飞行，但是在马赫数大于 6 时其效率更高。

冲压式涡轮喷气/超声速冲压发动机是三种发动机的组合，可以提供从静态到高超声速飞行。NASA 的 GHAME（Generic Hypersonic Aerodynamic Model Example）概念就采用此类发动机，其规划为：1）马赫数从 0 到 2 采用涡轮喷气发动机；2）马赫数从 2 到 6 采用冲压式喷气发动机；3）马赫数超过 6 采用超声速冲压喷气发动机。

3.5.3　电源相关模型

分析航天器能源时，经常需要对电源子系统建模。电源子系统建模需要综合考虑航天器太阳帆板发电、电池蓄电、设备耗电，对航天器能源分配合理性进行综合评估。

设备耗电模型的精确计算需要已知每个设备的开关机及耗电功率，这只有在航天器的详细飞行程序确定时才能计算。在初步分析时，可以根据航天器的飞行阶段、变轨和观测等关键事件，确定航天器的平均功耗，简化计算过程。

3.5.3.1　太阳帆板

设计太阳帆板及其展开机构需要考虑的特性包括：

1）帆板展开或转动引起的质心位置和转动惯量变化。

2）故障模式下展开过程中的阻塞。

3）太阳帆板的转动，包括帆板归零等。

4）大型太阳帆板的振动特性。

5）太阳电池片的老化。

6）导线和开关的布置和冗余特性。

7）故障模型下电池片和导线的失效。

航天器上安装的太阳帆板包括固定式、单自由度转动、多自由度转动等类型。大部分航天器的太阳帆板为单自由度转动，即绕体坐标系 y 轴旋转，实现对日定向。定义帆板水平归零时转动角度为 0，绕 y 轴旋转为正，则根据在航天器体坐标系中的太阳矢量 $\boldsymbol{r}_{\mathrm{SBody}}=[x_{\mathrm{SBody}}\quad y_{\mathrm{SBody}}\quad z_{\mathrm{SBody}}]^{\mathrm{T}}$，可以计算得到帆板对日定向时的转动角度为

$$\theta=\arctan\left(\frac{-x_{\mathrm{SBody}}}{-z_{\mathrm{SBoby}}}\right)\tag{3-156}$$

已知惯性系中太阳矢量 $\boldsymbol{r}_{\mathrm{S}}$、航天器位置 $\boldsymbol{r}$，航天器相对惯性系方向余弦矩阵 $\boldsymbol{T}_{\mathrm{Body}}$，则航天器体坐标系中的太阳矢量为

$$\boldsymbol{r}_{\mathrm{SBody}}=\boldsymbol{T}_{\mathrm{Body}}(\boldsymbol{r}_{\mathrm{S}}-\boldsymbol{r})\tag{3-157}$$

太阳帆板的发电功率可以根据太阳入射角 α（太阳矢量与帆板法线的夹角）、每平方米的太阳辐射光能量 W_0、太阳帆板光电转换效率 f_{SP} 得到为

$$W = f_{SP} W_0 \cos\alpha \tag{3-158}$$

一般的太阳帆板光电转换效率约为 15%～24%，发电功率约为 140 W/m²。

3.5.3.2 电池

设计电池需要考虑的特性包括：

1）电池组数量。

2）电池类型（Li-Ion、NiMH 等）。

3）充电特性，例如充电效率。

4）承载情况下的电流电压曲线。

5）自放电特性。

6）电池老化特性。

7）电池组内部电路和冗余。

8）电池组和电路的故障。

参考文献

［1］ Vallado D A. Fundamentals of Astrodynamics and Applications ［M］. California: Microcosm Press, 2007.

［2］ 黄圳圭，赵志建．大型航天器动力学与控制［M］. 长沙：国防科技大学出版社，1990.

［3］ 黄圳圭．航天器姿态动力学［M］. 长沙：国防科技大学出版社，1997.

［4］ 贾沛然，陈克俊，何力．远程火箭弹道学［M］. 长沙：国防科技大学出版社，2009.

［5］ 刘林，王歆．月球探测器轨道力学［M］. 北京：国防工业出版社，2006.

［6］ 王华，李海阳，周晚萌．载人航天系统建模与仿真［M］. 北京：中国宇航出版社，2019.

［7］ 郗晓宁，王威，高玉东．近地航天器轨道基础［M］. 长沙：国防科技大学出版社，2003.

［8］ 杨嘉墀，吕振铎．航天器轨道动力学与控制［M］. 北京：中国宇航出版社，2001.

［9］ 赵钧．航天器轨道动力学［M］. 哈尔滨：哈尔滨工业大学出版社，2011.

［10］ 王鹏，徐青，李建胜，等. 空间环境建模与可视化仿真技术［M］. 北京：国防工业出版社，2012.

第 4 章 航天系统仿真方法

本章首先介绍航天系统仿真中最常用的连续系统数值积分方法，其次讨论数值积分方法和计算步长的选择问题，再次对数值积分方法的仿真实现进行介绍，最后介绍离散事件仿真方法。

4.1 连续系统数值积分方法

在航天领域，连续系统是最常见的系统，而连续系统仿真方法也是系统仿真技术中最基本、最常用和最成熟的，如轨道仿真、姿态仿真等。进行数值仿真首先要建立被仿真系统的数学模型，并将此模型转换成计算机可接受的、与原模型等价的仿真模型，然后编制仿真程序，使模型在计算机上运转。随着计算机软硬件发展和数值理论的进展，微分方程的数值解法已经成为连续系统仿真最重要的方法。本节将详细介绍连续系统的常见数值积分方法，该方法在数学上本质是求解常微分方程组的初值问题。

与数值积分法并列的另一类连续系统仿真算法是离散相似法，它是建立在对连续系统离散化基础上的，它有比较明显的物理意义，对于研究控制系统的人员很容易接受。这类方法对于线性系统仿真十分有用，特别适合实时仿真，但是对于非线性系统，离散相似法应用较少。有兴趣的读者参见相关文献［4］（吴旭光，2008）。

4.1.1 单步法

4.1.1.1 欧拉法

欧拉法是最简单的一种数值积分方法，虽然它的计算精度比较差，实际中也很少采用，但由于它导出简单，几何意义明显，便于理解，又能说明构造数值解法一般计算公式的基本思想，通常用它来说明有关的基本概念。

为了对数值积分法的基本思想有透彻的了解，下面将从三个侧面推导出欧拉法数值解析近似公式。

（1）泰勒级数展开

考虑标量微分方程

$$\begin{cases} \dot{y} = f(t, y) \\ y(t_0) = y_0 \end{cases} \tag{4-1}$$

假定 $y(t) = g(t, y)$ 为其解析解，将 $y(t)$ 展开成泰勒级数

$$y(t+h) = y(t) + \dot{y}(t)h + \cdots \tag{4-2}$$

从而

$$y(t+h) \approx y(t) + hf(t, y) \tag{4-3}$$

将式（4－3）写成差分方程

$$y_{n+1} = y_n + hf(t_n, y_n), n = 0,1,2,\cdots \tag{4-4}$$

（2）矩形近似解法

考虑标量微分方程式（4－1），在区间 $[t_n,\ t_{n+1}]$ 上求积分，得

$$y(t_{n+1}) = y(t_n) + \int_{t_n}^{t_{n+1}} f(t, y)\mathrm{d}t \tag{4-5}$$

若把积分间隔取得足够小，使得在 $[t_n,\ t_{n+1}]$ 上 $f(t,\ y)$ 可以近似地看成常数 $f(t_n,\ y_n)$，那么可以用矩形面积近似地代替该区间上的曲线面积，如图 4－1 所示。于是有

$$y(t_{n+1}) \approx y_n + hf(t_n, y_n) = y_{n+1}$$

$$y_{n+1} = y_n + hf_n,\ n = 0,1,2,\cdots \tag{4-6}$$

以上方法实质上是将曲线 $f(t,\ y)$ 看成阶梯函数。

（3）切线法

在 t_n 的一个小邻域 $(t_n - \varepsilon,\ t_n + \varepsilon)$ 内，曲线 $y(t)$ 的微分可以用 t_n 处的切线来表示，如图 4－2 所示，$y(t)$ 在 t_n 处的斜率为 $f(t_n,\ y_n)$，则 $y(t)$ 在 t_n 处的切线方程为

$$y = y_n + f(t_n, y_n)(t - t_n) \tag{4-7}$$

取 $t_{n+1} = t_n + \Delta t$，十分接近 t_n，利用上述切线方程可获得 t_{n+1} 处 $y(t)$ 的近似值 y_{n+1} 为

$$y_{n+1} = y_n + hf_n,\ n = 0,1,2,\cdots \tag{4-8}$$

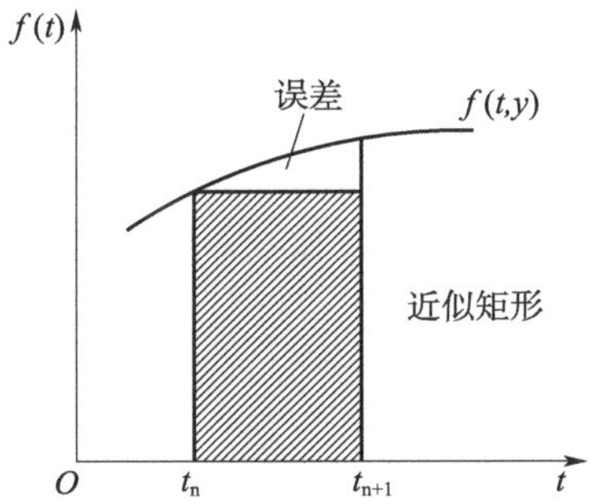

图 4－1　矩形近似及其误差

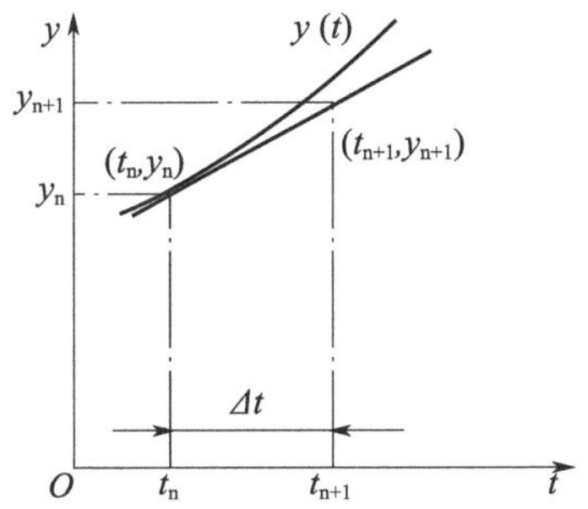

图 4－2　切线近似

以上三种方法得到同一个差分公式——欧拉公式，公式中任一个新的数值解 y_{n+1} 都是基于前一个数值解及其导数 $f(t_n,\ y_n)$ 求得的。只要给定初始条件 y_0 及步长 h，就可以根据 $f(t_0,\ y_0)$ 算出 y_1，再由 y_1 算出 y_2，如此逐次递推出 y_3，y_4，…。欧拉法的优点是方法简单计算量小，但缺点是精度较低。

4.1.1.2　改进欧拉法

如果改用梯形面积代替每一个小区间的曲线面积，则可提高精度。如图 4－3 所示，根据定积分的几何意义，积分为曲边梯形的面积为

$$S_1 = \int_{t_n}^{t_{n-1}} f(t, y)\mathrm{d}t = y(t_{n+1}) - y(t_n) \tag{4-9}$$

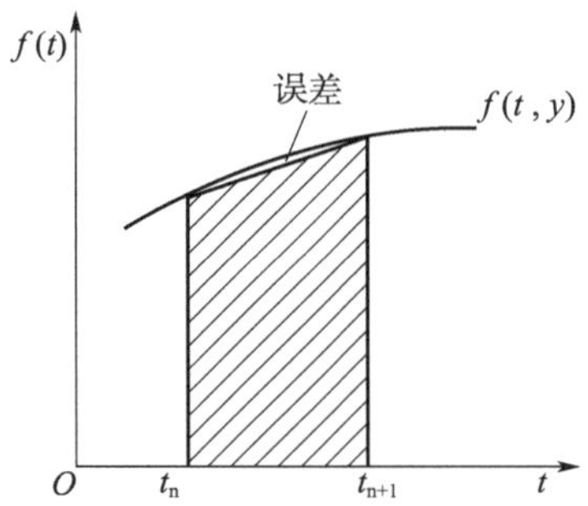

图 4－3　梯形近似及其误差

直边梯形的面积为

$$S_2=\frac{1}{2}h\left[f(t_n,y_n)+f(t_{n+1},y_{n+1})\right] \tag{4-10}$$

当 h 比较小时，以直边梯形的面积取代曲边梯形的面积，可得

$$y(t_{n+1})-y(t_n)\approx\frac{1}{2}h\left[f(t_n,y_n)+f(t_{n+1},y_{n+1})\right] \tag{4-11}$$

其差分方程为

$$y(t_{n+1})=y(t_n)+\frac{1}{2}h\left[f(t_n,y_n)+f(t_{n+1},y_{n+1})\right] \tag{4-12}$$

式（4－12）称为梯形公式或二阶隐式阿达姆斯（Adams）公式。式（4－12）右端是一隐函数形式，左端含有待求量 y_{n+1}，故梯形法不能自行起步运算，需有其他算法的帮助。如每次计算都用欧拉法求出初值，算出 $y(t_{n+1})$ 的近似值 $y_{n+1}^{(p)}$，然后将其带入原微分方程右端，计算导函数 f_{n+1} 的近似值 $f_{n+1}^{(p)}=f(t_{n+1},\ y_{n+1}^{(p)})$，最后利用梯形公式求出修正后的 $y_{n+1}^{(c)}$。为了提高计算精度通常需要迭代运算，即先用欧拉法估计一个初值 $y_{n+1}^{(0)}$，然后求出 $y_{n+1}^{(1)}$，即

$$y_{n+1}^{(1)}=y_n+\frac{h}{2}\left[f(t_n,y_n)+f(t_{n+1},y_{n+1}^{(0)})\right] \tag{4-13}$$

再用 $y_{n+1}^{(1)}$ 去求 $y_{n+1}^{(2)}$，即

$$y_{n+1}^{(2)}=y_n+\frac{h}{2}\left[f(t_n,y_n)+f(t_{n+1},y_{n+1}^{(1)})\right] \tag{4-14}$$

如此迭代进行，直到 $y_{n+1}^{(m)}$ 与 $y_{n+1}^{(m-1)}$ 相差很小时为止。此时即可认为 $y_{n+1}^{(m)}=y_{n+1}$。

在许多工程问题中，为减小计算量，常常认为迭代一次就求得近似解。这样就可以得到改进的欧拉公式，即

$$\begin{cases} y_{n+1}^{(p)}=y_n+hf(t_n,y_n) \\ y_{n+1}^{(c)}=y_n+\dfrac{h}{2}\left[f(t_n,y_n)+f(t_{n+1},y_{n+1}^{(p)})\right] \end{cases} \tag{4-15}$$

式（4－15）中的第一式为预估公式，第二式称为校正公式。通常称这类方法为预估-校正法。

4.1.1.3　龙格-库塔法

一种常用的单步法就是众所周知的龙格-库塔法（Runge - Kutta，RK），其基本思想就是间接引用泰勒展开式，然后用泰勒展开式确定相应的系数。经过改进和发展，现在已形成多种形式的 RK 方法，如显式的、隐式的和半隐式的等。下面主要以轨道力学中常用的显式 RK 方法为例说明 RK 方法的基本思想。

考虑如下一阶微分方程

$$\dot{y}=f(t,y),\ y(t_0)=y_0 \tag{4-16}$$

假定 $y(t)$ 是上式的解析解。将 $y(t)$ 展开成泰勒级数，得

$$y(t+h)=y(t)+h\dot{y}(t)+\frac{h^2}{2}\ddot{y}(t)+\cdots \tag{4-17}$$

式中

$$\ddot{y}(t)=\frac{\mathrm{d}}{\mathrm{d}t}[f(t,y)]=\frac{\partial f}{\partial t}+\frac{\partial f}{\partial y}\frac{\partial y}{\partial t}=\frac{\partial f}{\partial t}+f(t,y)\frac{\partial f}{\partial y} \tag{4-18}$$

$$y(t+h)=y(t)+hf(t,y)+\frac{h^2}{2}(f_t+f\cdot f_y)+\cdots \tag{4-19}$$

式中

$$f=f(t,y),\ f_t=\frac{\partial f}{\partial t},\ f_y=\frac{\partial f}{\partial y} \tag{4-20}$$

为了避免计算 $\frac{\partial f}{\partial t}$，$\frac{\partial f}{\partial y}$ 等导数项，将 $y(t+h)$ 写成线性组合形式，即

$$y(t+h)=y(t)+h\sum_{i=1}^{r}b_ik_i \tag{4-21}$$

式中，r 为阶数，b_i 为待定系数，k_i 由下式决定，即

$$k_i=f\left[t+c_ih,y(t)+h\sum_{j=1}^{i-1}a_jk_j\right],\ i=1,\cdots,r \tag{4-22}$$

且定义 $c_1=0$。

下面针对 r 的取值进行讨论。

1）$r=1$ 时，即得一阶 RK 公式。换句话说，欧拉公式是 RK 公式的特例。

2）$r=2$ 时，即改进欧拉法。

3）$r=4$ 时，可得四阶 Runge - Kutta（RK4）公式，即

$$\begin{cases}y_{n+1}=y_n+\dfrac{h}{6}(k_1+2k_2+2k_3+k_4)\\ k_1=f(t_n,y_n)\\ k_2=f\left(t_n+\dfrac{h}{2},y_n+\dfrac{h}{2}k_1\right)\\ k_3=f\left(t_n+\dfrac{h}{2},y_n+\dfrac{h}{2}k_2\right)\\ k_4=f(t_n+h,y_n+hk_3)\end{cases} \tag{4-23}$$

4.1.1.4　实时龙格-库塔法

在半实物仿真等实时仿真系统中，因为有实物接入整个仿真系统，因此要求计算机中仿真模型的仿真时间必须与所接入的实物运行时间一致。仿真中，计算机接收动态输入，并产生实时动态输出。计算机的输入与输出通常为固定步长的数列，这时需要采用实时仿真算法对模型进行解算。

实时仿真算法必须满足两个条件：

1）计算机求解模型所需实际时间必须等于或少于仿真步长 h ，以便与实物的运行时间同步。

2）在 t 时刻求解模型时，不能要求从实物输入 $t+h$ 时刻的值，即计算机的输入也必须满足实时仿真的条件。

普通 RK 方法是不适用于实时仿真的，普通 RK2 公式为

$$\begin{cases} y_{n+1}=y_n+\dfrac{h}{2}(k_1+k_2) \\ k_1=f(t_n,y_n) \\ k_2=f(t_n+h,y_n+hk_1) \end{cases} \tag{4-24}$$

算法在一个仿真步长中计算两次右函数 f ，计算流程如图 4-4 所示。当 t_n+h 时刻获取到 u_{n+1} ，才具备计算 k_2 的条件，因此，计算机输出总是延迟 Δt 时间。类似地，RK4 也不适用于实时仿真。

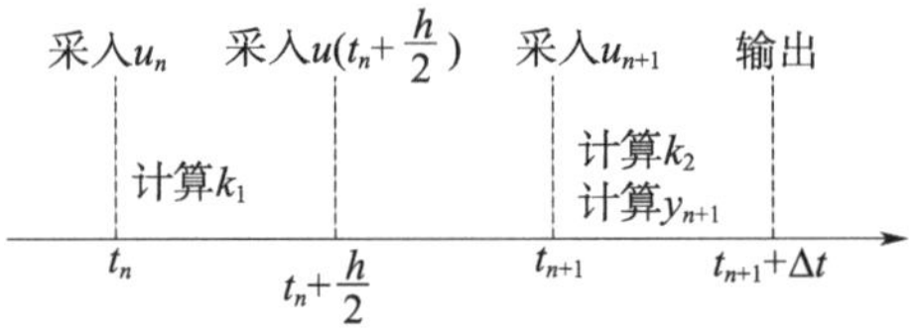

图 4-4　RK2 计算流程

合理选择 RK 计算公式的系数，可以保证实时仿真需求。实时 RK2 公式为

$$\begin{cases} y_{n+1}=y_n+hk_2 \\ k_1=f(t_n,y_n) \\ k_2=f\left(t_n+\dfrac{h}{2},y_n+\dfrac{h}{2}k_1\right) \end{cases} \tag{4-25}$$

实时 RK2 计算流程如图 4-5 所示。

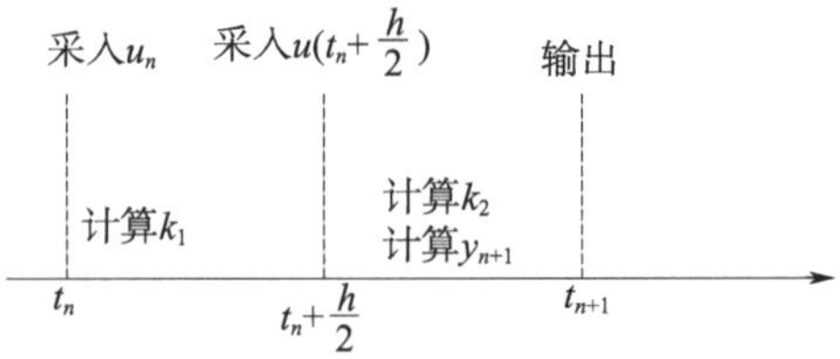

图 4-5　实时 RK2 计算流程

实时 RK4 法公式为

$$
\begin{cases}
y_{n+1}=y_n+\dfrac{h}{24}(-k_1+15k_2-5k_3+5k_4+10k_5)\\
k_1=f(t_n,y_n)\\
k_2=f\left(t_n+\dfrac{h}{5},y_n+\dfrac{h}{5}k_1\right)\\
k_3=f\left(t_n+\dfrac{2h}{5},y_n+\dfrac{2h}{5}k_1\right)\\
k_4=f\left(t_n+\dfrac{2h}{5},y_n-\dfrac{2h}{5}k_1+hk_2\right)\\
k_5=f\left(t_n+\dfrac{4h}{5},y_n+\dfrac{3h}{10}k_1+\dfrac{h}{2}k_4\right)
\end{cases}
\tag{4-26}
$$

除了采用实时仿真算法外，实时仿真还可以采用多步法或外推算法来解决输出延时问题。

4.1.1.5　RKF 方法

针对 RK 方法本身估计截断误差较为麻烦的缺点，Fehlberg 提出了一种使用嵌套技术的 RK 方法，即同时给出 m 阶和 $m+1$ 阶两组 RK 公式，通过这两组公式算出的 y_{n+1} 之差可以给出局部截断误差，由此来确定下一步步长，该方法被称为 Runge - Kutta - Fehlberg 方法，简称 RKF 方法。

Fehlberg（Fehlberg，1968）给出了 5（6）、6（7）、7（8）、8（9）阶四个嵌套公式，相应地记为 RKF5（6）、RKF6（7）、RKF7（8）、RKF8（9）。下面给出轨道力学中最为常用的 RKF5（6）、RKF6（7）、RKF7（8）三套公式，以便读者根据本书直接引用计算。

（1）RKF5（6）公式

$$
\begin{cases}
y_{n+1}=y_n+h\sum\limits_{i=0}^{5}c_if_i+o(h^6)\\
\hat{y}_{n+1}=y_n+h\sum\limits_{i=0}^{7}\hat{c}_if_i+o(h^7)
\end{cases}
\tag{4-27}
$$

$$
\begin{cases}
f_0=f(t_n,y_n)\\
f_i=f(t_n+\alpha_ih,\ y_n+h\sum\limits_{j=0}^{i-1}\beta_{ij}f_i),\ i=1,2,\cdots,7
\end{cases}
\tag{4-28}
$$

第 $n+1$ 步的截断误差为

$$
T_e=\frac{5}{66}(f_0+f_5-f_6-f_7)h \tag{4-29}
$$

式中的各系数均列于表 4 - 1 中。

表 4－1　RKF5（6）系数表

<table>
<tr><th rowspan="2">i</th><th rowspan="2">α_i</th><th colspan="7">β_{ij}（$j=0\sim6$）</th><th rowspan="2">c_i</th><th rowspan="2">$\widehat{c}_i$</th></tr>
<tr><th>0</th><th>1</th><th>2</th><th>3</th><th>4</th><th>5</th><th>6</th></tr>
<tr><td>0</td><td>0</td><td>0</td><td></td><td></td><td></td><td></td><td></td><td></td><td>$\frac{31}{384}$</td><td>$\frac{7}{1\,408}$</td></tr>
<tr><td>1</td><td>$\frac{1}{6}$</td><td>$\frac{1}{6}$</td><td></td><td></td><td></td><td></td><td></td><td></td><td colspan="2">0</td></tr>
<tr><td>2</td><td>$\frac{4}{15}$</td><td>$\frac{4}{75}$</td><td>$\frac{16}{75}$</td><td></td><td></td><td></td><td></td><td></td><td colspan="2">$\frac{1\,125}{2\,816}$</td></tr>
<tr><td>3</td><td>$\frac{2}{3}$</td><td>$\frac{5}{6}$</td><td>$-\frac{8}{3}$</td><td>$\frac{15}{6}$</td><td></td><td></td><td></td><td></td><td colspan="2">$\frac{9}{32}$</td></tr>
<tr><td>4</td><td>$\frac{4}{5}$</td><td>$-\frac{8}{5}$</td><td>$\frac{144}{25}$</td><td>-4</td><td>$\frac{16}{25}$</td><td></td><td></td><td></td><td colspan="2">$\frac{125}{768}$</td></tr>
<tr><td>5</td><td>1</td><td>$\frac{361}{320}$</td><td>$-\frac{18}{5}$</td><td>$\frac{407}{128}$</td><td>$-\frac{11}{80}$</td><td>$\frac{55}{128}$</td><td></td><td></td><td>$\frac{5}{66}$</td><td>0</td></tr>
<tr><td>6</td><td>0</td><td>$-\frac{11}{640}$</td><td>0</td><td>$\frac{11}{256}$</td><td>$-\frac{11}{160}$</td><td>$\frac{11}{256}$</td><td>0</td><td></td><td></td><td>$\frac{5}{66}$</td></tr>
<tr><td>7</td><td>1</td><td>$\frac{93}{640}$</td><td>$-\frac{18}{5}$</td><td>$\frac{803}{256}$</td><td>$-\frac{11}{160}$</td><td>$\frac{99}{256}$</td><td>0</td><td>1</td><td></td><td>$\frac{5}{66}$</td></tr>
</table>

（2）RKF6（7）公式

$$\begin{cases} y_{n+1}=y_n+h\sum\limits_{i=0}^{7}c_i f_i+o(h^7) \\ \widehat{y}_{n+1}=y_n+h\sum\limits_{i=0}^{9}\widehat{c}_i f_i+o(h^8) \end{cases} \tag{4-30}$$

$$\begin{cases} f_0=f(t_n,y_n) \\ f_i=f(t_n+\alpha_i h,\ y_n+h\sum\limits_{j=0}^{i-1}\beta_{ij}f_i),\ i=1,2,\cdots,9 \end{cases} \tag{4-31}$$

第 $n+1$ 步的截断误差为

$$T_e=\frac{11}{270}(f_0+f_7-f_8-f_9)h \tag{4-32}$$

式中的各系数均列于表 4－2 中。

表 4－2　RKF6（7）系数表

<table>
<tr><th rowspan="2">i</th><th rowspan="2">α_i</th><th colspan="9">β_{ij}（$j=0\sim8$）</th><th rowspan="2">c_i</th><th rowspan="2">$\hat{c}_i$</th></tr>
<tr><th>0</th><th>1</th><th>2</th><th>3</th><th>4</th><th>5</th><th>6</th><th>7</th><th>8</th></tr>
<tr><td>0</td><td>0</td><td>0</td><td></td><td></td><td></td><td></td><td></td><td></td><td></td><td></td><td>$\frac{77}{1\ 440}$</td><td>$\frac{11}{864}$</td></tr>
<tr><td>1</td><td>$\frac{2}{33}$</td><td>$\frac{2}{33}$</td><td></td><td></td><td></td><td></td><td></td><td></td><td></td><td></td><td colspan="2">0</td></tr>
<tr><td>2</td><td>$\frac{4}{33}$</td><td>0</td><td>$\frac{4}{33}$</td><td></td><td></td><td></td><td></td><td></td><td></td><td></td><td colspan="2">0</td></tr>
<tr><td>3</td><td>$\frac{2}{11}$</td><td>$\frac{1}{22}$</td><td>0</td><td>$\frac{3}{22}$</td><td></td><td></td><td></td><td></td><td></td><td></td><td colspan="2">$\frac{1\ 771\ 561}{6\ 289\ 920}$</td></tr>
<tr><td>4</td><td>$\frac{1}{2}$</td><td>$\frac{43}{64}$</td><td>0</td><td>$-\frac{165}{64}$</td><td>$\frac{77}{32}$</td><td></td><td></td><td></td><td></td><td></td><td colspan="2">$\frac{32}{105}$</td></tr>
<tr><td>5</td><td>$\frac{2}{3}$</td><td>$-\frac{2\ 383}{486}$</td><td>0</td><td>$\frac{1\ 067}{54}$</td><td>$-\frac{26\ 312}{1\ 701}$</td><td>$\frac{2\ 176}{1\ 701}$</td><td></td><td></td><td></td><td></td><td colspan="2">$\frac{243}{2\ 560}$</td></tr>
<tr><td>6</td><td>$\frac{6}{7}$</td><td>$\frac{10\ 077}{4\ 802}$</td><td>0</td><td>$-\frac{5\ 643}{686}$</td><td>$\frac{116\ 259}{16\ 807}$</td><td>$-\frac{6\ 240}{16\ 807}$</td><td>$\frac{1\ 053}{2\ 401}$</td><td></td><td></td><td></td><td colspan="2">$\frac{16\ 807}{74\ 880}$</td></tr>
<tr><td>7</td><td>1</td><td>$-\frac{733}{176}$</td><td>0</td><td>$\frac{141}{8}$</td><td>$-\frac{335\ 763}{23\ 296}$</td><td>$\frac{216}{77}$</td><td>$-\frac{4\ 617}{2\ 816}$</td><td>$\frac{7\ 203}{9\ 152}$</td><td></td><td></td><td>$\frac{11}{270}$</td><td>0</td></tr>
<tr><td>8</td><td>0</td><td>$\frac{15}{352}$</td><td>0</td><td>0</td><td>$-\frac{5\ 445}{46\ 592}$</td><td>$\frac{18}{77}$</td><td>$-\frac{1\ 215}{5\ 632}$</td><td>$\frac{1\ 029}{18\ 304}$</td><td>0</td><td></td><td></td><td>$\frac{11}{270}$</td></tr>
<tr><td>9</td><td>1</td><td>$-\frac{1\ 833}{352}$</td><td>0</td><td>$\frac{141}{8}$</td><td>$-\frac{51\ 237}{3\ 584}$</td><td>$\frac{18}{7}$</td><td>$-\frac{729}{512}$</td><td>$\frac{1\ 029}{1\ 408}$</td><td>0</td><td>1</td><td></td><td>$\frac{11}{270}$</td></tr>
</table>

（3）RKF7（8）公式

$$\begin{cases} y_{n+1} = y_n + h\sum_{i=0}^{10} c_i f_i + o(h^8) \\ \hat{y}_{n+1} = y_n + h\sum_{i=0}^{12} \hat{c}_i f_i + o(h^9) \end{cases} \tag{4-33}$$

$$\begin{cases} f_0 = f(t_n, y_n) \\ f_i = f(t_n + \alpha_i h,\ y_n + h\sum_{j=0}^{i-1} \beta_{ij} f_i),\ i = 1,2,\cdots,12 \end{cases} \tag{4-34}$$

第 $n+1$ 步的截断误差为

$$T_e = \frac{41}{840}(f_0 + f_{10} - f_{11} - f_{12})h \tag{4-35}$$

式中的各系数均列于表 4－3 中。

4.1.2　多步法

单步法在计算 y_{n+1} 时只用到前一步的信息 y_n ，RK4 方法虽然求出了（t_n，t_n+h）区间上的一些中间值，但不直接用 y_{n-1}、y_{n-2} 等项，故还是单步法。从信息利用的观点来看，单步法对信息的利用率不高。多步法则是利用多步信息来计算下一步的值，航天系统仿真中最常用的多步法为阿达姆斯法（Adams）。

4.1.2.1　Adams 显式公式

对于微分方程 $\dot{y} = f(t,\ y)$ 在区间 $[t_n,\ t_{n+1}]$ 上进行积分可得

$$y(t_{n+1}) = y(t_n) + \int_{t_n}^{t_{n+1}} f(t,y)\mathrm{d}t \tag{4-36}$$

假设已经求得 t_n，t_{n-1}，…，t_{n-k} 共 $k+1$ 各个节点处的函数值 f_n，f_{n-1}，…，f_{n-k} ，那么根据差值原理可以构造一个多项式来逼近函数 $f(t,\ y)$，经过计算处理可得

$$y_{n+1} = y_n + h\sum_{i=0}^{k} \beta_{ki} f_{n-i} \tag{4-37}$$

当 $k=3$ 时即可得到 4 阶 Adams 显式公式为

$$y_{n+1} = y_n + \frac{h}{24}(55f_n - 59f_{n-1} + 37f_{n-2} - 9f_{n-3}) \tag{4-38}$$

显式多步法不能自启动，开始几步要由单步法引导，然后才能转向多步法。

4.1.2.2　Adams 隐式公式

Adams 显式公式是外推得到的，根据差值理论可知，同样阶次的内插公式要比外推公式精确，用内插法得到的 Adams 公式为

$$y_{n+1} = y_n + h(\beta_{-1} f_{n+1} + \beta_0 f_n + \beta_1 f_{n-1} + \cdots + \beta_{k-1} f_{n-k+1}) \tag{4-39}$$

当 $k=4$ 时即可得到 4 阶 Adams 隐式公式为

$$y_{n+1} = y_n + \frac{h}{24}(9f_{n+1} + 19f_n - 5f_{n-1} + f_{n-2}) \tag{4-40}$$

表 4-3　RKF7（8）系数表

i	α_i	β_{ij} ($j=0\sim11$)												c_i	$\hat{c}_i$
		0	1	2	3	4	5	6	7	8	9	10	11		
0	0	0												$\frac{41}{840}$	0
1	$\frac{2}{27}$	$\frac{2}{27}$												0	
2	$\frac{1}{9}$	$\frac{1}{36}$	$\frac{1}{12}$											0	
3	$\frac{1}{6}$	$\frac{1}{24}$	0	$\frac{1}{8}$										0	
4	$\frac{5}{12}$	$\frac{5}{12}$	0	$-\frac{25}{16}$	$\frac{25}{16}$									0	
5	$\frac{1}{2}$	$\frac{1}{20}$	0	0	$\frac{1}{4}$	$\frac{1}{5}$								$\frac{34}{105}$	
6	$\frac{5}{6}$	$-\frac{25}{108}$	0	0	$\frac{125}{108}$	$-\frac{65}{27}$	$\frac{125}{54}$							$\frac{9}{35}$	
7	$\frac{1}{6}$	$\frac{31}{300}$	0	0	0	$\frac{61}{225}$	$-\frac{2}{9}$	$\frac{13}{900}$						$\frac{9}{35}$	
8	$\frac{2}{3}$	2	0	0	$-\frac{53}{6}$	$\frac{704}{45}$	$-\frac{107}{9}$	$\frac{67}{90}$	3					$\frac{9}{280}$	
9	$\frac{1}{3}$	$-\frac{91}{108}$	0	0	$\frac{23}{108}$	$-\frac{976}{135}$	$\frac{311}{54}$	$-\frac{19}{60}$	$\frac{17}{6}$	$-\frac{1}{12}$				$\frac{9}{280}$	
10	1	$\frac{2\,383}{4\,100}$	0	0	$-\frac{341}{164}$	$\frac{4\,496}{1\,025}$	$-\frac{301}{82}$	$\frac{2\,133}{4\,100}$	$\frac{45}{82}$	$\frac{45}{162}$	$\frac{18}{41}$			$\frac{41}{840}$	0
11	0	$\frac{3}{205}$	0	0	0	0	$-\frac{6}{41}$	$-\frac{3}{205}$	$-\frac{3}{41}$	$\frac{3}{41}$	$\frac{6}{41}$	0			$\frac{41}{840}$
12	1	$-\frac{1\,777}{4\,100}$	0	0	$-\frac{341}{164}$	$\frac{4\,496}{1\,025}$	$-\frac{289}{82}$	$\frac{2\,193}{4\,100}$	$\frac{51}{82}$	$\frac{33}{164}$	$\frac{12}{41}$	0	1		$\frac{41}{840}$

Adams 显式公式与 Adams 隐式公式的比较如下：

1）相同阶数的 Adams 隐式公式的系数值比相应的 Adams 显式公式的系数小（一阶除外），这说明同阶的 Adams 隐式公式比 Adams 显式公式精确。

2）Adams 隐式公式的稳定性比 Adams 显式公式好。相同阶次的 Adams 隐式公式的稳定性比 Adams 显式公式大得多。

3）Adams 显式公式比 Adams 隐式公式计算量小，Adams 显式公式只需计算 1 次右函数（即 f_n），但 Adams 隐式公式需计算 2 次右函数（f_n 及 f_{n+1}）。

4.1.2.3　预估-校正法

多步法同单步法相比有两个缺点：一是为计算 y_{n+1} 不仅要知道 y_n，而且还需要知道 y_{n-1}，y_{n-2}，…，因此在程序中不仅要保存 y_n，还要保存 y_{n-1}，y_{n-2}，…，阶次越高，则过去的结果就要保存得越多；二是多步法不能自启动，即开始几步要借助于单步法，等到单步法将所需的 y_n，y_{n-1}，…，数据计算出来以后（这在仿真算法里称为造表头），才能转向多步法求解。但是多步法也有不可比拟的优点，即为了达到相同的仿真精度，用多步法求解所需计算量可以比单步法小得多。预估-校正法可以充分体现这一优点。

Adams 隐式公式的主要优点在于精度高，但需要另外一个 Adams 显式公式提供一个初始值。其合理地选择使 Adams 显式公式和 Adams 隐式公式的阶次一致。最简单的 Adams 预估-校正法是改进欧拉法。当精度要求比较高时，则广泛采用四阶 Adams 预估—校正法，其公式为

$$\begin{cases} y_{n+1}^{(p)} = y_n + \dfrac{h}{24}(55f_n - 59f_{n-1} + 37f_{n-2} - 9f_{n-3}) \\ f_{n+1}^{(p)} = f(t_{n+1}, y_{n+1}^{(p)}) \\ y_{n+1}^{(c)} = y_n + \dfrac{h}{24}(9f_{n+1}^{(p)} + 19f_n - 5f_{n-1} + f_{n-2}) \end{cases} \tag{4-41}$$

式（4－41）是一个四步法，具有 4 阶精度，除了初始条件 y_0 以外，其前三步的值 y_1、y_2、y_3 往往用 RK4 计算，其余的 y_4、y_5 转向预估-校正法求解。

不难看出，其每步积分运算只需计算两次 $f(t, y)$ 值［即 f_n 和 $f(t_{n+1}, y_{n+1}^{(p)})$］，因此其计算量比 RK4 小（约为 RK4 的一半）。

数值积分法的每步积分运算量主要花费在计算右函数 f 的值上，如果采用预估-校正法求解，则每步计算 f 的次数不随算法阶次的增加而增加，因此当 $k > 2$ 时，预估-校正法的计算量要比 RK4 小得多。

多步法特点为：

1）不能自动启动，须用单步法计算才能启动；

2）存储量大；

3）计算工作量小（达到相同精度），与其他方法相比，四阶 Adams 法中 f 的计算次数减少两次。

4.2　数值积分方法和计算步长选择

4.2.1　误差和稳定性分析

4.2.1.1　误差分析

理论上欧拉法所得的解当步长趋向零时收敛于微分方程的精确解。由于一般都是以一定的步长进行计算的，所以数值方法求得的解就有误差。

数值仿真的误差一般分为截断误差和舍入误差两种。截断误差与采用的计算方法有关，而舍入误差则由计算机的字长所决定。

下面以欧拉法为例分析截断误差和舍入误差。

（1）截断误差

根据欧拉法的泰勒级数展开推导可知，欧拉法在 $R_n=\frac{1}{2!}h^2f(t_n, y_n)+\cdots$ 以后截断，R_n 称为局部截断误差，它与 h^2 成正比，即

$$R_n=O(h^2) \tag{4-42}$$

解以 $t=0$ 开始计算到 $t=t_n$，所累积的误差称为整体截断误差。一般情况下整体截断误差比局部截断误差要大，其值不易估计。欧拉法的整体截断误差与 h 成正比，即为 $O_1(h)$。

（2）舍入误差

舍入误差是由于计算机进行计算时，数的位数有限所引起的。一般舍入误差与 h^{-1} 成正比。最后得到欧拉法的总误差为

$$\varepsilon_n=O_1(h)+O_2(h^{-1}) \tag{4-43}$$

由此可以看出，步长 h 增加，截断误差 $O_1(h)$ 增加，而舍入误差 $O_2(h^{-1})$ 减小。反之，步长 h 减小，截断误差 $O_1(h)$ 减小，而舍入误差 $O_2(h^{-1})$ 增加。其关系如图 4-6 所示。

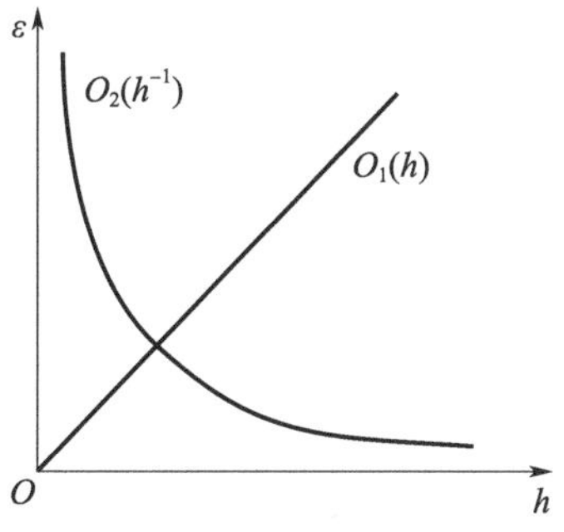

图 4-6　欧拉法误差关系

在 C++语言中，单精度浮点 float 类型的有效数字约为 7 位，双精度浮点 double 类型的有效数字约为 16 位，采用 double 类型时超过 16 位有效数字的浮点数都要被截断。航

天仿真中空间尺度很大，例如地月空间需要的尺度为 10^{10} m，因此，通常采用双精度浮点 double 类型表示位置速度等物理量。

4.2.1.2 稳定性分析

求解微分方程的另一个重要问题是数值解是否稳定。稳定性是指在扰动（初始误差、舍入误差、截断误差等）影响下，数值解在计算过程中的累积误差不会随计算步数的增加而无限增长。对于一个本来是稳定的系统，利用数值积分法进行仿真也可能会得到不稳定的结论。造成这种现象的原因往往是计算步长选得太大。当步长选择过大时，数值积分法会造成各种误差传递出去，从而造成计算不稳定。

下面分析欧拉法和龙格-库塔法的稳定性。

(1) 欧拉法的稳定性

为了考察欧拉法的稳定性，研究方程 $\dot{y}=\lambda y$，λ 为微分方程的特征根。此方程的欧拉解为

$$y(t_{n+1})=y(t_n)+hf(t_n)=(1+h\lambda)y(t_n) \tag{4-44}$$

方程（4-44）是一个离散时间系统，根据离散时间系统的稳定性可知，在区域 $|1+h\lambda|\leqslant 1$ 中，系统是稳定的，欧拉法也是绝对稳定的。

如果不满足 $|1+h\lambda|\leqslant 1$ 条件，尽管原系统微分方程是稳定的，但欧拉法是不稳定的。因此，欧拉法的稳定区域为 $h\lambda\in(-2,0)$。

(2) 龙格-库塔法的稳定性

与欧拉法的稳定性分析类似，仍采用一阶方程 $\dot{y}=\lambda y$ 分析龙格-库塔法稳定性。将方程 $\dot{y}=\lambda y$ 做泰勒级数展开，可得

$$y(t_{n+1})=\left[1+h\lambda+\frac{1}{2!}(h\lambda)^2+\cdots+\frac{1}{r!}(h\lambda)^r\right]y(t_n)+O(h^{r+1}) \tag{4-45}$$

因此可得稳定性的条件为

$$\lambda_1=\left|1+h\lambda+\frac{1}{2!}(h\lambda)^2+\cdots+\frac{1}{r!}(h\lambda)^r\right|<1 \tag{4-46}$$

根据式（4-46）给出的稳定性条件，表 4-4 给出了龙格-库塔法的稳定条件。

表 4-4 龙格-库塔法的稳定区域

r	λ_1	稳定区域
1	$1+h\lambda$	(−2,0)
2	$1+h\lambda+\frac{1}{2}(h\lambda)^2$	(−2,0)
3	$1+h\lambda+\frac{1}{2}(h\lambda)^2+\frac{1}{6}(h\lambda)^3$	(−2.51,0)
4	$1+h\lambda+\frac{1}{2}(h\lambda)^2+\frac{1}{6}(h\lambda)^3+\frac{1}{24}(h\lambda)^4$	(−2.78,0)

使用龙格-库塔法时，选取的步长 h 应落在稳定区域内。如果选用的步长 h 超过了稳

定区域，在计算过程中会产生很大的误差，从而得到不稳定的数值解。这种对积分步长有限制的数值积分法称为条件稳定积分法。另外，还可以看出，步长 h 的大小除与所选用算法的阶数有关外，还与方程本身的性质有关。从四阶龙格-库塔法稳定条件 $h\lambda \in (-2.78, 0)$ 中可以得出，系统的特征根越大，需要的积分步长就越小。这一点可以作为选择步长的依据。

4.2.2　数值积分方法选择

积分方法的选择影响到数值解的精度、速度和可靠性，设计因素较多，至今尚无一种确定的方法，通常通过经验来选择积分方法。一般情况下，仿真时积分方法选择应该考虑仿真精度、速度、计算稳定性、自启动能力等因素。

4.2.2.1　仿真精度要求

影响积分精度的因素包括截断误差（与积分方法、方法阶次、步长等因素有关）、舍入误差（与计算机字长、步长、程序编码质量等因素有关）、初始误差（有初始值准确度决定）等。一般来说，当步长取定时，算法阶次越高，截断误差越小。同一算法，步长越小，截断误差越小。当算法阶次相同时，多步法精度比单步法精度高，隐式公式比显式公式高。当要求高精度仿真时，可采用高阶的隐式多步法，并取较小的步长。但步长不能太小，因为步长太小会增加迭代次数，增加计算量，同时也会加大舍入误差和积累误差。

总之，实际仿真时应视精度要求，合理地选择方法和阶次，并非阶次越高、步长越小越好。

4.2.2.2　计算速度要求

计算速度主要取决于每步积分所花费的时间以及积分的总次数。每步积分的运算量同具体的积分方法有关，它主要取决于右函数的复杂程度和每步积分应计算右函数的次数。例如，RK4 每一步中要计算 4 次右函数。在数值求解中，最费时间的部分往往就是积分变量右函数的计算。

一般来说，对于系统阶次高、右函数复杂、精度要求高的复杂仿真问题可以采用多步法来加快计算速度。为了提高仿真速度，在积分方法选定的前提下，应在保证精度的前提下尽可能加大仿真步长，以缩短仿真总时间。

4.2.2.3　数值计算稳定性

保证数值解稳定性是进行数学仿真的先决条件，否则计算结果将失去实际意义，导致仿真失败。一般来说，同阶的 RK 稳定性比显式 Adams 公式好，但不如同阶的隐式 Adams 公式好。因此从数值解稳定性角度考虑，应尽量避免使用显式 Adams 公式。对于刚性问题，选择数值积分方法时，应特别注意稳定性要求，并采取相应的处理策略。如果系统是线性的，则可采用蛙跳算法、多帧速算法等。对于非线性刚性问题，可采用隐式多步法等。

4.2.2.4　自启动能力

若可以直接从微分方程的初值开始进行积分求解，就属于自启动。单步法具有自启动能力，多步法没有自启动能力，需要单步法启动后才能计算。

4.2.2.5　变步长能力

针对一些变量随时间变化过程中包含有变化较快及较慢的部分，采用根据给定计算误差调整积分步长的策略，使计算步长随问题自适应改变，可以获得较好的仿真速度和精度。例如，对于地月转移轨道外推，由于在近地、地月、近月不同阶段的轨道摄动项不同，很难找到适应快速计算的统一步长，此时采用变步长方法就较为合适。

数值积分算法可以看做连续系统适应计算机离散计算需要，对模型离散化的过程。仿真方法的选择具有很大的灵活性，要结合实际问题而定。在航天系统仿真中，最常采用的算法是定步长 RK 和变步长 RKF，RK 适用于单步的轨道姿态积分等，RKF 适用于计算一段较长仿真时间的模型，例如外推一段较长时间的轨道。

4.2.3　计算步长选择

仿真中计算步长的选择通常从计算稳定性和仿真系统需求两方面考虑。

4.2.3.1　计算稳定性

数值积分方法的稳定性和误差与步长有关。步长太大会导致较大的截断误差，甚至会出现数值解不稳定现象。步长太小又会增加计算次数，无形中造成舍入误差的累积，使总误差增大。因此，步长既不能太大也不能太小。一般来说，仿真的总误差不是步长的单调函数，而是一个具有极值的函数，如图 4－7 所示。

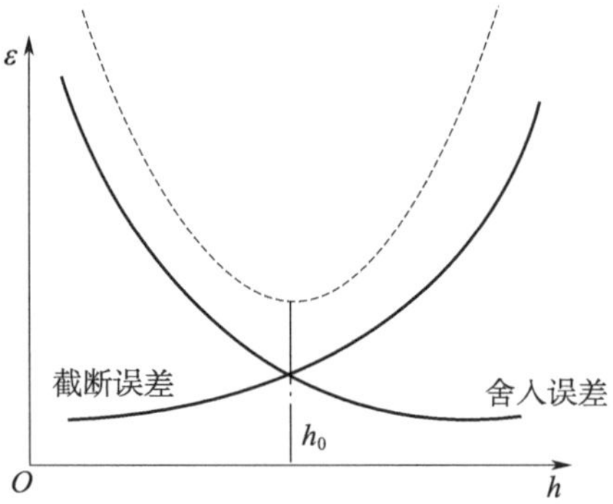

图 4－7　误差与步长的关系

截断误差和舍入误差对步长的要求是矛盾的。理论上选择步长 h 于 h_0 处是最好的，实际上做到这点很困难。

在实际仿真中，对于那些变化比较平稳的慢变量，步长的改变对它们的积分总误差的影响并不明显。然而对于那些变化剧烈的快变量来说，当对它们进行积分运算时所产生的总误差对步长的改变却很敏感。因而，在确定积分方法以后，选择积分步长时，需要考虑的一个重要因素就是系统的动态响应特性，对变化剧烈的快变量，不仅要选择高阶的计算方法，而且要取较小的积分步长。为了保证计算稳定性，一般是根据经验将步长确定在 h_0 附近的合理区间，如将 h_0 限制在系统的最小时间常数（相当于最大特征值的倒数）数量级上。通常为了保证足够的仿真精度，把积分总误差控制在一个较小的范围内，实际选用的积分步长要比系统最小时间常数小很多。

根据经验，若采用 RK4，为保证计算精度在 0.5%左右，可采用经验公式确定步长

$$\frac{1}{20}T_{\min} \leqslant h \leqslant \frac{1}{5}T_{\min} \tag{4-47}$$

式中，$T_{\min}$ 为系统的最小时间常数。当系统中有多个闭环回路时，按反应最快的那个闭环系统确定响应的 $T_{\min}$。

4.2.3.2　仿真系统需求

一个完整的仿真系统中包含多个模型，他们可能是多个航天器模型，也可能是航天器的动力学、控制等多个分系统模型，这些模型对步长的要求各不相同。例如，控制系统的控制周期通常为几毫秒至几百毫秒，测量敏感器的测量频率通常为几百赫兹至几千赫兹，轨道计算的步长通常为几秒至几十秒。载人飞船再入段小升力体的仿真是一个典型实例，导航周期最小，提供制导与控制系统所需的位置、速度和姿态；姿态控制周期次之，保证制导所需的姿态；制导周期最大，它利用导航提供的位置、速度等信息按制导规律给出姿态控制指令。因此，该系统的数学模型共分为四部分，即被控对象的动力学部分、导航、姿态控制和制导。仿真系统需要对这些不同的步长需求进行综合，得到一个统一步长。对于定步长仿真系统，通常采用最大公约数法，也就是取所有模型步长的最大公约数。

例如，交会对接仿真中包含追踪航天器和目标航天器两个模型，每个模型又包括 GNC 和动力学两个子模型。追踪航天器 GNC 控制周期为 200 ms，目标航天器控制周期为 300 ms，动力学模型仿真周期只需控制在 20 s 以下即可。根据最大公约数法，仿真系统的仿真步长取为 200 ms 和 300 ms 的最大公约数 100 ms，如图 4-8 所示。仿真中动力学模型按照 100 ms 步长推进，追踪 GNC 和目标 GNC 分别按照 200 ms 和 300 ms 步长推进。

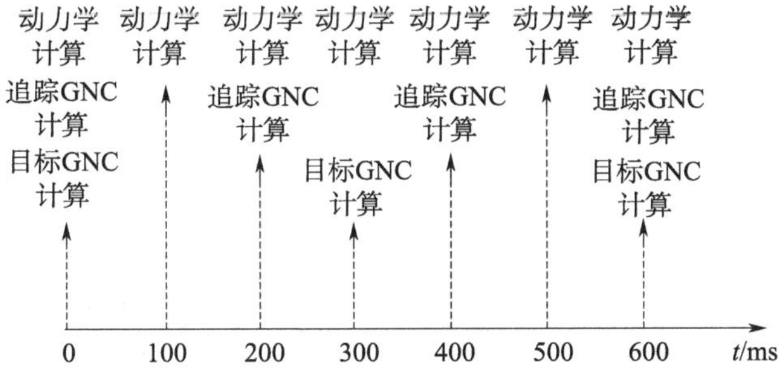

图 4-8　交会对接仿真系统各模型仿真步长

4.2.4　轨道外推对比分析

本书介绍的几种积分方法是轨道积分中最常用的，实际仿真中轨道的精度与积分方法和积分步长相关。本节就轨道积分误差进行分析。

取 RK4 与 RK8 定步长单步法进行比较，比较两种算法在轨道外推一天计算中的误差。取初始轨道在 J2000 坐标系下的位置速度参数为

$$\boldsymbol{R}_0=[-1\ 031\ 169 \quad 6\ 012\ 935 \quad -2\ 927\ 416]\ \mathrm{m}$$

$$\boldsymbol{V}_0=[-5\ 830 \quad -2\ 962 \quad -4\ 011]\ \mathrm{m/s}$$

取固定步长为 10 s，积分时间取一天即 86 400 s，地球模型取为二体模型，分别采用 RK4 和 RK8 积分方法进行积分。二体模型下，轨道外推可计算得到相应的解析解，因此将解析解数值作为标准进行比较，所得仿真结果差异如图 4-9 和图 4-10 所示。

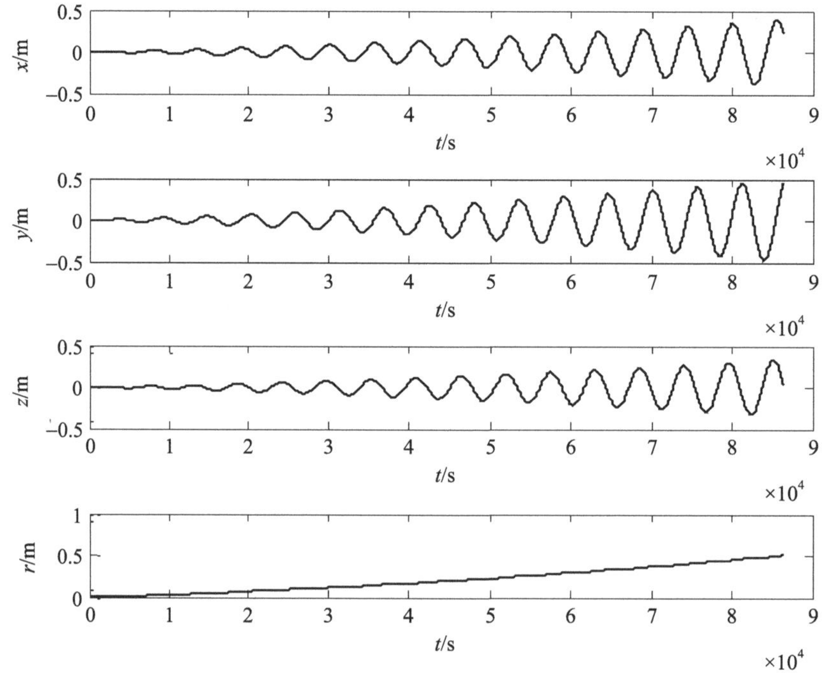

图 4-9 RK4 积分轨道外推与解析解位置误差比较

由图 4-9 和图 4-10 可知，在定步长为 10 s，积分时间为一天的情况下，RK4 终端误差比 RK8 大五个量级。为了进一步分析说明步长对积分结果的影响，现将不同步长下积分一天的终端计算结果与解析解结果进行比较，差异如图 4-11 和图 4-12 所示。

可见，在积分一天的时长下，RK4 在步长超过 10 s 之后与解析解的积分差异便快速扩大。而 RK8 始终与解析解保持较高的一致性，在步长增大到 100 s 时，每天的误差仅不到 0.16 m。但是需要注意的是，若二者都取小步长时，计算结果差异并不大。因此，在实际任务选择积分算法时，应根据积分算法各自的特点结合具体任务的实际需求来进行算法选择。

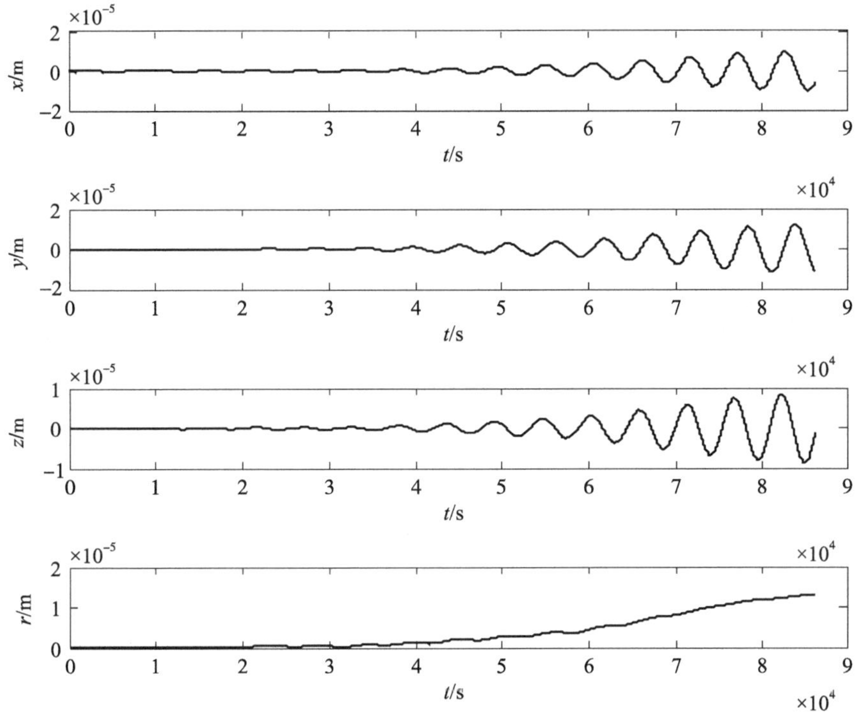

图 4－10　RK8 积分轨道外推与解析解位置误差比较

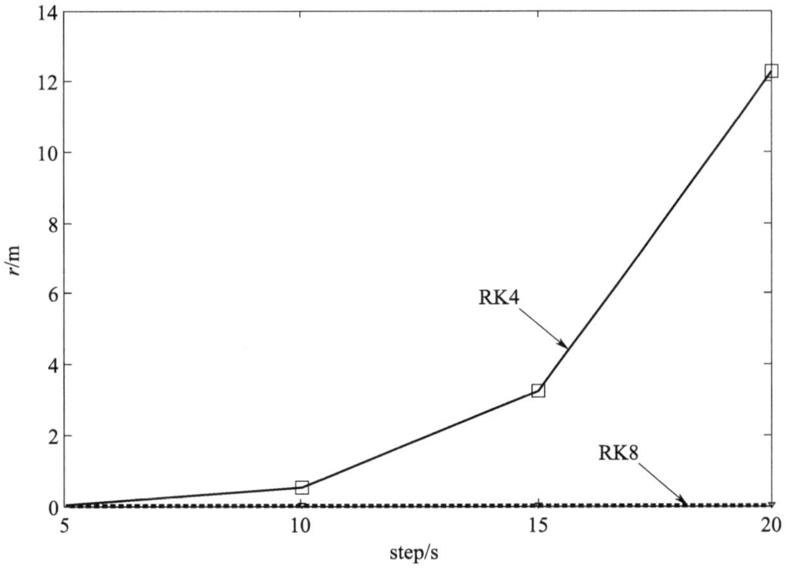

图 4－11　RK4 与 RK8 不同步长下的位置误差（积分一天）

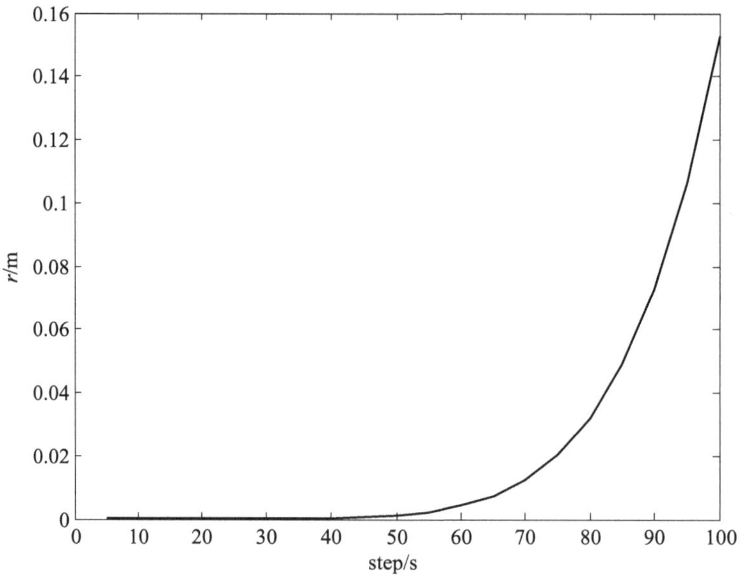

图 4－12　RK8 不同步长下的位置误差（积分一天）

4.3　数值积分方法的仿真实现

在航天系统仿真中，经常使用龙格-库塔法。龙格-库塔法除了计算精度较高外，还具有一些其他的优点，如编程容易，能自启动等。本节以龙格-库塔法为例研究数值积分方法的仿真实现。

4.3.1　右函数仿真实现

设系统数学模型可写为状态空间形式，即一阶微分方程组

$$\begin{cases}\dot{\boldsymbol{x}}=\boldsymbol{f}(t,\boldsymbol{x})\\\boldsymbol{x}(t_0)=\boldsymbol{x}_0\end{cases}\tag{4-48}$$

式中 $\boldsymbol{x}=[x_1 \quad x_2 \quad \cdots \quad x_n]^{\mathrm{T}}$，$\boldsymbol{f}=[f_1 \quad f_2 \quad \cdots \quad f_n]^{\mathrm{T}}$。

根据龙格-库塔法计算公式需要多次计算右函数 $\boldsymbol{f}(t,\ \boldsymbol{x})$（也称导函数），为了适应不同问题对应的微分方程组，就需要将 $\boldsymbol{f}(t,\ \boldsymbol{x})$ 编写成独立子程序，并在数值积分程序中将该子程序作为输入参数。

在 C＋＋中将 $\boldsymbol{f}(t,\ \boldsymbol{x})$ 编写成独立子程序的编程实现有两种实现方法。

(1) 函数指针方法

函数指针是 C 语言实现函数子程序传递的方式。定义形式如下的类指针。

```
void RightFunc()(double t, const CVector<double>& x, CVector<double>&
result);
```

当求解给定微分方程组时，实现形如 RightFunc()的函数，并在其中编写具体的右函数 $\boldsymbol{f}(t, \boldsymbol{x})$，并将该函数指针传入龙格-库塔法程序。

函数指针方法的优点是简单易理解，但无法直接传递除了函数参数之外的数据，如果需要传递额外数据，则需要通过全局变量等方式，这往往会导致程序的兼容性降低。

(2) 虚函数方法

虚函数是 C++语言实现多态的方式。编写包含虚函数的类，如下所示。

```
class CRightFunc
{
public:
    CRightFunc(){};
    virtual ~CRightFunc(){};

    /// @Input
    /// @Param t          自变量的值
    /// @Param x          初始函数值
    /// @Output
    /// @Param result     计算得到的函数值
    virtual void operator() (double t, const CVector<double>& x, CVector<
    double>& result) const  = 0;

};
```

当求解给定微分方程组时，通过继承 CRightFunc 类得到子类，在子类中重载 void operator()虚函数，在其中编写具体的右函数 $\boldsymbol{f}(t, \boldsymbol{x})$。利用 C++虚函数的多态特性，就可以编写通用的龙格-库塔法程序。

相比函数指针方法，虚函数方法稍显复杂，但其拓展性更好。如果需要传递除了函数参数之外的数据，只需要在 CRightFunc 的子类中定义成员变量和成员函数就可方便实现。因此，在 AstroLib 中采用虚函数方法实现右函数 $\boldsymbol{f}(t, \boldsymbol{x})$。

4.3.2　龙格-库塔法仿真实现

在 AstroLib 中实现了四阶龙格-库塔法函数 AsODERungeKutta4()，该函数参数说明如下。

1) func 是 CRightFunc 类型变量，该参数采用虚函数方法传入右函数 $\boldsymbol{f}(t, \boldsymbol{x})$，并采用了 C++的引用传递方式。

2) step 是仿真步长。

3) t 是积分开始时刻的时间自变量。

4) x 是 CVector<double>类型变量，输入 t 时刻状态矢量，输出 t+step 时刻状态矢量。

```
void      AsODERungeKutta4(
          const CRightFunc& func,
          double step,
          double t,
          CVector<double> &x)
{
     int n = x.GetSize();
     CVector<double> k1(n), k2(n), k3(n), k4(n);

     //First step.
     func(t, x, k1);

     //Second step.
     double hh  =  step * 0.5;
     func(t + hh, x + hh * k1, k2);

     //Third step.
     func(t + hh, x + hh * k2, k3);

     //Fourth step.
     func(t + step, x + step * k3, k4);

     //Accumulate increments with proper weights.
     x  +  =  (k1 + 2 * k2 + 2 * k3 + k4) * step/6.0;
}
```

4.4 离散事件仿真方法

除了连续系统外，航天系统中还包括离散事件系统仿真，例如载人空间站长期运营规划等问题。

4.4.1 基本概念

离散事件系统是系统的状态仅在离散的时间点上发生变化的系统，而且这些离散事件发生的时间点一般是不确定的。这类系统中引起状态变化的原因是事件，通常状态变化与事件的发生是一一对应的。事件的发生没有持续性，在一个时间点瞬间完成，事件发生的时间点是离散的，因而这类系统统称为离散系统（黄柯棣，1998；Banks，2005）。航天领域的发射窗口以及空间站长期任务规划等都属于离散事件仿真问题，限于篇幅，本书不对相关问题进行深入探讨。

需要注意的是，一个客观系统是离散的还是连续的，实质上指的是描述该系统的模型是离散的还是连续的。根据研究目的不同，同一个客观系统在不同场合下，可分别采用离散模型或连续模型，描述为离散系统或连续系统。

离散事件系统通常较复杂，但可以抽象出一些公共概念来描述其结构模型（熊光楞，1991）。目前较为成熟和通用的基本概念有：实体、属性、事件、活动和进程等。下面对这些概念进行简单介绍。

1）实体：构成系统的各种成分称为实体，用系统论的术语就是系统边界内的对象。

2）属性：实体由它的属性来描述，属性用来反映实体的某些性质。

3）状态：在某一确定时间点，系统的状态是系统中所有实体的属性集合。

4）事件：事件是引起系统状态发生变化的行为，它是在某一时间点上的瞬间行为。离散事件系统可以看作是由事件驱动的。

5）活动：实体在两个事件之间保持某一状态的持续过程称为活动。活动的开始和结束都是由事件引起的。

6）进程：由和实体相关的事件及若干活动组成。一个进程描述了它所包含的事件及活动间的相互逻辑关系和时序关系。

现以空间站运营任务为例，对离散事件仿真过程进行介绍（王华，2019）。我国于 2022 年建造完成并运营自己的空间站，为保障空间站正常运营以及任务顺利开展，需针对繁多且复杂的空间站运营任务制定任务方案。考虑到空间站运营任务方案所包含的任务种类繁多，且任务之间存在复杂的耦合关系，因此，需要在方案执行前对任务方案进行仿真，以此来评价空间站运营任务方案的性能水平，辅助决策和任务方案验证。由于空间站运营方案仿真主要关注方案中各任务事件发生的起止时间及其对系统状态的影响，因此，可从离散事件系统角度对系统进行研究分析。

目标方案时间跨度为 2023 年 1 月 1 日至 2025 年 1 月 1 日，以 6 个月为 1 个运营周期，将整个方案划分为 4 个运营周期。设空间站系统当前运行状态良好，已有在轨访问载人飞船 1 艘、货运飞船 1 艘，空间站上驻留航天员 3 名，已在站 60 天，并计划于 2023 年 1 月 2 日返回。

在该仿真模型中，实体、实体属性定义见表 4－5。

表 4－5　空间站运营任务仿真实体、属性定义

实体	属性	状态
在轨物资	物资基本属性、运输属性、物资消耗属性、储存属性等	物资库存满足需求、物资库存不满足需求
航天员	航天员基本属性、航天员在站驻留属性等	航天员空闲、航天员执行任务

续表

实体	属性	状态
任务事件（逻辑实体）	事件基本属性、在轨资源需求属性、持续类事件约束属性、随机事件约束属性、出舱需求属性、物资需求属性等	

在该仿真模型中，事件有以下两类定义。

1）在轨任务事件：分为航天员驻留任务、空间站实验任务和空间站运营任务三类。

2）飞船访问任务事件：分为载人飞船访问任务事件以及货运飞船访问任务事件。

4.4.2　离散事件系统仿真策略

离散事件系统的模型只在一些离散时间点上由事件改变其状态，因此离散事件模型是由事件驱动的。驱动某一模型的所有事件按照其发生的时间先后顺序构成一个序列，通常要求按照时间先后顺序依次处理事件，而不能颠倒。离散事件系统仿真的关键是按照时间顺序确定这一序列。

从前面的分析可知，系统的离散事件仿真模型是由实体及其间的关系组成。实体状态的变化即为事件，同一实体在两个相继事件间所处的过程称为实体的活动，同一个实体若干活动的延续构成一个进程。因此活动和进程都是以事件为基础构成的，其粒度大于时间。从事件、活动和进程三个层次来组织事件即构成目前处理离散事件模型的三种典型的处理方法：事件调度法、活动扫描法和进程交互法（王维平，1997）。下面对这三个方法进行简单介绍。

同样以空间站运营任务为例，由于空间站本身属于复杂系统，单一的策略不足以对整个运营过程进行建模，所以在空间站运营方案仿真中涉及事件调度法、活动扫描法及进程交互法三种仿真策略。

4.4.2.1　事件调度法

（1）推进策略

事件调度法（Event Scheduling）最早出现在1963年兰德公司的SIMSCRIPT语言早期版本中。离散事件系统的一个基本概念是事件，事件的发生引起系统状态的变化。事件调度法以事件为分析系统的基本单元，通过定义事件及每个事件发生对系统状态的影响，按时间顺序确定并执行每个事件发生时有关逻辑关系并策划新的事件来驱动模型的运行。

按事件调度法作为仿真策略建立仿真模型时，所有事件均放在事件表中。模型中设有一个时间控制模块，该模块从事件表中选择具有最早发生时间的事件，并将仿真时钟设置为该事件发生的时间，再调用与该事件对应的事件处理模块，更新系统状态，策划未来将要发生的事件，该事件处理完后返回时间控制模块。这样，事件的选择与处理不断进行，直到仿真终止条件产生为止。

（2）空间站运营实例

以空间站运营任务为例，空间站运营任务方案主要由在轨任务事件以及飞船访问任务事件两类事件组成，考虑到在仿真之前任务事件列表已经确定，所以采用事件调度法进行仿真。以某年 1 月 1 日的任务方案为例，该日须执行任务事件 14 件，具体任务事件及其相关信息由表 4-6 给出。

表 4-6　某年 1 月 1 日任务清单

序号	任务事件名称	执行时间	优先级	执行任务航天员
1	氧气补给	8:00 a.m.	1	航天员 1
2	推进剂补加	9:00 a.m.	1	航天员 2
3	氮气补加	10:00 a.m.	2	航天员 1
4	一日三餐	11:00 a.m.	3	全体空闲成员
5	休息	11:30 a.m.	6	全体空闲成员
6	设备检查	13:00 p.m.	4	航天员 1
7	垃圾处理	13:00 p.m.	4	航天员 2
8	实验仪器检查	13:00 p.m.	4	航天员 3
9	个人医疗检查	15:00 p.m.	4	全体空闲成员
10	在轨锻炼	16:00 p.m.	4	全体空闲成员
11	一日三餐	17:00 p.m.	3	全体空闲成员
12	休闲娱乐	18:00 p.m.	8	全体空闲成员
13	个人卫生清理	19:00 p.m.	6	全体空闲成员
14	休息	20:00 p.m.	6	全体空闲成员

具体流程如下：

Step Ⅰ初始化。

1）设置仿真时间 t_0 为某年 1 月 1 日，结束时间 t_f 为同年 1 月 2 日。

2）设置空间站的初始状态，包括：a）各类物资当前在轨库存质量；b）航天员当前状态（空闲或者正在执行某任务）。

3）读取空间站运营任务方案，并根据方案生成任务事件表。

Step Ⅱ设置仿真时钟 TIME$=t_0$。

Step Ⅲ如果 TIME$\geqslant t_f$，转至第Ⅳ步，否则按图 4-13 处理流程，进行任务事件列表处理。

1）在任务事件表中取出“1. 氧气补给”任务事件，后续仿真依次选取发生时间最早的事件 E。若同一时刻存在多个任务事件，则将该时刻全部任务取出，如任务事件表中 13：00 p.m. 需执行“6. 设备检查”“7. 垃圾处理”“8. 实验仪器检查”，则将 3 个任务一同取出。

2）将仿真时间推进到此事件的发生时间，设置 TIME=8：00 a.m.，并将“1. 氧气补给”置入任务处理器中，后续仿真依次根据事件发生时间推进仿真时间。

3）根据任务处理器中任务事件优先级，选取优先处理事件，若任务事件优先级一样，则按顺序处理，如 13：00 p.m. 需执行的“6. 设备检查”“7. 垃圾处理”“8. 试验仪器检查”任务事件优先级一样，则按顺序处理即可。

4）判断任务事件发生所需条件是否满足，即在轨物资库存余量是否满足事件所需要的物资量、所需航天员是否空闲，若满足则根据任务处理器中任务事件的物资、在轨资源、废物生成量等属性，更新空间站上航天员、在轨物资等相应属性，并认定该事件已完成；若不满足，认定该事件未完成，并将该任务事件延后。

5）记录更新后的空间站状态信息，用于后续仿真结果分析。将已经处理过的事件从任务事件表中删除。

6）重复执行第Ⅲ步。

Step Ⅳ仿真结束。

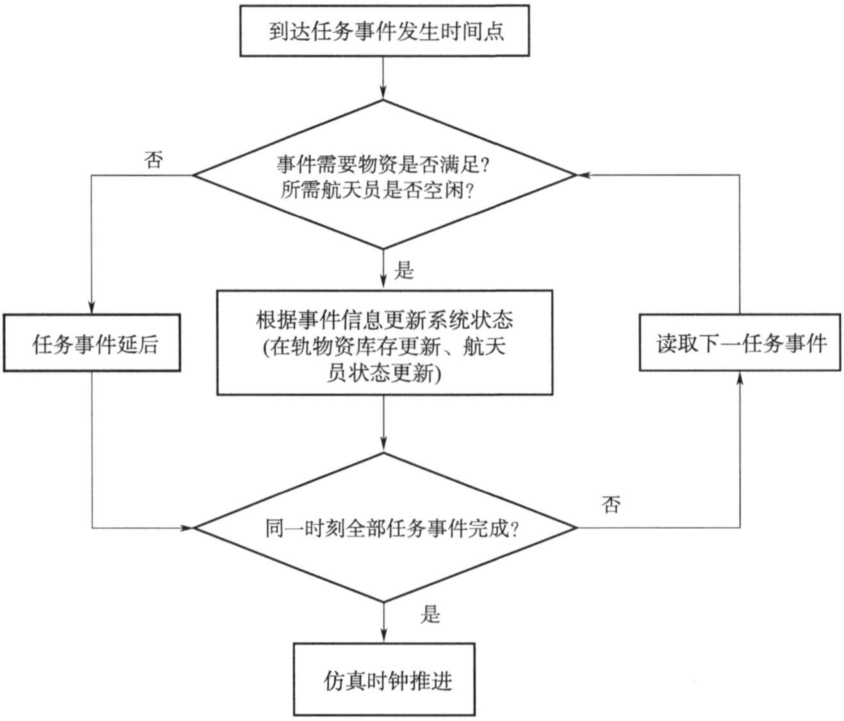

图 4-13 任务事件处理流程

事件调度法仿真时钟的推进仅仅依据“下一个最早发生事件”的准则，而该事件发生的任何条件的测试必须在该事件处理程序内部去处理。如果条件满足，该事件发生；如果条件不满足，则推迟或取消该事件发生。因此，从本质上来说，事件调度法是一种预定时间发生的策略。这样，仿真模型中必须预定系统中最先发生的时间，以便启动仿真进程。

4.4.2.2 活动扫描法

（1）推进策略

事件调度法是一种预定事件发生时间的策略，这种策略对于活动持续时间确定性较强的系统是比较方便的，但是对于活动持续时间不确定，因而无法预定活动开始或终止时间的系统，例如事件只有在满足某些条件时才会发生的情况，事件调度法将会显示出弱点。

活动扫描法（Activity Scanning）最早出现在 1962 年 Buxton 和 Laski 发布的 CSL 语言中。活动扫描法的激发与终止都是由事件引起的，活动周期图中的任一活动都可以由开始和结束两个事件表示，每一事件都有相应的活动处理。处理中的操作能否进行取决于一定的测试条件，该条件一般与时间和系统状态有关，而且时间条件须优先考虑。确定事件的发生时间事先可以确定，因此其活动处理的测试条件只与时间有关；条件事件的处理测试条件与系统状态有关。由于活动扫描法包括了对事件发生时间的扫描，因而它也具有事件调度法的功能。

在活动扫描法中，除了设计系统仿真全局时钟外，每一个实体都带有标志自身时钟值的时间元（Time - cell）。时间元的取值由所属实体的下一确定时间刷新。

每一个进入系统的主动实体都处于某种活动的状态。活动扫描法在每个事件发生时扫描系统，检验哪些活动可以激发，哪些活动继续保持，哪些活动可以终止。活动的激发与终止都会策划新的事件。活动的发生必须满足一定的条件，其中活动发生的时间是优先级最高的条件，即首先应判断该活动的发生时间是否满足，然后再判断其他条件。

活动扫描法实际上可以分为两部分，一是探测，即活动发生条件判断，总是放在活动序列执行前；二是活动序列执行，包括状态的修改，资源占用的修改，以及预定某些活动发生的时间等。

（2）空间站运营实例

以空间站具体任务为例，在空间站长期运营期间，由于人为误操作、环境以及其他客观因素的影响，空间站或者飞船等系统可能会发生诸如航天员健康恶化、货运飞船或载人飞船发射延迟等随机事件，造成空间站实验、货运飞船补给、航天员在轨驻留与轮换等任务无法顺利开展。由于这类随机事件的发生时间具有不确定性，因此采用事件调度法就无法对这类事件进行有效仿真，而应该采用活动扫描法。根据活动扫描法将空间站上各类设备、航天员、飞船等看作为一个个部件，当这些部件的状态发生改变时，采用相应的活动历程进行处理。

现以空间站运营期间航天员健康状况为例，对活动扫描法仿真原理进行描述。航天员负责全部空间站运营任务的执行，可以说航天员直接决定任务完成的成败，因此航天员也是整个空间站运营任务方案仿真中极其重要的一环。而航天员在空间站中，可能由于空间环境的影响、航天员本身身体原因以及意外事故等原因，导致航天员暂时或永久性无法执行后续任务，为了应对航天员威胁事件的发生，一般会制定航天员及时轮换或紧急医治等解决策略，针对航天员健康威胁的具体仿真步骤如下。

Step Ⅰ初始化。

1）设置仿真开始时间 t_0 为某年 1 月 1 日，结束时间 t_f 为同年 12 月 31 日。

2）设置空间站的初始状态，包括航天员健康受到威胁概率以及恢复健康所用时间。

Step Ⅱ设置仿真时钟 TIME＝ t_0。

Step Ⅲ如果 TIME $\geqslant t_f$ ，转至第Ⅳ步，否则按图 4 - 14 处理流程，执行活动处理扫描。

1）依次判断站上航天员健康是否受到威胁，并判断威胁原因。

2）如果为航天员患病或受到物理损伤，对于可治愈的伤病，在航天员治疗期间，将该航天员状态设置为忙，治愈后恢复工作，并对治愈过程所需要的医疗用品进行消耗处理；对于不可治愈伤病，立即安排下一艘载人飞船对该航天员乘组提前进行轮换。

Step Ⅳ仿真结束。

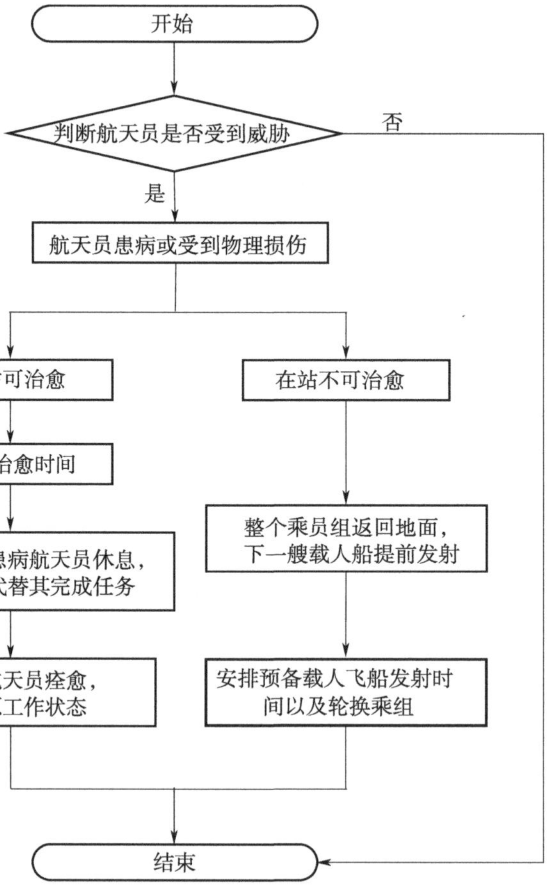

图 4－14　航天员威胁事件的活动处理流程

4.4.2.3　进程交互法

(1) 推进策略

事件调度法和活动扫描法的基本模型单元是事件处理和活动处理，这些处理都是针对事件而建立的，而且在事件调度法和活动扫描法策略中，各个处理都是独立存在的。

进程交互法（Process Interaction）的基本模型单元是进程，进程与处理的概念有着本质的区别，它是针对某类实体的生命周期而建立的，因此一个进程中要处理实体流动中发生的所有事件（包括确定事件和条件事件）。

进程交互法的设计特点是为每一个实体建立一个进程，该进程反映某一个动态实体从产生开始到结束为止的全部活动。这里为之建立进程的实体一般是指临时实体（如顾客），当然为之建立的进程中还要包括与这个临时实体有交互的其他实体（如服务员，但是服务员的实体不会仅包含在一个进程中，它为多个进程所共享）。

进程交互法的基本思想是，通过所有进程中时间值最小的无条件延迟复活点来推进仿真时钟。当时钟推进到一个新的时间点后，如果某一实体在进程中解锁，就将该实体从当前复活点一直推进到下一次延迟发生为止。

（2）空间站运营实例

以空间站运营任务为例，在轨任务事件可以进一步划分为航天员生活事件、平台维护维修事件、空间实验事件等，其中航天员生活事件一般可由某一航天员当天完成，而部分平台维护维修事件以及空间实验事件一般要持续数周甚至数月，且需要多名航天员共同协作完成。针对上述任务事件的仿真，如果单独采用事件调度法或者活动扫描法都不能有效地进行仿真，因此在实际仿真中，这些任务事件被看作为逻辑实体，从其开始到其结束作为任务事件的生命周期，将任务事件中涉及的事件以及活动按时间顺序进行组合，形成进程表，采用进程交互法进行仿真。

根据进程交互法的思想，在处理任务事件进程时，一共设置了三类事件表，即未来事件表（EventUnexecuted）、当前事件表（EventExecuting）以及发生完毕事件表（EventCompleted）。EventUnexecuted 中放置全部需要仿真的事件，事件按照发生时间的先后顺序进行排列，另外如果在仿真运行过程中，有新的事件产生，则根据新事件的发生时间，将其安插至 EventUnexecuted 中的适当位置。EventExecuting 中放置当前仿真时间将要发生的事件，判断事件发生条件是否满足，如满足则进行事件处理以及系统状态变化修改。EventCompleted 中放置已结束或处理完毕的任务事件。

以某空间实验事件为例，该空间实验事件的相关信息由表 4－7 给出。

表 4－7　空间实验事件信息

	内容	备注
实验名称	空间环境实验	
起始时间	某年 3 月 15 日	
终止时间	同年 6 月 1 日	
所含子事件	空间环境实验 A	执行时间:3 月 15 日 所需航天员:航天员 1 所需仪器:实验仪器 A
	空间环境实验 B	执行时间:4 月 1 日 所需航天员:航天员 3 所需仪器:实验仪器 B

仿真步骤如下。

Step Ⅰ 初始化。

1）设置仿真时间 t_0 为某年 3 月 15 日，结束时间 t_f 为同年 6 月 1 日。

2）设置空间站的初始状态，包括：a）各类物资当前在轨库存质量；b）航天员当前状态（闲或者正在执行某任务）。

3）读取该空间实验事件信息，并将空间环境实验 A 和空间环境实验 B 放入 EventUnexecuted。

Step Ⅱ 将 EventUnexecuted 中满足当前仿真时间的任务时间移入 EventExecuting 中。

Step Ⅲ 推进仿真时钟 TIME，并确定 EventExecuting 中最早的任务事件发生时间 $T[i, j]$，初始时为空间环境实验 A 的起始时间 3 月 15 日，其后依次后推。

Step Ⅳ 如果 TIME$\geqslant t_f$，则转至第Ⅴ步，否则执行如下过程：

1）判断 EventExecuting 中任务事件的发生条件是否满足，如空间环境实验 A 所需实验仪器 A 是否在站以及航天员 1 是否空闲；

2）如果发生条件满足，则对其进行处理，根据任务事件的物资、在轨资源、废物生成量等属性，更新空间站上航天员、在轨物资等相应属性；如不满足，则将该事件留在 EventExecuting 中；

3）将 EventExecuting 中处理完毕的事件移入 EventCompleted 中，并记录该任务事件实际发生时间；

4）返回到Ⅱ。

Step Ⅴ 仿真结束。

进程交互法仿真策略中，在初始化过程的第 2）步，初始状态处于条件延迟的实体的复活时间设置为 t_0。

进程交互法兼有事件调度法和活动扫描法的特点，但其算法比两者更为复杂。根据进程交互法建立的仿真模型称为面向进程的仿真模型。面向进程的仿真模型总控程序设计的最简单的方法是采用两个事件表：未来事件表和当前事件表。

不论是事件调度法、活动扫描法还是进程交互法，需要注意的是系统状态发生变化的时间都是事件发生的时间：事件调度法中要搜索下一个最早发生事件的时间；活动扫描法中仿真时间也指向实体下一个事件发生的时间，进程交互法的复活点也对应于事件发生的时间。

4.4.3 离散事件系统仿真语言

本节就离散事件系统仿真常用语言进行介绍。最初用于离散事件仿真的语言是高级语言，例如 Fortran，它是一种通用的科学计算语言，不能提供面向仿真的专用功能，仿真人员需要设计、编写仿真程序的所有细节。为了提高仿真的效率，人们在通用语言的基础上研制了许多仿真语言（见图 4-15）。这里主要对几种常见的离散事件系统仿真语言进行简要介绍。

（1）基于 Fortran 语言的离散事件系统仿真语言

离散事件系统仿真语言中 SLAM Ⅱ语言、SIMCRIPT Ⅱ.5 语言、GASP 软件包、TESS 一体化建模与仿真环境等均是以 Fortran 为基础的，下面分别对这几种语言进行介绍。

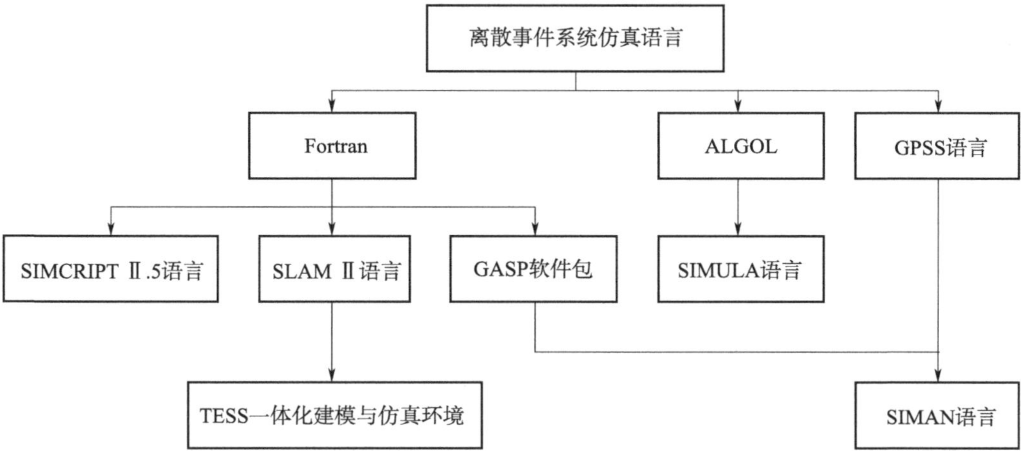

图 4－15　离散事件系统仿真语言

① SLAM Ⅱ语言

SLAM Ⅱ（Simulation Language for Alternative Modeling）是以 Fortran 为基础的高级仿真语言，主要用于离散事件系统仿真，也可用于混合系统仿真。SLAM Ⅱ允许用事件调度法、进程交互法以及两者的结合来建立离散事件系统仿真模型，连续部分可用微分方程和差分方程来描述。基本的 SLAM Ⅱ可以在各种计算机中运行，其动画部分的运行对计算机类型有所限制。SLAMSYSTEM 是 SLAM Ⅱ在计算机上基于 Windows 环境的一个界面友好版本。

② SIMSCRIPT Ⅱ.5 语言

SIMSCRIPT 也是基于 Fortran，可采用事件调度和进程交互两种方法来建立离散事件模型。它采用类似英语的自由格式书写程序，十分易于阅读。SIMCRIPT Ⅱ.5 是该语言一个使用较为广泛的版本，它不仅能对连续、离散和混合系统进行建模和仿真，而且具有一般高级程序语言，如 Fortran 和 ALGOL 的特征，可用于复杂大系统仿真。

③ GASP 软件包

GASP（General Activity Simulation Program）是 Fortran 子程序的集合，这些子程序具有推进时间、管理事件表、增加与移去实体、收集统计数据等功能。用户需要提供一个主程序、一个初始化子程序以及事件程序和报表程序，在主程序中有一条语句“Call GASP”用以开始仿真。

④ TESS 一体化建模与仿真环境

TESS 是在 SLAM Ⅱ语言的基础上建立的一体化建模与仿真环境。TESS 以仿真数据库为中心集成了建模与仿真各个阶段所需的各种仿真应用软件，组成了一个有机的完整系统，主要用于支持 SLAM Ⅱ语言进行离散事件系统仿真。

（2）基于 ALGOL 语言的离散事件系统仿真语言

除了上述几种语言外，SIMULA 语言是以算法语言 ALGOL 为基础发展而来的。SIMULA 以进程作为建模的基本单元。进程是系统中对象的活动过程，它有四种状态：

活动、休眠、等待与结束。SIMULA 通过灵活多变的调度手段，使模型的构造更加符合实际系统，从而使仿真更加逼真。

(3) 基于 GPSS 语言的离散事件系统仿真语言

GPSS (General Purpose Simulation System) 是最早推出，影响最广泛的一种离散事件仿真语言。目前有多个版本，如 GPSS/360、GPSS/V、GPSS/M、GPSS/X 和 GPSS/H 等，它们都是用进程交互法进行建模，特别适合排队系统仿真。GPSS 用一组标准的方框流向另一方框，每一个方框对应了一条 GPSS 语句，因此用户用图形描述出系统的仿真模型后，很容易写出相应的 GPSS 源程序。

以 GPSS 语言、GASP 和 Q－GEPT 为基础开发了 SIMAN (Simulation and Modeling Analysis) 混合仿真语言。对于离散事件系统，SIMAN 可用事件调度、进程交互及两者混合的方法进行建模。SIMAN 的基础语言是 Fortran，用户可直接利用 Fortran 语言编写部分源程序和 SIMAN 链接，以适应用户特定的应用场景。

参 考 文 献

[1] Banks J，Carson J S，Nohn S，et al. Discrete - Event System Simulation（fouth edition） [M]. Englewood，New Jersey：Prentice - Hall，2005.

[2] Fehlberg E. Classical Fifth -，Sixth -，Seventh -，and Eighth - Order Rung - Kutta with Stepsize Control [R]. Huntsville，Alabama：NASA - TR - R - 287，1968.

[3] 黄柯棣．系统仿真技术 [M]. 长沙：国防科技大学出版社，1998.

[4] 吴旭光，杨慧珍，王新民．计算机仿真 [M]. 2 版．北京：化学工业出版社，2008.

[5] 王维平，朱一凡，华雪倩，等．离散事件系统建模与仿真 [M]. 长沙：国防科技大学出版社，1997.

[6] 王华，李海阳，周晚萌．载人航天系统建模与仿真 [M]. 北京：中国宇航出版社，2019.

[7] 熊光楞，肖田元，张燕元．连续系统仿真与离散事件系统仿真 [M]. 北京：清华大学出版社，1991.

第 5 章　航天系统仿真工具

本章我们首先对仿真工具进行分类，然后讨论几种航天系统仿真中常用的工具：AstroLib、Matlab/Simulink、其他仿真工具，对这些软件的入门知识我们不打算赘述，只重点介绍其基本仿真原理及在航天系统仿真中需要用到的技术。本章采用 AstroLib 和 Simulink 实现了同一个航天器六自由度仿真模型，通过两个工具的使用可加深对不同工具特点的理解。

5.1　仿真工具的分类和选择

5.1.1　仿真工具历史

仿真工具是一类面向仿真用途的专用软件，它的特点是面向问题、面向用户。航天系统仿真工具即面向航天系统仿真的软件工具。

自 1955 年第一个数字仿真工具问世以来，按新技术出现的时间，可将仿真工具的发展分为六个阶段（Banks，2005）。

1）1955—1960 年探索阶段。早期的仿真由 Fortran 或其他通用编程语言实现，缺乏专业仿真程序的支持。在最初阶段，人们在探索统一概念和开发可重用案例以促进仿真发展方面付出了巨大的努力，出现了一些通用仿真程序和可以重用的程序。

2）1961—1965 年出现阶段。出现了仿真语言（GPSS、SIMULA、CSL、MIMIC、DARE - P、GASP 等），尽管它们大都功能单一、交互性能差，但它们奠定了仿真语言的基础。1965 年，出现了第一个获得广泛应用的数字仿真语言 MIMIC，它是面向方程的仿真语言。

3）1966—1970 年形成阶段。这一阶段，很多概念被审查和提炼，以促进各种语言有更一致的表达。主要的仿真语言更加成熟，获得了更加广泛的应用。1966 年，美国推出了数字仿真语言 DSL/90，它是一种面向方程的语言，它的翻译器是将仿真源程序翻译成 Fortran 语言，因此这种仿真语言可以和 Fortran 语言兼容。1967 年，美国计算机仿真协会发表了一个具有权威性的仿真语言标准文本 CSSL 67（Continuous System Simulation Language）。IBM 公司则推出了与 CSSL 并列的仿真语言 CSMP（Continuous System Modeling Language）。

4）1971—1978 年发展阶段。仿真语言的速度、功能等得到了发展，建模过程得到了简化。1976 年，开发了 ACSL（Advanced Continuous Simulation Language），它是一种面向微分方程的语言，基于 Fortran 语言实现。

5）1979—1986 年巩固和改进阶段。仿真语言得到了进一步发展。1981 年，美国仿真学会及国际仿真数学与计算机学会对 CSSL 67 进行了修改，提出了新的 CSSL 规范草案，较 CSSL 67 在模型与实验分离、子模型、间断点、并行程序四方面进行了改进。

6）1987 年至今集成环境阶段。仿真语言在个人计算机上迅速发展，出现了具有图形化用户界面、动画以及其他可视化工具的仿真环境。许多环境还包括了输入数据分析器和输出分析器。一些软件包试图通过使用结构图，以及使用填空式的用户界面而无需学习编程语法，来简化建模过程。动画从示意图式的显示发展到按实际绘制的二维、三维画面显示。

我国也在 20 世纪 70 年代后期开始引进、移植和开发仿真工具，出现了 ICSL、MPS－10、YFSIM 等语言。

5.1.2　仿真工具分类

用于开发仿真系统的工具可分为三类：第一类是高级编程语言，如 C、C＋＋、Fortran 和 Java 等；第二类是仿真语言，如 Modelica、CSSL、GPSS、YFSIM 等；第三类是仿真环境，如 Matlab/Simulink、Dymola、SciLAB 等。

5.1.2.1　高级编程语言

高级编程语言包括 C＋＋、Java、Fortran 等，航天系统仿真通常采用 C/C＋＋。C 是一种面向过程编程语言，而 C＋＋则是 C 的升级，在 C 的基础上具备面向对象编程能力，它们属于通用高级编程语言，不是为仿真应用而专门设计的。C/C＋＋使用广泛，特别适合与硬件相关的应用。基于高级编程的仿真发展较早，早期的仿真系统均为高级编程，如 C＋＋编写。在采用 C/C＋＋或其他通用编程语言编写仿真模型时，虽然基本语言不难学习，但是对一些模型结构复杂、状态变量和参数多的系统，用户不得不将许多精力和时间花费在模型参数处理、仿真算法和程序的实现，以及输出数据的分析等辅助性工作上，而不能将精力集中于对系统本身的研究。为了解决该问题，可采取两种办法：一是使用仿真程序包，例如本书介绍的 AstroLib；二是使用仿真语言或仿真环境。

采用高级编程语言开发航天器系统仿真的特点如下。

1）具有较低的开发成本。几乎不需要额外购买仿真工具，但是对于大型系统，有可能总成本并不低。

2）抽象层级低，语言本身缺乏对仿真功能的支持，用户必须从底层做起。如果项目很小，相关的仿真开发工作量较小，用高级编程开发仿真算法是可行的。但对于极为复杂的仿真系统，如弹道导弹仿真，一切从最底层做起，工作量是极为庞大的，它需要长时间的积累，或者聘用专业的编程人员，这无疑增加了软件系统的成本和风险。

3）可以控制仿真系统各个方面。但另一方面，正是这一灵活性，导致对仿真建模人员编程水平要求较高。否则，常常导致模型抽象不够，模型与仿真器界限不明显，模型移植性和重用性差。

4）便于移植，不受硬件限制。绝大部分高级编程语言是天生具备跨平台能力的，因此用高级编程语言开发的仿真系统就具备极大的兼容性和灵活性。

采用高级编程语言的软件系统是将设计人员与用户分离的，用户通常只在使用界面下工作，如果涉及模型或算法的修改需要用户对程序底层较为了解，并拥有一定的软件工程方面的知识。

5.1.2.2　仿真语言

仿真语言是针对仿真领域专门开发的语言，如面向连续系统仿真的 CSSL 语言，面向离散事件系统仿真的 GPSS（General Purpose Simulation System）语言，面向网络系统仿真的 SLAM（Simulation Language for Alternative Modeling）语言，面向多领域物理仿真的 Modelica 语言等，见表 5－1。

表 5－1　仿真语言的分类

动力学系统			离散事件系统			
常微分方程	偏微分方程	差分方程	面向实体	面向过程	面向事件	面向活动
DSL/90 MIMIC CSMP CSSL DARE－P ADSIM YFSIM	FORSIM PDEL	DYNAMO ADSIM YFSIM	GPSS BOSS	SIMULA SOL QGERT	SIMSCRIPT GASP SIMLIB	CSL ESP

仿真语言主要功能包括以下几方面。

1）有一套完整的规定描述模型的符号、语句、句法及语法，并有检验该语言所编写的源程序中的错误的能力，最后能将文法上正确的源程序翻译成机器可执行码（通常是先翻译成某种高级编程语言）。

2）具有设定模型试验的初始条件、终止条件，以及控制并实现单次、多次或迭代运行的功能。

3）具有仿真结果的分析与显示功能。

采用仿真语言开发航天器系统仿真的特点如下。

1）降低了建模难度。仿真语言是面向仿真专门设计的，较程序设计语言的优势是自动提供了仿真模型所需要的大部分特征，降低了建模难度。

2）用户需要首先学习仿真语言。用户建模前首先需要熟悉仿真语言，这导致学习周期加长。

3）仿真系统兼容性和灵活性稍差。仿真系统必须依赖仿真语言，因此自然继承了仿真语言本身对操作系统、硬件等的依赖。

5.1.2.3　仿真环境

仿真环境包括多种产品，它们在某些方面有很大差异（如价格、应用领域和动画类型），但也有共同特点，如图形化用户界面，以及支持仿真研究的所有（至少是大多数）方面的环境，包括丰富的模块集、仿真算法，具备强大的数据分析和二维、三维可视化功能。许多仿真环境都包括一种仿真语言，但有些则采用类似于流程图的图形化方法。借助图形化建模工具，用户避免了琐碎的程序编写工作，可以将精力专注于自己的领域。

采用仿真环境开发航天器系统仿真的特点如下。

1）开发成本通常较高。

2）抽象层级高，用户可以借助软件提供的仿真功能，工作量较小。

3）通常灵活性不足，无法控制仿真实现的各个方面。虽然大部分软件都提供了与其他软件的接口，但是都存在一定限制。

仿真环境相比高级编程语言和仿真语言集成性更强，针对某一领域或某些领域开发效率更高，但同时也带来仿真模型与仿真环境无法分离的缺点。三种仿真工具的对比见表 5－2。

表 5－2　三种仿真工具的区别

比较	高级编程语言	仿真语言	仿真环境
灵活性	好	较好	较好
编程难易程度	中	中	较容易
开发工作量	较大	较小	较小
工具提供的功能	弱	中	强
直接成本	低	中	高
程序执行时间	短	中	中
稳健性	较差	较好	较好
跨平台	好	受限	受限

5.1.3　仿真工具特征

选择仿真工具涉及许多特征，主要包括建模特征、运行时特征、动画特征、输出特征、产品文档和支持等。

5.1.3.1　建模特征

1）输入数据分析功能：从原始数据估计统计的分布。

2）图形建模：结构图建模。

3）仿真编程：通过功能强大的仿真语言添加程序逻辑的能力。

4）语法：容易理解、类自然语言。

5）输入灵活性：从外部文件、数据库中或交互式地接收数据。

6）外部语言接口：C、C＋＋、Java 或其他通用编程语言的连接。

7）随机仿真支持：各种常见分布的随机变量发生器，如指数分布、三角分布、均匀分布、正态分布等。

8）航天器仿真模型支持：常用航天器动力学及控制模块。

9）仿真算法：包含常用 RK4 等算法。

10）支持半实物仿真和分布式仿真。

5.1.3.2 运行时特征

1）执行速度：决定了重复运行的时间，影响系统开发和仿真试验。

2）模型大小、变量的属性和个数：应没有内置的限制。

3）交互式调试器：在仿真推进时监视仿真细节，能中断、运行到指定处、单步运行，能显示状态、属性和变量等。

4）模型参数的修改：能方便修改模型参数并运行。

5.1.3.3 动画特征

1）动画类型：真实比例或图标式（如过程流图）。

2）运行质量：光滑或抖动，帧频率。航天系统三维动画通常需要达到 24 帧每秒。

3）导航：动画的缩放、旋转。

4）视图：可定制的视角和视点，包括在地球视点和航天器视点之间切换。

5）硬件要求：标准或特殊视频卡，内存要求。

5.1.3.4 输出特征

1）想定管理器：建立用户定义的仿真想定。

2）独立重复运行：使用一组不同的随机数。

3）优化：传统和智能优化算法。

4）标准化报告：包括平均数、计数、最小值和最大值等的摘要报告。

5）定制化报告：根据仿真人员的特定描述。

6）统计分析：置信区间、设计实验等。

7）常用图表：曲线、条形图等。

8）文件输出：输出为文件，并可输出至数据库，以便用户进行处理和分析。

5.1.3.5 产品文档和支持

1）培训：高质量、定期安排的课程。

2）文档：质量、完整性、在线。

3）帮助系统：普通的或上下文敏感的。

4）指导：用于学习软件包。

5）支持：电话、E-mail、即时通信等。

6）升级、维护：定期发布新版本和解决用户需求的维护版本。

7）跟踪记录：稳定性、历史、客户关系。

5.1.4 仿真工具选择

在评价和选择仿真工具时给出以下建议。

1）不要把注意力放在单一方面，例如易用性，应当考虑精度、可获得的详细程度、易学性、供应商的支持度以及对用户应用的适应性。

2）执行速度非常重要。不要只考虑实验在夜晚或假日运行。速度会影响开发时间。

调试时开发人员必须等待，当模型运行到一个错误多次发生的仿真时间点以后才能确定这个错误。

3）要正确对待软件宣传和演示。许多广告只给出软件的优点，演示在解决测试问题时表现出色，但解决用户真实问题时未必如此。

4）要求供应商解决一个较小的用户问题。

5）正确对待以“是”和“否”作为输入的选择清单。例如，多个软件包可能都声明自己具备同一功能，但是它们的实现程度和可信程度一定有相当大差别。

6）仿真用户会询问仿真模型是否能够连接并使用外部语言编写的代码或代码段，如 C、C++或 Java。这是一个良好的习惯，尤其是在已有外部程序并适用于此时目标的场合。然而更重要的问题是，仿真软件包和语言是否具有足够能力以避免必须采用任何外部语言编写逻辑。

7）在图形化建模环境和基于仿真语言的建模环境之间会有明显的折中。图形化建模避免了学习语言和语法的弯路，但无法避免多数真实世界模型中的程序逻辑的需求以及为使其正确而必需的调试过程。要小心“无需编程”，除非软件包非常完美地适合用户的问题领域，或者是能用所提供的块、节点、进程流图编程（程序逻辑客户化）。在这些情况下，“无需编程”指的是语法而不是程序逻辑的开发。

5.2　航天仿真库 AstroLib

5.2.1　AstroLib 概述

5.2.1.1　概述

航天系统仿真分析涉及的学科多、内容复杂，若所有仿真分析均从最底层的软件功能模块研制开始，将耗费大量的时间、人力和物力进行重复性、低层次的研发工作，同时，仿真分析结果的可靠性也难以有效保证。通过研制支持软件开发的仿真软件包，可以较好地解决上述问题（王华，2007；Zhou，2016；何渝，2003）。

国际上已经有很多航天动力学软件程序库和软件，其中较为著名的有 Meeus 编写的 C++ 天文算法库（Meeus，1991），国际天文联合会发布的天文坐标系统及地球姿态模型基础天文标准库 SOFA，得克萨斯大学计算机科学系与 NASA 戈达德航天中心合作开发的航天任务仿真分析包 JAT（Gaylor，2006），NASA 戈达德航天中心开发的开源轨道任务分析软件 GMAT（Laing，2016）。

AstroLib 是作者开发的航天仿真库，对仿真中需经常重复使用的功能模块进行封装，供仿真软件开发时调用。软件开发过程中使用公共算法库，一方面可以避免重复进行底层开发，缩短软件开发周期、降低开发成本；另一方面也可以最大可能地保证整个仿真分析软件的正确性和可靠性。

AstroLib 采用标准 C++语言实现，提供了航天系统仿真的大量底层计算函数，包括支撑数据、航天动力学库、数学库和工具库等。其正确性经过了长期验证和大量测试，可满足导弹及卫星的动力学仿真、航天器控制、交会对接和深空探测等航天领域的应用需要。

本节对作者开发的航天仿真库 AstroLib 进行介绍。为了满足教学需要，我们对 AstroLib 进行简化并开源，形成了 AstroLib 教学版，本节介绍以教学版为主。

5.2.1.2　设计思想

为了得到开放、灵活、功能强大的航天仿真库，AstroLib 的设计遵循如下思想。

1）选用标准 C＋＋语言开发，程序库只依赖于 C 语言内置函数库和 STL 标准模板库。这样得到的程序库可用于支持 C＋＋语言的各种平台，包括 Windows、Unix 和 Linux 等。

2）不片面追求最新的软件技术，而是采用简单实用的原则，能够被快速集成。

3）遵循标准化的编程方式，包括函数命名（前缀 As 等）、量纲单位（国际标准单位）、函数参数顺序（先输入后输出）等。

4）尽量减少函数的参数依赖，尽量将依赖参数暴露到函数接口，用户可以通过改变参数实现不同功能。

5）开发过程中进行大量测试，保证程序库的正确性。

5.2.2　AstroLib 功能

AstroLib 包含的主要类和函数见表 5－3。

表 5－3　AstroLib 的类和函数

类型	类或结构体	函数
矢量和矩阵	CVector CMatrix	
时间系统	CCTime CCTimeSpan	AsTimeToJD() AsIsLeapYear()
坐标参数	CCoord CLatLonRad CLatLonAlt CPolar3 CAziElevRng	AsPolarToCart() AsCartToPolar() AsCartToLLR() AsLLRToCart() AsSphCartToLLA() AsSphLLAToCart() AsSphLLRToLLA() AsSphLLAToLLR() AsOblCartToLLA() AsOblLLAToCart() AsOblLLRToLLA() AsOblLLAToLLR()

续表

类型	类或结构体	函数
坐标系统		AsVVLHToICSMtx() AsICSToVVLHMtx() AsCBFToLCMtx() AsICSToLVLHMtx() AsLVLHtoICSMtx() AsLVLHtoICS()
轨道参数	CCartState CModOrbElem COrbElem	AsCartToModOrbElem() AsCartToOrbElem() AsModOrbElemToCart() AsOrbElemToCart() AsStateToVVLHRelState() AsVVLHRelStateToState() AsCartStateToOrbAngVel()
姿态参数	CEuler CQuaternion	AsEulerToMtx() AsEulerToQuat() AsAxAngToMtx() AsAxAngToQuat() AsMtxToQuat() AsQuatToAxAng() AsQuatToMtx()
轨道计算	COrbit	AsBasicGravAccel() AsJ2Accel()
姿态计算	CAttitude	
轨道机动		AsCWImpulse()
空间环境模型		AsExponentialAtmDens() AsGB1980FitAtm() AsSunProp()
随机数	CRandom	AsRandomSeed()
插值		AsInterpHermite() AsInterp1Ord() AsInterp2Ord()
常微分方程组求解		AsODERungeKutta4()
基本数学函数		AsMax() AsMin() AsSign() AsRound() AsSqrt() AsSqr() AsCube() AsDegToRad() AsRadToDeg()
辅助类	CRightFunc	

5.2.2.1 矢量和矩阵

矢量和矩阵是航天仿真中经常碰到的数据结构，AstroLib利用面向对象技术和模板技术实现了通用的矢量和矩阵类，支持矢量和矩阵的加减乘等运算。

下面是矢量和矩阵的定义声明。

```
CVector<double> v1(3);        // 包含3个double型数据分量的矢量
CVector<int>    v2(4);        // 包含4个int型数据分量的矢量
CMatrix<double> m1(3,3);      // 包含3行3列double型数据分量的矩阵
CMatrix<int>    m2(4,4);      // 包含4行4列int型数据分量的矩阵
```

5.2.2.2 时间系统

时间是空间科学的一种重要的物理量。航天器以每秒几千米的速度运动，要分析和仿真这样高速的状态，必须高精度地给出时间度量。AstroLib实现了各种时间描述和基本的转换。

5.2.2.3 坐标系统

描述航天器运动首先需要定义合适的参考坐标系。AstroLib实现了基本坐标转换相关函数。

5.2.2.4 轨道参数

航天器轨道可以用各种参数来描述，以描述轨道形状为例，就可以用半长轴与偏心率、周期与偏心率、平均角速度与偏心率、近拱点半径与远拱点半径、近拱点高度与远拱点高度五组参数来描述。描述轨道的参数集也有多种，包括位置速度、轨道六根数、球坐标根数等。AstroLib实现了位置速度、轨道根数等的描述。

5.2.2.5 姿态参数

航天器姿态信息可以采用四种方式描述：Euler角（包括12种转动顺序），四元数，转换矩阵，转动轴和转动角。AstroLib建立了四种描述方式的结构，并实现了它们之间的基本相互转换。

5.2.2.6 轨道计算

航天器轨道计算是航天任务中重要的方面，AstroLib提供了基本的轨道计算框架，并提供了二体轨道积分解算函数。

5.2.2.7 姿态计算

航天器姿态计算函数采用姿态动力学和姿态运动学方程产生航天器的姿态运动规律，可用来进行航天器的姿态运动分析。AstroLib提供了姿态积分函数。

5.2.2.8 空间环境模型

AstroLib提供了指数大气等基本的大气模型计算函数。

5.2.2.9 随机数

航天系统仿真中经常要进行蒙特卡洛打靶分析，这时就需要随机数函数的支持。

AstroLib 提供了基本的随机数产生函数。

5.2.2.10　插值

AstroLib 提供了基本的插值运算。

5.2.2.11　常微分方程组求解

对于常微分方程组的初值问题，AstroLib 提供了定步长龙格-库塔方法函数。

5.2.3　AstroLib 对仿真的支持功能

5.2.3.1　航天器系统仿真支持

AstroLib 提供了航天器仿真所必须的基本源代码，可用来构建基本的航天器仿真系统。在 AstroLib 基础上进一步开发，可适应复杂航天器仿真需求。

5.2.3.2　半实物仿真开发

AstroLib 不直接支持半实物仿真。但是由于 AstroLib 采用标准 C++开发，可以作为仿真的一部分嵌入半实物仿真系统中，C++程序执行的速度优势和跨平台优点保证了最终半实物仿真的性能。

5.2.3.3　分布式仿真开发

AstroLib 本身不支持分布式仿真，但是 AstroLib 可支持分布式仿真的扩展开发，适应以太网通信、VMIC 实时网、SBS 实时网等多种网络硬件，支持分布式仿真系统的构建。

5.2.3.4　积分算法

AstroLib 提供了航天仿真最常用的 RK4 积分方法，在此基础上用户可进一步开发 RK8 和 RKF 等算法。

5.2.3.5　蒙特卡洛仿真

AstroLib 提供了随机数生成等函数，可以支持蒙特卡洛仿真的随机输入数据生成。

5.2.3.6　数据分析和可视化

AstroLib 提供了航天器六自由度仿真例子，演示了仿真中如何既保证仿真速度又能存储结果数据文件，可作为复杂仿真数据分析和可视化的基础。

5.2.4　航天器六自由度仿真实例

5.2.4.1　问题描述

考虑一个在空间飞行的不变质量刚体航天器，质量为 m ，转动惯量为 $\boldsymbol{I}_O$ ，做六自由度运动（见图 5-1）。航天器体坐标系 $O_{\mathrm{Body}}x_{\mathrm{Body}}y_{\mathrm{Body}}z_{\mathrm{Body}}$ 的原点在航天器质心。航天器受到体坐标系下表示的外力 $\boldsymbol{F}_{\mathrm{Body}}$ 和力矩 $\boldsymbol{M}$ 作用。

在惯性坐标系 $Ox_ey_ez_e$ 中，航天器质心运动方程为

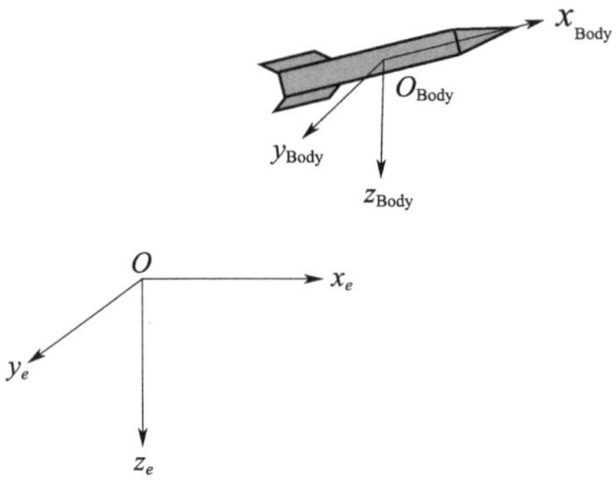

图 5-1　航天器六自由度模型示意图

$$\begin{cases} \dfrac{\mathrm{d}\boldsymbol{v}}{\mathrm{d}t} = \dfrac{\boldsymbol{F}}{m} \\ \dfrac{\mathrm{d}\boldsymbol{r}}{\mathrm{d}t} = \boldsymbol{v} \end{cases} \tag{5-1}$$

由于外力在体坐标系下给出，因此需要将体坐标系 $O_{\text{Body}}x_{\text{Body}}y_{\text{Body}}z_{\text{Body}}$ 下的外力 $\boldsymbol{F}_{\text{Body}}$ 转换到惯性坐标系 $Ox_ey_ez_e$ 中。已知从惯性系到体坐标系的四元数或 Euler 角，则可得到转换矩阵 $\boldsymbol{R}_{e\to\text{Body}}$ ，因此惯性系下的外力为

$$\boldsymbol{F} = \boldsymbol{R}_{e\to\text{Body}}^{\mathrm{T}} \boldsymbol{F}_{\text{Body}} \tag{5-2}$$

航天器运动的 Euler 姿态动力学方程为

$$\boldsymbol{I}\frac{\mathrm{d}\boldsymbol{\omega}}{\mathrm{d}t} + \boldsymbol{\omega} \times (\boldsymbol{I}\boldsymbol{\omega}) = \boldsymbol{M} \tag{5-3}$$

四元数姿态运动学方程为

$$\begin{bmatrix} \dot{q}_0 \\ \dot{q}_1 \\ \dot{q}_2 \\ \dot{q}_3 \end{bmatrix} = \frac{1}{2}\begin{bmatrix} q_0 & -q_1 & -q_2 & -q_3 \\ q_1 & q_0 & -q_3 & q_2 \\ q_2 & q_3 & q_0 & -q_1 \\ q_3 & -q_2 & q_1 & q_0 \end{bmatrix}\begin{bmatrix} 0 \\ \omega_x \\ \omega_y \\ \omega_z \end{bmatrix} = \frac{1}{2}\begin{bmatrix} -q_1\omega_x - q_2\omega_y - q_3\omega_z \\ q_0\omega_x - q_3\omega_y + q_2\omega_z \\ q_3\omega_x + q_0\omega_y - q_1\omega_z \\ -q_2\omega_x + q_1\omega_y + q_0\omega_z \end{bmatrix} \tag{5-4}$$

5.2.4.2　总体结构

(1) 公用元素

对几乎所有 C++编写的仿真程序来说，下列成分是公用的。

1) Clock：仿真时钟，定义仿真时间的变量。

2) Initialization method：初始化，定义航天器初始时刻状态的方法。

3) Time advance：时间推进，利用积分算法解算航天器系统仿真模型。

4) Main program：仿真主程序，对航天器仿真的总控制。

5) Report generator：结果报告生成，仿真结果处理的方法。

6) Random variate generators：随机数生成，随机仿真时需要，用于从所要求的概率分布产生随机样本的方法。

（2）函数

仿真需要的主要函数包括以下几项。

1）仿真主函数 Main。

2）初始化函数 Initialization。对时间、状态变量等进行初始化。

3）时间推进函数 TimeAdvance。用于推进时间，计算下一步状态变量。

4）报告生成函数 ReportGeneration。用于仿真结束进行统计分析、保存结果数据等。

（3）变量

仿真需要定义的主要变量包括以下几项。

1）仿真基本变量。时间 t 。

2）状态变量。对于航天器六自由度仿真问题，需要定义位置 $\boldsymbol{r}$ 、速度 $\boldsymbol{v}$ 、四元数 q 、角速度 $\boldsymbol{\omega}$ 。

3）输入参数。对于航天器六自由度仿真问题，需要定义力 $\boldsymbol{F}$ 、力矩 $\boldsymbol{M}$ 。

4）输出变量。对于航天器六自由度仿真问题，关注的输出主要是位置、姿态四元数。

基于 AstroLib 实现航天器仿真的总体流程如图 5－2 所示。

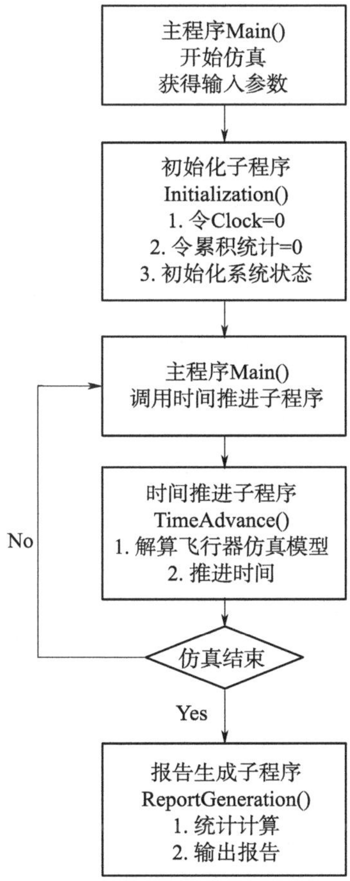

图 5－2　航天器仿真程序的总体流程

5.2.4.3　仿真实现

根据航天器仿真的总体结构，采用类 CSim 实现航天器六自由度仿真。

类 CSim 中定义了 public 作用域的仿真主函数 Main()，可供外部调用。定义了 private 作用域的初始化函数 Initialization()、时间推进函数 TimeAdvance()、报告生成函数 ReportGeneration()，供仿真主函数 Main()调用。

类 CSim 定义了时间 m_Time，状态变量位置 m_Pos、速度 m_Vel、四元数 m_Quat、角速度 m_AngVel，航天器属性质量 m_Mass、惯量张量 m_Inertia。同时定义了储存仿真中产生的结果数据的 m_TimeList、m_PosList 等变量。

```
class CSim
{
public:
    void Main();                          ///< 仿真主程序

private:
    void Initialization();                ///< 初始化
    void TimeAdvance(double step);        ///< 时间推进
    void ReportGeneration();              ///< 结果报告生成

public:
    //保存仿真中间数据
    std::vector<double>       m_TimeList;
    std::vector<CCoord>       m_PosList;
    std::vector<CCoord>       m_VelList;
    std::vector<CQuaternion>  m_QuatList;
    std::vector<CCoord>       m_AngVelList;

public:
    double m_Time;                        ///< 航天器时间
    CCoord m_Pos;                         ///< 航天器位置
    CCoord m_Vel;                         ///< 航天器速度
    CQuaternion m_Quat;                   ///< 航天器四元数
    CCoord m_AngVel;                      ///< 航天器角速度

    double m_Mass;                        ///< 航天器质量
    CMatrix<double> m_Inertia;            ///< 航天器转动惯量
};
```

仿真主函数 Main()主要实现对初始化、时间推进和报告生成函数的调用。

```
void CSim::Main()
{
    //步长
    double step = 0.01;

    //初始化
    Initialization();

    //循环到时间结束
    while(m_Time<10.0)
    {
        TimeAdvance(step);
        m_Time += step;
    }

    //结果报告生成
    ReportGeneration();
}
```

初始化函数 Initialization()实现时间、状态变量的初始化，同时清空结果数据缓存。

```
void CSim::Initialization()
{
    //初始化时间
    m_Time = 0;

    //初始化位置速度
    m_Pos[0] = 0;
    m_Pos[1] = 0;
    m_Pos[2] = 0;
    m_Vel[0] = 0;
    m_Vel[1] = 0;
    m_Vel[2] = 0;

    //初始化四元数
    CEuler euler(0,0,0);
    AsEulerToQuat(euler,321,m_Quat);
```

```
    //初始化角速度
    m_AngVel[0] = 0;
    m_AngVel[1] = 0;
    m_AngVel[2] = 0;

    //初始化质量和转动惯量
    m_Mass = 1;
    m_Inertia.MakeUnit();

    //清空缓存
    m_TimeList.resize(0);
    m_PosList.resize(0);
    m_VelList.resize(0);
    m_QuatList.resize(0);
    m_AngVelList.resize(0);
}
```

时间推进函数 TimeAdvance()实现航天器六自由度模型的仿真推进，它调用了航天器六自由度模型解算类 CDoF6 进行动力学计算，计算完成后将位置、姿态等数据放入缓存，等待仿真完成后统一保存。

```
void CSim::TimeAdvance(double step)
{
    //力矩
    double mxList[2][6] = {
            0,          1,          1.1,                    2,2.1,10,
            3.144/2,3.144/2,-3.144/2,-.998*3.144/2,   0,   0};
    double myList[2][14] = {
            0,3,  3.1,  4, 4.1,  5,5.1,7.5,  7.6,  8.5,  8.6,  9.5,9.6,10,
            0,0,3.138/2,3.138/2,-3.138/2,-1.005*3.138/2,  0,  0,-3.138/2,
            -3.138/2,3.138/2,3.138/2, 0,  0};
    double mzList[2][8] = {
            0,6,  6.1,      7,         7.1,       8,8.1,10,
            0,0,-3.1/2,-3.1/2,3.1/2,3.1/2,   0,  0};

    int i;
    CCoord force(1,0,0),torque;
```

```
    //插值得到当前时刻作用在航天器上的力矩
    for(i = 0; i<5; i + + )
    {
        if(m_Time<mxList[0][i])
            break;
    }
    AsInterp1Ord(mxList[0][i - 1],mxList[0][i],mxList[1][i - 1],mxList[1][i],
    m_Time,torque[0]);
    for(i = 0; i<13; i + + )
    {
        if(m_Time<myList[0][i])
            break;
    }
    AsInterp1Ord(myList[0][i - 1],myList[0][i],myList[1][i - 1],myList[1][i],
    m_Time,torque[1]);
    for(i = 0; i<7; i + + )
    {
        if(m_Time<mzList[0][i])
            break;
    }
    AsInterp1Ord(mzList[0][i - 1],mzList[0][i],mzList[1][i - 1],mzList[1][i],
    m_Time,torque[2]);

    CDoF6 dof6;
    dof6.DoF6(step,m_Mass,m_Inertia,force,torque,m_Pos,m_Vel,m_Quat,m_AngVel);

    //保存中间数据
    m_TimeList.push_back(m_Time);
    m_PosList.push_back(m_Pos);
    m_VelList.push_back(m_Vel);
    m_QuatList.push_back(m_Quat);
    m_AngVelList.push_back(m_AngVel);
}
```

报告生成函数 ReportGeneration()将结果数据保存为文件。

```
void CSim::ReportGeneration()
{
    int i;
    ofstream oss(".\\Output\\Result.txt");
    int n = m_TimeList.size();
    for(i = 0; i<n; i++)
    {
        oss <<m_TimeList[i]<<""
            <<m_PosList[i][0]<<""<<m_PosList[i][1]<<""
            <<m_PosList[i][2]<<""
            <<m_VelList[i][0]<<""<<m_VelList[i][1]<<""
            <<m_VelList[i][2]<<""
            <<m_QuatList[i].m_Qs<<""<<m_QuatList[i].m_Qx<<""
            <<m_QuatList[i].m_Qy<<""<<m_QuatList[i].m_Qz<<""
            <<m_AngVelList[i][0]<<""<<m_AngVelList[i][1]<<""
            <<m_AngVelList[i][2]<<endl;
    }
    oss.close();

    cout<<"Position = "<<m_Pos[0]<<","<<m_Pos[1]<<","
    <<m_Pos[2]<<endl;
    cout<<"Velocity = "<<m_Vel[0]<<","<<m_Vel[1]<<","
    <<m_Vel[2]<<endl;
}
```

5.2.4.4 仿真结果

运行以上程序，结果文件保存在 Output 目录下的 Result.txt 文件。仿真完成后，可以运行 Matlab 脚本 graph.m 进行结果曲线绘制，如图 5-3 所示。

```
load Result.txt;
data = Result;


figure(100);
subplot(2,1,1);
plot(data(:,1),data(:,2),data(:,1),data(:,3),data(:,1),data(:,4));
xlabel('time(s)');ylabel('position(m)')
```

```
subplot(2,1,2);
plot(data(:,1),data(:,5),data(:,1),data(:,6),data(:,1),data(:,7));
xlabel('time(s)');ylabel('velocity(m/s)')

figure(200);
plot(data(:,1),data(:,12),data(:,1),data(:,13),data(:,1),data(:,14));
xlabel('time(s)');ylabel('angle velocity(m/s)')
```

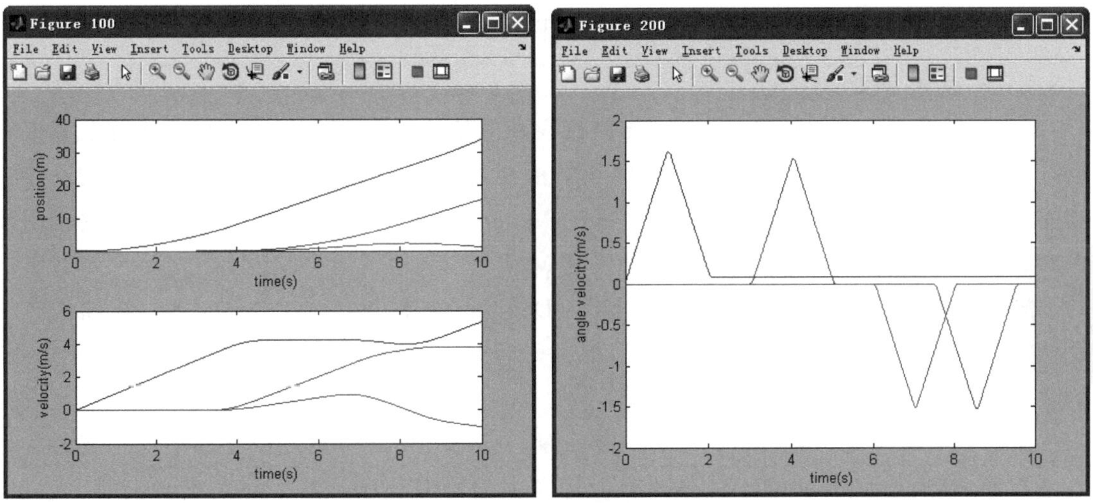

图 5－3　基于 AstroLib 的六自由度仿真结果

5.3　Matlab/Simulink

5.3.1　Matlab/Simulink 概述

5.3.1.1　概述

Matlab 是美国 MathWorks 公司开发的软件产品。这个软件提供了以矩阵/向量为重点的数值分析的命令行界面环境和绘图工具。Matlab 提供了大量的二维和三维绘图工具。要使用任何其他 Mathworks 公司现有的产品，Matlab 是基础。

Matlab 的产生是与数学计算紧密联系在一起的。Matlab 本身经过二十多年的研究和不断完善，现已成为国际上最流行的科学计算与工程计算的软件工具之一，其已成为应用代数、自动控制理论、数理统计、数字信号处理、时间序列和动态仿真等学科的研发和教学工具，被认为是进行高效研究与开发的首选软件工具。

Simulink 是 Matlab 的扩充产品，它提供了面向方框图的开发环境，以完成开发和运行动态系统仿真的功能。Real Time Workshop 是 Simulink 的扩充，它可以使用仿真方框图生成等效的 C 或 Ada 代码，用于半实物仿真和嵌入式处理器中。

Simulink是一个进行动态系统建模、仿真和综合分析的软件包。它可以处理的系统包括：线性、非线性系统，离散、连续及混合系统，单任务、多任务离散事件系统。

在Simulink提供的图形用户界面GUI上，只要进行鼠标的简单拖拉操作就可以构造出复杂的仿真模型。它外表以方块图形式呈现，且采用分层结构。从建模角度讲，这既适用于自上而下的设计流程，又适用于自下而上的逆设计流程。从分析研究的角度讲，这种Simulink模型不仅让用户知道具体环节的动态细节，而且能让用户清晰地了解各器件、各子系统、各系统间的信息交换，掌握各部分之间的交互响应，极大地方便应用与研究。

Simulink仿真平台实现了模型与算法分离，便于更加直观地描述模型；平台可以完成数学模型到仿真模型的大部分工作，大大减少了系统建模的工作量。

5.3.1.2 发展简史

Matlab语言的首创者Cleve Moler教授在数值分析，特别是在数值线性代数领域很有影响。他曾在密西根大学、斯坦福大学和新墨西哥大学任数学与计算机科学教授。1980年前后，时任新墨西哥大学计算机系主任的Moler教授在讲授线性代数课程时，发现用其他高级语言编程极为不便，便构思并开发了Matlab，利用了他研制的、在国际上颇有影响的EISPACK（基于特征值计算的软件包）（Dongarra，1979）和LINPACK（线性代数软件包）（Smith，1976）两大软件包中可靠的子程序，用Fortran语言编写了集命令翻译、科学计算于一身的一套交互式软件系统。

所谓交互式语言，是指用户给出一条命令，立即就可以得到该命令的结果。该语言无需像C和Fortran语言那样，首先要求使用者去编写源程序，然后对之进行编译、连接，形成可执行文件。这无疑会给使用者带来极大的方便。在Matlab中，矩阵运算变得异常容易，所以它一出现就广受欢迎，这一系统逐渐发展、完善，逐步走向成熟，形成了今天的模样。

早期的Matlab只能做矩阵运算，绘图也只能用极其原始的方法，即用星号描点的形式画图，内部函数也只提供了几十个。但即使其当时的功能十分简单，当它作为免费软件出现以来，还是吸引了大批的使用者。

Cleve Moler和John Little等人成立了一家名叫The MathWorks的公司，Cleve Moler一直任该公司的首席科学家。该公司于1984年推出了Matlab的商业版本。当时的Matlab已用C语言作了完全改写，其后又增添了丰富多彩的图形图像处理、多媒体功能、符号运算和与流行软件的接口功能，使Matlab的功能越来越强大。最早的PC版本又称为PC-Matlab，工作站版本又称为Pro Matlab。1990年推出的Matlab 3.5i版是第一个可以运行于Microsoft Windows系统的版本，它可以在两个窗口上分别显示命令行计算结果和图形结果。稍后推出的SimuLAB环境首次引入了基于框图的仿真功能，其模型输入的方式令人耳目一新，该环境就是我们现在所知的Simulink。

The MathWorks公司于1992年推出了具有划时代意义的Matlab 4.0版本，并于1993年推出了微机版，充分支持Microsoft Windows进行界面编辑。1994年推出的4.2版本扩充了4.0版本的功能，尤其在图形界面设计方面提供了更新的方法。1997年推出的

5.0 版本支持了更多的数据结构，如单元数据、数据结构体、多维数组、对象与类等。1999 年初推出的 5.3 版本在很多方面又进一步改进了 Matlab 语言功能，随之推出的全新版本的最优化工具箱和 Simulink 3.0 版达到了很高的档次。2000 年 10 月，Matlab 6.0 问世，在操作界面上有了很大改观，在计算内核上抛弃了一直使用的 LINPACK 和 EISPACK，而采用了更具优势的 LAPACK 软件包和 FFTW 系统，速度变得更快，数值性能更好，与 C 语言接口及转换的兼容性也更强，与之配套的 Simulink 4.0 版的新功能也特别引人注目。2001 年 6 月推出的 Matlab 6.1 版及 Simulink 4.1 版功能已十分强大，其新的虚拟现实工具箱给仿真结果三维视镜下显示带来了更新的解决方案。

Matlab 出现后，国际上还出现了很多与其思想类似的软件，如美国的商业软件 Ctrl-C、Matrix-X、O-Matrix，韩国首尔大学权旭铉教授主持开发的 CemTool，以及现在仍作为免费软件的 Octave、SciLAB 等。

5.3.2 Simulink 仿真原理

5.3.2.1　结构图（Block Diagram）

经典的动态系统结构图模型由一组 Block 和连线（信号）组成。结构图模型最早起源于反馈控制理论和信号处理等工程领域。结构图中的 Block 定义了一个动态系统，一个系统中各个动态系统的关系通过 Block 之间的连线相联系。

Simulink 对传统的结构图进行了扩展，引入了两种 Block 的概念：非虚拟 Block 和虚拟 Block。非虚拟 Block 代表元系统，而虚拟 Block 仅仅用于满足模型组织和图形化的需要，用来提高模型的可读性。

一般而言，Block 和连线可以用来描述很多模型，例如流图，但是流图不能描述动态系统。

Simulink 定义了状态变量和信号之间基于时间的关系。信号表示随时间改变的量。信号和状态变量的关系由 Block 代表的一组方程定义。每个 Block 包含一组方程，这个方程定义了输入信号、输出信号和状态变量的关系。

Block 组成如图 5-4 所示，包含输入 $\boldsymbol{u}$ 、输出 $\boldsymbol{y}$ 、状态 $\boldsymbol{x}$ 三类变量，其中状态又包括连续状态和离散状态。从图 5-4 中可以看出，Block 描述的实际上是系统的状态空间模型。

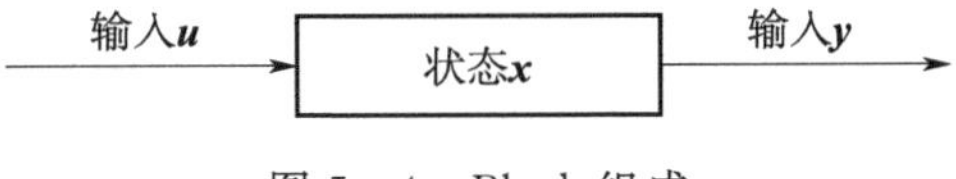

图 5-4　Block 组成

Block 的数学关系可以表示为

$$\begin{cases}\boldsymbol{y}=g(t,\boldsymbol{u},\boldsymbol{x})\\ \dot{\boldsymbol{x}}=f_c(t,\boldsymbol{u},\boldsymbol{x})\\ \boldsymbol{x}_{k+1}=f_d(t,\boldsymbol{u},\boldsymbol{x})\end{cases} \tag{5-5}$$

Block 的主要方法包括以下几种。

1）Output：给定当前时刻的输入和前一时刻的状态计算 Block 的输出。

2）Update：给定当前时刻的输入和前一时刻的离散状态计算当前时刻的离散状态。

3）Derivatives：给定前一时刻的输入和状态计算当前时刻连续状态的导数。

5.3.2.2 Simulink 模块库

整个 Simulink 模块库是由各个模块组成的，故该界面又称为模型库浏览器。在标准的 Simulink 模块库中，包括信号源模块组（Sources）、输出池模块组（Sinks）、连续模块组（Continous）、离散模块组（Discrete）、数学运算模块组（Math）、非线性模块组（Nonlinear）、函数与表格模块组（Function&Tables）、信号与系统模块组（Signal&Systems）和子系统模块组（Subsystems）。此外还有和各个工具箱与模块集之间的联系构成的子模块，用户还可以将自己编写的模块挂靠到整个模型库浏览器下。Simulink 模块库界面如图 5－5 所示。

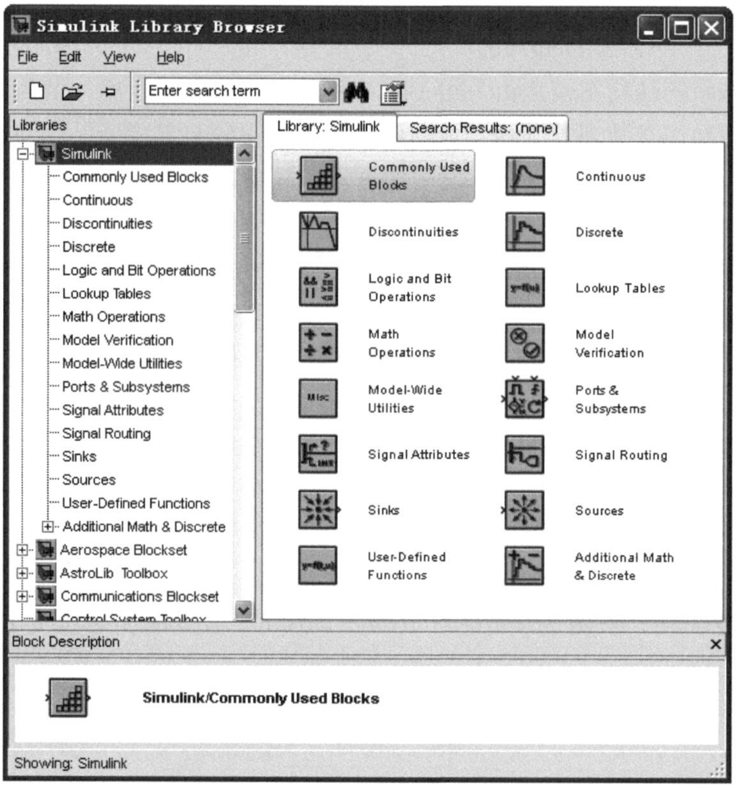

图 5－5 Simulink 模块库界面

5.3.2.3 Simulink 模型结构

Simulink 模型通常包含 3 种“组件”：信源、系统和信宿。三者的组合构成了 Simulink 模型的一般性结构，如图 5－6 所示。

当然，对于具体的 Simulink 模型而言，不一定完全包含这三大组件。

图 5 - 6　Simulink 模型的一般性结构

对于搭建完成的系统，如果难以用单一的模型框图进行描述，通常需要将这些框图分解成若干个具有独立功能的子系统。用户可以将常用的子系统封装成一些模块，组成自己的模块组或模块集。封装模块就是将对应的子系统的内部结构隐含起来，以便访问该模块时只出现一个参数对话框，将模块的所需参数用对话框输入。

如图 5 - 7 模块封装编辑程序界面，在界面内可以设置参数变量以及对模块功能的描述等。

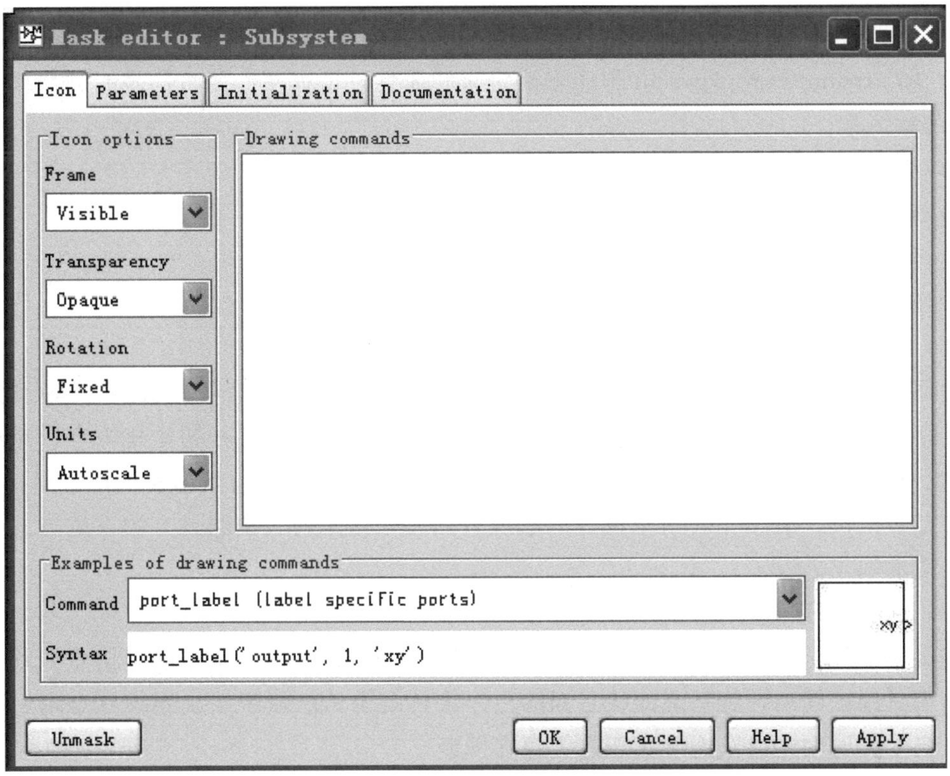

图 5 - 7　模块封装编辑程序界面

5.3.2.4　Simulink 仿真过程

Simulink 仿真需要经过模型编译、链接和仿真循环三个阶段，如图 5 - 8 所示。

(1) 模型编译（Model Compilation）

开始仿真后，Simulink 引擎调用模型编译器将模型转换为可执行形式。编译器主要完成工作如下。

1) 求解所有模型的 Block 参数表达式得到参数的值。

2) 确定模型中没有明确给出的信号属性，例如名称、数据类型、维数等，检查每个

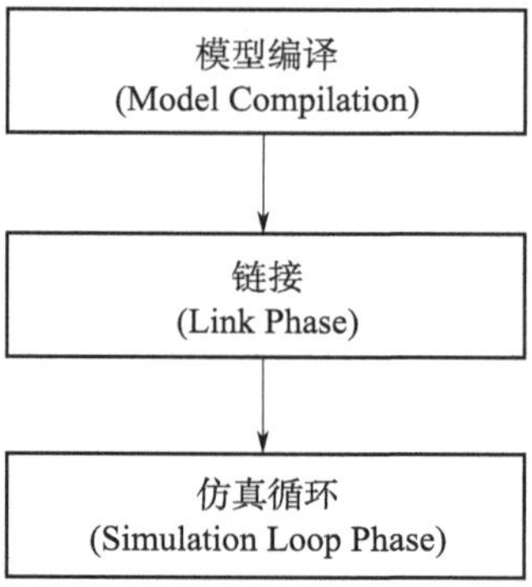

图 5 - 8　Simulink 仿真过程

Block 是否可接受它的输入端信号。

3）用 attribute propagation 程序来确定未知属性，该程序需要将信号源的属性传播到 Block 的输入端。

4）执行模型约简优化。

5）扁平化模型，将子系统用它所包含的 Block 替代。

6）确定 Block 排列顺序。

7）确定没有明确指定的 Block 采样时间。

（2）链接（Link Phase）

模型编译完成后，Simulink 引擎为结构图执行的工作区（信号、状态、运行时参数）分配内存。同时也为存储每个结构图运行时信息的数据结构分配并初始化内存。结构图的主要运行时结构称为 SimBlock，其存储了结构图的输入、输出、状态和工作数据。

在链接阶段，Simulink 引擎创建函数执行列表，这个列表按照最有效率的方式计算每个结构图的输出。

（3）仿真循环（Simulation Loop Phase）

链接完成后，进入仿真循环阶段。在该阶段，Simulink 引擎根据模型信息在规定的开始和结束时间区间内计算系统的状态和输出。求解的步长依赖于系统连续状态求解器的类型、系统采样时间，以及连续状态是否存在间断。

仿真循环有两个小阶段：循环初始化阶段和循环迭代阶段。初始化阶段在循环开始时执行一次，迭代阶段在每个时间步长内都执行一次。

在每个时间步长，Simulink 引擎做以下工作：

1）计算模型输出；

2）计算模型状态；

3）可选择的检查连续状态的间断；

4）计算下一时间步长的时间。

5.3.2.5　S 函数

S 函数模块（S - Function）是扩充 Simulink 功能的重要模块。按照 Simulink 规定的标准，允许用户编写自己的S-函数，可以将Matlab、C/C++、Fortran或Ada等编写的函数在Simulink模块中执行，最后计算出模块的输出量。

S函数具有一套不同的调用方法，可以在仿真的不同阶段完成不同的调用任务。在模型仿真的不同阶段，Simulink会对模型中S函数模块选择适当的方法来完成调用。S函数可以完成的任务大体分为以下几种。

1）初始化。在进入仿真循环之间，Simulink首先初始化S函数，主要完成任务：初始化包含S函数信息的仿真结构SimStruct，设置输入输出端口的数目和维数，设置模块的采样时间，分配内存区和数组。

2）计算下一个采样点。若用户使用了可变采样时间的模块，在这一阶段需要计算下一个采样点时间，也就是说要计算下一个时间步长。

3）计算主时间步长的输出量。此调用结束后，所有模块的输出端口对当前的时间步都是有效的。

4）更新主时间步长的离散状态。

5）积分计算。这一步只有当模型带有连续状态或带有非采样过零点时才有效。若S函数带有连续状态，则Simulink以较小的时间步长来调用S函数的输出和微分方法；若S函数具有非采样过零点，Simulink将以较小的时间步长来计算S函数的输出和过零点部分。

C MEX类型的S函数包含的主要子函数见表5-4。

表5-4 S函数子函数

序号	功能	函数	备注
1	初始化变量大小	mdlInitializeSizes	必须实现
2	初始化采样时间	mdlInitializeSampleTimes	必须实现
3	连续状态计算	mdlDerivatives	
4	离散状态计算	mdlUpdate	
5	输出信号计算	mdlOutputs	必须实现
6	下一步仿真时刻	mdlGetTimeOfNextVarHit	
7	终止仿真设定	MdlTerminite	必须实现

5.3.3 Matlab/Simulink对仿真的支持功能

5.3.3.1 航天器系统仿真支持

Matlab中包含两个与航天器相关的工具箱，一个是Aerospace Toolbox，另一个是Aerospace Blockset。

（1）Aerospace Toolbox

Aerospace Toolbox为航天器系统分析提供了单位转换、坐标转换、四元数、气动系数导入、三维可视化等功能，并且包含大气、引力和磁场的标准模型。另外，Aerospace Toolbox还可导入美国空军气动估算软件DATCOM（U.S. Air Force Digital Data

Compendium）的数据，用来进行航天器性能分析和控制系统设计。

Aerospace Toolbox 具有以下主要特点：

1）提供了标准的环境模型，包括大气、引力场和地磁场。

2）提供了单位转换和坐标转换函数。

3）提供了航天器分析中常用的一些参数计算、时间计算和四元数计算功能。

4）能够导入 DATCOM 计算得到的气动系数。

5）具有 FlightGear 飞行仿真软件接口，使计算结果能够方便进行三维可视化。

（2） Aerospace Blockset

Aerospace Blockset 是一个基于 Simulink 环境的工具箱，提供了从环境模型到运动方程的许多常用部件模型，使用它可以方便进行航空航天系统设计、集成和仿真。

5.3.3.2 半实物仿真开发

开发航天器系统半实物仿真时，首先需要从航天器系统仿真各组成部分的非实时仿真及航天器系统与外部环境的相互作用开始。

用非实时仿真作为基础，然后开发半实物仿真。这一步需要附加的 I/O 设备接口来进行系统硬件之间的信号传输。为了保证在没有系统硬件条件下运行仿真的能力，仿真方框图必须可以在软件仿真模式和半实物仿真模式间进行切换。

运用 Real Time Workshop，仿真程序可以被翻译成 C 或 Ada 源代码，所生成的代码可以在 Simulink 主机系统上运行，也可以在多机环境下交叉编译，还可以下载到一个嵌入式目标系统中编译和执行。Real Time Workshop 提供了很多附加功能，可能并不属于典型的系统仿真功能，例如中断处理。生成的源代码需要一个操作系统或是实时内核来调度执行。Real Time Workshop 支持 VxWorks 实时操作系统，也支持 Real Time Windows Target 和 xPC Target。

Real Time Windows Target 可以使 Real Time Workshop 生成的代码在 Windows 上实时运行。必要时，Real Time Windows Target 软件占有 Windows 操作系统的优先权。

xPC Target 是一个为 Real Time Workshop 在标准 PC 硬件上生成的代码提供实时执行环境的产品。这个环境需要运行 Matlab/Simulink 的主机通过串口或网络同目标 PC 相连。xPC Target 提供包括实时内核以及支持不同 I/O 设备的执行环境，不需要其他的实时操作系统。

5.3.3.3 分布式仿真开发

Simulink 不支持分布式仿真。这就要求用 S 函数开发一个具有分布式仿真能力的软件。Simulink 提供了 S 函数接口，该接口可以将用户开发的源代码连接到 Simulink 方框图中。

目前很多 HLA 产品，已经基于此原理提供了与 Simulink 连接的工具。

5.3.3.4 积分算法

Simulink 提供了固定步长和变步长的积分算法。对于合适的算法依赖以下因素：

1）仿真系统的刚度；

2）仿真结果要求的精度；

3）仿真要求的运行速度；

4）仿真是否是实时的。

通常，实时仿真要求使用固定步长的积分算法。有时选择变步长算法不能有效运行，而固定步长却可以得到很好的效果，但一般非实时仿真中使用变步长算法更有效。

Simulink 提供的变步长算法如下：

1）ode45（Dormand - Prince），这种算法提供了适中的运算精度，并且在非刚性系统中运行很好。

2）ode23（Bogacki - Shampine），这种算法提供了比 ode45 低的运算精度，适用于中等刚度的系统。

3）ode113s（Adams），如果容限要求很严格，这种算法可以为非刚性系统提供足够高的精度。

4）ode15s（stiff/NDF），该算法在 ode45 执行很慢的刚性系统中运行很好。

5）ode23s（stiff/Mod. Rosenbrock），这种算法对刚性系统的解算精度较低。

6）ode23t（mod. Stiff/Trapezoidal），这种算法适合于中等刚性系统，它能避免数值衰减的问题。

7）ode23tb（stiff/TR - BDF2），这种算法对刚性系统的低精度解非常适合。

定步长算法如下：

1）ode5（Dormand - Prince），这是 ode45 的固定步长版本，它是一个通用的积分算法。

2）ode4（Runge - Kutta），这是四阶的 Runge - Kutta 算法，对于微分函数中的不连续问题有很好的解算能力。

3）ode3（Bogacki - Shampine），这是 ode23 的固定步长版本。

4）ode2（Heun），这是 Heun 方法，也称改进 Euler 算法，它可以提供二阶精度。

5）ode1（Euler），这是前向 Euler 算法。由于它的精度较低，一般都避免使用这种方法，除了进行不同算法比较时才使用。

5.3.3.5　蒙特卡洛仿真

蒙特卡洛仿真不能完全在 Simulink 内运行，但是可以在 Matlab 环境下通过控制仿真运行实现蒙特卡洛仿真。

用 Simulink 实施蒙特卡洛仿真的关键是使用 Matlab 变量作为模型参数，在开始运行仿真之前，在 Matlab 中可以将这些变量设置成任意期望的值。在执行蒙特卡洛仿真时，在每次仿真前根据概率分布设置每个参数的值，Simulink 模型将根据这些参数值进行仿真，每次仿真完成后要存储仿真输出。

5.3.3.6　数据分析和可视化

Simulink 提供了示波器模块，可以显示仿真方框图中的任意一个或多个信号。当仿真运行时，每一个示波器都在独立的窗口内显示输入信号的时域图形。还可以提供其他类型的实时显示，如数值表示、$x-y$ 图和谱分析图。

在仿真执行过程中，Simulink 提供将时间数据存储到文件或存储到 Matlab 仿真平台的功能。

任何文件和 Matlab 变量都可以以这种方式来创建。但是，注意不能将不同的蒙特卡洛运行存储到相同的文件名中，因此有必要对文件进行重命名或在开始新的运行之前存储数据。

Matlab 还进一步提供了对存储在文件或 Matlab 平台中的数据进行管理和绘图的功能。运用 Matlab 命令，还可以实现以下功能：一个信号与另一个信号相减（假设采样时间点相同），对一个信号进行积分，以及对一个信号进行离散傅里叶变换。此外，Matlab 命令还可以用来绘制时域图、$x-y$ 图和谱分析图。

5.3.4 航天器六自由度仿真实例

同样考虑 5.2.4 节的航天器六自由度仿真问题，本节采用 Simulink 进行仿真实现和结果分析。

5.3.4.1 仿真实现

采用 Simulink 实现仿真时只需要在界面中搭建模型，并设置仿真参数即可，不需要像采用 C++实现仿真一样必须关注仿真运行内部详细过程。搭建完成的模型如图 5-9 所示，左边部分是模型输入数据处理，中间部分是六自由度模型子系统，右边部分是模型输出数据显示。

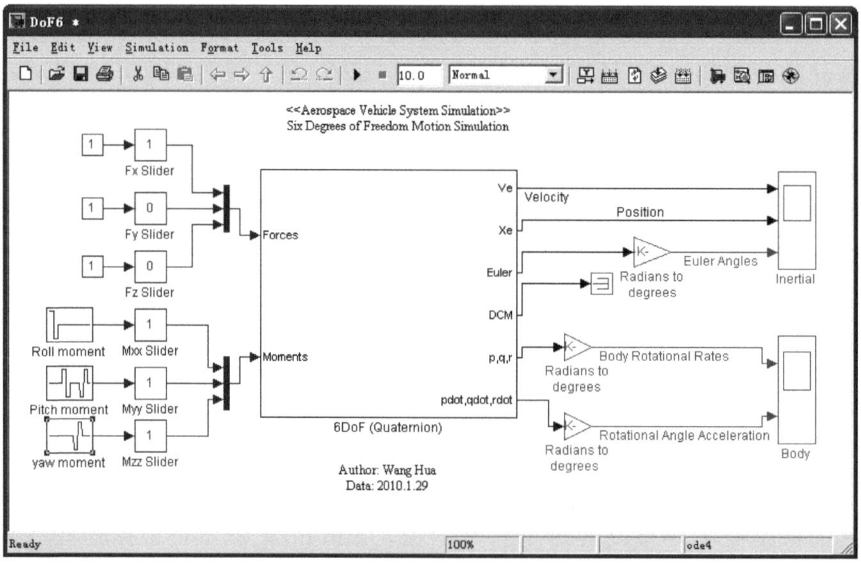

图 5-9 航天器六自由度仿真 Simulink 模型

六自由度模型子系统模型图如图 5-10 所示，图中上半部分是质心运动模型，下半部分是姿态运动模型。姿态动力学模型如图 5-11 所示。姿态运动学模型如图 5-12 所示。

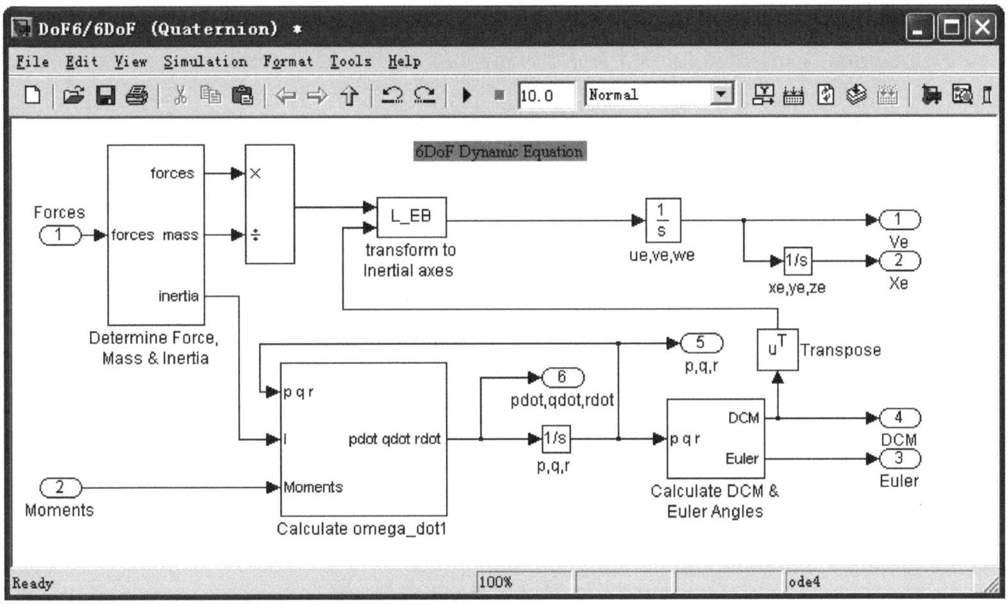

图 5 - 10　六自由度模型子系统模型

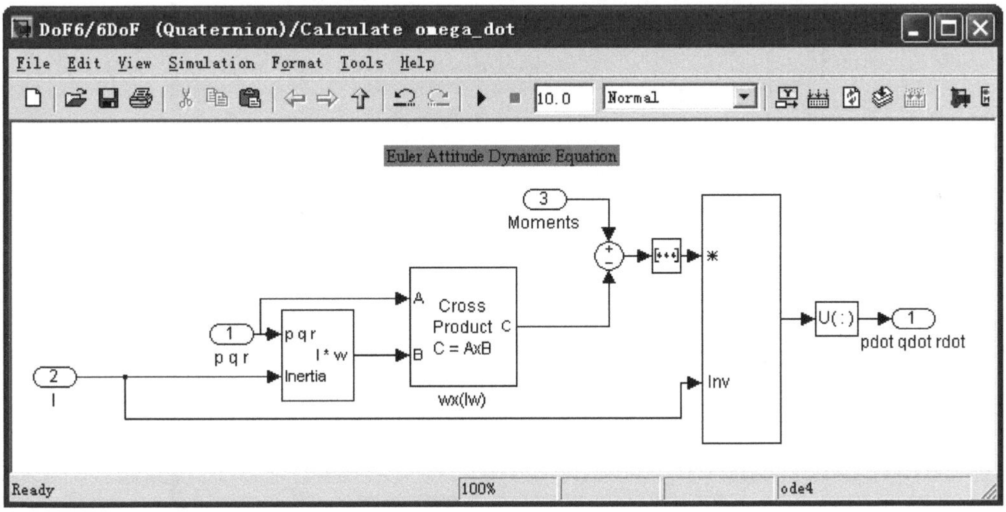

图 5 - 11　姿态动力学子系统模型

5.3.4.2　仿真结果

通过子系统参数配置界面输入初始位置、速度、姿态等参数，如图 5 - 13 所示，输入力和力矩参数，如图 5 - 14 所示。在 Simulink 打开仿真配置界面，选择固定步长 RK4 算法，如图 5 - 15 所示。

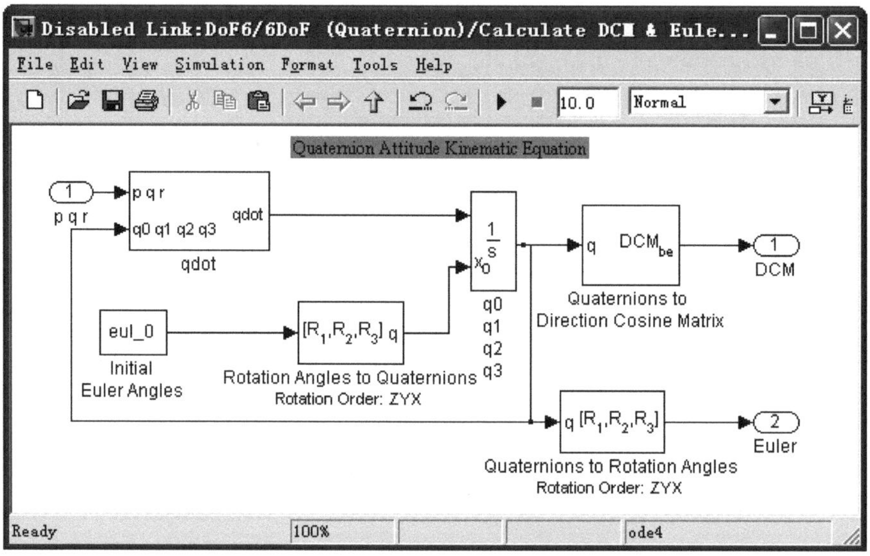

图 5-12　姿态运动学子系统模型

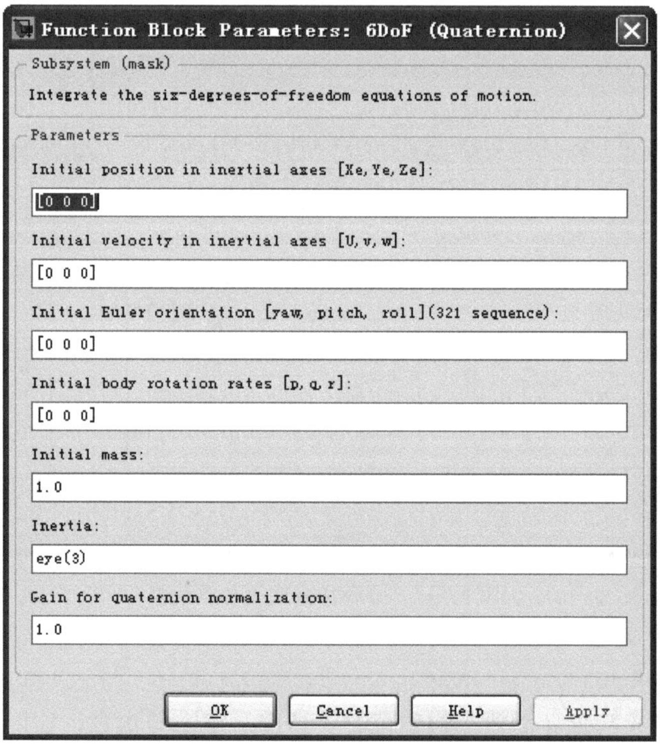

图 5-13　初始参数配置界面

运行仿真得到结果如图 5-16 所示，从图中可以看出，结果曲线与基于 AstroLib 的结果完全相同。

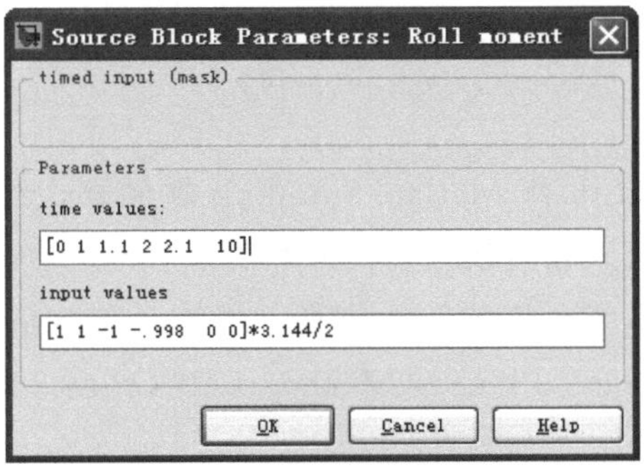

图 5 - 14　力和力矩配置界面

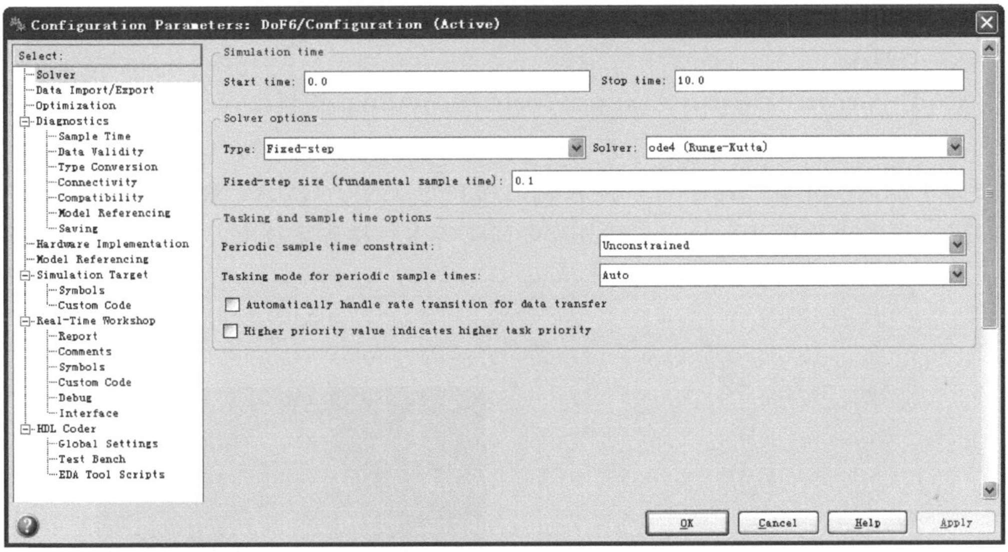

图 5 - 15　仿真求解器配置界面

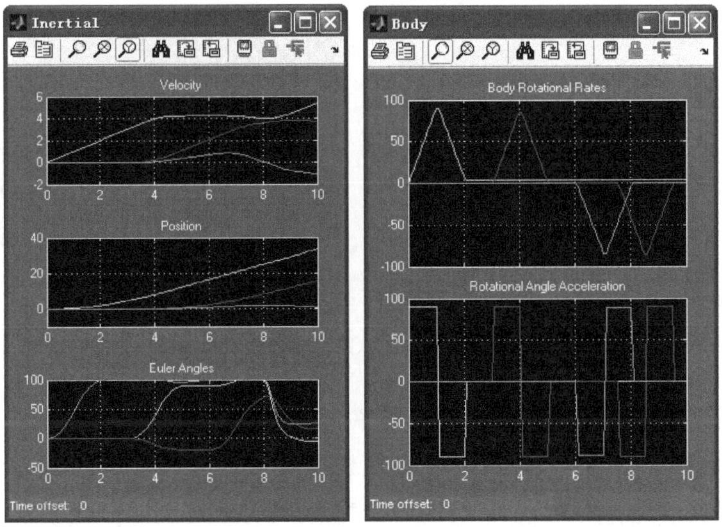

图 5 - 16　基于 Matlab/Simulink 的六自由度仿真结果

5.4　其他仿真工具

除了前面介绍的 AstroLib 和 Matlab/Simulink 软件外，还有许多航天器仿真软件工具，这些软件既包括专为航天领域设计的开源和闭源软件，也包括在航天领域有很多应用的通用性仿真软件。除了本节介绍的航天仿真工具外，在航空领域也存在大量仿真软件，比较成熟的包括 FlightGear、Plane - Maker、CRRCSim、JSBSim、YASim、XFLR5、Sumo 等。

5.4.1　航天开源工具

5.4.1.1　GMAT

GMAT（General Mission Analysis Tool）是 NASA、美国空军研究实验室 AFRL 和商业公司联合开发的轨迹优化、任务设计、轨道确定和预报软件。GMAT 的设计开发主要遵循以下原则：开源，跨平台，模块化，用户可扩展。GMAT 遵循 NASA 开源协议（NOSA），可以运行在 Windows、Linux 和 Mac 等多种操作系统上，如图 5 - 17 所示。

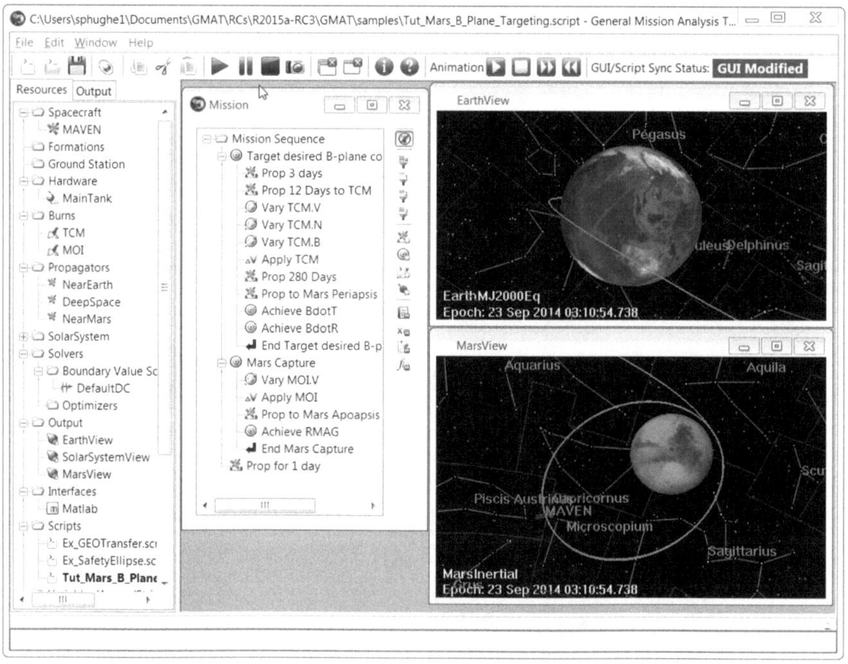

图 5 - 17　GMAT 界面

GMAT 的软件部件主要包括两类：资源（Resource）和指令（Command）。GMAT 的资源包括用于组成任务时间线的各种组件模型，例如天体、航天器、地面站、硬件部件、轨道外推器、数值求解器、变量、输出部件。GMAT 的指令用来将各种资源连接为时间有序序列，用于描述资源之间的交互。

在 GMAT 中进行任务分析，首先要创建资源，例如航天器、轨道外推器、优化器等。资源可以通过配置适应特定航天任务。GMAT 包含大量资源，这些资源可以分为两大类：物理模型资源和分析模型资源。物理模型资源包括航天器、推力器、贮箱、地面站、脉冲变轨、有限推力变轨、行星、彗星、平动点等。分析模型资源包括微分修正器、轨道外推器、优化器、3D 图形、$x-y$ 曲线、报告文件、星历文件、用户定义变量、坐标系统、Matlab 函数等。

资源创建和配置之后，可用来构建任务序列，用于建模航天器运动和仿真关键事件。用户可以采用内置指令来模拟航天器轨道动力学或者应用估计器、优化器等数值仿真。任务序列支持以下指令：外推器、脉冲机动、有限推力机动、目标、优化器、非线性约束、内联函数、变量、目标参数、条件判断指令、循环指令、报告等。

5.4.1.2　JAT

JAT（Java Astrodynamics Toolkit）是一个辅助用户利用 Java 或 Matlab 创建自己的航天动力学、任务设计、轨迹优化、航天器导航制导控制分析的程序库，提供了高精度的模型和算法，用来支撑基于 Java 快速开发包含二维和三维显示的航天仿真系统，如图 5-18 所示。

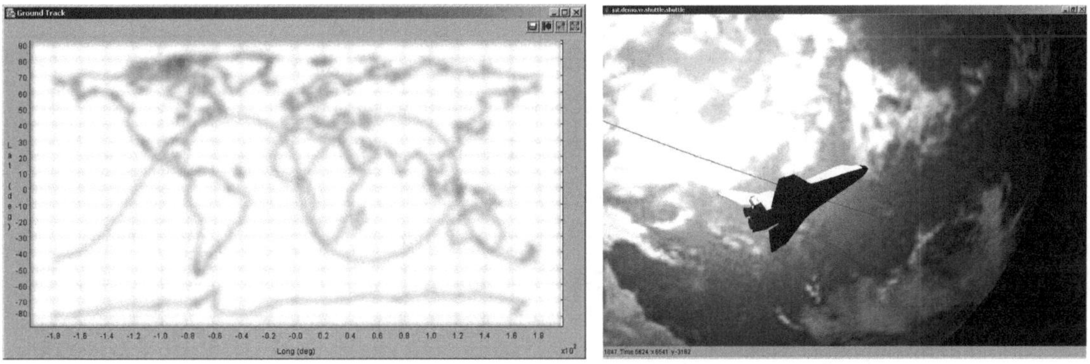

图 5-18　JAT 界面

JAT 包含丰富的航天动力学模块，包括以下方面。

1）航天动力学常数。

2）时间转换和坐标转换。

3）四元数，姿态动力学。

4）轨道根数转换。

5）环境模型，包括 JGM-3 引力场模型，太阳和月球的三体影响，Harris-Priester 大气阻力模型，太阳辐射压力模型。

6）轨道模型，包括 Kepler 方程求解，二体问题，限制性三体问题，高精度轨道外推。

7）Lambert 问题求解。

8）JPL 星历。

9）数学算法，包括定步长和变步长 RK 算法积分器，线性方程求解，无约束优化算法 BFGS，Newton - Raphson 法和 Regula Falsi 法等非线性方程求解算法，线性代数（基于 JAMA 和 JMAT）。

10）GPS、INS、GPS/INS 组合仿真。

11）三维可视化。

5.4.1.3　Orekit

Orekit（ORbit Extrapolation KIT）是一套基于 Java 语言编写的底层航天动力学库，旨在为航天动力学应用程序的开发提供准确有效的底层算法支撑。Orekit 被设计为可以简单地应用在各种不同的程序之中。作为工具库，Orekit 包含了基本的元素（轨道、日期、姿态及框架等）和多样的算法来处理这些元素（坐标转换、轨道预报及定位等）。

Orekit 是开源软件，用户可以同时下载到 .jar 封装库和源码，以及相关文档和测试样例。Orekit 采用对商业友好的 Apache 开源许可协议，这意味着任何人都可以使用 Orekit 来构建其他任何程序，且不要求在用户开发的代码中附带任何说明。

自 2008 年发布以来，Orekit 的应用价值得到了世界范围的广泛认可，在一些大型的航天机构中得到了具体的应用。

5.4.1.4　Trick

NASA 约翰逊航天中心（Johnson Space Center，JSC）开发了 Trick 仿真开发环境（Paddock，2003），提供了快速开发、集成和操作仿真的一个软件工具集。Trick 的建立目的是为用户提供通用仿真能力，使领域专家能够将精力集中到领域模型建立上。基于 Trick，约翰逊航天中心建立了自动转移飞行器 ATV（Atutomated Transfer Vehicle）、H - Ⅱ 转移飞行器 HTV（H - Ⅱ Transfer Vehicle）、成员返回飞行器 CRV（Crew Return Vehicle）、进步号与国际空间站交会仿真系统（Siebold，2002）。图 5 - 19 为基于 Trick 开发的交会对接仿真系统。

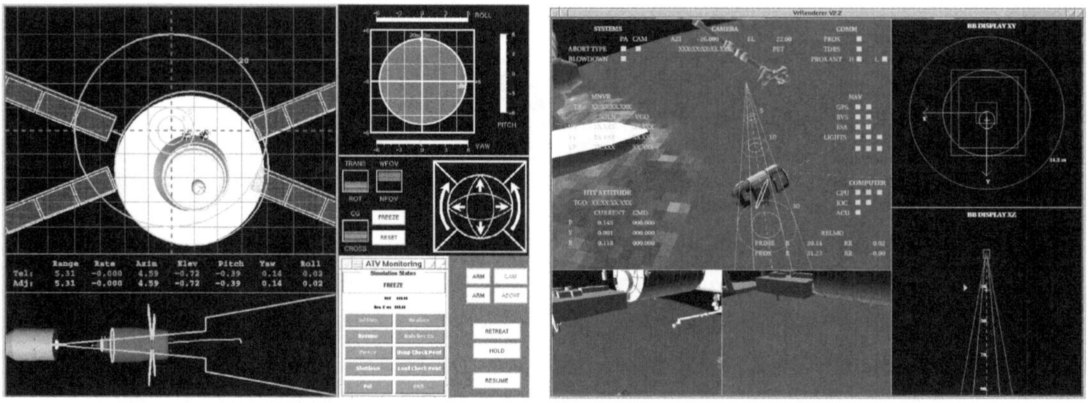

图 5 - 19　基于 Trick 开发的 ATV、HTV 与 ISS 交会仿真系统

5.4.1.5 Gpredict

Gpredict 是一个实时卫星跟踪和轨道预报软件。它可以跟踪大量卫星，并以列表、表格、地图、雷达图等方式显示它们的位置和其他数据。它还可以预测一个卫星未来过顶时间，并提供每次过顶的详细信息。Gpredict 界面如图 5－20 所示。

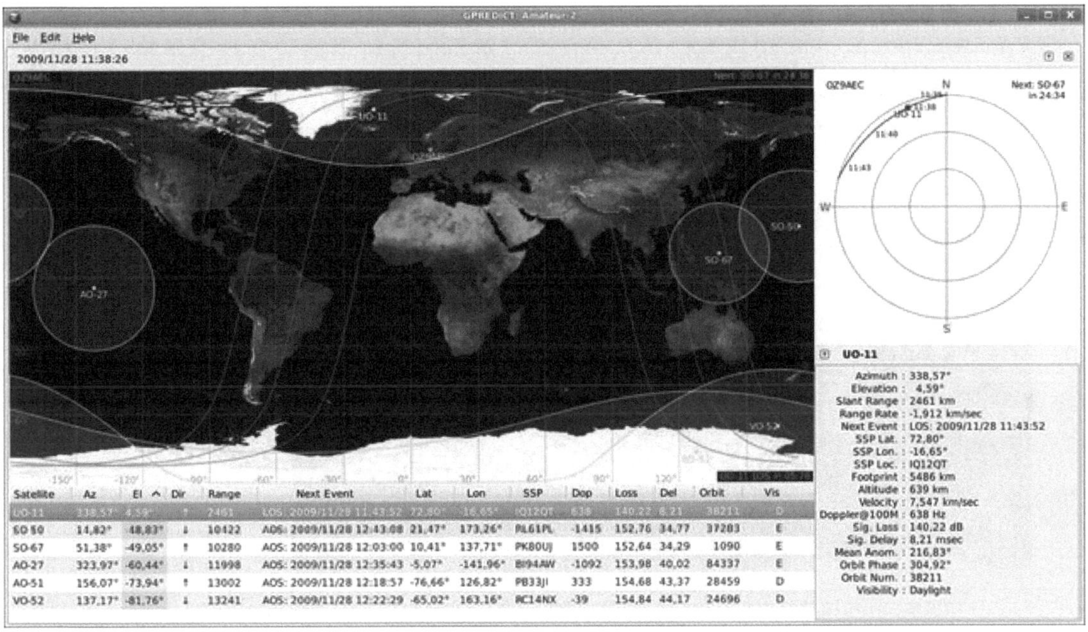

图 5－20 Gpredict 界面

Gpredict 与其他卫星跟踪程序的不同之处在于，它允许将卫星分组到可视化模块中。这些模块中的每一个都可以独立于其他模块进行配置，从而在模块的外观和感觉方面提供无限的灵活性。当然，Gpredict 还允许同时跟踪相对于不同观察者位置的卫星。

Gpredict 主要特点包括以下方面。

1）使用 NORAD SGP4/SDP4 算法进行快速准确的实时卫星跟踪。

2）对卫星或地面站的数量没有软件限制。

3）使用地图、表格和极坐标图（雷达视图）直观呈现卫星数据。

4）允许将卫星分组到模块中，每个模块都有自己的视觉布局，并且可以自定义。当然，可以同时使用多个模块。

5）用于自动跟踪的无线电和天线旋转器控制。

6）对未来卫星过顶进行有效且详细的预测。用户可以对预测参数和条件进行微调，以实现通用和非常专业的预测。

7）上下文相关的弹出菜单允许用户通过点击任何卫星来快速预测该卫星未来过顶时间。

8）详尽的配置选项允许高级用户自定义程序的功能和外观。

9）通过 HTTP、FTP 或本地文件从网络自动更新轨道根数。

10）稳健的设计和多平台实现将 Gpredict 很好地集成到现代计算机桌面环境中，包括 Linux、BSD、Windows 和 Mac OS X。

11）根据 GNU 通用公共许可证的条款和条件许可的自由软件，允许自由使用、学习、修改和重新分发。

5.4.1.6 PreviSat

PreviSat 与 Gpredict 功能类似，是一个通过解析两行轨道根数实现卫星轨道预报及跟踪的开源航天仿真工具，其用户界面友好，可同时对多达数百个在轨目标的 TLE 参数进行解析。PreviSat 内部采用 SGP4 模型预报卫星轨道。PreviSat 界面如图 5－21 所示。

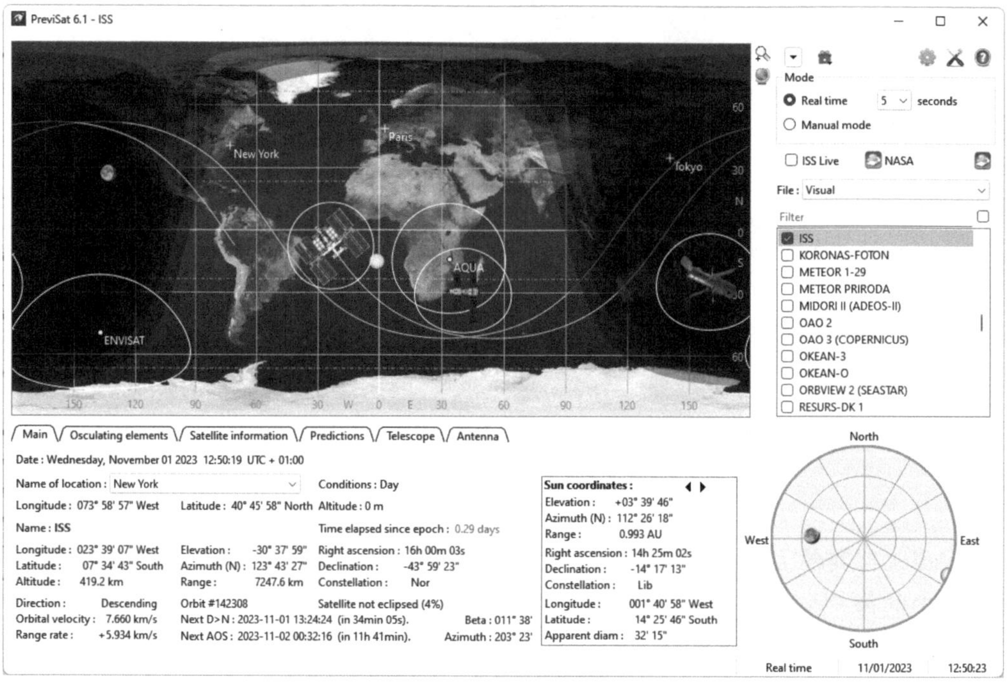

图 5－21 PreviSat 界面

5.4.1.7 Tudat

Tudat（TU Delft Astrodynamics Toolbox）是由荷兰代尔夫特理工大学航天工程学院航天动力学与航天任务研究组的教职工及学生开发并维护的 C＋＋ 软件库集，它为用户提供了多种可用于航天动力学应用仿真的实用功能。Tudat 采用 C＋＋编写内核，提供了称为 Tudatpy 的 Python 接口。

Tudat 是开源软件，采用 BSD－3－Clause 开源协议，用户可以自由下载使用。但较为不便的是，Tudat 开发团队并不发布编译好的二进制包供用户直接安装，而是只发布软件源码，想使用 Tudat 得先将其编译成可执行文件。

Tudat 分为 Tudat 内核（Tudat Core）和 Tudat 库（Tudat Libraries）两部分。其中 Tudat 内核只包含非常成熟的代码，功能较为有限。而 Tudat 库则大大扩展了 Tudat 内核的功能，虽然有些库可能存在一些未知的问题。

5.4.1.8 EMTG

EMTG (Evolutionary Mission Trajectory Generator) 是一个行星间轨道初步设计的自动化工具。EMTG 的设计支持用户以更少时间和更少花费来完成任务设计。EMTG 包含有限推力和小推力轨迹优化，既支持飞行序列优化（采用整数遗传算法），又支持轨迹优化（采用非线性规划求解器和 Basin Hopping 跳跃）。EMTG 采用 C++语言实现核心程序，采用 Python 语言实现用户界面，用来处理输入和输出脚本。

5.4.1.9 ODTBX

ODTBX (Orbit Determination Toolbox) 是一个基于 Matlab 和 Java 的轨道确定分析工具，提供任务初步分析能力，特别是编队飞行和探测系统。Matlab 用来开发主要用户接口，开发新的导航模型。Java 用来开发高精度轨道外推、星历表、岁差、章动、文件解析等耗时操作。

5.4.1.10 OpenRocket

OpenRocket 是一款采用 Java 开发的开源模型火箭仿真软件，可用来设计模型火箭结构，然后进行弹道仿真，得到性能参数，以进行性能改进。自作者 Sampo Niskanen 于 2010 年发布第一个可用版本起，经过众多火箭爱好者的努力，OpenRocket 如今已经成为众多网友和部分商用火箭设计机构广泛使用的成熟工具。

OpenRocket 对火箭的一些常用部件进行建模，如头锥、箭体、发动机等。通过添加部件，即可将其加入所设计的火箭中，并可设置部件参数。设置完成后就可以进行火箭飞行仿真，如图 5-22 所示。

5.4.1.11 Open-SESSAME

Open-SESSAME (Open-Source, Extensible Spacecraft Simulation And Modeling Environment) 由 Virginia 工艺研究所和国立大学的 Turner 在读研究生时开发 (Turner, 2003)。其采用 C++编写，致力于发展一个具有跨平台、开源的航天器仿真框架，遵循 GPL (General Public License) 规范。Open-SESSAME 由以下部分组成。

1) Math：常用数学工具，如矩阵、矢量、积分、插值等。

2) Utilities：各种常用工具。

3) Rotation：坐标转换。

4) Attitude：航天器姿态动力学方程，姿态参考系，姿态参数。

5) Orbit：航天器轨道动力学方程，参考系，轨道参数。

6) Dynamics：各种自由度的轨道和姿态预报算法。

7) Environment：中心引力体模型，空间环境模型。

8) Data Handing：数据和系统级文件处理，包括保存、载入航天器模型，集成外部程序。

9) Communications：设置仿真系统和硬件之间的网络和通信。

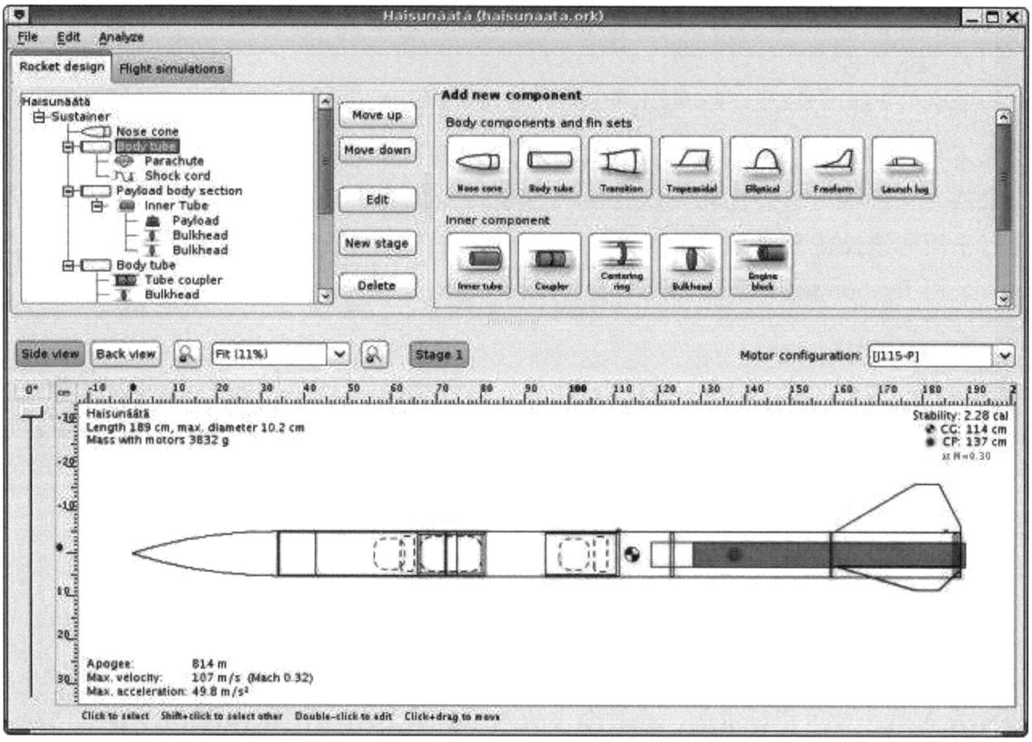

图 5－22　OpenRocket 界面

5.4.1.12　ORSA

ORSA（Orbit Reconstruction，Simulation and Analysis）是一个开源工具，目前仍由意大利 Padova 大学的学生维护。主要的目标是仿真和分析天体，包括行星、人造卫星等，如图 5－23 所示。由于它是开源的，因此可作为航天器仿真的基础。ORSA 基于 Qt 的图形界面开发，可从各种数据库导入行星和彗星数据（MPC，JPL，Lowell，AstDyS，NEODyS）。

5.4.1.13　SaVi

SaVi（Satellite Visualization）是一个开源卫星星座可视化程序，如图 5－24 所示，可在 Sourceforge 获得。SaVi 最初由英国 Surrey 大学的学生 Lloyd Wood 编写，已被用于各种卫星星座可视化。

5.4.1.14　PaGMO

PaGMO（Parallel Global Multiobjective Optimizer，并行全局多目标优化器），其 Python 绑定版本命名为 PyGMO。

PaGMO 的主要功能是为用户提供一个通用并行计算引擎，它友好地为用户提供了大量的全局和局部优化算法及相关问题的求解方案。

PaGMO 最初由欧空局的先进概念团队（Advanced Concepts Team，ACT）开发，目

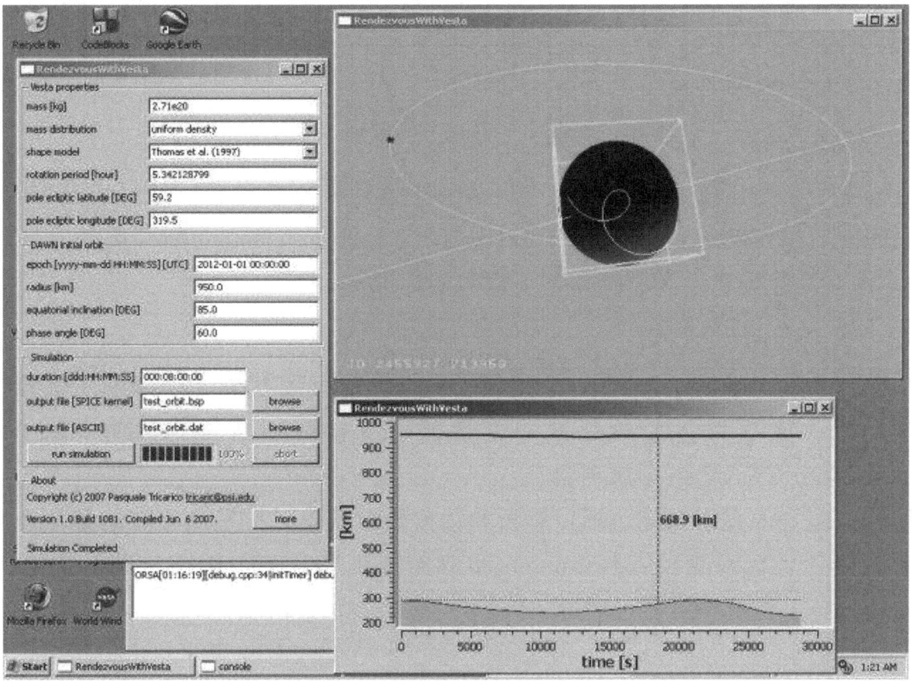

图 5 - 23　ORSA 界面

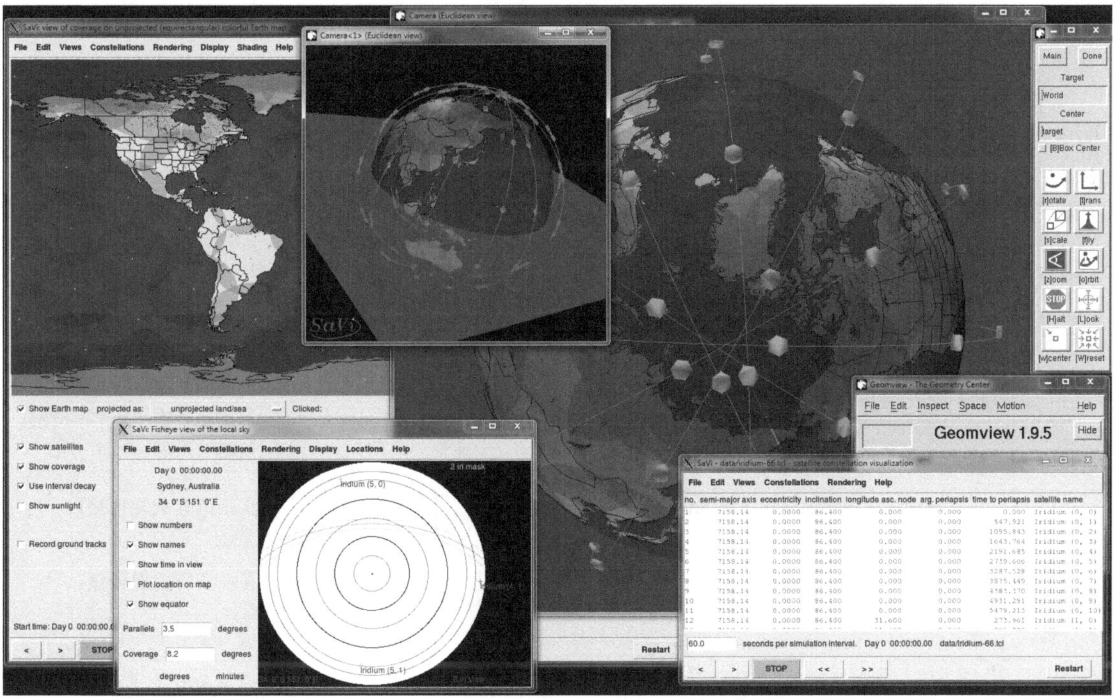

图 5 - 24　SaVi 界面

的是为了帮助实现星际航行轨迹和航天器轨道转移设计过程自动化。由于 PaGMO 同时发布其 Python 绑定版本，故用户可以使用 C++及 Python 语言实现自己的算法并解决问题。目前 PaGMO 已经升级为 PaGMO2。

5.4.1.15 Astropy

Astropy 旨在采用 Python 为天文学开发一个通用核心软件包，并促进 Python 天文学软件包之间的互操作性。它不仅为 Poliastro 提供了重要的核心功能（例如时间和物理单位处理），而且为代码质量和文档设定了很高的标准。

5.4.1.16 Poliastro

Poliastro 是一个纯 Python 库，它提供了一个优雅而强大的 API 来解决航天动力学和轨道力学问题。该项目背后的社区非常活跃，使软件不断得到改进和更新。目前，Poliastro 是 NumFOCUS 的附属项目。

Poliastro 包含的主要功能包括：解析和数值轨道预报，位置和速度矢量与经典轨道根数之间的转换，坐标系变换，Hohmann 和双椭圆机动计算，轨迹绘制，初始轨道确定（Lambert 问题），行星星历表（通过 Astropy 使用 SPICE 内核），近地天体的计算等。

5.4.1.17 PyKEP

PyKEP 是一套专为星际航行或通用航天任务分析提供科学计算支持的基本工具库，基于 GPL 开源许可协议，由欧空局的先进概念团队开发。

PyKEP 由 C++编写而成，并通过 Boost. Python 实现对 Python 语言的绑定，其算法的执行效率是开发 PyKEP 库过程中考虑的主要因素。

PyKEP 库的核心功能是实现对多圈 Lambert 问题，小推力优化问题的直接、间接和混合方法，开普勒预报器及 Taylor 积分器等进行高效的求解。

航天开源软件可为航天系统仿真系统开发提供极好的参考，他们的优缺点比较见表 5－5。

表 5－5 航天开源工具一览表

名称	网址	优点	缺点
GMAT	https://sourceforge.net/projects/gmat	可扩展外部接口； 跨平台； 专业性经过测试	使用不够友好； 相比商业软件专业性稍差； 数据结果展示效果一般
JAT	https://sourceforge.net/projects/jat	计算模块丰富； 精度高	Java 语言速度稍慢
Orekit	https://www.orekit.org/	计算模块丰富； 应用广	Java 语言速度稍慢
Trick	https://nasa.github.io/trick/	提供通用仿真能力	航天模型少
Gpredict	http://gpredict.oz9aec.net/	开源易用； 卫星跟踪功能	必须采用 TLE 数据； 只包含 SPG4 模型
PreviSat	https://previsat.sourceforge.net/	开源易用； 卫星跟踪功能	必须采用 TLE 数据； 只包含 SPG4 模型

续表

名称	网址	优点	缺点
Tudat	https://docs.tudat.space/en/latest/#	C++语言； 功能丰富	
EMTG	https://opensource.gsfc.nasa.gov/projects/emtg	用户界面友好； 有限推力和小推力轨迹优化； 轨迹优化	只适用于初步设计； 依赖 SNOPT
ODTBX	https://opensource.gsfc.nasa.gov/projects/odtbx	轨道确定	依赖 Matlab； 只包含轨道确定功能
OpenRocket	https://sourceforge.net/projects/openrocket	支持多平台； 用户界面友好； 应用成熟	只适用于小型火箭设计
Open-SESSAME	https://sourceforge.net/projects/spacecraft	支持多平台； 可扩展； 文档丰富； 轨道和姿态库	无图形用户界面； 需要 C++知识
ORSA	https://sourceforge.net/projects/orsa	支持多平台； 良好维护	不完备； 功能有限； 只适用于轨道
SaVi	https://sourceforge.net/projects/savi	良好用户界面； 还在发展中	只有轨道演示星座； 开发者少
PaGMO	https://github.com/esa/pagmo2	主要用于全局轨迹优化	功能有限
Astropy	https://www.astropy.org	天文学通用软件包	完全采用 Python
Poliastro	https://www.poliastro.space/	航天动力学和轨道力学	完全采用 Python
PyKEP	https://github.com/esa/pykep	主要用于轨迹优化	功能有限

5.4.2　航天闭源工具

5.4.2.1　STK

STK（Satellite ToolKit）是 Analytical Graphics Inc（AGI）发展的商业软件，包含高精度轨道预报（High Precision Orbit Propagator，HPOP）、姿态分析（Attitude）、覆盖分析（Coverage）、轨道机动工具（Astrogator）等多个模块，采用批处理模式计算，具有多种集成接口，包括 Connect 模块和 COM 接口。STK 集成了多个公司的优秀产品，如 Astrogator 模块最早是 1989 年计算机科学公司 CSC 为 NASA 戈达德航天飞行中心开发的一款航天动力学软件 Swingby。Swingby 应用于 Clementine、WIND、SOHO 等多个发射任务（Dunham，1992）。1994 年，CSC 与 AGI 公司合作进一步完善该程序，并更名为 Navigator，进行商业化拓展。同年，应 GSFC 要求，AGI 将 Swingby 更名为 Astrogator 集成进 STK。目前，STK 已经更名为系统工具箱（Systems ToolKit，STK）。

STK 的缺点为：费用较高，无源代码。STK 的基本版是免费的，但是各模块价格很高，特别在 STK 6.0 之后在中国国内已不再销售。作为商业软件，它必须保证仿真精度和速度，然而，代码不公开导致学生和工程师无法理解 STK 的内部操作，也无法进一步二次开发。

5.4.2.2　FreeFlyer

FreeFlyer 是由 A. I. Solutions 公司开发的一个 Windows 平台上的飞行动力学软件，用于空间任务设计、分析和操作，具有一个高度可定制的环境，用来控制和操作的脚本，如图 5－25 所示。该软件具有拖拽功能并为用户提供解决方案，可用于轨道和姿态仿真动力学实时处理、卫星覆盖和可见性分析、卫星机动编队构形及空间碎片避撞分析等问题。FreeFlyer 采用动力学单步推进，通过图形用户界面配置参数，进行资源调度，可集成新的算法和模型，也可与其他软件系统集成运行。主要特性包括以下方面。

1）图形用户界面。

2）集成二维和三维可视化。

3）航天器和硬件建模。

4）覆盖可见性分析。

5）航天器姿态建模。

6）实时处理。

7）逻辑控制和脚本语言。

8）定制化报告和曲线。

9）轨道确定。

10）轨道机动分析和规划。

11）碰撞评估和规避机动分析。

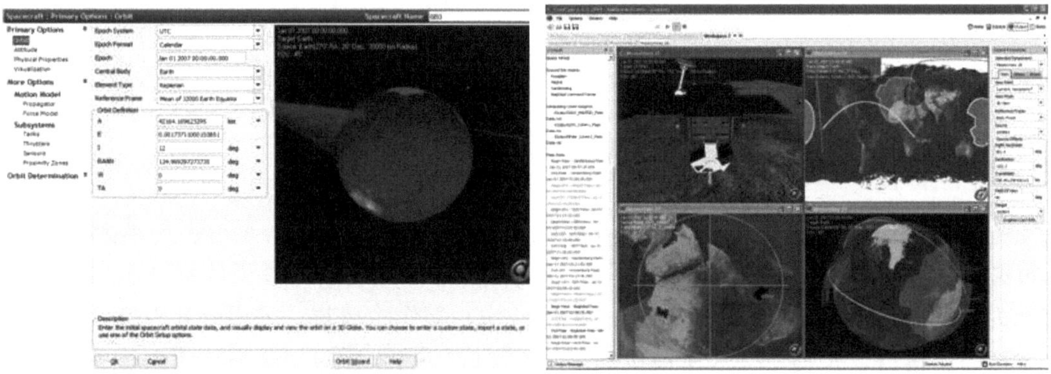

图 5－25　FreeFlyer 界面

5.4.2.3　Orbiter

Orbiter 是一款免费的空间飞行可视化软件，这款软件采用逼真的行星运动、航天器动力学和大气影响模型，将用户带入浩瀚的星空，体会驾驶宇宙飞船的感觉。与 Orbiter

类似的太空游戏包括坎巴拉太空计划、SSM（Space Shuttle Mission）等。与 Orbiter 类似的太空可视化软件包括 Celestia 和 Eyes on the Solar System 等。

Orbiter 有丰富的 SDK（Software Development Kits）。通过 SDK 预设的 API，开发者可以进行二次开发，创建出各种各样属于自己的箭船、地景、星球、MFD 以及其他各种各样的插件。Orbiter 界面如图 5－26 所示。

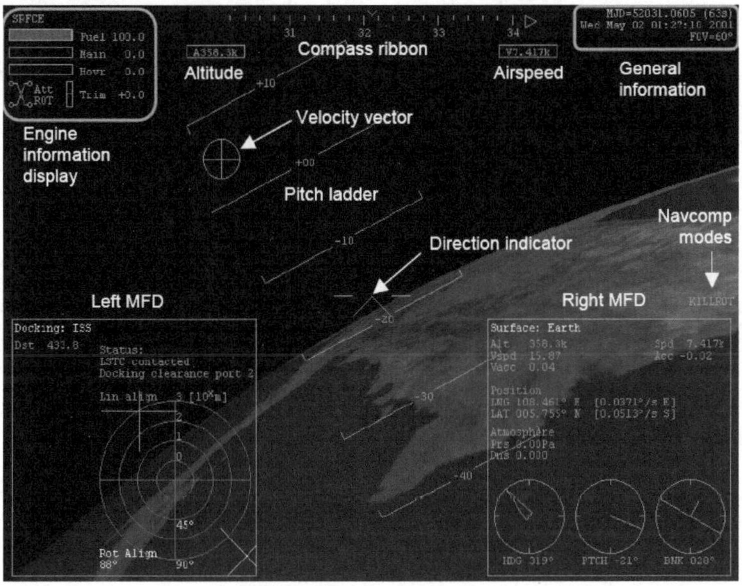

图 5－26　Orbiter 界面

5.4.2.4　WinOrbit

WinOrbit 是一个 Windows 平台下的自由软件，由 Illinois 大学的 Carl Gregory 编写，采用 Visual Basic 语言，如图 5－27 所示。WinOrbit 可以图形化演示卫星的实时位置，也可以生成地球卫星的跟踪数据和星历信息。WinOrbit 已经于 1998 年停止更新，它的代码不开源。

5.4.2.5　DSHELL

NASA 喷气推进实验室（Jet Propulsion Laboratory，JPL）开发了高逼真度实时动力学仿真包 DSHELL（DARTS Shell），它将柔性多体动力学计算引擎 DARTS（Dynamics Algorithms for Real－Time Simulation）和各种执行结构以及敏感器的模型库集成为一个仿真环境，可方便地与飞行软件和硬件连接（Biesiadecki，1997）。DSHELL 是一个 C＋＋仿真库，可提供基础框架来发展航天器仿真器。基于 DSHELL，JPL 和加州理工学院（California Institute of Technology，CIT）联合开发了自主航天器测试环境 ATBE（Autonomy Testbed Environment），用以支持各种平台的航天器仿真（Biesiadecki，1996）。ATBE 可支持航天器不同阶段仿真需求，支持从功能模型到高逼真度模型的平滑升级，提供模型状态的可视化、数据监视和绘图工具。JPL 还利用 DSHELL 开发了进入、

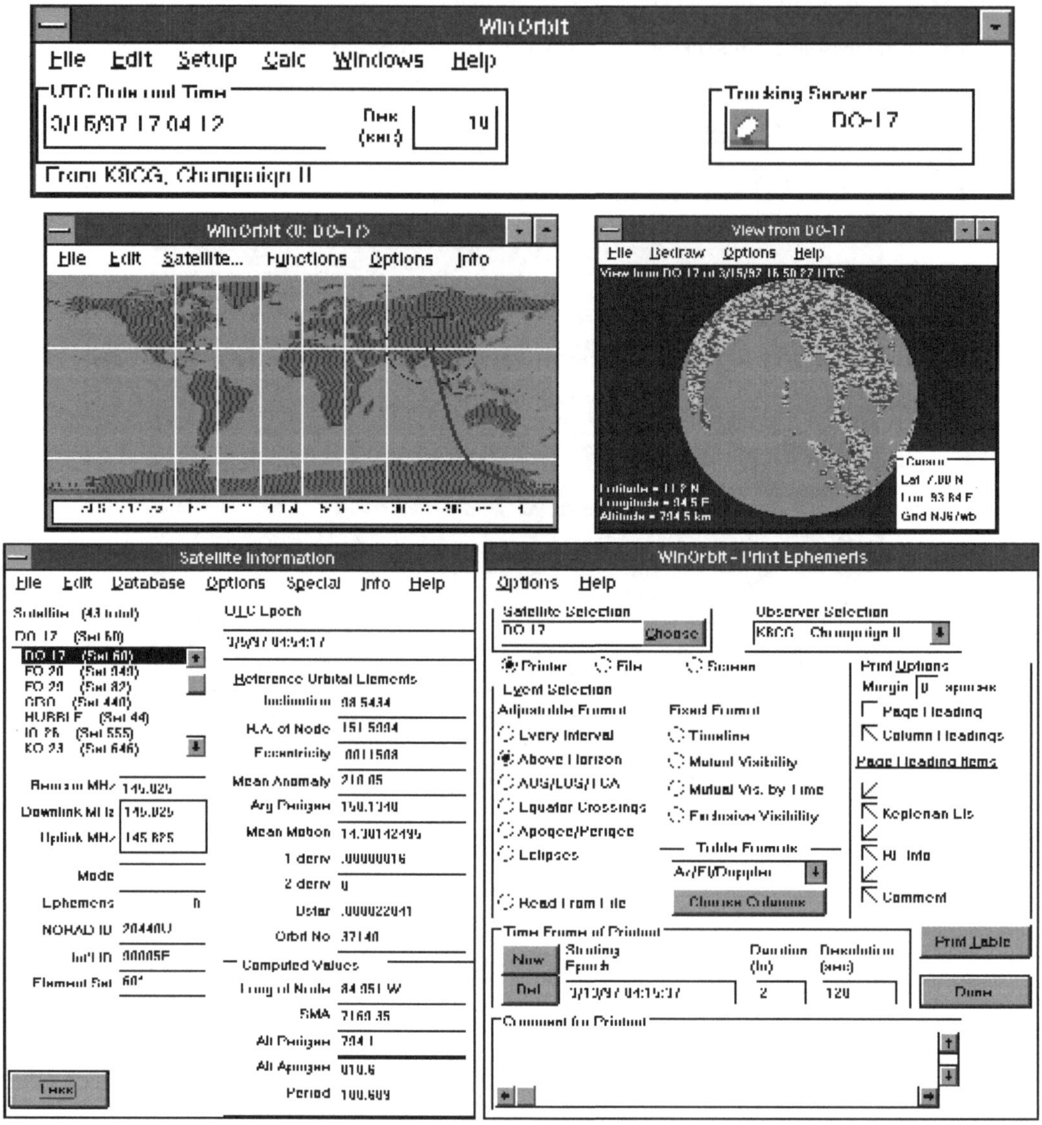

图 5－27　WinOrbit 部分界面

下降与着陆仿真器 DSENDS（Dynamics Simulator for Entry，Descent，and Surface Landing）来研究火星着陆（Striepe，2006）。

DARTS/DSHELL 已经用于 JPL 的几个项目，比如 Cassini、Galileo、Mars Pathfinder、Stardust。

5.4.2.6　STELA

半解析全寿命分析工具（Semi－analytic Tool for End of Life Analysis，STELA）是一款由 CNES（Centre National d Etudes Spatiales－French Space Agency，法国宇航局）开发并维护的轨道寿命分析软件，用于支持 FSOA（French Space Operations Act），用户

可免费下载并使用此软件，其界面如图 5－28 所示。

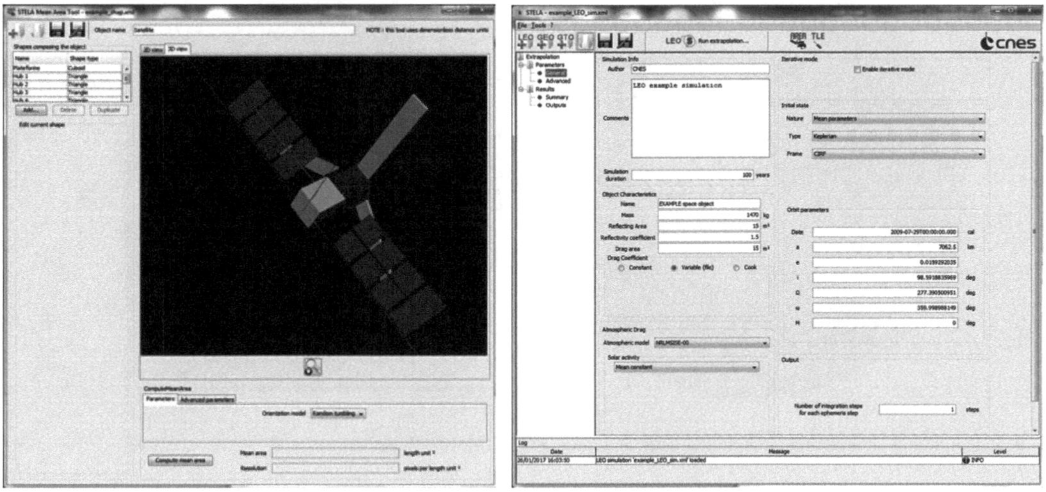

图 5－28　STELA 界面

STELA 体现了对 LEO 和 GEO 轨道区域保护的普遍关注，并给用户提供了与需求相容的实用评估工具。它基于半解析模型和保护区评估原则，提供了针对 LEO、GEO 和 GTO 有效且长期的轨道预报功能，并会在运行过程中生成一份汇总计算结果的报告文件及一份星历文件。

STELA 由 Java 语言编写而成，能运行在装有 JRE 1.6 及以上版本（Java Runtime Environment，Java 运行时环境）的 Windows、Linux 及其诸如 Sun－Solaris 等 Unix 平台上，并能作为 Java 库被用户调用。

5.4.2.7　MultiSatSim

普利斯顿卫星系统（Princeton Satellite Systems，PSS）发展了 MultiSatSim（MSS），能够仿真可通过远程计算机控制的 8 个卫星。不像大部分其他卫星仿真工具，MSS 不限制只对以地球为中心的卫星建模。引力场模型和控制可以定制，仿真仅采用以四元数表示的姿态动力学建立刚体模型。MSS 不开源，且只能运行在苹果计算机上。

PSS 也发展了航天器控制工具箱（Spacecraft Control Toolbox），它是一个 Matlab 脚本文件的集合，用来辅助仿真航天器控制系统。

5.4.2.8　SC Modeler

SC Modeler 由 AVM Dynamics 发展，是一个用来设计、可视化、分析卫星星座的软件工具集，主要应用于商业卫星星座，如图 5－29 所示。SC Modeler 提供了一个集成建模环境，还提供了附加工具：1）星座设计工具；2）覆盖分析工具；3）约束分析工具；4）网络拓扑工具。

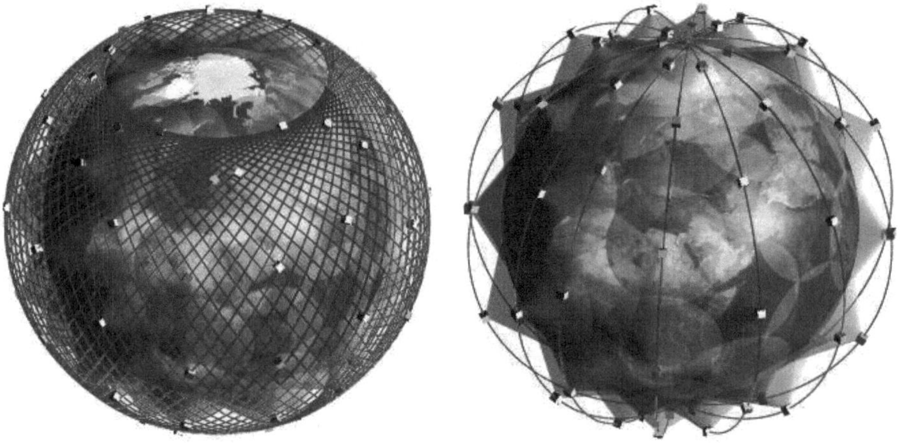

图 5 - 29　SC Modeler 界面

5.4.2.9　AutoCon

AutoCon（Autonomous Control System Environment）由 NASA 戈达德空间飞行中心（Goddard Space Flight Center）和 A.I.Solutions 开发，是一个卫星自主机动规划软件，主要由两部分组成：AutoCon - F 和 AutoCon - G，分别用于飞行操作和地面仿真。这种组成使得相同的代码可以同时用在航天器上和地面，降低了复杂性，增加了可靠性。AutoCon 用于 Landsat - 7/EO - 1 编队飞行任务中。

5.4.2.10　SDT

Star 技术公司开发了航天器设计工具 SDT（Spacecraft Design Tool），SDT 是一个基于.Net 的仿真架构，用于在任务设计阶段对航天器进行仿真与分析，同时也可以在半实物仿真中提供实时航天运动学/动力学、地球环境、敏感器/执行机构模型（Strunce，2006）。SDT 目前用于美国空军研究实验室 AFRL 的敏捷空间试验台，该试验台包括 FlatSat 集成单元、敏捷卫星演示单元、敏捷电子技术单元三部分，如图 5 - 30 所示。

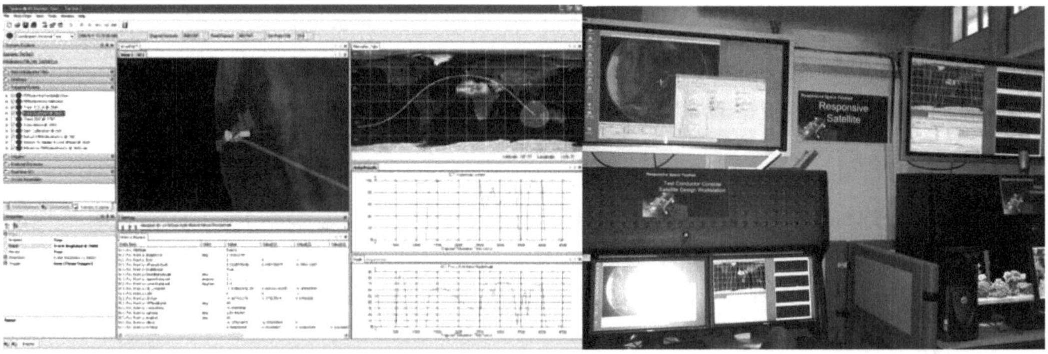

图 5 - 30　运行 TacSat 卫星任务的 SDT

航天闭源工具的优缺点比较见表 5 - 6。

表 5-6　航天闭源工具一览表

名称	生产商	优点	缺点
STK	Analytical Graphics	易用； 2D/3D 可视化； 模块丰富； 良好技术支持； 与其他软件二次开发； 多种操作系统	昂贵； 不易拓展； 复杂； 国内禁售
FreeFlyer	A. I. Solutions	脚本支持； 良好用户界面； 2D/3D 可视化	昂贵； 与其他软件接口有限
Orbiter	Martin Schweiger	免费； 插件丰富； 用户界面效果好	更适合游戏
WinOrbit	Carl Gregory，Univ. Illinois	免费； 图形用户界面	只支持 Windows； 不可扩展； 用户界面不友好
DSHELL	NASA JPL	高逼真度实时动力学仿真	国内无法获取
STELA	FSOA	半解析全寿命分析	只包含半解析轨道模型
MultiSatSim	Princeton Satellite Systems	良好图形； 易用的界面； 脚本支持	只支持苹果电脑； 有限卫星个数
SC Modeler	AVM Dynamics	卫星星座分析	无长期支持
AutoCon	NASA Goddard	辅助任务规划	不再维护； 国内无法获取
SDT	Star	航天器设计	国内无法获取

5.4.3　通用仿真工具

5.4.3.1　Scilab/Scicos

Scilab 是由法国国家信息、自动化研究院（INRIA）于 1994 年推出的一款开放源代码的自由软件，如图 5-31 所示。2002 年 INRIA 与学术界和工业界的合作者共同建立 Scilab 共同体（Consortium SCILAB）来推进 Scilab 的发展。

与 Matlab 类似，Scilab 也是一款科学工程计算软件，其数据类型丰富，可以很方便地实现各种矩阵运算与图形显示，能应用于科学计算、数学建模、信号处理、决策优化、线性/非线性控制等各个方面。它还提供可以满足不同工程与科学需要的工具箱，例如 Scicos、信号处理工具箱、图与网络工具箱等。

Scilab 的语法与 Matlab 非常接近，并且提供了语言转换函数，可以自动将 Matlab 语言程序翻译为 Scilab 语言，具有与 Simulink 类似的 Scicos 工具包。Scilab 与平台无关，支持 Windows、Unix、Linux、Macintosh 等操作系统。目前，Scilab 功能与 Matlab/Simulink 相比还有差距，使用者比 Matlab 少。

法国宇航局基于 Scilab 开发了轨道力学工具箱 Celestlab，可对多种航天任务进行轨迹分析及轨道设计，完成轨道预报、姿态计算、初步轨道机动计算、参考系转换及坐标变换等初步任务设计分析工作。

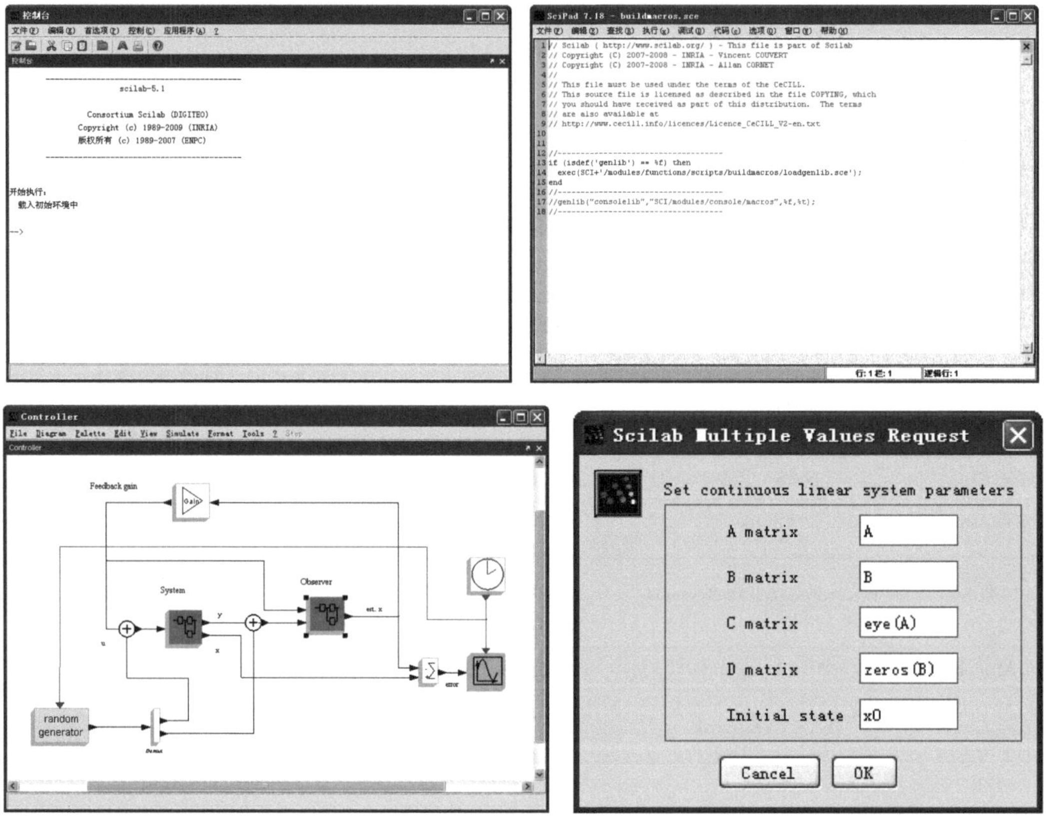

图 5-31　Scilab 界面

5.4.3.2　Octave

Octave 是一个类似 Matlab 和 Scilab 的用 C++开发的数学软件包，可以进行各种运算和编程，它还有丰富的 C++接口可以让用户编程时调用。其配套的绘图工具采用 gnuplot。Octave 的使用也是基于字符终端模式的，当需要绘图时，将会调用 gunplot 进行数据绘图，并显示出来，如图 5-32 所示。

5.4.3.3　Modelica

1978 年，瑞典人 Hilding Elmqvist 在其博士论文中首先提出了一种建立在 Dymola 软件仿真平台上的建模语言思想。它的基本原理是利用通用公式、对象和连接，让建模者从物理的角度而不是从程序实现的角度建模。这一思想在 20 世纪 80 年代末因用 Pantelides 算法求解微分代数方程而有了进一步发展，并最终在 20 世纪 90 年代后半期形成了一种崭新的面向对象的仿真语言 Modelica。1997 年 9 月，发布 Modelica 规范 1.0。2007 年 9 月，发布 Modelica 规范 3.0。

Modelica 语言是面向对象的仿真语言，通常用于对大型复杂的、涵盖多领域的物理系

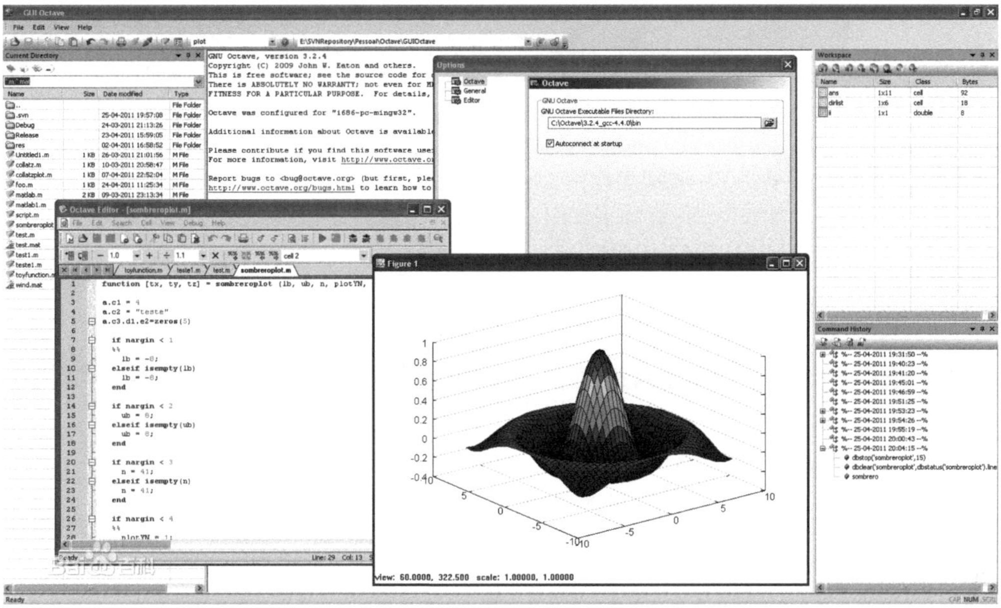

图 5-32 Octave 部分界面

统进行仿真。面向对象和非因果是 Modelica 语言的两个重要概念，这两个概念的区别在于：面向对象是针对模型的结构而言，非因果则是对模型内部行为的描述。具有这两个概念的模型不同于 Simulink 的基于块模型，后者着重计算方面，前者更多地从用户角度出发考虑建模问题。

支持 Modelica 语言最著名的软件是 Dymola，由瑞典 DynasimAB 公司设计开发，是第一个支持 Modelica 语言的建模仿真工具，其界面如图 5-33 所示。Dymola 提供图形化建模环境，支持基于图标的拖放式图形建模。Dymola 也提供文本建模环境，支持具有 Modelica 语言的文本建模。Dymola 具有功能强大的符号处理引擎，集成了多个数值求解包，可实现较大规模多领域物理系统建模仿真。除了 Dymola 之外，基于 Modelica 语言的建模仿真工具还有 MathModelica、OpenModelica、SimulationX、MWorks 等。

Modelica 可以用于航天器系统仿真，图 5-34 为用 Modelica 建立的弹道导弹模型（吴楠，2008；章胜，2010）。

5.4.4 统计分析工具

基本上所有的仿真软件包都对仿真输出的统计分析提供了不同程度的支持。近年来，许多软件包增加了优化功能作为分析工具之一。优化用于寻找一个系统的最优解，在实际工程中，通常寻找到的是满足给定约束的次优解。在优化时，用户必须定义一个目标函数，在航天器系统中这个目标函数通常是推进剂消耗、飞行时间或安全性等。本节介绍可用于仿真的几个统计分析软件工具。

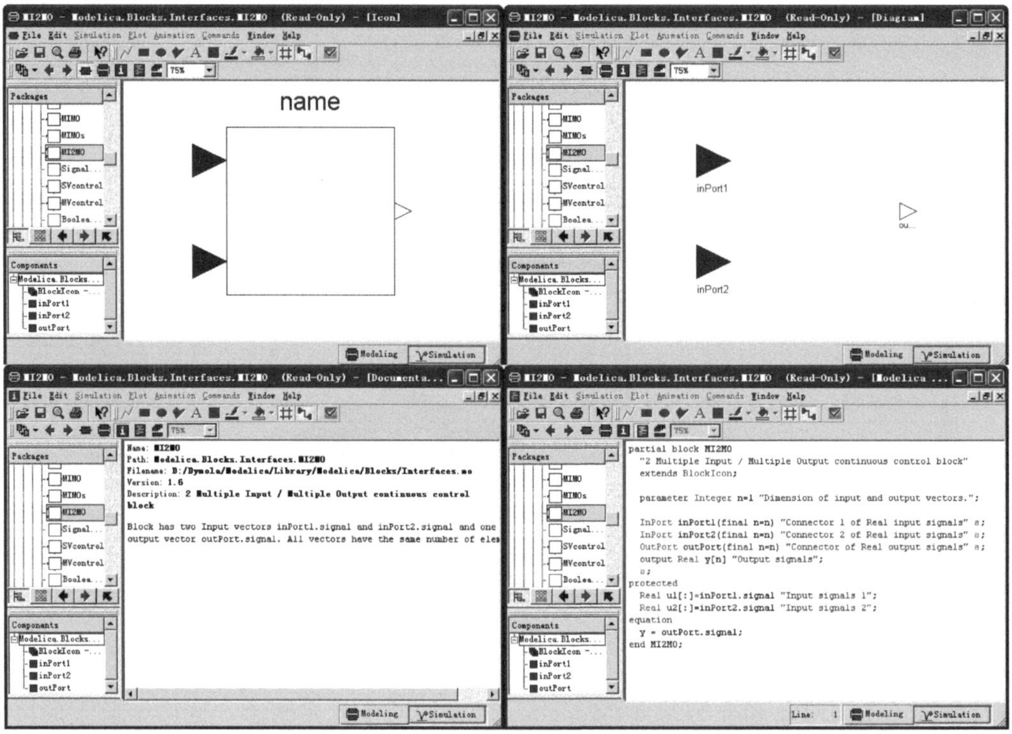

图 5－33　Dymola 软件建模界面的四种视图

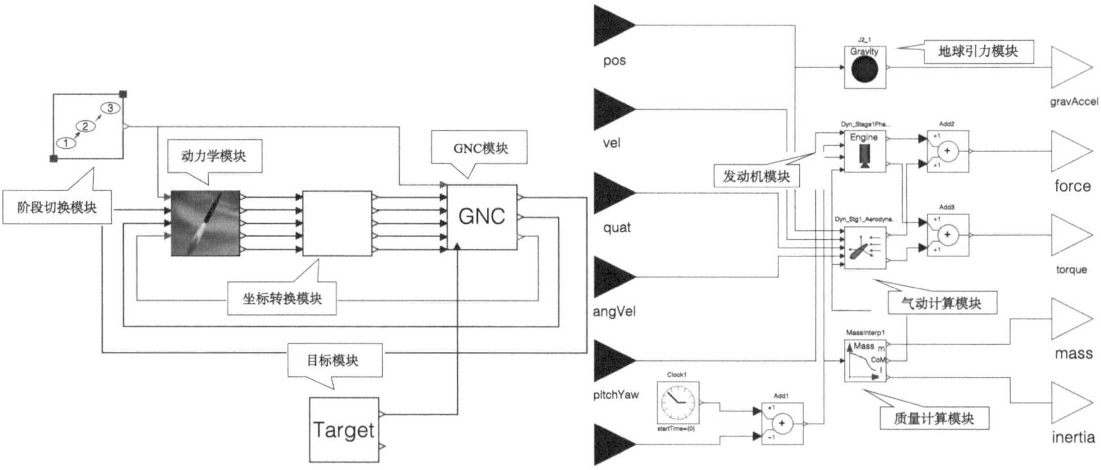

图 5－34　某弹道导弹仿真模型

5.4.4.1　SPSS

SPSS（Statistical Package for the Social Science）于 20 世纪 60 年代末由美国斯坦福大学的三位研究生研制。1975 年，在芝加哥组建 SPSS 公司总部。自此以后，不断推出 SPSS 软件的新版本，从最初的 SPSS/PC＋ for DOS 到 SPSS 11.x for Windows。随着版

本不断更新，软件功能不断完善，操作越来越简便，与其他软件的接口越来越多。现在的SPSS软件，不仅仅是能实现统计功能，还能将分析结果用数种清晰简练的表格和数十种生动形象的二维、三维图形来表达。

SPSS系统特点是操作比较方便，统计方法比较齐全，绘制图形、表格较为方便，输出结果比较直观。SPSS是由Fortran语言编写而成的，适合进行社会学调查中的数据分析处理。

SPSS具有以下列特点：

1）具有和其他Windows应用软件相同的特点，如窗口、菜单、对话框，可以用鼠标操作，因此易学易用。

2）具有强大的数据操作功能，能支持全屏幕的变量定义、数据输入、数据编辑、数据变换和整理。

3）是一种开放型的统计软件，能够读取ASCII文件、BDF数据库文件、Excel电子表格文件、MSAccess数据文件等十几种其他软件制作的数据文件。

4）用户界面友好，大部分的统计分析程序是通过菜单、按钮和对话框来操作完成，无须花时间记忆大量命令和编写程序。

5）提供基础统计、专业统计、高级统计等十几种统计方法，能满足不同领域统计人员的需要。

6）用户可以自己编写SPSS说明，来进行数据统计分析工作。

5.4.4.2 SAS

SAS（Statistical Analysis System）最初由美国北卡罗来纳州立大学两名研究生开始研制，1976年创立SAS公司，2003年全球员工总数近万人，统计软件采用按年租用制。

SAS系统具有十分完备的数据访问、数据管理、数据分析功能。在国际上，SAS被誉为数据统计分析的标准软件。SAS系统是一个模块组合式结构的软件系统，共有三十多个功能模块。SAS是用汇编语言编写而成的，通常使用SAS需要编写程序，比较适合统计专业人员使用，而对于非统计专业人员学习SAS比较困难。

5.4.4.3 其他统计软件

其他统计软件还有BMDP（Biomedical Computer Programs）、Stata、EPINFO（Statistics Program for Epidemiology on Microcomputer）、Minitab、Statistica等。

参考文献

[1] Banks J, Carson J S, Nelson B L, et al. 离散事件系统仿真 [M]. 肖田元，范文慧，译. 北京：机械工业出版社，2007.

[2] Biesiadecki J, Jain A. A Reconfigurable Testbed Environment for Spacecraft Autonomy [C]. Simulators for European Space Programmed, 4th Workshop, Noodwijk, The Netherlands, October 22, 1996.

[3] Biesiadecki J, Henriquez D, Jain A. A Reusable, Real - Time Spacecraft Dynamics Simulator [C]. 16th Digital Avionics Systems Conference, Irvine, USA, October 30, 1997.

[4] Dongarra J J, Bunsh J R, Molor C B. LINPACK user' s guide [M]. Philadephia: Society of Industrial and Applied Mathematics (SIAM), 1979.

[5] Dunham D W, Jen S J, Roberts C E, et al. Transfer Trajectory Design for the SOHO Libration - Point Mission [C]. The 43rd Congress of the International Astronautical Federation, Washington, DC, USA, August 1, 1992.

[6] Gaylor D, Page R, Bradley K. Testing of the Java Astrodynamics Toolkit propagator [C]. AIAA/AAS Astrodynamics Special Conference and Exhibit, Keystone, USA: August 21 - 24, 2006.

[7] Laing J, Abedin M. Introduction to the GMAT software [C]. 6th International Conference on Astrodynamics Tools & Techniques, Darmstadt Germany, Marth 14 - 17, 2016.

[8] Meeus J. Astronomical Algorithms (2nd Edition) [M]. Richmond, Virginia: Willmann - Bell, 1998.

[9] Siebold K H, Moody T B, Rishikof B H, et al. The Application of Simulations for the Rendezvous, Proximity Operations and Capture Tasks to the International Space Station at NASA Johnson Space Center [C]. Space Operations 2002 Conference, Houston, USA, October 10 - 19, 2002.

[10] Smith B T, Boyle J M, Dongarra J J, et al. Matrix eigensystem routines - EISPACK guide, Lecture notes in computer sciences [M]. Vol. 6 (Second edition). New York: Springer - Verlag, 1976.

[11] Striepe S A, Way D W, Dwyer A M. Mars science laboratory simulations for entry, descent, and landing [J]. J. Spacecraft and Rockets, 2006, 43 (2): 311 - 323.

[12] Strunce R, Eckert F, Eddy C. Responsive Space' s Spacecraft Design Tool (SDT) [C]. 4th Responsive Space Conference, Los Angeles, USA, April 24 - 27, 2006.

[13] Turner A. J. An Open - Source, Extensible Spacecraft Simulation and Modeling Environment Framework [D]. Blacksburg: Virginia Polytechnic Institute and State University, 2003.

[14] Paddock E J, Lin A, Vetter K, et al. Trick: A Simulation Development Toolkit [C]. AIAA Modeling and Simulation Technologies Conference and Exhibit, Austin, USA, August 11 - 14, 2003.

[15] Zhou W M, Wang H, LI H Y, et al. AstroSim: A software framework for aerospace system

analysis and simulation [C]. Proceedings of 2016 IEEE Chinese Guidance, Navigation and Control Conference, Nanjing, China: August 12 - 14, 2016 .

[16] 何渝 . 计算机常用数值算法与程序（C++版）[M]. 北京：人民邮电出版社 . 2003.

[17] 王华，唐国金，李海阳 . 航天系统分析与仿真基础程序库 AstroLib [J]. 系统仿真学报，2007，19 (13)：2917 - 2920.

[18] 吴楠 . 基于 Modelica 的弹道导弹控制系统建模与仿真应用研究 [D]. 长沙：国防科技大学，2008.

[19] 薛定宇，陈阳泉 . 基于 MATLAB/Simulink 的系统仿真技术与应用 [M]. 北京：清华大学出版社，2002.

[20] 章胜，程文科，王华，等 . 基于 Modelica 语言的弹道导弹系统仿真实现 [J]. 弹箭与制导学报，2010，30 (5)：20 - 24.

第 6 章　航天系统仿真试验

仿真试验指一个计算机仿真模型的执行。航天系统仿真试验中，可以将航天系统模型作为确定性模型进行仿真试验，也可以将其作为随机模型进行仿真试验。确定性模型将航天系统仿真中涉及的参数都视为确定性的，主要用来对航天器的标称飞行方案等进行分析与验证。随机模型则考虑了各种参数的随机性，可用来分析航天器轨迹散布、碰撞概率等。由于实际的航天系统大多在随机变化的环境中和随机干扰的作用下工作，如测量系统噪声、初始条件、太阳活动引起的大气变化等都是随机的，而且还存在许多非线性。因此，航天仿真中需要开展大量的随机仿真试验，这种随机仿真试验是统计试验，因此，需要恰当的统计方法，才能对仿真试验进行合理设计并得到合理的结论。

本章就航天随机仿真试验常用的蒙特卡洛法、试验设计方法、抽样方法、随机变量生成方法和方差缩减技术进行阐述，实际航天系统仿真试验通常需要综合运用以上方法。例如，交会对接远距离导引段的终端误差仿真通常采用蒙特卡洛法，但是为了减小计算耗时，就需要结合正交试验、拉丁超立方抽样等方法进行。

6.1　蒙特卡洛法

蒙特卡洛（Monte Carlo）法亦称为随机仿真法，有时也称作随机抽样法或统计试验法。蒙特卡洛法是航天系统随机仿真试验中最有效的方法。蒙特卡洛法的收敛速度和计算量与随机变量的维数无关，模拟过程与功能函数的复杂程度无关，无随机变量的正态性要求，具有仿真分析工程复杂问题的能力。蒙特卡洛法是一种与一般数值计算方法有本质区别的计算方法，属于试验数学的一个分支，起源于早期的用几率近似概率的数学思想，它利用随机数进行统计试验，以求得的统计特征值（如均值、概率等）作为待解问题的数值解（王华，2019）。

6.1.1　基本思想和步骤

6.1.1.1　基本思想

蒙特卡洛法以概率统计理论为其主要理论基础，以随机抽样为其主要手段。它可以解决各种类型的问题。但总体来说，视其是否涉及随机过程的性态和结果，这些问题可分为两类：第一类是确定性的数学问题，如计算多重积分、解线性代数方程组等；第二类是随机性问题，如原子核物理问题、运筹学中的库存问题、随机服务系统中的排队问题等。

在概率论中，随机事件发生的可能性是遵循一定的概率分布的。通过对某一现象多次模拟观察每次结果，并把这些结果加以平均，便得到所求量的近似值，统计次数越多，结果越精确。蒙特卡洛法的主要做法是用数学方法产生具有已知分布的随机变量的随机数，一个或多个这种随机数输入求解未知随机变量的数学模型中，计算出未知随机变量的随机数。独立进行足够多次这样的计算，可以得到未知随机变量的一组随机数。这组随机数的集合叫做该随机变量的一个样本。统计处理所得到的随机样本，就得到所求随机变量分布或数字特征的统计估值。

6.1.1.2　步骤

用蒙特卡洛法求解时，最简单的情况是模拟一个发生概率为 P 的随机事件 A，如求连续抛硬币之后，正面出现的概率。采用概率论来处理此事的方法是：设正面出现的概率为 P，则反面出现的概率为 $1-P$，所以抛硬币的期望为 $E=1\times P+0\times(1-P)$。用蒙特卡洛法处理此事的方法是：设两个变量 N 和 M，其初始值均为 0。由于被抛硬币出现正反面是随机的，所以用一组随机数序列来模拟抛硬币的过程，每产生一个随机数即为抛硬币一次，N 加 1，若随机数大于某个中心均值（如 1/2），则认为硬币出现正面，否则认为硬币出现反面，当硬币出现正面时，M 加 1，M/N 称为硬币出现正面的频率，当 N 充分大时，M/N 与硬币正面出现的概率相差无几，在模拟中，不断增加模拟的次数 N，直至得到满意的结果为止。

从上述例子的模拟过程可以看出，用蒙特卡洛法求解问题的基本步骤如图 6-1 所示。

1）构造问题。根据实际问题的特点，构造简单而又便于实现的概率统计模型，使所求解恰好是所建立模型的概率分布或数学期望。

2）随机抽样。根据概率模型中各种不同分布输入随机样本。

3）多次仿真。利用随机样本进行多次仿真。

4）结果处理。统计处理模拟结果，给出问题解的估计值和精度估计值。

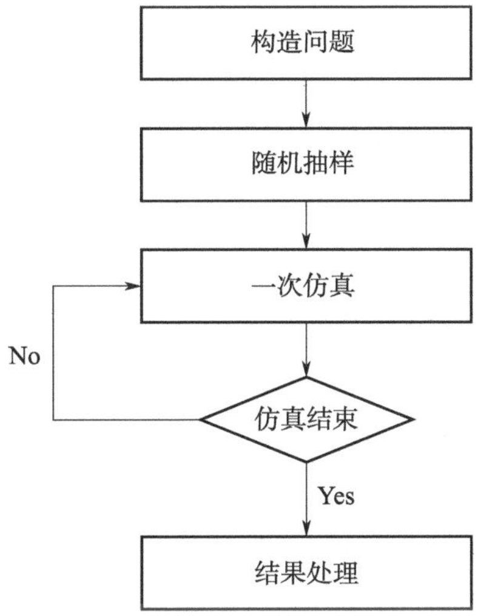

图 6-1　蒙特卡洛仿真基本过程

用数学方法产生具有给定分布的随机数的工作可以方便地由计算机实现。为了获得计算效率，通常都是先在计算机上产生 [0，1] 区间均匀分布的随机数，通过变换再得到所要求的给定分布的随机数。这样获得随机数的过程好像抽签，故又称为随机抽样。

用蒙特卡洛法模拟一个实际问题时，要大量用到各种不同分布的随机变量。因此，在计算机上经济地产生统计上理想的各种不同分布的随机变量的抽样序列，是蒙特卡洛法能成功运用的基础。相关方法将在 6.4 节进行详细介绍。

6.1.2 结果估计

6.1.2.1 均值估计

蒙特卡洛法中的仿真模型采用随机变量作为输入，仿真输出数据也是随机的，在统计学中称为观测值。设 Y_1，Y_2，Y_3，…，Y_n 是独立同分布的随机变量，总体均值为 μ ，方差为 σ^2，进行 n 次仿真后得到观测值（仿真输出数据）为 y_1，y_2，y_3，…，y_n ，则样本均值为

$$\overline{y}=\frac{1}{n}\sum_{i=1}^{n}y_i \tag{6-1}$$

因为

$$\begin{aligned}E(\overline{y})-\mu&=E\left(\frac{1}{n}\sum_{i=1}^{n}y_i\right)-\mu\\&=\frac{1}{n}\sum_{i=1}^{n}E(y_i)-\mu\\&=0\end{aligned} \tag{6-2}$$

这表明，在平均意义下，用 $\overline{y}$ 估计 μ 的误差为 0。因此，蒙特卡洛法中样本均值 $\overline{y}$ 是总体均值 μ 的无偏（点）估计，也就是 $E[\overline{y}]=\mu$ 。

6.1.2.2 方差估计

样本方差为

$$S^2=\frac{1}{n-1}\sum_{i=1}^{n}(y_i-\overline{y})^2 \tag{6-3}$$

样本方差 S^2 是总体方差 σ^2 的无偏估计，因为 $E[S^2]=\sigma^2$。有时，也将 $\overline{y}$ 和 S^2 记为 $\hat{\mu}$ 和 $\hat{\sigma}^2$，表示 $\overline{y}$ 和 S^2 是 μ 和 σ^2 的估计值。

6.1.2.3 标准差估计

样本标准差为

$$S=\sqrt{\frac{1}{n-1}\sum_{i=1}^{n}(y_i-\overline{y})^2} \tag{6-4}$$

样本标准差 S 是总体标准差 σ 的有偏估计。

6.1.3 误差分析

蒙特卡洛法通过样本统计值来获得估计值，因为计算总是基于有限数目的历史样本，这就必须对结果做出一个可靠的统计误差估计。由概率论相关知识可知，评定估计值精确

度的一个常用方法是建立一个置信区间，本节就误差估计进行讨论。

6.1.3.1 均值估计的方差

如果没有任何附加信息，使用 $\overline{y}$ 作为 μ 的估计的困难在于没有办法评定 $\overline{y}$ 有多接近于 μ。因为 $\overline{y}$ 是一个方差为 $\mathrm{Var}[\overline{y}]$ 的随机变量，在一次试验中 $\overline{y}$ 可能很接近 μ，在另一次试验中 $\overline{y}$ 可能与 μ 相差很远。评定 $\overline{y}$ 作为 μ 的估计精确度的一个常用方法是建立一个 μ 的置信区间，这部分内容在 6.1.3.4 节讨论。建立置信度的第一步是估计方差 $\mathrm{Var}[\overline{y}]$，为

$$\begin{aligned}\sigma_{\overline{y}}^2 &= \mathrm{Var}\left(\frac{1}{n}\sum_{i=1}^{n} y_i\right)\\ &= \frac{1}{n^2}\sum_{i=1}^{n}\mathrm{Var}(y_i)\\ &= \frac{\sigma^2}{n}\end{aligned} \tag{6-5}$$

显然，仿真试验次数 n 越大，$\overline{y}$ 越接近 μ。此外，$\mathrm{Var}[\overline{y}]$ 的无偏估计可以通过用 S^2 替换 σ^2 获得，结果为

$$\sigma_{\overline{y}}^2 = \frac{S^2}{n} = \frac{1}{n(n-1)}\sum_{i=1}^{n}(y_i - \overline{y})^2 \tag{6-6}$$

6.1.3.2 方差估计的标准差

在样本服从正态分布条件下，样本方差 S^2 的标准差为

$$\sigma_{S^2} = \sqrt{\mathrm{Var}\left[\frac{1}{n-1}\sum_{i=1}^{n}(y_i - \overline{y})^2\right]} = \frac{\sigma^2}{\sqrt{n/2}} \tag{6-7}$$

显然，仿真试验次数 n 越大，S^2 越接近 σ^2。计算中可以通过用 S^2 替换 σ^2，得到 σ_{S^2} 估计值为

$$\hat{\sigma}_{S^2} = \frac{S^2}{\sqrt{(n-1)/2}} \tag{6-8}$$

6.1.3.3 标准差估计的标准差

在样本服从正态分布条件下，样本标准差 S 的标准差为

$$\sigma_S = \sqrt{\mathrm{Var}\left[\sqrt{\frac{1}{n-1}\sum_{i=1}^{n}(y_i - \overline{y})^2}\right]} = \frac{\sigma}{\sqrt{2n}} \tag{6-9}$$

以上分析假设 Y_1，Y_2，Y_3，…，Y_n 是独立同分布的随机变量，实际仿真中输出数据几乎总是相关的。此时，样本均值 $\overline{y}$ 仍然是总体均值 μ 的无偏估计，但样本方差 S^2 不再是总体方差 σ^2 的无偏估计。进一步学习可以参考相关文献（Law，2007；Banks，2005）。

6.1.3.4 均值估计的置信区间

下面以均值为例，分析蒙特卡洛法的估计误差。评定 $\overline{y}$ 作为 μ_y 的估计精确度的一个常用方法是建立一个 μ_y 的置信区间，这需要得到样本均值 $\overline{y}$ 的概率密度函数，这个难点可以通过中心极限定理来解决。中心极限定理确保了在很弱的条件下（只要存在期望和方

差）$\overline{y}$ 的概率密度渐进收敛于正态分布。

【定理】独立同分布的中心极限定理

令 y_1，y_2，…，y_n 为一组独立同分布的随机变量，均值为 μ ，方差为 σ^2。令样本均值 $\overline{y}=\frac{1}{n}\sum_{i=1}^{n}y_i$ ，当 $n\to\infty$ 时，有

$$\overline{y}\sim N\left(\mu,\sqrt{\frac{\sigma^2}{n}}\right) \tag{6-10}$$

该定理说明，如果 n 足够大，随机变量 $\overline{y}$ 的分布将近似均值为 μ 和方差为 σ^2/n 的正态分布，而不论 y_1，y_2，…，y_n 是何种分布。还可以证明，对于一个很大的 n ，$t=\frac{\overline{y}-\mu}{\sqrt{\sigma^2/n}}$ 的分布近似标准正态分布，概率密度函数为

$$\lim_{n\to\infty}f(t)=\frac{1}{\sqrt{2\pi}}\mathrm{e}^{-\frac{t^2}{2}} \tag{6-11}$$

在实际中方差 σ^2 一般是不知道的，但是由于样本方差 S^2 随着 n 的增大而收敛于 σ^2（无偏估计），可以证明如果用 S^2 代替 σ^2，独立同分布的中心极限定理仍然成立。因此，随机变量 $t=\frac{\overline{y}-\mu}{\sqrt{S^2/n}}$ 的分布近似标准正态分布。对于大的 n 就有

$$P\left(-z_{1-\alpha/2}\leqslant\frac{\overline{y}-\mu}{\sqrt{S^2/n}}\leqslant z_{1-\alpha/2}\right)=P\left(\overline{y}-z_{1-\alpha/2}\sqrt{\frac{S^2}{n}}\leqslant\mu\leqslant\overline{y}+z_{1-\alpha/2}\sqrt{\frac{S^2}{n}}\right)\approx 1-\alpha \tag{6-12}$$

$z_{1-\alpha/2}$ 是标准正态随机变量上 $1-\alpha/2$ 临界点（可查表获得，如图 6-2 所示）。因此，如果 n 足够大，μ 的近似置信度为 $1-\alpha$ 的置信区间为

$$\overline{y}\pm z_{1-\alpha/2}\sqrt{\frac{S^2}{n}} \tag{6-13}$$

如果 n 足够大，这个置信区间包含 μ 的比例应该是 $1-\alpha$ 。称这个比例为置信区间的覆盖范围。

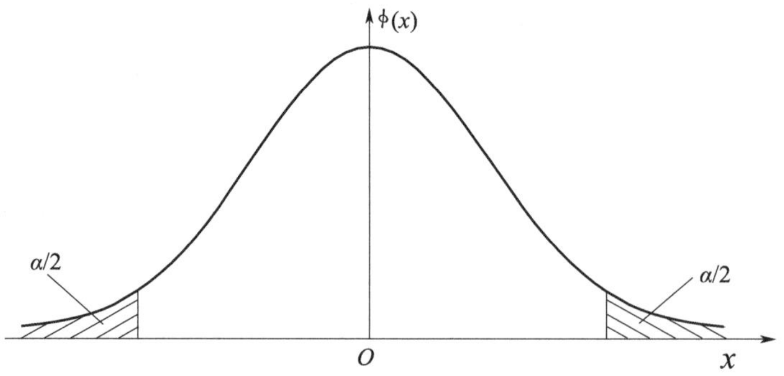

图 6-2　标准正态分布的临界点示意图

采用区间估计的困难在于知道 n 足够大。通常，y_1，y_2，…，y_n 的实际分布越偏（非对称），$t=\dfrac{\overline{y}-\mu}{\sqrt{S^2/n}}$ 的分布近似于标准正态分布所需要的 n 就越大。

现在引入另一个置信区间表达式。如果 y_1，y_2，…，y_n 服从正态分布，随机变量 $t=\dfrac{\overline{y}-\mu}{\sqrt{S^2/n}}$ 是具有 $n-1$ 个自由度的 t 分布（学生氏分布），一个准确的 μ 的置信度为 $1-\alpha$ 的置信区间为

$$\overline{y}\pm t_{n-1,1-\alpha/2}\sqrt{\frac{S^2}{n}} \tag{6-14}$$

其中，$t_{n-1,\ 1-\alpha/2}$ 是具有 $n-1$ 个自由度的 t 分布的上 $1-\alpha/2$ 临界点。t 分布比标准正态分布具有较小的峰值和较长的尾部，所以，对于任意有限的 n ，$t_{n-1,\ 1-\alpha/2}>z_{1-\alpha/2}$ 。式（6－14）称为 t 置信区间。

在实际中，y_1，y_2，…，y_n 很少是正态分布的，式（6－14）给出的置信区间也是近似覆盖。由于 $t_{n-1,\ 1-\alpha/2}>z_{1-\alpha/2}$ ，式（6－13）给出的置信区间比式（6－14）给出的覆盖范围更接近所要求的置信水平 $1-\alpha$ 。当 $n\to\infty$ 时，$t_{n-1,\ 1-\alpha/2}\to z_{1-\alpha/2}$ 。$t_{40,\ 0.95}$ 与 $z_{0.95}$ 的差异小于 3%。

6.1.3.5　方差估计的置信区间

假设系统输出 y_1，y_2，y_3，…，y_n 服从正态分布，则样本方差 S^2 满足 χ^2 分布，对于样本数目为 n 的情况，σ^2 的置信度为 $1-\alpha$ 的置信区间为

$$\left[\frac{\sqrt{n-1}S}{\sqrt{\chi^2_{1-\alpha/2}(n-1)}},\frac{\sqrt{n-1}S}{\sqrt{\chi^2_{\alpha/2}(n-1)}}\right] \tag{6-15}$$

其中，$\chi^2_{1-\alpha/2}(n-1)$ 为 $n-1$ 自由度 χ^2 分布上的 $1-\alpha/2$ 临界点。

6.1.3.6　终止准则

根据以上分析，采用蒙特卡洛法经过 n 次仿真试验，利用每次试验得到的参数 y_i ，得到系统均值估计值 $\overline{y}$ 、方差估计值 S^2 和标准差估计值 S 等，估计值计算和误差见表 6－1。从表中可以看出，蒙特卡洛法对均值估计的收敛速度与试验次数紧密相关，即与 $1/\sqrt{n}$ 成正比。

表 6－1　蒙特卡洛法估计值及其误差

参数	蒙特卡洛法估计值	估计值的分布	估计值的标准差
均值	$\overline{y}=\dfrac{1}{n}\sum\limits_{i=1}^{n}y_i$	正态分布	$\sigma_{\overline{y}}=\dfrac{\sigma}{\sqrt{n}}$
方差	$S^2=\dfrac{1}{n-1}\sum\limits_{i=1}^{n}(y_i-\overline{y})^2$	样本服从正态分布时为 χ^2 分布	样本服从正态分布时 $\sigma_{s^2}=\dfrac{\sigma^2}{\sqrt{(n-1)/2}}$
标准差	$S=\left[\dfrac{1}{n-1}\sum\limits_{i=1}^{n}(y_i-\overline{y})^2\right]^{1/2}$	—	样本服从正态分布时 $\sigma_s=\dfrac{\sigma}{\sqrt{2n}}$

蒙特卡洛法终止的准则通常考虑两方面。

1）达到事先确定的某一置信水平下所能接受的误差水平。例如，当对均值的估计误差在 95％的置信水平下小于 $\pm\varepsilon$ 时，就可以停止蒙特卡洛仿真，那么仿真次数 n 满足

$$2\frac{S}{\sqrt{n}}\leqslant\varepsilon \tag{6-16}$$

2）很多情况下仿真次数的上限是由整个蒙特卡洛仿真所允许的最大时间来决定的。

6.1.4 蒙特卡洛法的特点

蒙特卡洛法具有以下优点：

1）能够比较逼真地描述具有随机性质的事物的特点及物理实验过程。从这个意义上讲，蒙特卡洛法可以部分代替物理实验，甚至可以得到物理实验难以得到的结果。它有直观、形象的特点。

2）受问题条件限制的影响小。在具有随机性质的问题中，如考虑的系统很复杂，难以用一般数值方法求解，而使用蒙特卡洛法，不会有原则上的困难。

3）收敛速度与问题的维数无关。中心极限定理和样本均值收敛于期望值的特性对于任意维的随机变量都成立。蒙特卡洛法计算的收敛速度 $1/\sqrt{n}$ 与相平面的维数无关。维数增加，除了增加相应的计算量外，不影响问题的误差。蒙特卡洛法对状态空间维数不敏感这一性质使它在科学和工程的许多领域都获得了重要应用，而维数在航天系统工程这样的一个特殊领域中起着很重要的作用。

4）误差容易确定。对于一般计算方法，要给出计算结果与真值的误差并不是一件容易的事情，而蒙特卡洛法则不然。根据误差公式，可以在计算所求量的同时计算出误差。对于很复杂的蒙特卡洛法计算问题，也是容易确定的。

5）程序结构简单，易于实现。在计算机上进行蒙特卡洛法计算时，程序结构简单，分块性强，易于实现。

蒙特卡洛法具有以下缺点：

1）收敛速度慢。如前所述，蒙特卡洛法的收敛速度慢，一般不容易得到精确度较高的近似结果。通常需要 1 000 次甚至 10 000 次仿真才能得到满意的响应结果。

2）误差具有概率性。由于蒙特卡洛法的误差是在一定置信水平下估计的，所以它的误差具有概率性，而不是一般意义下的误差。

蒙特卡洛法的缺点在工程中经常需要借助高效的抽样方法和方差缩减技术来提高整体计算速度，也可以通过并行仿真等方法解决。

6.1.5 飞行器涡轮叶片仿真实例

6.1.5.1 问题描述

现代飞行器发动机涡轮叶片需要承受 1 500 K 以上的高温，因此需要冷却技术降低温度，提高涡轮性能和叶片的寿命。对流冷却是目前广泛采用的冷却方式之一。冷却空气从

叶片内部若干专门的通道流过，通过对流与叶片内壁面进行热交换，使叶片温度降低达到冷却效果，对流冷却通常可以降低 200 ℃到 250 ℃。同时，在叶片壁面上涂敷或粘贴导热率低的耐高温材料形成防热涂层，减少燃气向叶片传热，如图 6－3 所示。

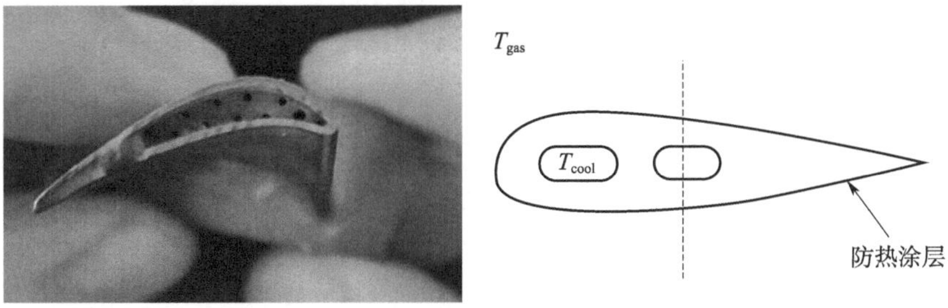

图 6－3　飞行器涡轮叶片示意图

从图 6－3 虚线处截开得到截面图，如图 6－4 所示。设叶片外燃气温度为 T_{gas}，冷却空气温度为 T_{cool}，防热涂层外温度为 T_{TBC}，防热涂层内温度为 T_{mh}，叶片冷却通道表面温度为 T_{mc}，燃气热传导系数为 h_{gas}，冷却空气热传导系数为 h_{cool}，防热涂层热导率为 k_{TBC}，叶片热导率为 k_m，叶片外表面至冷却通道厚度为 L_m，耐高温材料厚度为 L_{TBC}，热流密度为 $\dot{q}$，则飞行器涡轮叶片一维热传导的简化模型为

$$\begin{cases} \dot{q}=h_{gas}(T_{gas}-T_{TBC}) \\ \dot{q}=\dfrac{k_{TBC}}{L_{TBC}}(T_{TBC}-T_{mh}) \\ \dot{q}=\dfrac{k_m}{L_m}(T_{mh}-T_{mc}) \\ \dot{q}=h_{cool}(T_{mc}-T_{cool}) \end{cases} \tag{6-17}$$

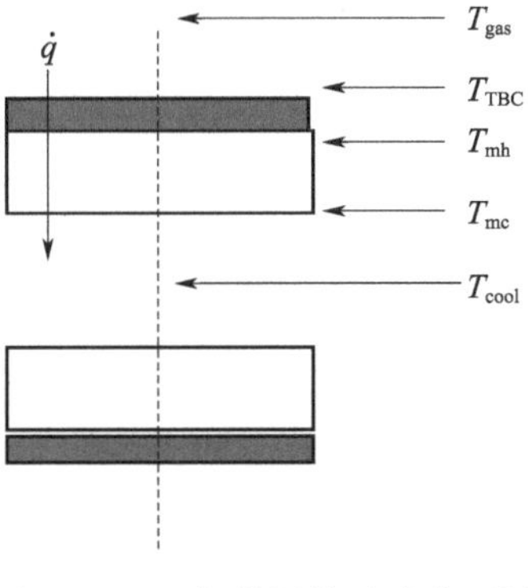

图 6－4　飞行器涡轮叶片截面图

将热传导模型写成线性方程组的矩阵形式为

$$\begin{bmatrix} -h_{\mathrm{gas}} & 0 & 0 & -1 \\ \dfrac{k_{\mathrm{TBC}}}{L_{\mathrm{TBC}}} & -\dfrac{k_{\mathrm{TBC}}}{L_{\mathrm{TBC}}} & 0 & -1 \\ 0 & \dfrac{k_{\mathrm{m}}}{L_{\mathrm{m}}} & -\dfrac{k_{\mathrm{m}}}{L_{\mathrm{m}}} & -1 \\ 0 & 0 & h_{\mathrm{cool}} & -1 \end{bmatrix} \begin{bmatrix} T_{\mathrm{TBC}} \\ T_{\mathrm{mh}} \\ T_{\mathrm{mc}} \\ \dot{q} \end{bmatrix} = \begin{bmatrix} -h_{\mathrm{gas}} T_{\mathrm{gas}} \\ 0 \\ 0 \\ h_{\mathrm{cool}} T_{\mathrm{cool}} \end{bmatrix} \tag{6-18}$$

给定冷却空气温度 T_{cool} 、防热涂层外温度 T_{TBC} ，就可以求出防热涂层外温度 T_{TBC} 、防热涂层内温度 T_{mh} 、叶片冷却通道表面温度 T_{mc} 和热流密度 $\dot{q}$ ，其中 T_{mh} 是叶片温度最高点，决定了叶片的寿命，是仿真中需要重点关注的量。

6.1.5.2 标称仿真

设所有输入参数采用标称设计的初始值，进行确定性分析，标称输入为

$$h_{\mathrm{gas}} = 3\ 000\ \mathrm{W/(m^2K)} \qquad h_{\mathrm{cool}} = 1\ 000\ \mathrm{W/(m^2K)}$$
$$T_{\mathrm{gas}} = 1\ 500\ \mathrm{K} \qquad T_{\mathrm{cool}} = 600\ \mathrm{K}$$
$$k_{\mathrm{TBC}} = 1\ \mathrm{W/(mK)} \qquad k_{\mathrm{m}} = 20\ \mathrm{W/(mK)}$$
$$L_{\mathrm{TBC}} = 0.000\ 5\ \mathrm{m} \qquad L_{\mathrm{m}} = 0.003\ \mathrm{m}$$

编制 Matlab 脚本 blade1D. m 解算热传导模型，编制 bladedet. m 进行标称仿真。

```
% Nominal values of input parameters
hgas   = 3000;     % TBC - gas heat transfer coef. (W/(m^2 K))
Tgas   = 1500;     % Mixed gas temperature (K)
ktbc   = 1;        % TBC  thermal conduct. (W/mK)
Ltbc   = 0.0005;   % TBC  thickness (m)
km     = 20;       % Metal thermal conduct. (W/mK)
Lm     = 0.003;    % Metal thickness (m)
hcool  = 1000;     % Coolant - metal heat transfer coef. (W/(m^2 K))
Tcool  = 600;      % Coolant temperature (K)

% Solve heat transfer problem
[Ttbc, Tmh, Tmc, q] = blade1D(hgas, Tgas, ktbc, Ltbc, km, Lm, hcool, Tcool);

fprintf('Tmh =  %6.1f K\n',Tmh);
```

```
function [Ttbc, Tmh, Tmc, q] = blade1D(hgas, Tgas, ktbc, Ltbc, km, Lm, ...hcool,
                                       Tcool)

% Calculate matrix
K = [   -hgas,       0,     0, -1; ...
```

```
  ktbc/Ltbc, -ktbc/Ltbc,     0, -1; ...
          0,     km/Lm, - km/Lm, -1; ...
          0,        0,  hcool, -1;];

 % Calculate right-hand side
b = [-hgas * Tgas; 0; 0; hcool * Tcool];

u = K\b;

Ttbc = u(1);
Tmh  = u(2);
Tmc  = u(3);
q    = u(4);
```

得到结果为

$$T_{\mathrm{TBC}}=1\ 348.7\ \mathrm{K},\quad T_{\mathrm{mh}}=1\ 121.8\ \mathrm{K}$$

$$T_{\mathrm{mc}}=1\ 053.8\ \mathrm{K},\quad \dot{q}=453\ 780\ \mathrm{W/m^2}$$

6.1.5.3　单因素蒙特卡洛仿真

在涡轮叶片制造中，受工艺等因素影响，防热涂层厚度是一个重要的随机因素，将防热涂层厚度作为单一随机因素进行仿真。设防热涂层厚度 L_{TBC} 服从均匀分布，如图 6-5 所示，分布区间为

$$0.000\ 25\ \mathrm{m}<L_{\mathrm{TBC}}<0.000\ 75\ \mathrm{m}$$

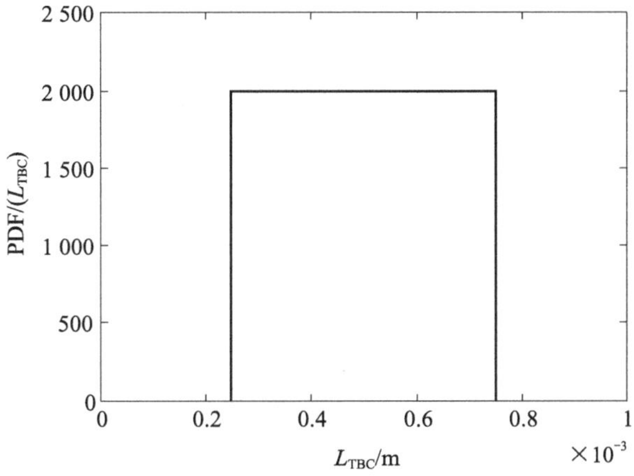

图 6-5　涂层厚度随机因素概率密度图

编制 Matlab 脚本 bladeLtbc.m 执行单因素蒙特卡洛仿真，分析防热涂层厚度 L_{TBC} 随机变化时防热涂层内温度 T_{mh} 的规律。

```
%单个输入为随机变量

clear all;

% Nominal values of input parameters
hgas     = 3000;     % TBC - gas heat transfer coef. (W/(m^2 K))
Tgas     = 1500;     % Mixed gas temperature (K)
ktbc     = 1;        % TBC  thermal conduct. (W/mK)
km       = 20;       % Metal thermal conduct. (W/mK)
Lm       = 0.003;    % Metal thickness (m)
hcool    = 1000;     % Coolant - metal heat transfer coef. (W/(m^2 K))
Tcool    = 600;      % Coolant temperature (K)

% Number of Monte Carlo trials
N = 1000;

for n = 1 : N,
  % generate Ltbc values using a uniform distribution
  Ltbc(n) = 0.00025 + 0.0005 * rand;

  % Solve heat transfer problem
  [Ttbc, Tmh(n), Tmc, q] = blade1D(hgas, Tgas, ktbc, Ltbc(n), km, Lm, hcool,
Tcool);

  if (n>1)
      mTmh(n - 1) = mean(Tmh);
      sTmh(n - 1) = std(Tmh);
  end
end

figure(1);
hist(Ltbc,20);
xlabel('L_{tbc} (m)');
figure(2);
hist(Tmh,20);
xlabel('T_{mh} (K)');
```

```
figure(3);
plot(mTmh);
ylabel('Mean T_{mh} (K)');
figure(4);
plot(sTmh);
ylabel('Sdev T_{mh} (K)');
fprintf('Mean Tmh =  %6.1f\n',mTmh(n-1));
fprintf('Sdev Tmh =  %6.1f\n',sTmh(N-1));
```

令仿真次数 N 分别等于 100、1 000、10 000，得到防热涂层厚度 L_{TBC} 随机抽样结果直方图如图 6－6 所示，得到防热涂层内温度 T_{mh} 结果直方图如图 6－7 所示。从图 6－6 可以看出，仿真次数 N 越大，随机变量抽样结果越接近均匀分布。从图 6－7 可以看出，仿真次数 N 越大，防热涂层内温度 T_{mh} 直方图越平滑。

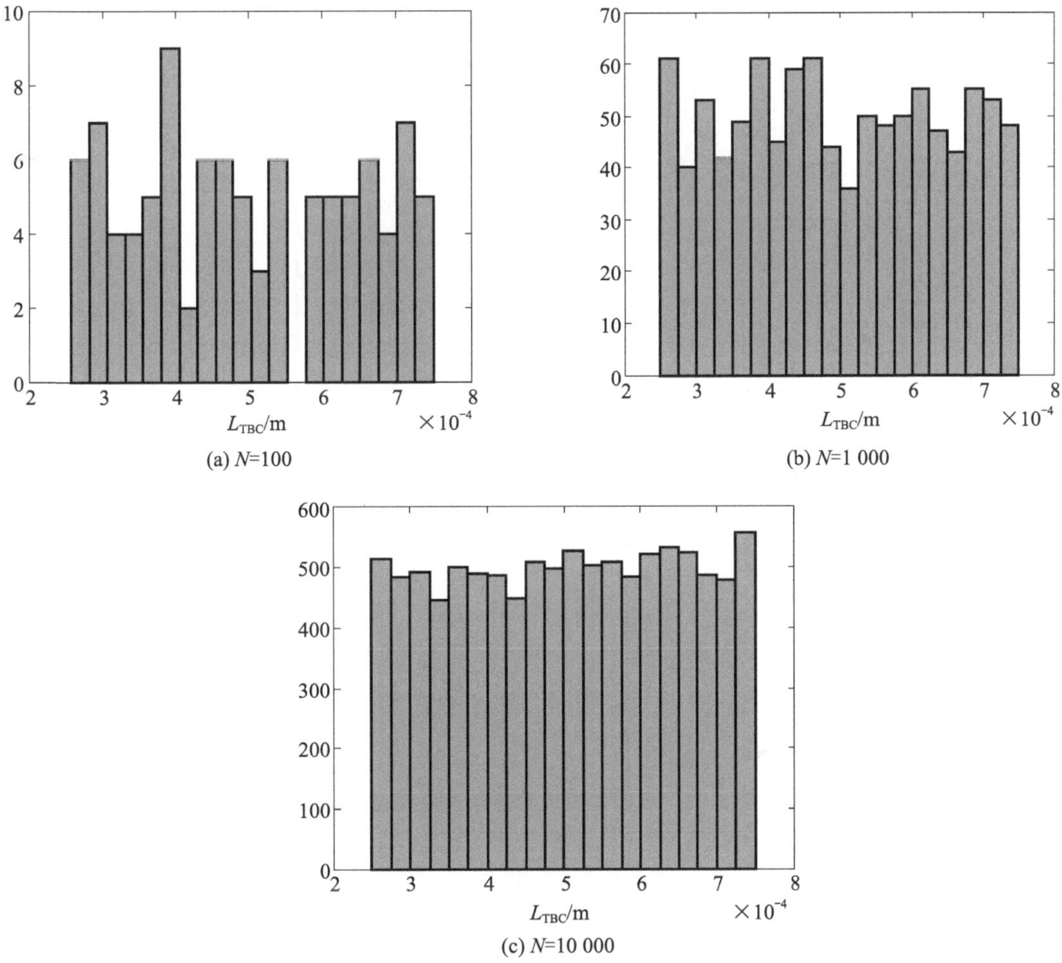

图 6－6　防热涂层厚度抽样直方图

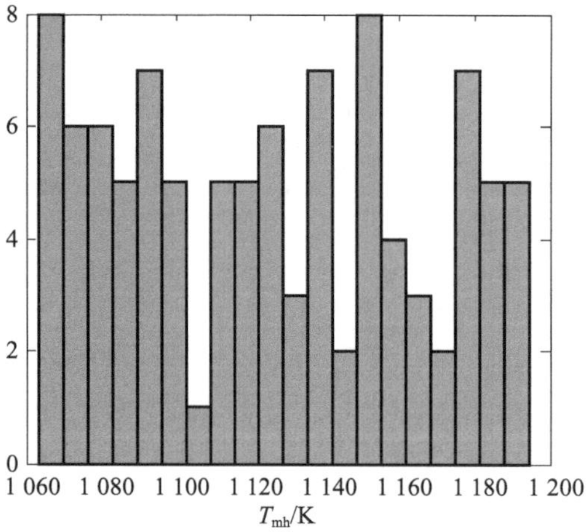

(a) N=100

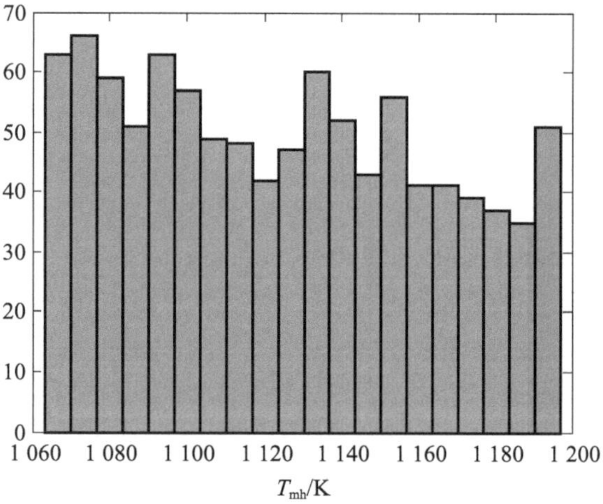

(b) N=1 000

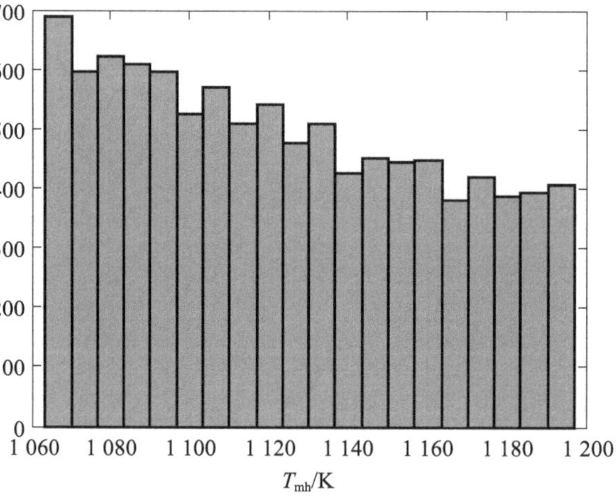

(c) N=10 000

图 6－7　单因素仿真防热涂层内温度结果直方图

对防热涂层内温度 T_{mh} 进行估计，得到结果见表 6－2，从表可以发现，单因素蒙特卡洛仿真均值估计结果与标称仿真结果 T_{mh} =1 053.8 K 相差较大，这说明在非线性系统中，随机仿真均值与标称仿真结果并不一定相同，对于存在随机变量的非线性系统，必须进行随机仿真才能正确估计均值。

表 6－2　单因素仿真防热涂层内温度估计值

仿真次数 N	均值/K	标准差/K
100	1 127.3	37.9
1 000	1 124.2	38.1
10 000	1 124.2	38.4

均值和标准差随仿真次数 N 的变化如图 6－8 和图 6－9 所示，从图中可以看出，随着仿真次数增加，均值和标准差的波动幅值逐渐减小，当 $N>200$ 以后，逐渐趋于稳定，这说明仿真次数越大，均值和标准差的估计越好。

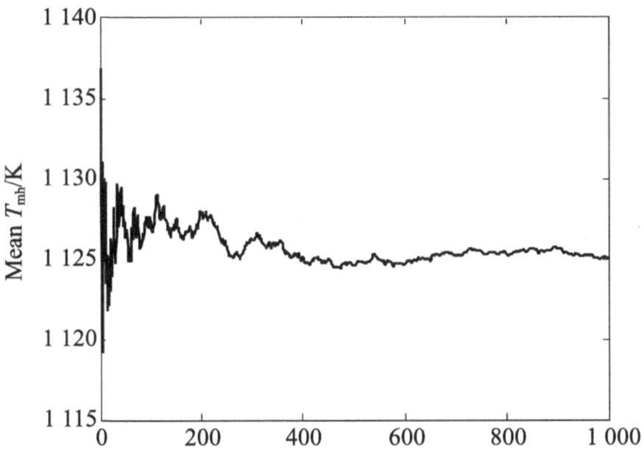

图 6－8　防热涂层内温度均值随仿真次数变化

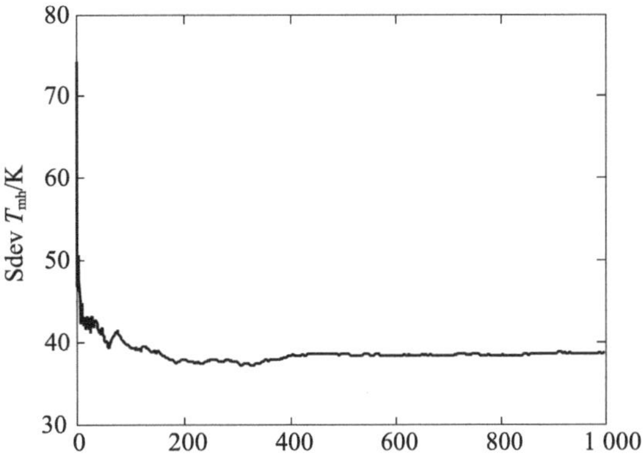

图 6－9　防热涂层内温度标准差随仿真次数变化

通过以上单因素蒙特卡洛试验，得到如下结论：

1）仿真次数越大，均值和标准差波动越小，估计效果越好；

2）对于一般的非线性系统，随机仿真均值与标称仿真结果并不一定相同。

6.1.5.4　多因素蒙特卡洛仿真

设叶片外燃气温度 T_{gas}、冷却空气温度 T_{cool}、燃气热传导系数 h_{gas}、冷却空气热传导系数 h_{cool}、防热涂层热导率 k_{TBC}、叶片热导率 k_m、叶片外表面至冷却通道厚度 L_m、耐高温材料厚度 L_{TBC} 等 8 个因素都满足均匀分布随机变量，分布区间为

$$h_{gas}=(1\,500\sim 4\,500)\ \mathrm{W/(m^2K)} \qquad h_{cool}=(1\,000\sim 2\,000)\mathrm{W/(m^2K)}$$

$$T_{gas}=(1\,500\sim 2\,500)\ \mathrm{K} \qquad T_{cool}=(600\sim 800)\mathrm{K}$$

$$k_{TBC}=(1.0\sim 1.3)\ \mathrm{W/(mK)} \qquad k_m=(20\sim 22)\ \mathrm{W/(mK)}$$

$$L_{TBC}=(0.000\,25\sim 0.000\,75)\ \mathrm{m} \qquad L_m=(0.003\sim 0.005)\ \mathrm{m}$$

编制 Matlab 脚本 bladeuni.m 执行多因素蒙特卡洛仿真，分析防热涂层内温度 T_{mh} 的规律。

```
%多个输入为随机变量
clear all;


% Lower and upper bounds of input parameters
hgas   = [1500, 4500];    % TBC - gas heat transfer coef. (W/(m^2 K))
Tgas   = [1500, 2500];    % Mixed gas temperature (K)
ktbc   = [1.0, 1.3];      % TBC  thermal conduct. (W/mK)
Ltbc   = [0.00025, 0.00075];   % TBC  thickness (m)
km   = [20.0, 22.0];   % Metal thermal conduct. (W/mK)
```

```
Lm    = [0.003, 0.005];   % Metal thickness (m)
hcool = [1000, 2000];   % Coolant - metal heat transfer %coef. (W/(m^2 K)
Tcool = [ 600, 800];   % Coolant temperature (K)

% Place parameter bounds into a vector
Pbound = [hgas; Tgas; ktbc; Ltbc; km; Lm; hcool; Tcool];

% Number of Monte Carlo trials
N = 10000;
for n=1:N,
   % generate Ltbc values using a uniform distribution
   P(:,n) = Pbound(:,1) + (Pbound(:,2) - Pbound(:,1)).*rand(8,1);

   % Solve heat transfer problem
   [Ttbc, Tmh(n), Tmc, q] = blade1D(P(1,n), P(2,n), P(3,n), P(4,n), ...
                P(5,n), P(6,n), P(7,n), P(8,n));

   if (n>1)
     mTmh(n-1) = mean(Tmh);
     sTmh(n-1) = std(Tmh);
   end
end

% 保存最终方差
figure(1);
hist(Tmh,20);
xlabel('T_{mh} (K)');
figure(2);
plot(mTmh);
xlabel('N');
ylabel('Mean T_{mh} (K)');
figure(3);
plot(sTmh);
xlabel('N');
ylabel('StdDev T_{mh} (K)');

fprintf('Mean Tmh =  %6.1f\n',mTmh(n-1));
fprintf('Sdev Tmh =  %6.1f\n',sTmh(N-1));
```

令仿真次数 N 分别等于 100、1 000、10 000，得到防热涂层内温度 T_{mh} 结果直方图如图 6－10 所示，从图可以看出，仿真次数 N 越大，防热涂层内温度 T_{mh} 直方图越平滑，而且越接近正态分布。

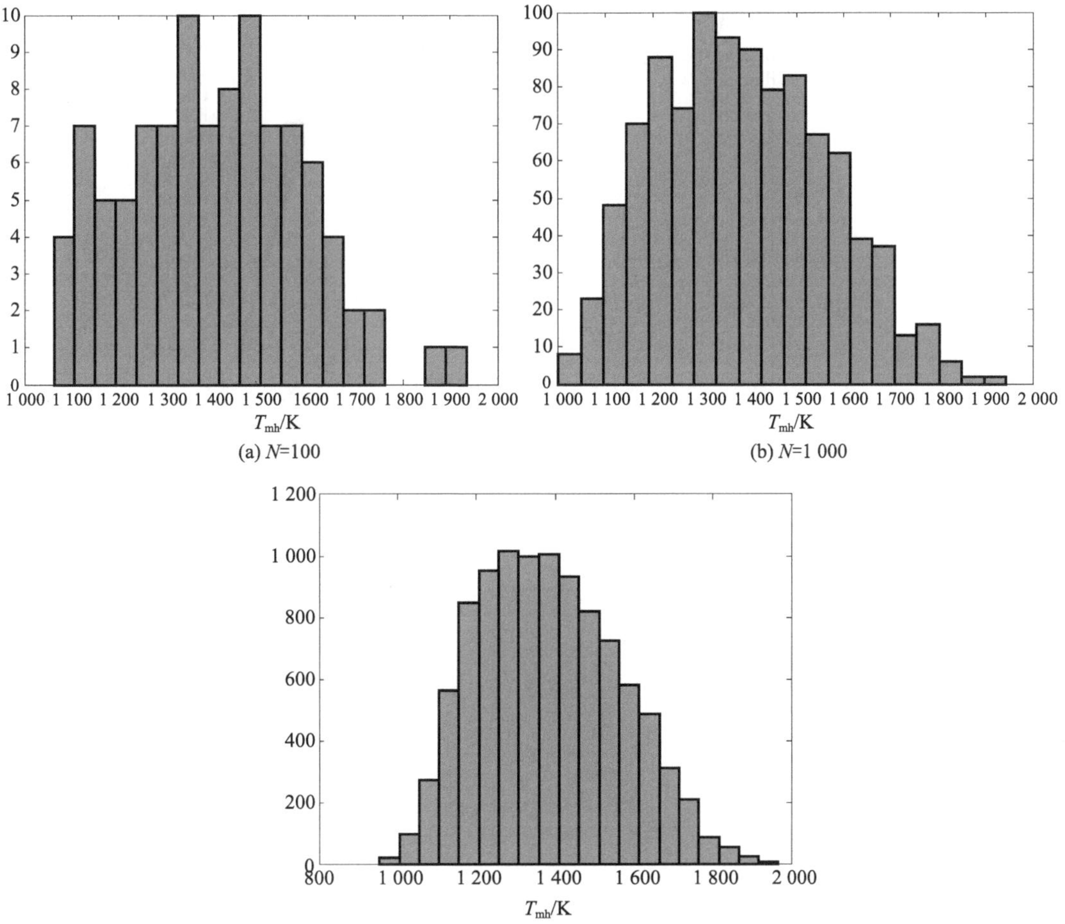

(a) N=100　(b) N=1 000　(c) N=10 000

图 6－10　多因素仿真防热涂层内温度结果直方图

对防热涂层内温度 T_{mh} 进行估计，得到结果见表 6－3，从表可以发现，多因素蒙特卡洛均值估计结果与单因素蒙特卡洛仿真结果、标称仿真结果 $T_{mh}=1\ 053.8$ K 都相差较大，对于存在多个随机变量的非线性系统，必须进行多因素随机仿真才能正确估计均值。

表 6－3　多因素仿真防热涂层内温度估计值

仿真次数 N	均值/K	标准差/K
100	1 401.3	184.7
1 000	1 387.6	179.0
10 000	1 383.0	177.5

均值和标准差随仿真次数 N 的变化如图 6－11 和图 6－12 所示，从图中可以看出，随着仿真次数增加，均值和标准差的波动幅值逐渐减小，逐渐趋于稳定，这说明仿真次数越

大，均值和标准差的估计越好。

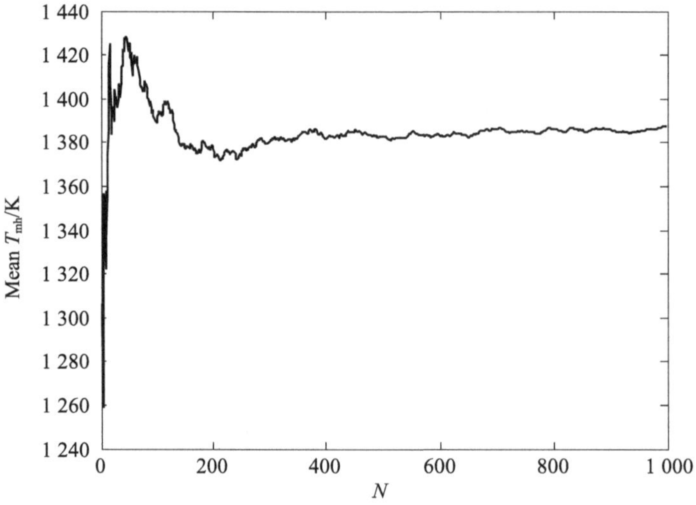

图 6－11　防热涂层内温度均值随仿真次数变化

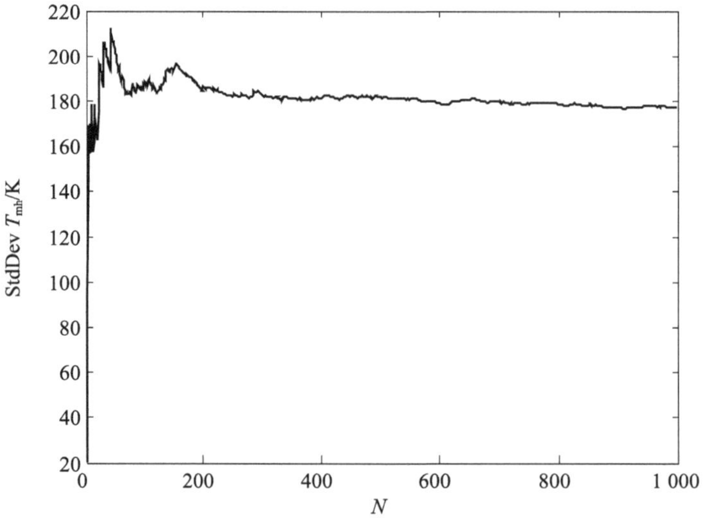

图 6－12　防热涂层内温度标准差随仿真次数变化

为了研究蒙特卡洛法估计结果的误差，进行 4 组仿真，每组仿真进行 1 000 次，防热涂层内温度样本均值 $\overline{T}_{mh}$ 随仿真次数的变化如图 6－13 所示，防热涂层内温度样本方差随仿真次数的变化如图 6－14 所示，图中每个曲线代表一组仿真。从图 6－13 和图 6－14 可以看出，4 组仿真的涂层内温度样本方差均值 $\overline{T}_{mh}$ 和样本方差都不相同，这说明蒙特卡洛仿真结果估计具有概率性。4 组仿真结果的共同点是，随着仿真次数增加，不同组的样本均值和样本方差都趋向稳定。

通过以上多因素蒙特卡洛试验，得到如下结论：

1）仿真次数越大，均值和标准差波动越小，估计效果越好；

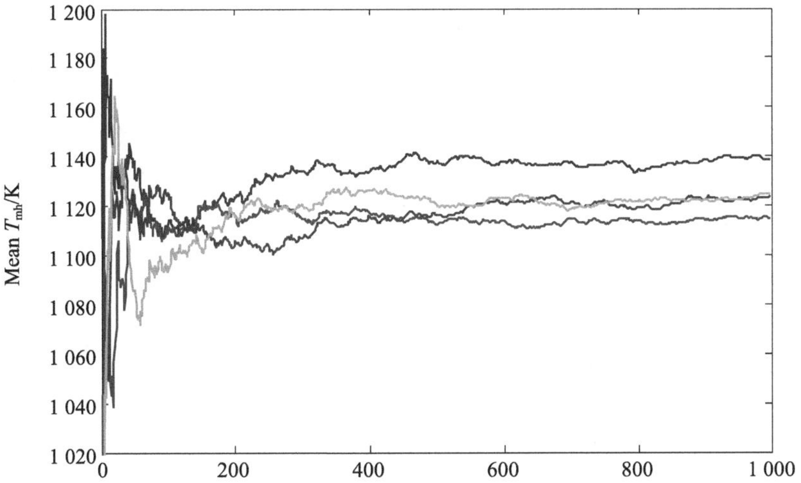

图 6－13　多组多因素仿真防热涂层内温度均值对比图

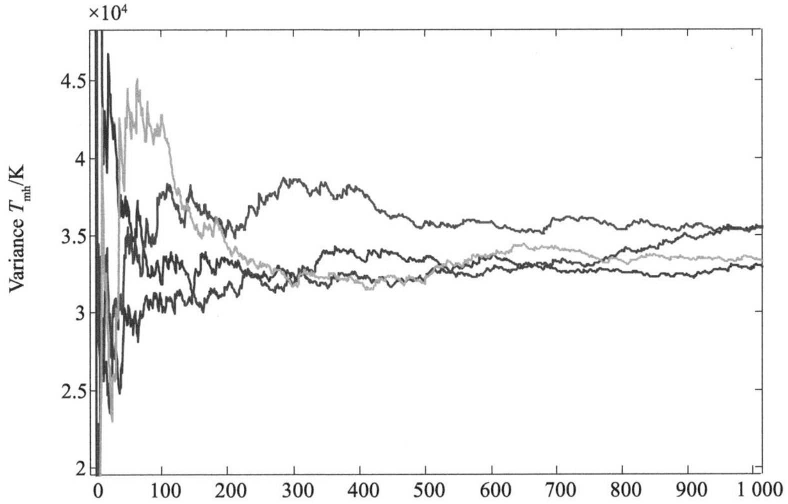

图 6－14　多组多因素仿真防热涂层内温度方差对比图

2）仿真中随机因素的选择对结果影响很大，对于一般的非线性系统，多因素蒙特卡洛均值估计结果与单因素蒙特卡洛仿真结果、标称仿真结果都相差较大；

3）蒙特卡洛法结果具有随机性，不同组的仿真结果一般不同，但都随着仿真次数增加趋向稳定。

6.2　试验设计方法

仿真试验设计方法有很多种，这里仅介绍其中最为常用的全面试验法、正交试验法、均匀试验法和一种航天领域常用的特殊试验方法——极限分析法。

对于大多数计算机仿真试验、系统现场试验和飞行试验，所给的试验条件（情况）对应着一个具有众多试验样本的母体，这就意味着试验设计方法所给的每一种试验条件需要进行大量独立的随机试验。在这里假设，数学模型的计算机仿真试验和实际物体的飞行试验具有等同的含义，都将被一视同仁地视为一次“试验”，完全可以应用均匀试验法等试验设计方法来进行试验设计。对于随机型的试验问题，我们还是需要蒙特卡洛法，也就是针对试验设计得到的每一种试验情况进行统计试验。

6.2.1 基本概念

试验设计（Design of Experiments，DOE）是指在一系列实验中确定参数值的任何正规方法的总称。试验设计涉及的基本术语包括以下内容。

1）因素（Factors）是要研究的输入参数，也称因子。

2）水平（Levels）是研究问题的输入参数值。

3）响应（Response）是要研究的输出性能度量。

4）主效应（Main Effect）是一个因素水平改变时引起的响应变化。

5）交互效应（Interaction Effect）是一个因素水平间的响应变化受其他因素水平制约的情况。

试验设计的目的是系统最优化及研究系统中各参数的作用，仿真中试验设计的主要目标是确定哪个因素对响应的影响最大，且为此用最少次数的仿真。这通常称为析因试验或者灵敏度分析。

本节研究的因素都是离散型的，也就是因素水平取值都是离散的点，对于这种试验称为 N^k 试验设计模式，这是最常用的模式。除此之外，还有 2^k 和 L^k 试验设计模式，分别表示因素为两端型和连续型的试验设计。

6.2.2 全面试验法

全面试验法又被称为穷举法。该方法将每一个因素的不同水平进行组合，并对每一组合做试验。设一项试验中有 m 个因素，他们各有 n_1，n_2，…，n_m 个水平，则全面试验至少要做 $n_1 \times n_2 \times \cdots \times n_m$ 次试验。

当因素个数及其水平数不多时，采用全面试验法可以获得较丰富的试验结果，结论也比较精确可靠。全面试验对各种因素与响应指标之间的关系分析得比较清楚，但试验的次数太多。特别是当因素多、每个因素水平数也较多时，试验量将大得惊人。以 3 个因素为例，每个因素若取 10 个水平，就需要进行 1 000 次试验。若进行 5 个因素、6 个水平的试验，则试验量将达到 $6^5 = 7\ 776$ 次。

6.2.3 正交试验法

所有试验设计方法本质上都是在试验范围内挑选代表点的方法。正交设计是根据正交准则来挑选代表点，使这些点能够反映试验范围内各因素和试验指标之间的关系。正交设计在挑选代表点时有两个特点，即均匀分散和整齐可比。均匀分散使试验点具有代表性，整齐可比便于试验数据的分析和处理。

6.2.3.1　正交表

日本著名的统计学家田口玄一将正交试验选择的水平组合列成表格，称为正交表。正交试验法，就是使用已经设计好的“正交表”来安排试验并进行数据分析的一种方法。它简单易行，计算表格化，使用者能够迅速掌握。正交试验一般包括如下几个步骤：

1）根据试验目的，确定考察指标 y；

2）确定考察的影响因素，$y=f(A, B, \cdots)$；

3）根据考察范围和精细度要求，确定因素水平合格水平的最值；

4）选择正交表；

5）按照正交表安排试验；

6）分析试验结果，找出最优化条件；

7）验证最优化条件下的指标。

正交试验一般通过一系列表格来实现这种设计，即所谓的正交表。表 6－4 就是一个正交表，其中 L 代表正交表，9 代表需要做九次试验，3 代表每个因素都有三个水平，4 代表该表有四个因素。

表 6－4　正交设计表 $L_9(3^4)$

No.	1	2	3	4
1	1	1	1	1
2	1	2	2	2
3	1	3	3	3
4	2	1	2	3
5	2	2	3	1
6	2	3	1	2
7	3	1	3	2
8	3	2	1	3
9	3	3	2	1

正交表可以按照其水平数分类，一般有以下几种。

1）二水平正交表：$L_4(2^3)$、$L_8(2^7)$、$L_{16}(2^{15})$、$L_{12}(2^{11})$ 等；

2）三水平正交表：$L_9(3^4)$、$L_{27}(3^{13})$、$L_{18}(3^7)$ 等；

3）四水平正交表：$L_{16}(4^5)$ 等；

4）五水平正交表：$L_{25}(5^6)$ 等；

5）混合型正交表：$L_{18}(2\times 3^7)$ 等。

正交实验设计的关键在试验因素的安排。在不考虑交互效应的情况下，可以自由地将各个因素安排在正交表的各列。但是当要考虑交互效应时，就会受到一定限制，如果任意安排，将会导致交互效应与其他效应混杂的情况。

为了保证整齐可比，正交试验法至少需要安排 q^2 次试验，其中 q 为每个因素的水平数。当试验水平数较大时，试验次数将大得难以承受。

6.2.3.2 试验设计与结果分析

试验设计与结果分析的目的是找出哪些因素对指标有显著影响，各个因素的哪个水平组合最好。数据分析有多种方法，如直观分析法、方差分析法和贡献率分析法等，下面采用实例对不考虑交互作用的直观分析法进行讨论，其他方法可见相关文献（Law，2007；胡剑文，2010）。

（1）试验设计

以弹道导弹对敌面状目标打击效果仿真试验为例。采用多枚导弹打击敌方目标，毁伤面积 S 与导弹发射数量、导弹圆概率偏差（CEP）、导弹的威力半径三个因素相关。毁伤面积定义为 $S=0.1S_I-0.9S_O$ ，其中 S_I 为重要目标的毁伤面积，S_O 为重要目标之外的毁伤面积。

设导弹发射数量（因素 A）考虑三个水平 8、12、16，CEP（因素 B）考虑三个水平 40 m、50 m、60 m，导弹威力半径（因素 C）考虑三个水平 10 m、20 m、30 m，采用表 6－4 的前三列设计试验计划，得到试验计划和试验结果见表 6－5。

表 6－5 试验计划与试验结果

试验	A－发射数量	B－CEP/m	C－威力半径/m	S/m^2
1	1(8)	1(40)	1(10)	148.27
2	1(8)	2(50)	2(20)	349.64
3	1(8)	3(60)	3(30)	15.75
4	2(12)	1(40)	2(20)	604.01
5	2(12)	2(50)	3(30)	600.48
6	2(12)	3(60)	1(10)	85.04
7	3(16)	1(40)	3(30)	647.71
8	3(16)	2(50)	1(10)	184.80
9	3(16)	3(60)	2(20)	－128.14
T_1	514.66	1 399.99	418.10	
T_2	1 289.53	1 134.92	825.50	
T_3	704.37	－27.35	1264.95	
$\overline{T}_1$	171.22	466.66	139.37	
$\overline{T}_2$	429.84	378.31	275.17	
$\overline{T}_3$	234.79	－9.12	421.32	
极差 R	258.62	475.78	281.95	

（2）综合可比性

从表 6－5 可以看出，第 7 组结果最好。但是，在全部 27 组试验中它是否最好？这需要利用正交表的综合可比性来分析。

首先分析第一列。该列中的 1、2、3 分别表示因素 A 的三个水平，按水平号将数据分为三组，第一组对应第 1、2、3 次试验，第二组对应第 4、5、6 次试验，第三组对应第 7、8、9 次试验。

第一组对应的三次试验都采用因素 A 的 1 水平进行，而因素 B 和因素 C 的三个水平各参加了一次试验。第一组三次试验结果的总和与平均值分别为

$$T_1 = 148.27 + 349.64 + 15.75 = 514.66$$

$$\overline{T}_1 = \frac{T_1}{3} = 171.22$$

第二组对应的三次试验都采用因素 A 的 2 水平进行，而因素 B 和因素 C 的三个水平各参加了一次试验。第二组三次试验结果的总和与平均值分别为

$$T_2 = 604.01 + 600.48 + 85.04 = 1\ 289.53$$

$$\overline{T}_2 = \frac{T_2}{3} = 429.84$$

第三组对应的三次试验都采用因素 A 的 3 水平进行，而因素 B 和因素 C 的三个水平各参加了一次试验。第三组三次试验结果的总和与平均值分别为

$$T_3 = 647.71 + 184.80 - 128.14 = 704.37$$

$$\overline{T}_3 = \frac{T_3}{3} = 234.79$$

由以上计算可知，$\overline{T}_1$、$\overline{T}_2$、$\overline{T}_3$ 之间的差异只反映了因子 A 的三个水平间的差异，而与因子 B、C 无关。因此，可以通过比较这三个平均值看出因子 A 水平的好坏。从 $\overline{T}_1$、$\overline{T}_2$、$\overline{T}_3$ 结果可以看出，因子 A 的水平 2 对应平均值最大，因此是最好的。这种方法称为综合比较，它是由正交表的正交性决定的。

类似还可以对表 6 - 5 的第二列和第三列进行计算，计算结果列在表 6 - 5 的下方。由表 6 - 5 结果可以看出，因子 B 取水平 1 最好，因子 C 取水平 3 最好。综上，使指标达到最大的水平组合是 A2B1C3，即发射 12 枚导弹，CEP 为 40 m，威力半径为 30 m，可以使对敌打击目标与误伤目标的毁伤面积差达到最大。

（3）极差分析

各因素对指标影响程度的大小可以从各因素的极差来分析。极差定义为一个因素各水平平均值的最大值与最小值的差。极差越大，表明该因素对指标影响越大。

本算例中，各因素的极差分别为

$$R_A = 429.84 - 171.22 = 258.62$$

$$R_B = 466.66 - 9.12 = 475.78$$

$$R_C = 421.32 - 139.37 = 281.95$$

将极差放在表 6 - 5 的最后一行。从三个因素的极差可知，因素 B 的影响最大，其次是因素 C，因素 A 的影响最小，通常记为 $R_B > R_C > R_A$ 。

(4) 水平均值图

为直观起见，可以将每个因素不同水平的均值画成一张图，如图 6－15 所示。从图中明显可以看出每个因素的最好水平，以及每个因素水平间的最大差异。

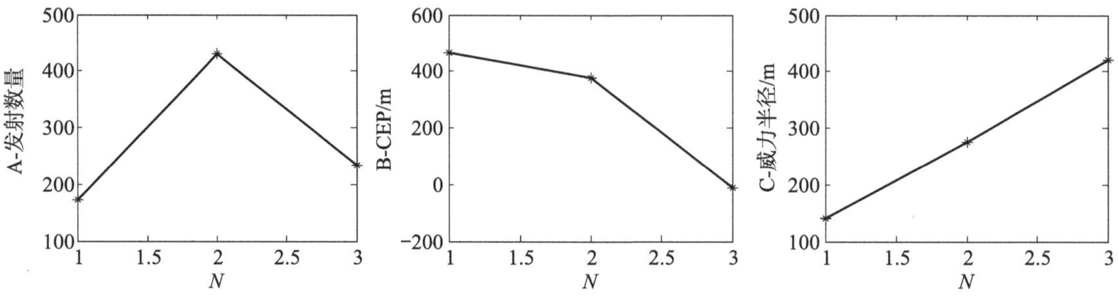

图 6－15　水平均值图

通过以上分析得到如下结论：

1) 综合比较可以获得最好或满意的水平组合，本例中，最好的水平组合是 A2B1C3，它与 9 次试验最好的水平组合 A3B1C3 有所不同；

2) 极差分析可以区分因素的主次，本例中，因素 B 是主要因素，因素 C 次之，因素 A 再次之。

6.2.4　均匀试验法

均匀试验法，又称均匀设计试验法，或空间填充设计。它是只考虑试验点在试验范围内均匀散布的一种试验设计方法。它是继 20 世纪 60 年代华罗庚教授倡导、普及的优选法和我国数理统计学者在国内普及推广的正交法之后，由中国科学院应用数学所方开泰教授和王元教授应航天三院飞航导弹火控系统建立数学模型、研究其诸多影响因素的需要，在 1978 年共同提出，是数论方法中的“伪蒙特卡洛法”的一个应用。它与其他的许多试验设计方法，如正交设计、最优设计、旋转设计、稳健设计和贝叶斯设计等相辅相成。

与正交设计相近，均匀试验法也有相应的均匀设计表来进行试验，每一个均匀设计表有一个代号 $U_n(q^s)$ 。表 6－6 即是一个均匀设计表。其中，U 表示均匀设计，n 表示要做 n 次试验，q 表示每个因素有 q 个水平，s 表示该表有 s 个因素。

表 6－6　均匀设计表 $U_7(7^4)$

No.	1	2	3	4
1	1	3	5	7
2	2	6	2	6
3	3	1	7	5
4	4	4	4	4
5	5	7	1	3
6	6	2	6	2
7	7	5	3	1

均匀试验法具有以下特点：

1）每个因素的每个水平做且仅做一次试验；

2）任意两个因素的试验点在平面的格子点上，每行每列有且仅有一个试验点；

3）均匀试验表任意两列组成的试验方案一般并不等价，为此每个均匀试验表必须有一个附加的使用表；

4）当因素水平数增加时，使用数按水平数的增加量增加。

6.2.5　极限分析法

在航天领域的仿真试验中，由于其对安全性的极高要求，除了采用蒙特卡洛法等进行试验设计与仿真外，还常常会用到极限分析法进行仿真和数据分析。极限分析法是指在仿真分析中，将输入参数或误差取为其取值范围的边界值，并代入进行仿真计算，将在此极限情况下的仿真结果与任务要求进行对比，以此来对系统性能及稳定性进行分析。

通常情况下，航天任务各个环节都会给出相应的允许条件上下限，例如入轨参数和远距离导引点参数各自允许的误差值上限。航天任务在执行前会利用蒙特卡洛法对满足误差上限的标称工况进行多次打靶仿真。而由于太空环境的特殊性，为保证安全，除了这些仿真以外，还常常会在允许条件的边界处进行仿真，例如在误差上限处甚至超出误差上限的极限情况进行仿真。通过极限仿真，可以验证在轨航天器在达到设计极限时能否安全完成任务以及在超出设计范围的情况下设计的应急反应预案是否合理等。

对航天任务来说，常用的极限仿真工况包括入轨参数偏差极限仿真、飞船远距离导引段变轨偏差极限仿真等。下面以交会对接任务仿真为例，进行简介。

在进行交会对接任务时，入轨点参数是一个十分重要的数据，实际入轨点精度关系到后续任务的成功与否，一般设计时都会给出一个入轨误差允许范围。入轨参数偏差极限仿真即是在仿真时假设火箭入轨点刚好到达入轨误差允许范围上限处，并以此为初始条件按照既定控制策略进行后续仿真，计算推进剂消耗以及到达远距离导引终点时的精度，分析推进剂消耗和终端精度是否满足任务需要。

此外，交会对接任务仿真中的极限分析法还包括对类似空间环境波动、推迟交会以及高精度加速度计失效等极限情况的仿真分析，以测试每种极限情况下的航天器是否安全和紧急预案是否有效。

6.2.6　交会对接仿真试验设计实例

交会对接仿真试验中，除了任务全过程正常飞行仿真试验外，还需要进行偏差仿真试验（林西强，2019），下面介绍飞船远距离导引终点试验和伴飞卫星轨道极限控制偏差试验。

6.2.6.1　飞船远距离导引终点偏差试验

本试验的目的主要有三个方面：验证飞船远距离导引终点参数拉偏情况下转入自主控制后控制策略和控制参数的正确性；分析飞船远距离导引终点参数拉偏情况下转入自主控

制推进剂的消耗量及对交会对接任务的影响；演示飞船远距离导引终点参数拉偏情况下飞船自主控制过程。

针对飞船远距离导引终点飞船相对目标器的相对位置速度偏差共6个因素进行试验，综合采用极限分析法和正交试验法。每个因素取正负两个极限值和一个零值共3个水平，然后采用正交试验设计，共进行6因素3水平12次试验。采用的试验设计正交表见表6－7。

表6－7 飞船远距离导引终点参数试验正交设计表

序号	迹向相对位置偏差	径向相对位置偏差	法向相对位置偏差	迹向相对速度偏差	径向相对速度偏差	法向相对速度偏差
1	$-x$	$-y$	$-z$	$-v_x$	$-v_y$	$-v_z$
2	$-x$	$-y$	$-z$	v_x	v_y	v_z
3	$-x$	y	z	$-v_x$	$-v_y$	v_z
4	$-x$	y	z	v_x	v_y	$-v_z$
5	x	$-y$	z	$-v_x$	v_y	$-v_z$
6	x	$-y$	z	v_x	$-v_y$	v_z
7	x	y	$-z$	$-v_x$	v_y	v_z
8	x	y	$-z$	v_x	$-v_y$	$-v_z$
9	0	0	z	0	0	v_z
10	0	0	$-z$	0	0	$-v_z$
11	x	y	0	v_x	v_y	0
12	$-x$	$-y$	0	$-v_x$	$-v_y$	0

6.2.6.2 伴飞卫星轨道控制偏差试验

本试验的目的主要有两个方面：仿真伴飞卫星在测定轨和控制极限偏差情况下的相对运动轨迹特性；分析极限偏差情况下伴飞卫星与天宫的碰撞风险，验证伴飞卫星释放与控制过程的轨迹安全性。

试验因素主要考虑三个：天宫的轨道半长轴测定轨误差，伴飞卫星轨道半长轴测定轨误差，伴飞卫星的控制误差。针对每个因素设计正负两个水平，采用全面试验法，一共需要8组试验。试验设计表见表6－8。

表6－8 伴飞卫星轨道控制偏差试验设计表

序号	天宫半长轴误差（$\pm\delta a_T$）	伴星半长轴误差（$\pm\delta a_S$）	伴星控制误差（$\pm\delta c$）
1	δa_T	δa_S	δc
2	δa_T	δa_S	$-\delta c$
3	δa_T	$-\delta a_S$	δc
4	δa_T	$-\delta a_S$	$-\delta c$
5	$-\delta a_T$	δa_S	δc

续表

序号	天宫半长轴误差（$\pm\delta a_T$）	伴星半长轴误差（$\pm\delta a_S$）	伴星控制误差（$\pm\delta c$）
6	$-\delta a_T$	δa_S	$-\delta c$
7	$-\delta a_T$	$-\delta a_S$	δc
8	$-\delta a_T$	$-\delta a_S$	$-\delta c$

6.3　抽样方法

航天仿真任务常常涉及复杂空间上多个变量的估值，而蒙特卡洛法所针对的恰恰就是复杂空间上的多维估值问题，因此在进行航天任务仿真试验设计时，蒙特卡洛法是使用最多的一种方法。

从蒙特卡洛误差估计中可以看到，大多数统计量的估计值的收敛速度与 $1/\sqrt{n}$ 成正比，这意味着要使结果精度提高一位，需增加一百倍的计算工作量。蒙特卡洛法必须抽样足够多才能取得好的效果，当抽样次数少的时候，可能会产生聚集问题。因此，自蒙特卡洛法诞生之日起，人们便一直寻求提高其计算效率的途径。目前提高计算效率的方法主要有两类：缩短每次抽样的计算时间和减少抽样次数。前者主要通过提高仿真模型效率实现，后者则存在缩减方差和改善收敛速度两种途径。本节介绍几种常见的抽样方法，特别是可以通过改善收敛速度减少抽样次数的拉丁超立方抽样方法。

6.3.1　常用抽样方法

6.3.1.1　简单随机抽样

简单随机抽样（Simple Random Sampling）通过逐个抽取的方法抽取一个样本，且每次抽取时，每个个体被抽到的概率相等。简单随机抽样适用于总体个数较少的情况。

6.3.1.2　系统抽样

系统抽样（Systematic Sampling）又称为机械抽样、等距抽样。当总体个数较多时，首先把总体分成均衡的几部分，然后按照预定的规则，从每个部分中抽取一些个体，得到所需要的样本。

6.3.1.3　分层抽样

分层抽样（Stratified Sampling）将总体分成互不交叉的层，按照一定的比例，从各层中独立抽取一定数量的个体，得到所需的样本，从而保证样本的结构与总体的结构比较近似，从而提高估计的精度。

考虑一个一维输入问题 $y=f(x)$，x 是随机变量。分层抽样通过如下步骤进行：

1）定义参与计算机仿真次数，即抽样次数为 n；

2）将 x 等概率分成 n 个子区间，使每个区间的概率都是 $P=1/n$；

3）从每个子区间抽样一次。

对于有多个随机变量的输入，分层抽样需要将输入的样本空间等概率化为多个区域，而这操作起来是很困难的，仅仅在每一维上等概率划分是不行的。例如，有 2 个随机变量，如果每维分为 2 个子区间，则共得到 $2^2=4$ 个等概率区域。有 8 个随机变量，每个随机变量分为 2 个子区间，则共得到 $2^8=256$ 个等概率区域。因此，产生任意仿真次数 n 的等概率区域有时是困难的。

6.3.1.4　整群抽样

整群抽样（Cluster Sampling）又称为聚类抽样。是将总体中各单位归并成若干互不交叉、互不重复的集合，称之为群，然后以群为抽样单位抽取样本的一种抽样方法。应用整群抽样时，要求各群有较好的代表性，即群内各单位的差异要大，群间差异要小。

6.3.2　拉丁超立方抽样法

6.3.2.1　基本原理

拉丁超立方抽样（Latin Hypercube Sampling，LHS）法是一种从多元参数分布中近似随机抽样的方法，最早于 1979 年由 McKay 等提出，属于分层抽样技术。在统计抽样中，拉丁方阵是指每行每列仅包含一个样本的方阵。拉丁超立方则是拉丁方阵在多维中的推广，每个与轴垂直的超平面最多含有一个样本。

设试验次数为 n ，总体有 M 个变量（维度），LHS 法把每个变量分成 n 个概率相同的互不重叠的子区间，然后就可以选取 M 个满足拉丁超立方条件的样本点。LHS 法要求每个变量的分区数量相同，但当变量 M 增加时，样本数量 n 不需要增加。

在决定试验次数 n 后，把总体分成 n 个互不重叠的子区间，然后在每个子区间上分别进行独立的等概率抽样。

6.3.2.2　一维 LHS 法

对于一维问题，设试验次数为 n ，LHS 的基本过程如下：

1）将 [0，1] 区间均分成 n 个子区间。

2）在每一子区间随机产生一个随机数。产生第 i 个子区间 $[(i-1)/n,\ i/n]$ 的随机数时，可以首先在 [0，1] 区间生成随机数，然后将其变换为第 i 个子区间的随机数 U_i

$$U_i=\frac{U}{n}+\frac{i-1}{n} \tag{6-19}$$

其中，$i=1,\ 2,\ \cdots,\ n$ ，U 为 [0，1] 区间内均匀分布的随机数。

3）根据随机变量生成方法，由 n 个子区间产生的 n 个随机数就可以得到 n 个符合指定分布的随机抽样。例如通过标准正态分布的反函数映射为标准正态分布随机变量。

设试验次数 $n=5$，则把图 6－16 中纵轴分成 5 个子区间（实线为界限），在每一子区间随机抽取一个值（虚线与纵轴交点），然后利用正态分布反函数映射，得到正态分布值。

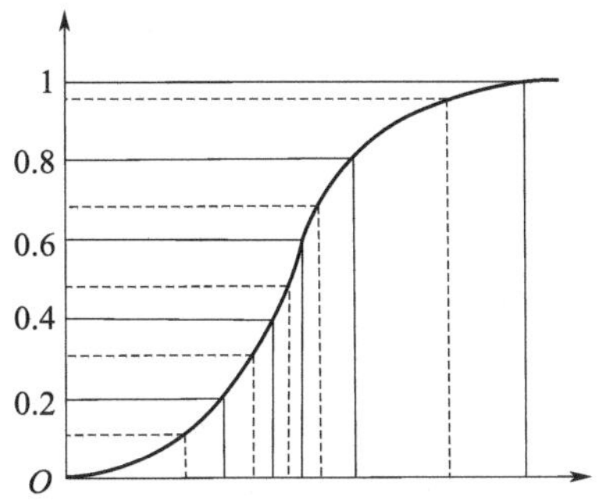

图 6－16　LHS 法示意图

6.3.2.3　多维 LHS 法

对于多维问题，设试验次数为 n ，总体有 M 个变量，LHS 的基本过程如下：

1）每一个变量都分为 n 个互不重叠的区间，使每个区间的概率都相同。

2）在每一个变量的每一个区间中随机抽取一个点。

3）从第二步得到的点中，每个变量对应的点中随机抽取一个，组成向量。

从以上步骤看出，相对于单纯的分层抽样，LHS 法的最大优势是任意大小的抽样数目都很容易产生。

LHS 的收敛速度与系统性质密切相关。一般情况下，LHS 的计算效率要优于简单随机抽样，尤其对于线性系统，在抽样数目相同的情况下，二者样本方差之比为 $1/n^2$，在计算精度一定的条件下，LHS 对样本数目的节省非常显著。因此，可以认为对于能用线性函数逼近的系统，LHS 比简单随机抽样更好。

LHS 的估值稳定，可以显著减小抽样次数，但不能降低计算结果的方差。近来，还有学者提出了将 LHS 与能降低方差的对偶变量法相结合的抽样法。

对每个 U_i ，用反变换法产生服从已知分布函数的对偶随机数 x_i 与 x_i'

$$\begin{cases} x_i = F^{-1}(U_i) \\ x_i' = F^{-1}(1-U_i) \end{cases} \tag{6-20}$$

则最终抽样值 y 为

$$y = \frac{1}{2}(y_i + y_i') = \frac{1}{2}[f(x_i) + f(x_i')] \tag{6-21}$$

6.4　随机变量产生方法

随机变量被广泛地应用于各种计算机数值仿真计算的算法中。对于蒙特卡洛法，其应用的核心就是需要产生任务所需概率分布的随机变量。

6.4.1　均匀随机数生成

在实际应用中，一般把各种不同分布的随机变量的抽样序列简称为随机数。在理论上，只要有了一种具有连续分布的随机变量，就可以通过直接抽样、函数变换、舍远补偿或渐近模拟等方法产生其他任意分布的随机变量的抽样。而在连续分布的随机变量中，[0，1] 上均匀分布的随机变量是最简单、最基本、最重要的随机变量，因此，在计算机模拟时，总是先产生 [0，1] 上均匀分布的随机数，然后再利用它获得其他分布的随机数。

在计算机上常用的产生 [0，1] 上均匀分布的随机数的方法大致可分为以下三类：

1）随机数表法。把已有的随机数表输入计算机。

2）物理法。用物理方法，如噪声型随机数发生器、放射型随机数发生器等，产生真正的随机数。

3）伪随机数法。用数学方法产生伪随机数，如 C 语言中的 rand()。

第一种方法要占用大量的内存且随机数表长度有限。第二种方法需要增加额外的物理随机数发生器。第三种方法是目前普遍使用的一种方法，它根据一个适当选取的递推公式，由计算机程序直接产生具有均匀总体简单子样统计性质的随机数序列。常用的方法有迭代取中法、移位法和同余法。

应用最广泛的均匀随机数发生器之一是线性同余发生器，简称 LCG（Linear Congruence Generator）方法。该方法利用数论中的同余运算产生随机数，故又称为同余发生器。LCG 方法的一般递推公式为

$$\begin{cases} z_i = (az_{i-1} + c)\bmod M \\ U_i = z_i / M \end{cases} \tag{6-22}$$

其中，M 为模数，a 为乘数，c 为加数，且 z_i、M、a、c 均为非负整数。当 $c \neq 0$ 时称为混合线性同余法，当 $c = 0$ 时称为乘同余法。使用时需要给定种子 z_0 启动计算。

下面是至今应用较为成功的乘同余法随机数公式（Press，2002）

$$\begin{cases} a = 7^5 = 16\ 807 \\ m = 2^{31} - 1 = 2\ 147\ 483\ 647 \end{cases} \tag{6-23}$$

式（6-23）是一个足够好又足够快的公式，产生随机数的周期为 $2^{31} - 2 = 2\ 147\ 483\ 646$，可以满足绝大部分航天随机仿真需求。需要指出，不同的种子 z_0 产生不同的随机数序列，种子的选取对均匀随机数的质量有一定的影响。

需要指出的是，由于字长的限制，计算机只能表示有限个不同的数，所以在计算机上不能产生真正连续分布的随机数，而只能用离散分布的随机数代替连续分布的随机数。另外，用递推公式产生的数值序列本质上是完全确定的，到一定程度后就会出现周期现象。毫无疑问，这些都和随机数应该具备的基本统计性质相矛盾。换句话说，用数学方法根本不可能产生真正的随机数。用数学方法如何产生与真正随机数相近的伪随机数是当今数学界的一项重大课题。

要把伪随机数当作真正随机数使用，就需要对用数学方法产生的伪随机数提出一定的要求：

1）产生的数值序列要具有均匀总体简单子样的一些概率统计特征，通常包括分布的

均匀性、抽样的随机性、试验的独立性和前后的一致性。

2）产生的伪随机数要有足够长的周期，满足模拟实际问题的要求。

3）产生随机数的速度快，占用计算机内存少。

除了 [0，1] 上均匀分布的随机数外，在仿真中常用的随机数还有 [a，b] 上均匀分布的随机数、指数分布的随机数、瑞利分布的随机数、威布尔分布的随机数、正态分布的随机数等。设 R 为 [0，1] 上均匀分布的随机数，则通过反函数法和舍选法可以产生各种分布的随机变量（齐欢，2013）。

6.4.2　正态分布随机变量生成

正态分布是最常见的一种分布，例如交会对接中追踪器对目标器的测量误差一般都近似服从正态分布。一般来讲，只要影响某一数量指标的随机因素很多，而且每个因素所起的作用又不太大，则根据中心极限定理，就可以认为这个指标服从正态分布。一般常用 Box - Muller 方法（变换抽样方法）来生成服从正态分布的随机变量。设 R_1、R_2 为 [0，1] 上均匀分布的随机数，则 X_1、X_2 是相互独立的服从标准正态分布的随机变量，即

$$\begin{cases} X_1 = \sqrt{-2\ln R_1}\cos 2\pi R_2 \\ X_2 = \sqrt{-2\ln R_1}\sin 2\pi R_2 \end{cases} \tag{6-24}$$

一般地，满足正态分布 $N(X,\sigma^2)$ 的随机变量可由下式求出，即

$$\begin{cases} X_1 = X + \sigma\sqrt{-2\ln R_1}\cos 2\pi R_2 \\ X_2 = X + \sigma\sqrt{-2\ln R_1}\sin 2\pi R_2 \end{cases} \tag{6-25}$$

6.4.3　其他分布随机变量生成

下面简单介绍几种随机数常用的抽样方法。

(1) [a，b] 上均匀分布随机变量

在航天仿真中，常常需要产生在某个指定区间上均匀分布的随机变量 $U(a,b)$。该分布函数易于反变换，通过对 $0 \leqslant u \leqslant 1$ 求解 $u = F(x)$ 得到 x

$$x = F^{-1}(u) = a + (b - a)u \tag{6-26}$$

因此，我们可以使用反变换法来产生 X，基本步骤为：

1）产生 $U \sim U(0,1)$；

2）返回 $X = a + (b - a)U$。

(2) 指数分布随机变量

在进行航天器在轨运行仿真时，航天器系统的可靠性、随机系统中的服务时间等都满足负指数分布，即

$$X = -\frac{1}{\lambda}\ln U \tag{6-27}$$

(3) 威布尔分布随机变量

威布尔分布是可靠性理论中的基本分布之一，电子产品的使用寿命都服从这一分布。

m 为形状参数，η 为尺度参数，γ 为位置参数，则有

$$X=\gamma+\eta[-\ln U]^{1/m} \tag{6-28}$$

（4）泊松分布随机变量

泊松分布是离散型的随机分布，在随机服务系统、可靠性问题模拟中应用广泛。如在轨航天器对地观测覆盖带内，发现目标的个数服从泊松分布。基于直接抽样法，根据泊松分布与指数分布随机变量之间的关系，可得出如下的快速抽样算法。

产生 [0，1] 上均匀分布的随机数 r_1，r_2，…，则满足不等式

$$\prod_{i=0}^{n} r_i \geqslant \mathrm{e}^{-\lambda} > \prod_{i=0}^{n+1} r_i \tag{6-29}$$

式中，n 值服从泊松分布，$r_0=1$。

（5）离散随机变量

考虑一个离散随机变量 X，其可能的取值为 $\{x_1,\ x_2,\ \cdots,\ x_n\}$，相应的概率分别为 $\{p_1,\ \cdots,\ p_n\}$，其中 $p_i=P_r\{x=x_i\}$，可以得到累积分布函数 $G_m=\sum_{i=1}^{m}p_i$。为了对 x 进行抽样从而得到一个样本值 x_i，ξ 为 [0，1] 上的均匀分布的随机数，选择 k 令 $x=x_k$，则有

$$G_{k-1}=\sum_{i=1}^{k-1}p_i<\xi\leqslant G_k=\sum_{i=1}^{k}p_i,\quad G_0=0 \tag{6-30}$$

抽样得到 x_k 的概率为 $P_r[x=x_k]=G_k-G_{k-1}=p_k$，说明这也是一个合理抽样过程。这种抽样方法可以参考图 6－17 来理解，图中，概率 p_i 在一个单位长度的线段上排列成顺次连接的小段。将随机数与 p_1 相比较。若 ξ 比 p_1 小，则 $k=1$，$x=x_1$，否则将其与 p_1+p_2 比较，以此类推。

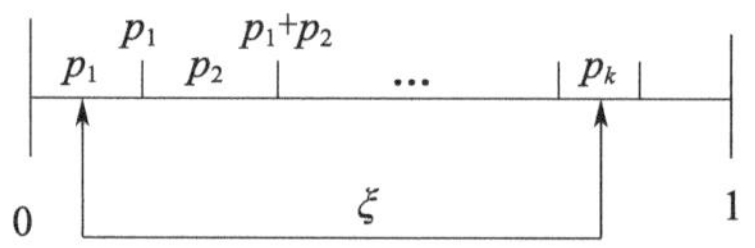

图 6－17　离散随机变量抽样

6.4.4　仿真实现

6.4.4.1　均匀随机数仿真实现

在高级语言和仿真环境中经常自带随机数生成函数，例如：

1）Matlab 中自带 rand()函数，可以生成 [0，1] 区间的随机数或随机矩阵。

2）C++中包含 rand()函数，但其生成的是 [0，RAND_MAX] 区间的随机整数，由于 RAND_MAX 在计算机中为 32 767，因此该函数生成的随机数周期很短，不满足航天仿真需求，需要自己编制程序。

3）C++11 标准中定义了新的随机数类，包含在头文件 random 中，性能比 rand()更好，可以供仿真使用。C++11 随机数库分为随机数引擎和随机数分布引擎。随机数引擎

是可以独立运行的随机数发生器，它以均匀的概率生成某一类型的随机数。随机数分布引擎是一个需要随机数引擎类的支持才能运行的类，能根据用户需求利用随机数引擎生成符合某一区间、某一概率分布的随机数。

AstroLib 中采用 CRandom 类实现随机数，CRandom 包含的主要成员函数见表 6－9。

表 6－9　随机数类 CRandom 主要成员函数

序号	函数名	功能
1	Init()	设置随机数种子
2	GetSeed()	返回当前的随机数种子
3	Rand0()	生成[0,1]区间的随机数
4	Gauss()	生成标准正态分布随机数

CRandom 的 Rand0()成员函数实现了 [0，1] 区间均匀随机数的生成。

```
double CRandom::Rand0()
{
    const int       IA = 16807, IM = 2147483647, IQ = 127773;
    const int       IR = 2836, MASK = 123459876;
    const double    AM = 1.0/double(IM);

    int  k;
    double  ans;

    //XORing with MASK allows use of zero and other simple bit patterns for m_Seed.
    m_Seed ^= MASK;
    k = m_Seed/IQ;
    //Compute m_Seed = (IA * m_Seed) % IM without overflows by Schrage's method.
    m_Seed = IA * (m_Seed - k * IQ) - IR * k;
    if (m_Seed<0)
        m_Seed += IM;
    //Convert m_Seed to a floating result.
    ans = AM * m_Seed;
    //Unmark before return.
    m_Seed ^= MASK;
    return ans;
}
```

6.4.4.2　正态分布随机变量仿真实现

CRandom 的 Gauss()成员函数实现了标准正态分布随机数的生成。使用 6.4.2 节的方法，一次可以生成两个服从标准正态分布的随机数，因此，Gauss()内部会根据 m_iset

成员变量判断，是否新生成或输出上次生成的随机数。

```
double CRandom::Gauss()
{
    double fac, rsq, v1, v2;

    //Reinitialize.
    if (m_Seed < 0)
        m_iset = 0;
    //We don't have an extra deviate handy, so pick two uniform numbers
    //in the square extending from -1 to +1 in each direction.
    if (m_iset == 0)
    {
      do
      {
          v1 = 2.0 * Rand1() - 1.0;
          v2 = 2.0 * Rand1() - 1.0;
          //see if they are in the unit circle, and if they are not, try again.
          rsq = v1 * v1 + v2 * v2;
      } while (rsq >= 1.0 || rsq == 0.0);
      fac = sqrt(-2.0 * log(rsq)/rsq);
      //Now make the Box-Muller transformation to get two normal deviates.
      //Return one and save the other for next time.
      m_gset = v1 * fac;
      //Set flag.
      m_iset = 1;
      return v2 * fac;
    }
    else
    {
        //We have an extra deviate handy, so unset the flag, and return it.
        m_iset = 0;
        return m_gset;
    }
}
```

6.4.4.3 随机数种子仿真实现

当进行蒙特卡洛仿真时，需要多次重复取随机数，这时需要为 CRandom 类初始化不同的随机数种子。

一种较好的方法是以系统时间为基础进行变换得到随机数种子。单纯以系统时间为基础变换，在连续两次间隔很短时，可能取到相同的随机数种子，因此，本书采用系统时间与随机数结合的方式获取随机数种子。

AstroLib 采用 AsRandomSeed()函数实现随机数种子获取，这是一个 inline 内联函数，编译时直接内联至使用它的函数，可以消除函数调用开销。

```
inline int AsRandomSeed()
{
    time_t ltime;
    time(& ltime);
    return static_cast<int>( - ltime - rand());
}
```

6.5　方差缩减技术

对仿真输出结果进行统计分析的主要目的是获得系统状态变量高精度的统计特性，以便对仿真结果正确利用。而获得高精度结果需要花费大量的试验时间，特别是对于航天这种复杂庞大的系统。为此，有必要采用方差缩减技术（Variance Reduction Techniques，VRT），在相同的仿真运行次数下获得较小方差的仿真输出结果。本节简要介绍较为常用的四种方差缩减技术，感兴趣的读者可参考文献（Law，2007）进一步学习。

6.5.1　公用随机数法

公用随机数法（Common Random Number，CRN）是最普通和最有用的方差缩减技术，它可以对两个以上不同系统模型进行比较，而不是用在研究单一系统。对于不同的系统模型来说，所观测到的仿真运行结果是有差异的。造成这种差异的潜在原因有两个：一是系统模型构造上的差异；二是环境因素，主要体现在对于系统的同一个随机特征量，不同的模型所取的随机变量值不同。采用公用随机数法的目的就是在其他环境条件完全相同的情况下，尽量消除选取随机数造成的仿真运行结果的差异，从而使所观测到的差异仅由系统模型本身差异引起。

6.5.1.1　基本原理

公用随机数法的思想就是在不同模型的仿真运行过程中，采用相同的随机数序列，从而缩小两个系统差异的估计方差。为了实施公用随机数法，需要使各个模型中的随机数同步。

考虑两个模型，设 x_{1j} 和 x_{2j} 分别是从第 1 个模型和第 2 个模型的仿真运行中得到的 j 个独立再生周期中的数据，对 $\alpha=E(x_{1j})-E(x_{2j})$ 进行估计。若对每个模型产生了 n 个再生周期，并令

$$z_j = x_{1j} - x_{2j}, \quad j = 1,2,\cdots,n \tag{6-31}$$

则 $E(z_j) = \alpha$，而

$$\bar{z}(n) = \frac{1}{n}\sum_{j=1}^{n} z_j \tag{6-32}$$

是 α 的一个无偏估计。由于 z_j 是独立同分布的随机变量，故有

$$\mathrm{Var}[\bar{z}(n)] = \frac{\mathrm{Var}(z_j)}{n} = \frac{\mathrm{Var}(x_{1j}) + \mathrm{Var}(x_{2j}) - 2\mathrm{Cov}(x_{1j}, x_{2j})}{n} \tag{6-33}$$

如果两个模型的运行是独立的，则 x_{1j} 和 x_{2j} 是独立的，即 $\mathrm{Cov}(x_{1j}, x_{2j}) = 0$；而若能使 x_{1j} 和 x_{2j} 是正相关的，也就是使 $\mathrm{Cov}(x_{1j}, x_{2j}) > 0$，这样得到的估计 $z(n)$ 的方差就减小了。为了得到正相关，不同的系统模型尽量采用相同的随机数序列。

6.5.1.2 适用性

不幸的是，并没有一个一般性的方法证明 CRN 的有效性，即无法证明 CRN 方法总是能够减小方差。甚至即使 CRN 方法有效，一般也不能根据经验预知得到的方差减少了多大程度。CRN 方法的有效性完全取决于被比较的特定模型。

一般来说，随机数会首先用于产生服从某一分布的随机变量，之后随机变量用于驱动仿真模型。为使 CRN 有最好的机会，首先应努力保证这个中间产生的随机变量本身对随机数作出单调反应，然后必须假设仿真模型的响应对所产生的随机变量是单调反应的。基于这一原因，推荐使用反变换法来产生随机变量，因为反变换法能保证所产生的随机变量对随机数的单调性。在所有随机变量产生方法中，它更是提供了最强的正相关性。

6.5.1.3 同步性

为了实施公用随机数法，需要使各个模型中的随机数同步，即在一个模型中使用一个具体目的的随机数，在所有其他模型中也使用这个同一目的的随机数，在仿真中达到这种同步的一般原则为：

1）如果能够有几个可同时工作的不同随机数发生器，则可用一个发生器为一个指定的随机变量产生种子。不同的随机变量用不同的随机数发生器。

2）事先产生出所需要的随机数并存储，在各个模型仿真运行时按需要取用它们。

3）使用反变换法产生随机变量，因为这种方法产生一个随机变量仅需要一个单位均匀分布的随机数。

6.5.2 对偶变量法

对偶变量法（Antithetic Variates，AV）是一种应用于单个系统模型仿真运行时的方差缩减技术。对于同一个系统模型，每次仿真运行中得到的观测数据是存在差异的，同样这种差异可能由随机数选取引起，采用对偶变量法的目的就是消除这种差异。

对偶变量法的中心思想是在系统模型的两次仿真运行过程中，设法使第一次运行中的小观测值能被第二次运行中的大观测值所补偿，或者是反过来。相当于采用两次运行中观测值的平均值作为分析的基准数据点，而这个平均值与所估计的观测值的期望更加接近。

一般情况下，对偶变量法使用互补的随机数驱动系统模型的两次仿真运行。即若 u_k 是用于第一次运行中的单位均匀分布随机数，则在第二次运行中采用 $(1-u_k)$ 。

考察系统模型所进行的两次仿真，设每次运行产生 n 个再生周期，这样可以构成一系列观测值对，$(x_1^{(1)},\ x_1^{(2)})$，…，$(x_n^{(1)},\ x_n^{(2)})$ 。各种观测值对相互独立，令

$$x_j=(x_j^{(1)}+x_j^{(2)})/2,\quad j=1,2,\cdots,n \tag{6-34}$$

而

$$\bar{x}(n)=\frac{1}{n}\sum_{j=1}^{n}x_j \tag{6-35}$$

为 $\mu=E(x_j)$ 的点估计，由于 x_j 是独立同分布的随机变量，故有

$$\mathrm{Var}\,[\bar{x}(n)]=\frac{\mathrm{Var}(x_j)}{n}=\frac{\mathrm{Var}[x_j^{(1)}+x_j^{(2)}+2\mathrm{Cov}(x_j^{(1)},x_j^{(2)})]}{n} \tag{6-36}$$

如果两次运行是独立的，则 $\mathrm{Cov}(x_j^{(1)},\ x_j^{(2)})=0$，若能设法使 $x_j^{(1)}$ 和 $x_j^{(2)}$ 之间形成负相关，即使 $\mathrm{Cov}(x_j^{(1)},\ x_j^{(2)})<0$，方差便会减小。

6.5.3 重要采样法

重要采样法的基本思想是采样点应集中分布在一个最重要的区域里，而不是平均分配在整个区域内。这样可使仿真试验的次数减少，有时甚至可以减少 1～3 个数量级，并能缩减所估计的方差。其应用的核心是重要区域的选择。

6.5.4 控制变量法

控制变量法（Control Varates，CV）与对偶变量法一样，也是设法利用某些随机变量间的相关性达到减小方差的目的。这种相关性可能是仿真运行过程中自身产生的，或者利用在辅助的仿真中运用相关采样法来导出的。

设 x 是仿真的一个输出随机变量，并假定需要估计 $m_x=E(x)$，且 y 是另一个随机变量，它与 x 或者是正相关或者是负相关，且期望 $\mu=E(y)$ 是已知的，那么变量 $x_c=x-a(y-\mu)$ 对任意实数 a 都是 m_x 的一个无偏估计，而且

$$\mathrm{Var}(x_c)=\mathrm{Var}(x)+a^2\mathrm{Var}(y)-2a\mathrm{Cov}(x,y) \tag{6-37}$$

所以，如果满足条件

$$2a\mathrm{Cov}(x,y)>a^2\mathrm{Var}(y) \tag{6-38}$$

则 x_c 比 x 有较小的方差。随机变量 y 被称之为 x 的控制变量。这是因为在与 x 相关和期望值已知的意义上，它部分地控制了 x 。从以上的讨论中可以看出，运用控制变量法需要寻找一个好的控制变量以及合适的 a ，以使方差最小。也就是使

$$\frac{\partial\mathrm{Var}(x_c)}{\partial a}=0 \tag{6-39}$$

得到 a 的最佳值为

$$a^*=\frac{\mathrm{Cov}(x,y)}{\mathrm{Var}(y)} \tag{6-40}$$

将上式代入式（6－37）中得

$$\mathrm{Var}(x_c)=\mathrm{Var}(x)-\frac{|\mathrm{Cov}(x,y)|^2}{\mathrm{Var}(y)}=(1-\rho_{xy}^2)\mathrm{Var}(x) \tag{6-41}$$

式中，ρ_{xy} 为随机变量 x、y 之间的相关函数。因此，只要 x 与 y 多少有点相关，用 a 的最佳值总会使方差减小。

参 考 文 献

［1］ Banks J，Carson J S，Nohn S，et al. Discrete - Event System Simulation（fouth edition）［M］. Englewood，New Jersey：Prentice - Hall，2005.

［2］ Law A M. Simulation Modeling and Analysis，Fourth Edition［M］. New York：McGraw - Hill，2007.

［3］ Press W H，Teukolsky S A，Vetterling W T，Flannery B P. Numerical recipes in C＋＋，The art of scientific computing（second edition）［M］. Cambridge：Cambridge Press，2002.

［4］ 胡剑文．作战仿真实验设计与分析［M］. 北京：国防工业出版社，2010.

［5］ 林西强，李英良．空间交会对接系统仿真技术［M］. 北京：国防工业出版社，2019.

［6］ 齐欢，王小平．系统建模与仿真（第二版）［M］. 北京：清华大学出版社，2013.

［7］ 王华，李海阳，周晚萌．载人航天系统建模与仿真［M］. 北京：中国宇航出版社，2019.

第7章 航天系统仿真可视化

随着计算机图形学和计算机仿真技术的蓬勃发展，可视化仿真技术也逐步萌芽、形成、发展。可视化仿真技术是计算机图形学、计算机成像技术和科学计算相结合的产物，其核心是将可见及不可见的、抽象的过程、结果等，转化为形象的、可见的符号或图形，以利于人们分析、理解和把握所研究对象的总体和变化趋势，从而在更深层次上认识事物。可视化技术综合利用计算机图形学、用户界面方法学、图像处理、系统设计以及信号处理等领域的各种知识，并通过可视化工具与技术把这些被认为是相互独立的领域结合起来进行统一研究和分析。这种研究和分析反过来又推动着当前可视化仿真技术的新发展，使可视化仿真技术向用户更友好、各种应用领域更适应的方向发展。

本章就航天系统仿真可视化的基本原理、常用软硬件、典型任务的可视化案例等进行阐述。

7.1 可视化技术基础

可视化仿真技术的关键是如何生成实时、逼真的三维场景。使用计算机在图形设备上生成连续色调的真实感对象图形必须完成四个基本任务。

1）用数学方法建立所需三维场景的几何描述，并将它们输入计算机。这部分工作可以由三维立体造型或曲面造型系统来完成。

2）将三维几何描述转换为二维视图。这可以通过对场景的透视变换来完成。

3）确定场景中的所有可见面。这需要使用隐藏面消除算法将视域之外或被其他物体遮挡的不可见面消去。

4）计算视景中可见面的颜色。严格地讲，就是基于物理光照模型计算出可见面投射到观察者眼中的光亮大小和色彩，并将它转换成图形设备的颜色值，从而确定投影到画面上的每一像素的颜色，并最终生成图形。

7.1.1 可视化仿真概述

7.1.1.1 可视化仿真含义

图像是沟通思维的最自然手段，人们对客观世界的感知绝大部分通过视觉获取。实验心理学家赤瑞特拉在20世纪60年代通过实验得出，人类获取的信息83%来自视觉，11%来自听觉（李春梅，2008）。

可视化仿真是指综合应用可视化技术和仿真技术，通过一系列的转换，将仿真的状态、结果等原始数据转换成可视化图形进行展示的技术。其目的在于将专业的信息转换成可被视觉感知系统直观领悟的图形形式，提高人们对信息的认知能力和效率，如图 7－1 所示。

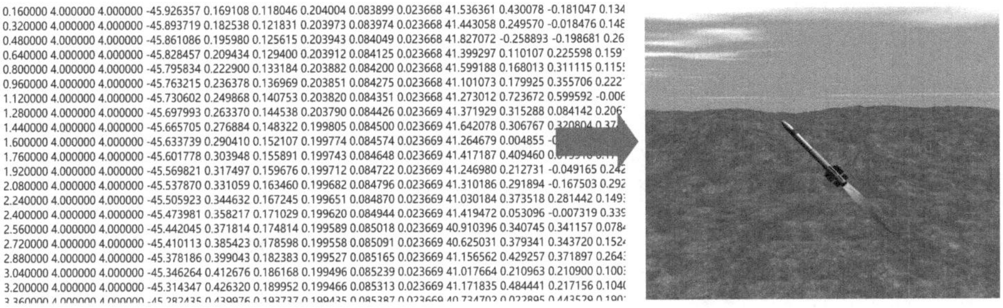

图 7－1　可视化将原始数据转换为图形动画

7.1.1.2　可视化仿真发展

可视化仿真技术总体上随着计算机仿真技术的发展而发展，如图 7－2 所示。真正的兴起是在 20 世纪 90 年代，主要是因为此时的计算机仿真技术和计算机硬件均发展到了一定水平。可视化仿真具有用三维空间的、实时交互的、真实感强的图形表现事物的能力，展示效果很好。但是可视化，尤其是三维可视化对计算机要求很高，只能在计算机仿真的软硬技术已经比较普遍、基本成熟时才会出现。

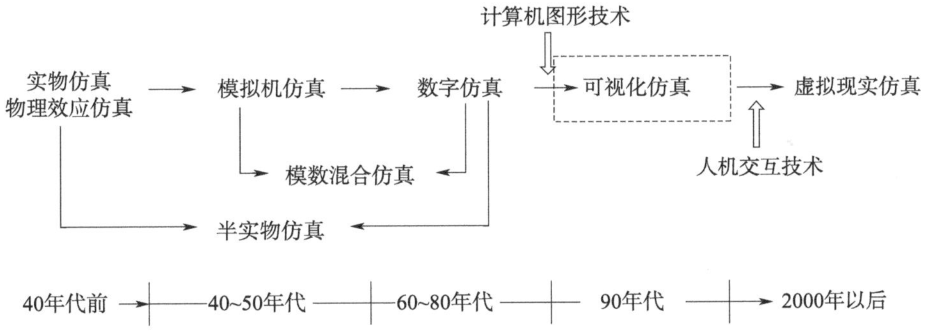

图 7－2　可视化仿真发展历程

在 20 世纪 90 年代的可视化仿真早期，受限于计算机仿真的软硬件技术水平，可视化主要通过较为简单的二维曲线和三维实体模型予以呈现，实现了从数据、文本向直观图形显示的突破。到 2000 年左右，可视化仿真得到了一个显著的提升，不仅仅是图形化呈现核心数据，对仿真的环境效果、对象细致动作等的表现有了更高要求，比如对飞行器仿真中的天空大气、云雾特效展示，对海上场景仿真中的海洋波浪展示等。到现在，更是全面追求精美的图形效果，都希望做得和游戏那么炫酷，甚至是采用虚拟现实方式进行可视化展示。

7.1.1.3　可视化仿真分类

根据可视化场景时间与计算机仿真系统的时钟关系，可视化仿真分为实时可视化和回放可视化两大类。实时可视化中，可视化显示的场景与仿真模型的推进时钟同步或准同步，可视化呈现的是仿真模型的实时状态。这一类可视化通常用于人在回路的仿真或需要即时干预的仿真，比如作战仿真或融合仿真的联合演习等。回放可视化中，可视化显示场景的时钟滞后于仿真模型的推进时钟，是一种仿真模型状态的“事后”展现，主要用于即时性不强的仿真应用，比如对仿真过程的复盘分析等。

此外，根据可视化场景反映的空间维度，可分为二维可视化仿真和三维可视化仿真。顾名思义，二维可视化是指以二维（2D）图形方式呈现场景图形信息，场景只有平面信息，比如航天系统仿真中的二维星下点可视化。三维可视化是指以三维（3D）空间图形方式展示立体图形的场景，场景中实体的运动、人员观察视角等均具有空间三维状态，如飞船交会对接运动过程中的姿态调整展示等，如图 7－3 所示。

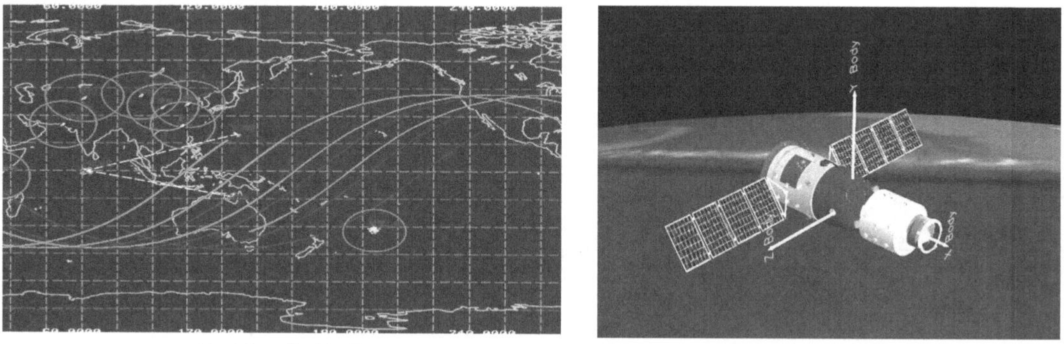

(a) 星下点二维可视化　　　　(b) 飞船空间运动三维可视化

图 7－3　按照空间分类的可视化

7.1.2　计算机图形学基础

7.1.2.1　计算机图形描述

计算机系统是 0—1 表述的离散电子系统，计算机屏幕也是以像素为单位描述的，常见的计算机分辨率 1080×720，即是指屏幕的水平方向有 1080 个像素、竖直方向有 720 个像素。因此图形的描述是离散的，如图 7－4（a）所示。由于人的视觉分辨率有限，在图形离散程度比较小（分辨率较高）时，视觉呈现给大脑的是连续图形信息，如图 7－4（b）所示。

从图中也可看出，计算机图形具有几何特征和色彩特征两个基本信息。几何特征包括图形的位置、大小、形状等，色彩特征主要是图形不同位置的颜色分布情况。可视化仿真中，用户要通过编写自己的程序去呈现不同任务需要展现的不同可视化场景，计算机图形显示的基本过程如图 7－5 所示。

其中，用户程序就是我们可视化仿真中的可视化程序；显示控制设备就是我们常说的计算机显卡，根据功能不同，显卡的类型、输出格式有很多，如 VGA、HDMI 等；显示输出设备是展示我们可视化图形的显示设备，如显示器、投影仪等。

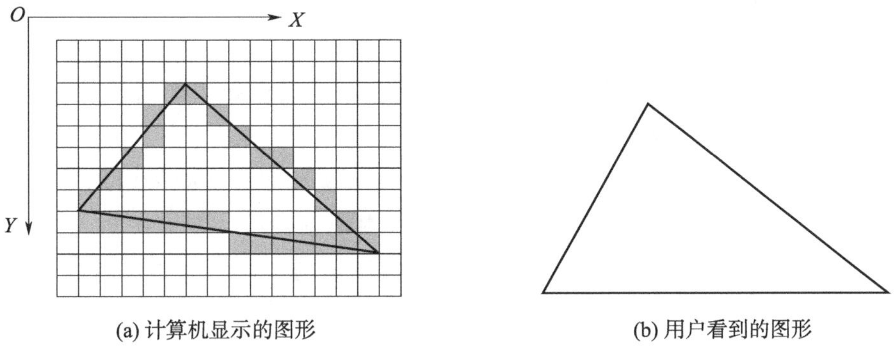

图 7－4　图形描述基本原理

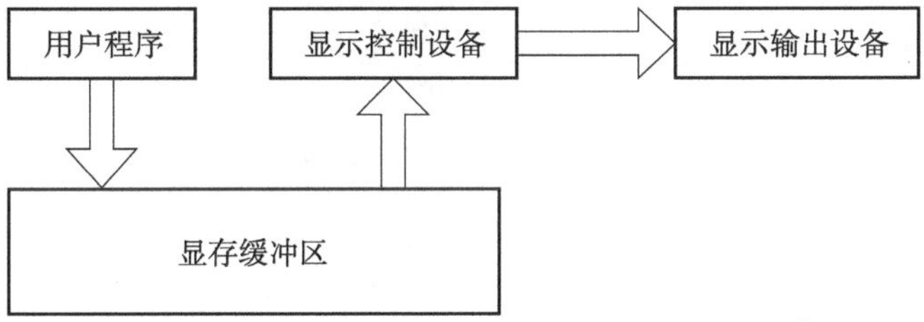

图 7－5　计算机图形显示基本过程

通常而言，用户只要关注“用户程序”部分即可，其他显示过程由计算机操作系统和相关硬件设备自动完成。

(1) 图形的几何描述

图形的几何描述包括图形的位置和大小，反映在计算机图形系统中就是定义在图形坐标系（如屏幕坐标系）中各组成点的位置坐标对。如图 7－6 所示，三角形中 AB 边的描述，其几何特性表示就是［(5, 2); (6, 2); (7, 3); (8, 4); (9, 5); (10, 5); (11, 6); (12, 7); (13, 8); (13, 9); (14, 9)］像素位置对。

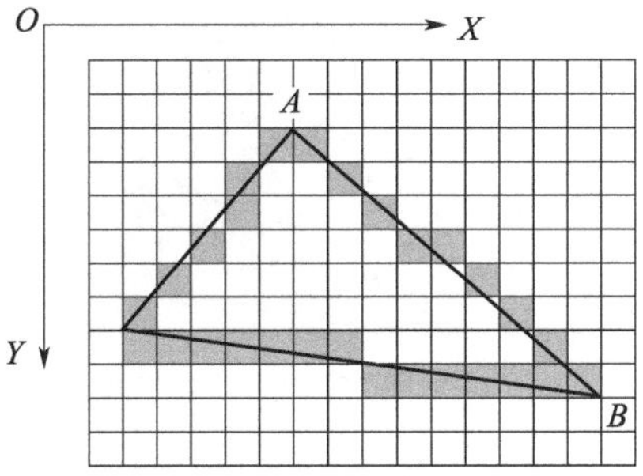

图 7－6　图形的计算机几何描述

将复杂的图形离散成庞大的像素位置对矩阵进行存储、操作和显示，就可以实现图形的存储、移动、变形等操作。

(2) 图形的色彩描述

一般的图形不仅有大小和形状等几何特征，还具有各式各样的艳丽色彩。图形的色彩描述主要有两大类模式，一种是基于图形灰度值表征的黑白效果图形，一种是基于 RGB 或 CMYK 表征的彩色效果图形。

灰度以黑色为基准色，通过不同饱和度的黑色来显示图形，即采用从 0%（白色）到 100%（黑色）的亮度值表征灰度对象。在计算机图形领域中，灰度图形与黑白图形在概念上是不同的，黑白图形只有黑白两种颜色，灰度图形则是在黑色与白色之间还有许多级的颜色深度（即不同的灰色）（见图 7-7）。但是，通常生活中，往往把黑白图形等同于灰度图形对待，灰度照片通常叫做黑白照片。

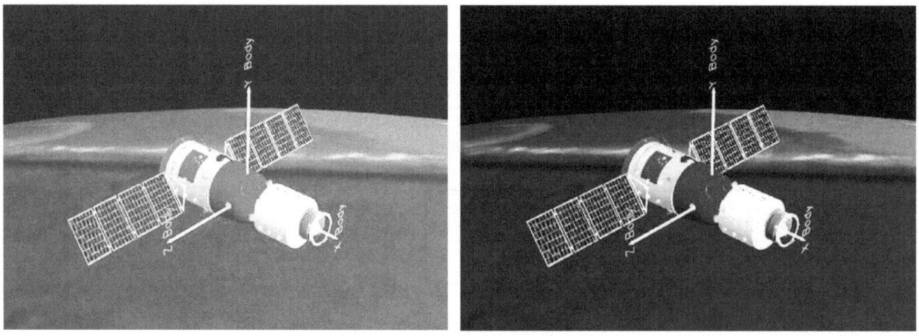

图 7-7　不同灰度值的图形

RGB 色彩模式以 R（Red）、G（Green）、B（Blue），即红、绿、蓝为三基色，通过三基色通道的比例变化以及相互叠加来得到各式各样的颜色。RGB 模式表征的颜色几乎包括了人类视力所能感知的所有颜色，是运用最广的颜色系统之一。电脑屏幕上显示的颜色，都由这三种色光按照不同的比例混合而成。一组 RGB 就是一个最小的显示单位，通常计算机中每个基色分为 0～255 个等级。比如计算机屏幕上的任何一个颜色，都可以由一组 RGB 值来记录和表达，如图 7-8 所示。

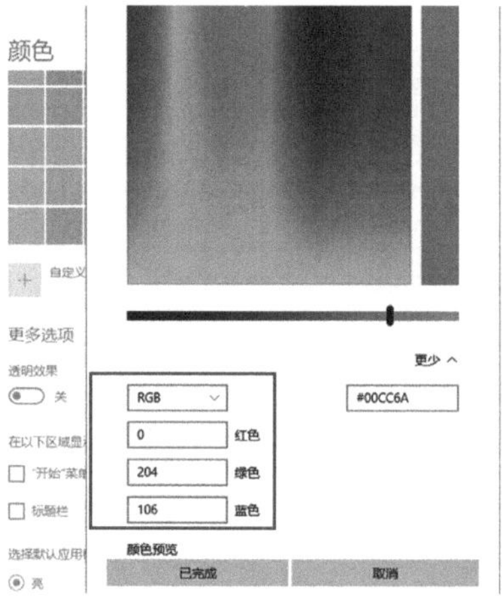

图 7-8　电脑显示器的 RGB 背景颜色设置

此外，也有使用 CMYK 来描述彩色图形的。CMYK 以 Cyan（青色）、Magenta（洋红色）、Yellow（黄色）为三基色，并利用自校正颜色 K（通常为黑色）进行融合的彩色表征模式，其基色的混合和设置过程与 RGB 过程类似（蔡士杰，2014）。

7.1.2.2　二维图形显示

图形的显示又包括二维图形的显示和三维图形的显示。比如用图片设置电脑桌面就是典型的二维图形显示。由于图形本身只是二维的平面图形，与计算机的显示输出维度一致，因此图形的显示只需要将平面映射到平面即可，与观察的距离和视角等无关，如图 7－9 所示。

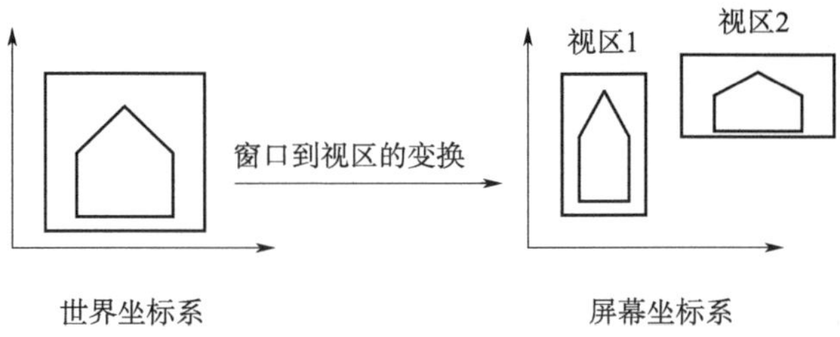

图 7－9　二维图形显示示意

由于二维图形的显示没有对原图形进行降维或增维，其图形显示通常都是线性映射关系，对图形的相关几何信息矩阵和颜色矩阵进行线性映射即可。如图 7－10 所示，将原图形（a）的垂直方向压缩一半，变换成（b）予以显示，则只要操作图形的几何信息矩阵即可

$$\begin{cases} x_{1i} = x_{0j} \\ y_{1j} = 0.5 y_{0j} \end{cases} \tag{7-1}$$

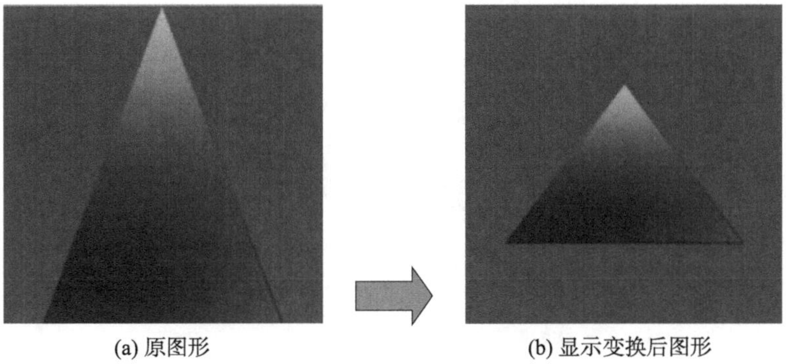

图 7－10　二维图形几何显示变换

同理，需要进行图形的色彩变换和显示时，不改变图形的几何信息矩阵，而将图形的颜色矩阵进行相应的操作变换即可。

如图 7－11 所示，将原图形（a）的颜色顺时针旋转，变换成（b）予以显示，则只要操作图形的颜色信息矩阵即可

$$\begin{cases} R_{1j} = G_{0j} \\ G_{1j} = B_{0j} \\ B_{1j} = R_{0j} \end{cases} \tag{7-2}$$

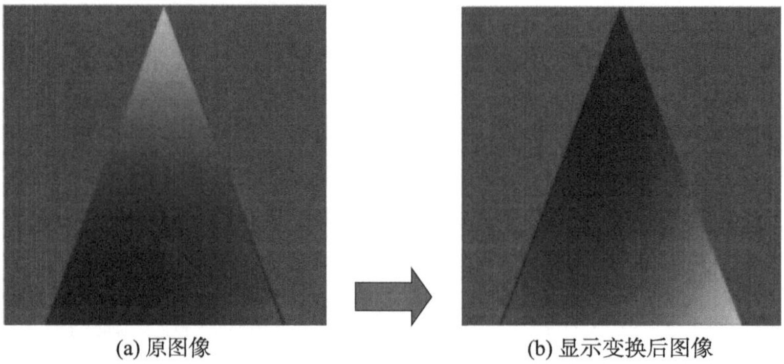

图 7-11　二维图形颜色显示变换

如果一个图形的显示和变换既包含几何形状的变化，也有颜色的变化，则同时对其几何信息矩阵和颜色信息矩阵进行相应的映射操作即可。

7.1.2.3　三维图形显示

计算机显示器等呈现的都是二维平面图形，没有深度信息带来的立体感。这与我们日常观察到世界的视觉感观是不一致的，将具有三维立体视觉感观的图形呈现在二维显示器屏幕上，需要进行图形的“降维增效”处理。

将计算机显示器看作是视平面，则三维图形的显示就是把三维物体投影到视平面的过程，是一个将物理空间的立体图形进行平面化变换的过程，如图 7-12 所示。

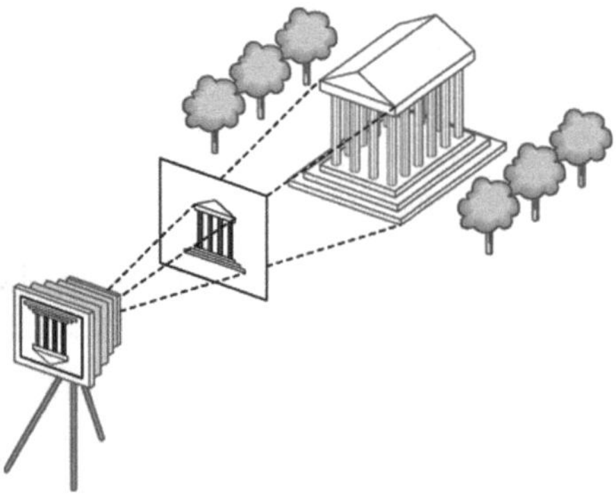

图 7-12　三维图形显示过程

把三维物体投影到视平面的过程主要包括平行投影和透视投影两种方式。平行投影是投影中心（Center of Projection，COP）在无穷远的投影，投影线成平行关系，如图 7-13(a) 所示。透视投影的 COP 则是有限距离，一般就是观测者的视平面距离，如图 7-13(b) 所示。

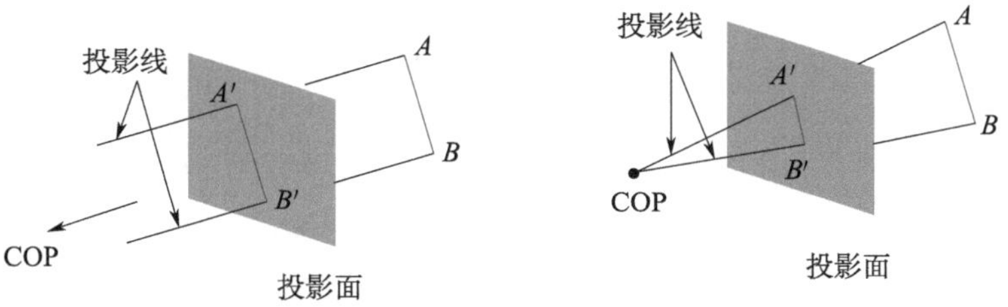

(a) 平行投影　　(b) 透视投影

图 7-13　三维图形显示投影

两种投影方式呈现出对象的不同视觉观察效果。平行投影保留了物体的长度、角度、形状等完整信息，图形投影前后的几何特性没有发生变化，可以完全还原投影前的几何状态，但是投影的图形没有立体感，整体不直观，主要在工程设计中应用较多，比如 CAD 设计图（见图 7-14）等。

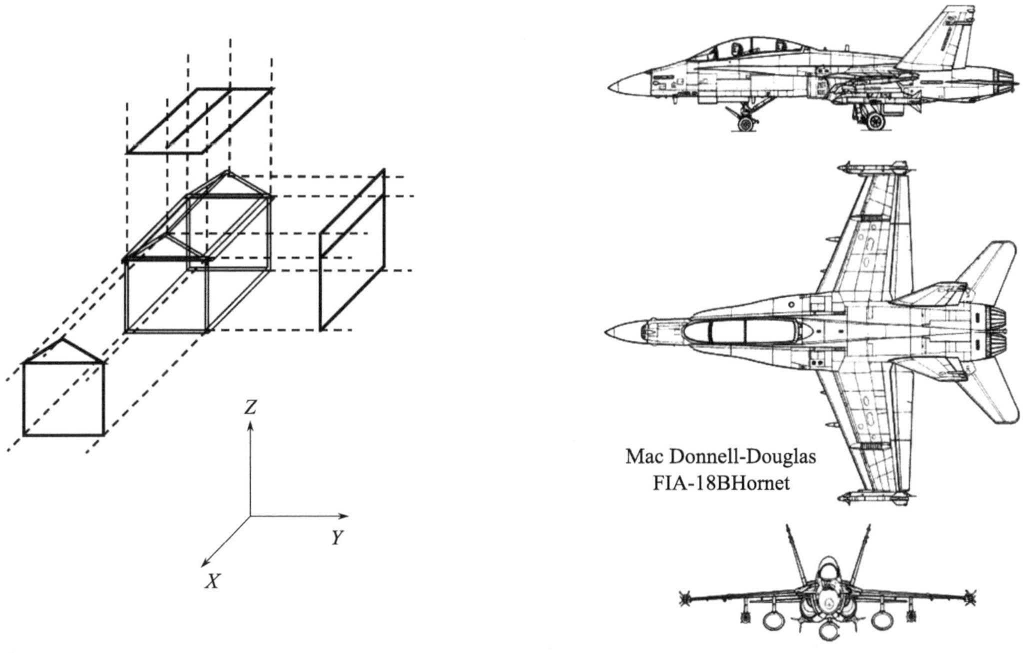

图 7-14　三维图形显示的平行投影

平行投影中由于投影线平行，和物体距离无关，所以不管远近，只要物体大小相同，投影结果就一样。这与人类的视觉不一致，人的视觉是东西越远，看得的结果是越小，这就是透视投影（见图 7-15）。

透视投影中越远的东西越小，无穷远的有限尺寸物体将汇于一点，与人的视觉效果一致，但是物体的空间属性会改变，有时候会引起视觉误判。比如投影面中相同大小的图形，在实际中可能是不同大小的物体。甚至是实际中大的物体，在视觉感观中，范围更

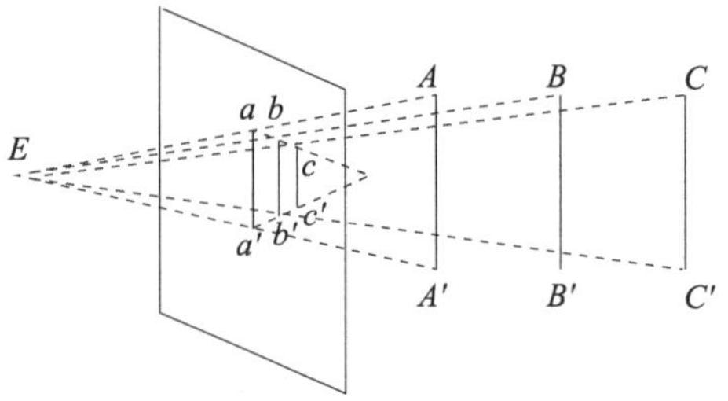

图 7－15　三维图形显示的透视投影

小，比如图 7－15 中的小树，其实际高度和大小小于远处的房子，但是视觉感观房子比树更小、更矮。

可视化仿真中，由于是给人呈现仿真对象的可视化状态，因此基本都采用符合人的感观习惯的透视投影方式进行图形显示。

7.1.3　可视化仿真关键问题

可视化仿真除了仿真层面的建模与开发等需要关注外，可视化本身也有一些问题需要重点关注和解决。

（1）仿真数据处理问题

主要是仿真数据的转换和管理，即需要将各种对象的各种数据进行符合可视化平台要求的标准化转换，形成可视化系统的规范数据集，然后基于可视化数据的分类和存储规则进行数据管理，如图 7－16 所示。

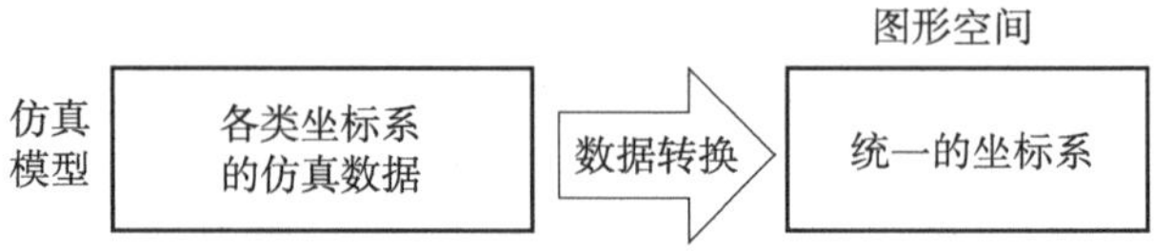

图 7－16　仿真数据的转换

比如航天器交会对接可视化中的数据转换问题，交会对接轨道运动过程中，远程段和接近段的轨道运动仿真数据一般是在惯性坐标系中进行描述，而平移靠拢段的轨道运动则通常在目标器轨道坐标中描述，仿真模型的实际物理空间描述参考系不一样。在可视化中，需要将实际物理空间两套坐标系描述的运动统一转换至图形空间坐标系。

（2）可视化建模问题

可视化显示的对象三维实体模型，需要通过建模软件预先建模，然后再载入可视化显示环境，或者在可视化程序中进行实时建模显示。可视化实体模型建模一般以三角形图形为基础单元，由三角形图形单元组合得到多边形，再由多边形组合得到三维实体模型（实际为三维实体模型的表面）。

可视化建模首先需要确定建模方法，比如专门软件的预先建模，还是基于图形算法的实时建模，或者两者结合的混合建模方法。其次需要确定建模粒度，主要考虑人力、经费、时间等成本投入，功能性展示还是细节推演的可视化用途和期望效果，以及图形计算机、显示设备等的图形处理能力等各类因素。理论上建模越精细，可视化显示效果越好，由此带来的成本和计算机处理要求也越高。

（3）特殊效果处理问题

可视化的主体是展示实体对象的空间运动状态，此时是把实体对象作为刚体或若干刚体构成的刚体系统来表现，比如行驶的汽车，就可认为是由车厢和车轮构成的刚体系统，车厢和车轮均可以通过建模软件进行预先建模，然后在可视化仿真中载入实体模型并根据仿真数据驱动模型进行运动即可。在仿真过程中，组成实体模型的各个子模型通常不发生物理结构和物理尺寸的变化，模型建好后只要更新运动状态，不需要调整模型的几何特性。

但是当追求更好的可视化效果时，几何结构相对固定的建模方式将面临窘境。比如行驶的汽车可视化，除了车之外，还有路边的树木，树长有大量的叶子，如何描述这些叶子随风摇摆的效果？或者做火箭发射的可视化，如何描述火箭尾焰的消散等，此时就要关注可视化的特殊效果处理问题。

用粒子系统来表现火箭尾焰的不规则形状变化和消散过程，如图 7－17 所示。粒子系统是由一定数量的粒子，按照一定的属性规律组成的整体。单个粒子是具有统一单元尺寸的简单几何体，具有自治能力，每个粒子具有位置、速度、颜色和生命期等属性，粒子属性可根据动力学计算或随机过程得到。

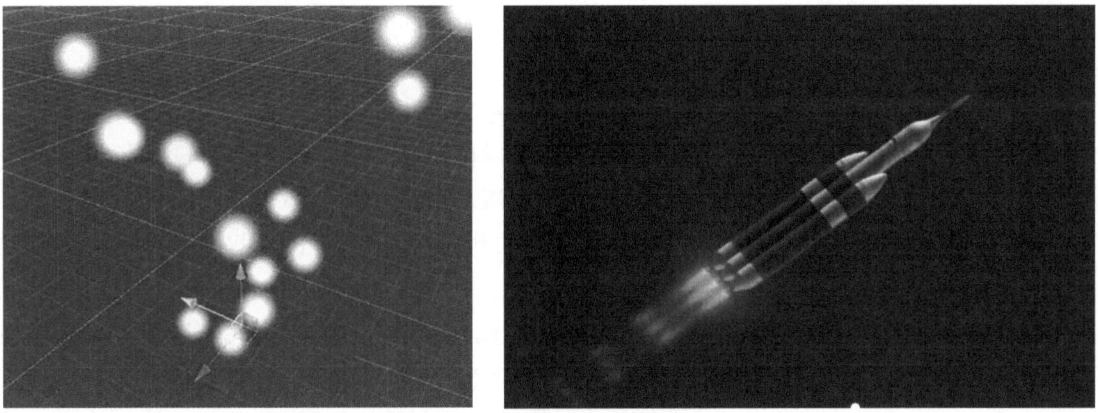

图 7－17　基于粒子系统表现的火箭尾焰特效

（4）人机交互问题

可视化的作用就是以更直观、更自然的方式将专业性的仿真结果呈现给用户，用户的个性化定制和灵活交互自然就成为可视化的一个基本要求。人机交互的方式有很多，包括常见的键盘、鼠标等，也包括更高级的语音、触觉交互或虚拟现实交互等，或者为项目研制的专门交互工具，比如各种操作杆。

7.2 航天系统仿真可视化特点与步骤

航天系统仿真任务，是门类繁多的系统仿真任务中的一种，其主要任务是对各种航天器，如运载火箭、卫星、飞船以及弹道导弹等的发射、入轨直至运行、再入过程的模拟等。航天系统仿真可视化则是将仿真过程的各种空间运动、内部状态、仿真数据等以动态图形的形式展示，以帮助相关人员进行任务规划、试验风险评估、效能分析、系统设计以及试验后的各种评估分析工作。

7.2.1 航天系统仿真可视化特点

鉴于航天系统仿真的常见对象、应用场景等，其可视化具有以下几个特点。

(1) 以飞行器的宏观运动和控制可视化为主

大部分的航天系统仿真任务中，飞行器本身的宏观运动状态（轨道/位置、姿态等）是研究的主要问题，而通常不过于关注微观层面上的仿真，或只在若干个关键节点进行局部的微观仿真。比如交会对接仿真，主要研究飞行器的宏观轨道运动过程，何时变轨、如何变轨、变轨前后的轨道变化等，可视化将主要展示轨道的宏观运动，而对飞行器的雷达开机、太阳帆板振动等，一般较少关注。

因此，在建模过程中，其仿真的内部数学模型通常按照要求进行高精度建模，但是可视化显示的三维实体建模则可适当灵活调整。可视化三维实体建模着重关注实体模型构件的几何尺寸相当、比例一致即可，可视化重点展示飞行器运动、控制逻辑关系等宏观内容。

(2) 可视化场景变化范围大

飞行器的宏观运动通常包括若干阶段，各阶段的运动特征和空间尺度变化较大，故各阶段的可视化表现重点不尽相同，需要兼顾飞行器运动过程的总体可视化表现效果。比如以导弹攻防仿真的可视化为例，一般包括导弹的机动、发射、中段飞行和再入打击等过程，导弹机动阶段的可视化场景主要是地面环境，可视范围通常为 10 km^2 量级，重点表现导弹的灵活机动和发射准备过程，如图 7-18 (a) 所示；而在中段飞行阶段，导弹的飞行距离可能到达上万千米，场景以全球和空间为主，可视范围将达到 10 000 km^2 量级，重点表现导弹飞行过程的整体运动，如图 7-18 (b) 所示。两种场景的整体特点和关注点都相差很大，可视化的展现方式自然也就不同。

因此，航天系统仿真可视化运动的各阶段、各目标可视化场景变化大的特点需要充分重视，要考虑不同场景的效果模拟要求、不同场景的连续切换管理、不同场景下飞行器运动描述的关系等。

(3) 可视化平台的通用性

可视化仿真的具体实现平台比较多，但是各个平台都有各自特点。考虑到可视化开发的工作量，理想情况是每次可视化开发能够基于已有成果积累，进行一定的补充、修改就

(a) 导弹机动过程场景

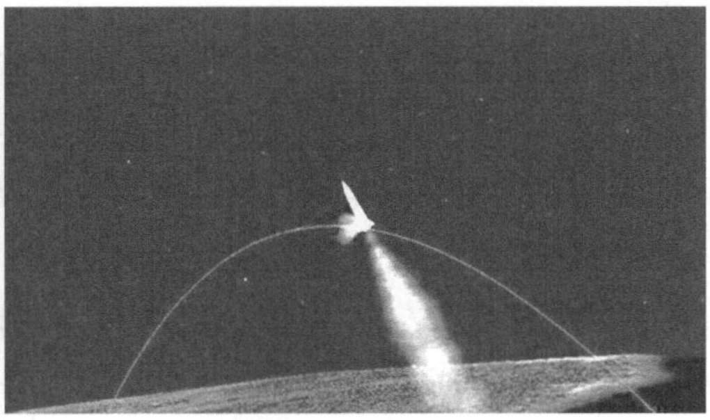

(b) 导弹中段飞行场景

图 7－18　导弹攻防仿真典型可视化场景

能实现开发目标。

因此要关注可视化平台的通用性，努力将可视化分离成一项独立性较高的软件系统，建立面向业务领域的高通用性可视化工作平台。建立独立的可视化工作平台后，针对不同的仿真对象，重新建立对象的三维实体模型，并对可视化软件算法做相应修改，即可较快完成新的可视化程序开发。

7.2.2　航天系统仿真可视化步骤

航天系统仿真可视化的研发过程，与一般的系统仿真开发过程具有一致性，增加部分可视化的工作内容和环节即可，总体上可分为准备阶段、设计阶段、开发阶段和测试阶段等四个阶段、九个大项工作，如图 7－19 所示。

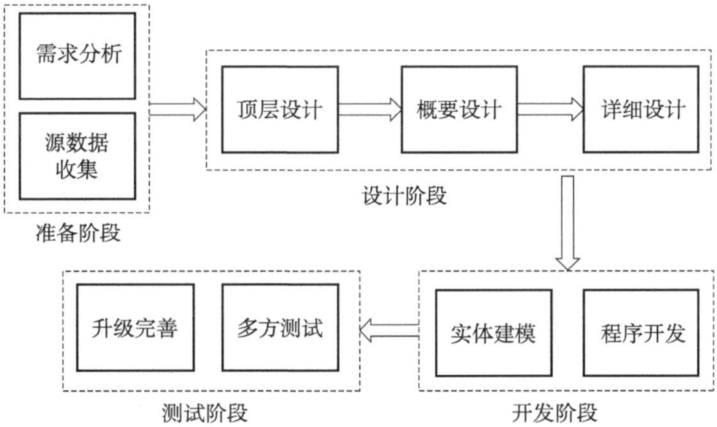

图 7－19　航天系统仿真可视化步骤

（1）准备阶段

准备阶段主要完成可视化的需求分析和可视化的源数据收集，为后续工作奠定基础。

需求分析主要确定可视化系统的具体功能要求、性能指标要求、主要人机交互操作、总体进度要求等，明确功能框架、运行环境、系统开发遵循的规范标准及开发平台语言等主要约束。如是否需要专门的数据库支持，运行环境是 Windows 系统环境还是 Linux 系统环境等。

源数据收集是在需求分析的基础上，对可视化可能用到的基础数据和信息进行预先收集和整理，包括可视化场景的典型地形地貌类源数据、典型纹理类源数据、典型实物效果类源数据，如 GIS 数字地图、典型地物（道路、树木等），实体对象的实物照片、实物视频、虚拟视频等。通过源数据的收集和整理，有助于分析可视化开发的总体工作量，更重要的是发现可视化开发缺少的支撑数据，明确后续数据收集的任务分配和获取方式。源数据收集的途径和方式主要包括历史积累的已有数据，有偿购买 GIS 数字地图、设计图纸等商业数据，通过网络搜索、文献查阅等自主搜集整理，以及基于用户提供概念设想、功能设计等文字描述进行构思创意。

（2）设计阶段

设计阶段在前期确定系统需求的基础上，主要完成可视化系统的顶层设计、概要设计和详细设计，形成系统的具体开发方案。设计阶段的不同节点也有不同的侧重点，相应的设计方法和细化要求也不相同。如顶层设计主要考虑系统总体架构及系统实现环境，包括系统各节点相互关系、控制逻辑，系统开发和运行的软硬件环境、网络平台等。而概要设计则需要设计系统的功能组成、数据交互关系及典型接口等，采用的设计方法包括功能分解法、结构化分析方法、面向对象分析方法等，常见的系统功能组成框图就是功能分解法的设计结果，数据流图则是结构化分析方法的典型结果。以某航天系统仿真的三维可视化为例，按照功能分解法设计的系统功能组成框图如图 7－20 所示。

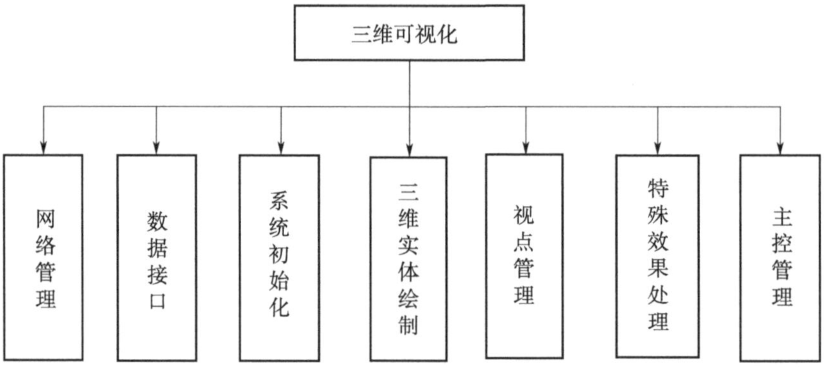

图 7－20　可视化系统功能分解法设计结果

（3）开发阶段

进入开发阶段后，主要是按照详细设计要求，完成可视化系统的程序编码和可视化实体模型的建模，形成初步的可视化系统。该阶段一方面关注三维实体模型的建模，通过合理选择建模方法和建模粒度，使可视化显示模型尽可能精细、逼真，满足显示效果要求，满足成本和计算机环境的图形渲染能力约束。另一方面是关注系统的具体开发，包括观察视点的管理、场景的过渡与切换、多细节层次（Level of Detail，LOD）模型切换等可视化场景的组织，功能模块的逻辑界面、数据接口、数据交互、人机交互等的接口切分，以及系统集成模式、系统运行管理、联调联试、故障定位与分析等系统集成问题。

（4）测试阶段

测试阶段处于可视化系统开发的最后阶段，主要是对开发的系统进行测试，验证其需求满足情况，即是否覆盖或者超出系统需求分析确认的各项功能，是否达到或者超出系统要求的各项性能指标，是否遵循专用开发要求或通用行业标准，过程管理、档案记录的完整性等，以及是否足够强壮，用户误操作、错误输入的预警及容错处理等。对测试发现的问题进行升级完善，确保可视化系统达成预期的功能、性能要求，具备较好的系统设计开发规范性、容错性和稳定性，使系统处于等待后续验收交付的稳定状态。

7.3　常用可视化软硬件

7.3.1　建模软件

三维建模主要包括几何建模、运动建模以及模型分割等几个方面。

1）几何建模：几何建模是用来描述对象内部的固有几何性质的抽象模型。

2）运动建模：仅仅建立静态的三维几何体对可视化仿真来说还是不够的，在虚拟环境中，物体的特性涉及位置改变、碰撞、捕获、表面变形等。

3）模型分割：虚拟环境的几何和物理建模所得到的是一个非常复杂的模型，大量的多边形使绘制速度大大减慢。在建模过程中，可采用一些办法来减少图形绘制的多边形数量，如单元分割、多细节层次、离线预先计算以及内存管理技术等，来提高程序运行效率。

根据软件出现的时间顺序，常用的建模软件包括 MultiGen Creator、3DS Max、Unity 3D 等。

（1）MultiGen Creator

MultiGen Creator 是 MultiGen - Paradigm 公司发行的三维实体建模软件，该软件是最早应用于图形工作站上的实时三维仿真建模工具。后来该公司又推出了基于 NT 内核的版本，可以运行于 Windows NT、Windows 2000、Windows XP 等操作系统，具有性能优越、稳定性好等特点，在同类软件中有较大的优势。MultiGen Creator 是一个交互式的图形建模软件，提供了“所见即所得”的操作环境，方便用户建立和修改模型数据库，使三维模型的建立和修改变得直观、明了。MultiGen Creator 可用于创建、编辑、浏览构建的实体模型，是飞行仿真、赛车仿真、意外事件恢复、虚拟现实、娱乐等专业建模领域的首选，广泛应用于辅助教学、科研、军事等领域（见图 7 - 21）。

（2）3DS MAX

3DS MAX 是世界上销量最高的 3D 建模软件、动画及渲染解决方案，获得过 65 个以上的业界奖项，被广泛用于视觉效果、角色动画及游戏开发领域。用户可以使用它快速创建出专业水准的三维模型、照片级的静态图形和电影般质量的动画序列。在我国，3DS MAX 是最早流行起来的三维图形设计软件，如图 7 - 22 所示。

通过 3DS Max 构建的三维实体模型，可以用 3DS、DWG、DXF、FBX 等多种三维建

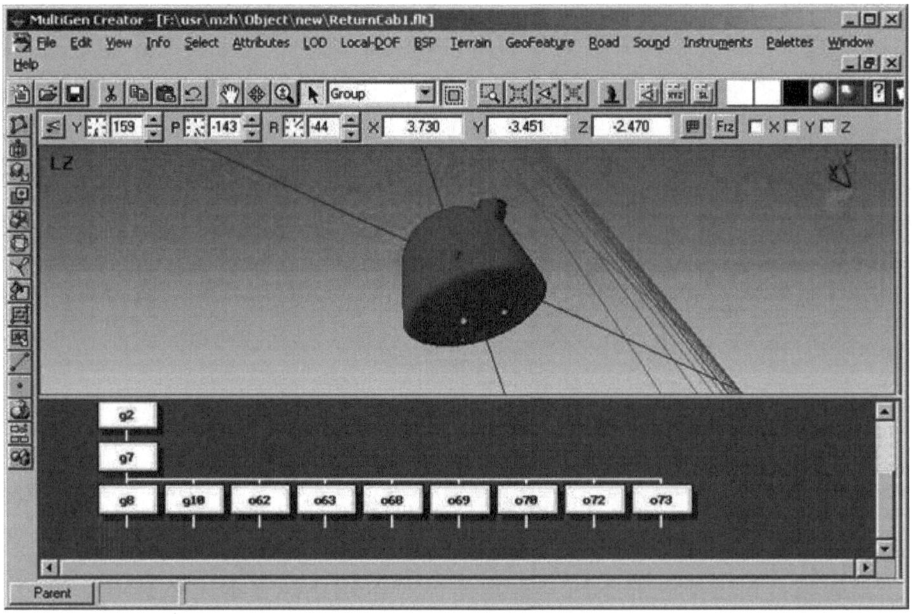

图 7-21　Creator 三维建模软件主要界面

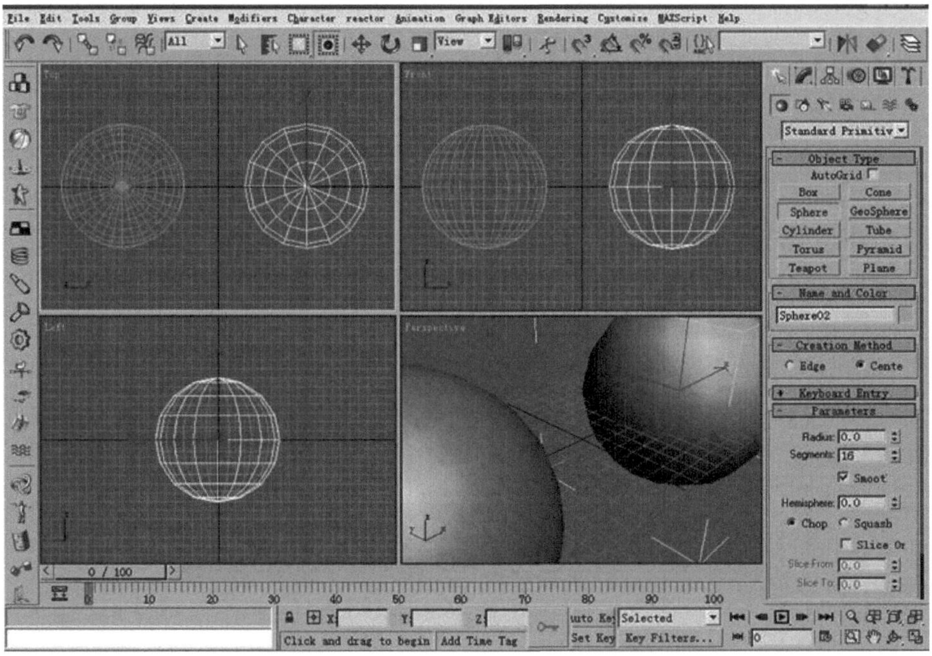

图 7-22　3DS Max 三维建模软件主要界面

模文件格式导出，方便被 OSG、Unity 等可视化渲染软件（引擎）读取并进行可视化渲染和显示。

7.3.2　渲染软件

(1) OpenGL

早期的可视化渲染软件（平台）主要是 OpenGL（Open Graphics Library，开放图形库），它是用于渲染 2D、3D 矢量图形的跨语言、跨平台的应用程序编程接口，常用于 CAD、虚拟现实、科学可视化程序和电子游戏开发。OpenGL 由近 350 个不同的函数调用组成，用来绘制从简单的图形到比较复杂的三维景象。比如画一个平面三角形，只需要编写两个函数即可。

```
#include <stdafx.h>
#include <GL/gl.h>
#include <GL/glu.h>
void main()  //主函数,定义渲染窗口、初始化环境等
{
    glutInitDisplayMode(GLUT_SINGLE| GLUT_RGB) ;
    glutCreateWindow("Simple OpengGL Sample");
    glutDisplayFunc(&DrawTriangle);  //三角形绘制回调
    glClearColor (0.0f, 0.5f, 1.0f, 1.0f);
    glutMainLoop();
    return 0;
}
void  DrawTriangle( void ) //三角形绘制回调
{
    glClear(GL_COLOR_BUFFER_BIT);
    glBegin(GL_TRIANGLES);
    glColor3f(1.0,0.0,0.0);
    glVertex2f(-0.75,-1.0);
    glColor3f(0.0,1.0,0.0);
    glVertex2f(0.75,-1.0);
    glColor3f(0.0,0.0,1.0);
    glVertex2f(0.0,1.0);
    glEnd();
    glFlush();
}
```

运行该示例程序后，将显示图 7-23 所示的一个平面三角形，三角形的内部填充颜色由顶点颜色开始渐变构成。

作为独立于操作系统的开放的三维图形软件开发包，在其基础上开发的应用程序能够

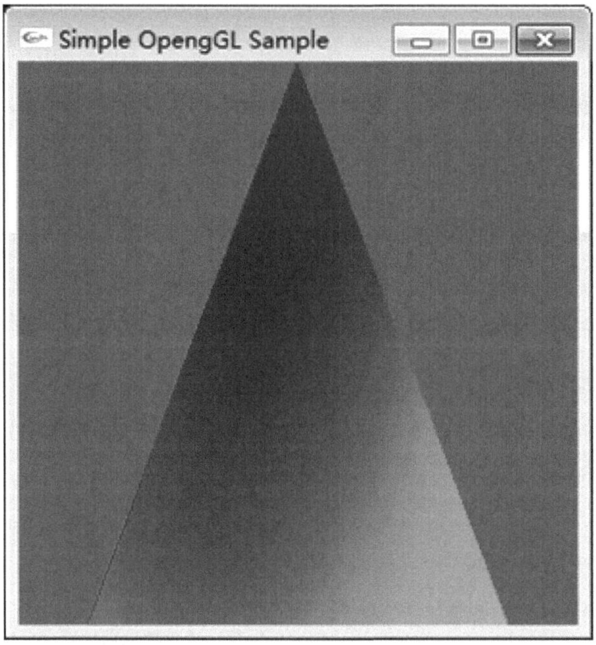

图 7-23　OpenGL 示例程序显示效果

简单方便地移植于各种平台。OpenGL 是后续可视化渲染软件 Vega、Vega Prime 和 OSG 等的基础。

（2）OSG

OSG（Open Scene Graph）是一个开源的三维引擎，被广泛应用在可视化仿真、游戏、虚拟现实、科学计算、三维重建、地理信息、太空探索、石油矿产等领域。OSG 采用标准 C＋＋和 OpenGL 编写而成，可运行在多种操作系统。OSG 在各个行业均有着丰富的扩展，能够与使用 OpenGL 书写的引擎无缝结合（杨化斌，2012）。

OSG 最早是由 Don 在 1998 年的一个业余爱好发展而来的，作为一种滑翔机的场景模拟器运行在 Linux 下，1999 年 Robert 开始着手完善该项目并把它移植到 Windows 下。1999 年 9 月，OSG 的源码宣布开源并且 Open Scene Graph 应运而生。其支持视图投影剔除（View Frustum Culling）、隐藏面剔除（Occlusion Culling）、小特性剔除（Small Feature Culling）、细节层次节点、状态排序（State Sorting）、顶点数组、顶点缓冲对象(Vertex Buffer Objects)。

OSG 是专业级的可视化渲染引擎，以高效的多线程实时渲染举世闻名。OSG 也可以作为库使用，能够很方便地嵌入其他程序，而不需要将其他程序嵌入 OSG 平台。此外，OSG 还有以下特点。

1）支持快速开发。OSG 场景图形内封装了几乎全部的 OpenGL 底层接口，并随时支持最新的扩展特性。应用程序的开发者可以将中心放在三维程序开发的实质性内容以及与各种场景对象交互的方法上，而不再过多关注底层的代码。

2）渲染的高性能。OSG 的核心代码支持多种场景的裁剪技术、细节层次节点、渲染状态排序、顶点数组、显示列表、VBO、PBO、FBO、OpenGL 着色器语言等，以及文字显示、粒子系统、阴影系统，雨、雪、火焰、烟雾等特效模拟，场景动态调度，线程渲染等各种机制。它们共同使 OSG 逐渐成为一个高性能的三维渲染引擎。

3）可扩展性。基于场景图形的扩展思想，OSG 提供了强大的可扩展能力，包括各种类型的扩展节点（NodeKits，节点工具箱）、扩展渲染属性、扩展回调、扩展交互事件处理器等，为用户的程序开发提供了灵活的支持能力。

4）可移植性。OSG 提供了 Windows、UNIX、Linux、Mac OS X、IRIX、Solaris、HP－UX、AIX 和 FreeBSD 系统的移植能力，基于 OSG 开发的程序只要经过一次编写，就可以编译并运行在这些平台上，不需要关心更多代码移植的细节。

5）没有知识产权问题。对于开源且易于所有人阅读的代码而言，不存在侵犯软件专利的可能性。

当然，OSG 也有许多不足，比如参考文档较少、代码风格不统一、部分功能实现过于冗杂等。

（3）Unity

Unity 是 Unity Technologies 公司 2004 年开始研发的可视化渲染引擎，也是当前最为流行的可视化实时渲染软件之一，可用于创作、运营和实现任何实时互动的 2D 和 3D 内容，支持平台包括手机、平板电脑、PC、游戏主机、增强现实和虚拟现实设备。Unity 公司总部位于美国加利福尼亚州旧金山，并在丹麦、比利时、立陶宛、哥伦比亚、加拿大、中国、芬兰、瑞典、德国、法国、日本、英国、爱尔兰、韩国和新加坡设有办公室，软件创作者分布在全球 190 个国家和地区（贾岛，2021；卢文浩，2021）。

Unity 具有以下特点：

1）智能界面设计，使用可视化编程界面完成各种开发工作，使用高效脚本编辑实现高效率开发；

2）面向组件开发，不同的项目，整个逻辑需要用 C＃重新写，但是资源都是可以沿用原来的项目；

3）跨平台性，只需一键即可完成作品的多平台开发和部署，支持 PC、移动、主机三大不同的平台；

4）入门简单，开发语言 C＃相对于 C/C＋＋更简单，而且 Unity 的使用已相对成熟，学习视频较多；

5）支持 AR/VR，Unity 是实现 AR/VR 最主流的开发引擎。

Unity 支持基于界面可视化操作的建模和可视化效果编辑，可以采用图形化所见即所得的方式设定实体的运动方式、运动路径等，其编辑界面如图 7－24 所示。

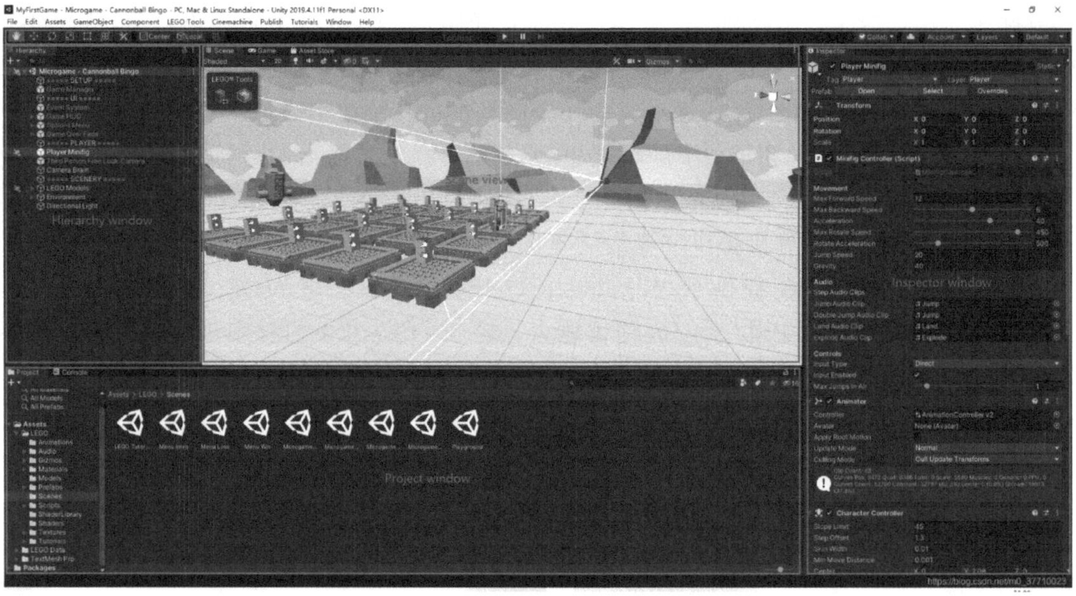

图 7-24　Unity 编辑器界面

7.3.3　可视化硬件

可视化程序需要根据接收到的数据，实时渲染输出三维、二维场景，其对图形渲染速度、存储速度、数据访问速度等要求较高，要求数据存储容量也较大。

早期计算机硬件技术不是特别先进的时候，通常需要借助专门为可视化渲染优化设计的专业图形工作站来支持，如著名的 SGI 系列图形工作站。这些图形工作站专门针对图形处理配置硬件、优化环境、增强交互界面等，数据处理（存储、传输等）速度快、内部通信带宽大、图形处理能力突出、渲染效果好，并支持多通道同步渲染等，专门图形工作站价格也不菲。如 2003 年上市的 SGI Onyx350 工作站，支持 64 GB 内存，32 个 CPU，8 个 Infinite Performance 图形管道，像素填充率达到 960 M/s，每台价格约 140 万元。

随着计算机硬件技术的发展进步，当前的通用图形工作站以商用计算机为基础，通过加强计算机的计算能力、图形处理能力和数据处理能力，也能满足绝大多数情况下的可视化实时渲染需求，工作站价格也大幅下降。如联想 ThinkStation P 系列图形工作站，支持最高 2 TB 内存，双 64 核 CPU，4 张专业图形显示卡等，每台价格为 10 万元以内，如图 7-25 所示。

(a) SGI Onyx350工作站　　(b) 联想ThinkStation PX图形工作站

图 7-25　典型可视化硬件平台

7.4　导弹攻防可视化实例

以航天领域常见的导弹攻防仿真为例，说明可视化系统的设计和实现过程。

7.4.1　系统总体设计

根据任务需求，可视化系统包括二维显示和三维显示两部分，可以分成两个独立的显示软件进行设计，也可以在一个软件中分为二维显示和三维显示两个模块。考虑到显示系统的维护便利性及导弹攻防系统整体的分布式结构特点，此处采用二、三维分为两个独立软件的模式进行设计和实现。

整体系统的拓扑结构如图 7-26 所示（周剑勇，2008）。

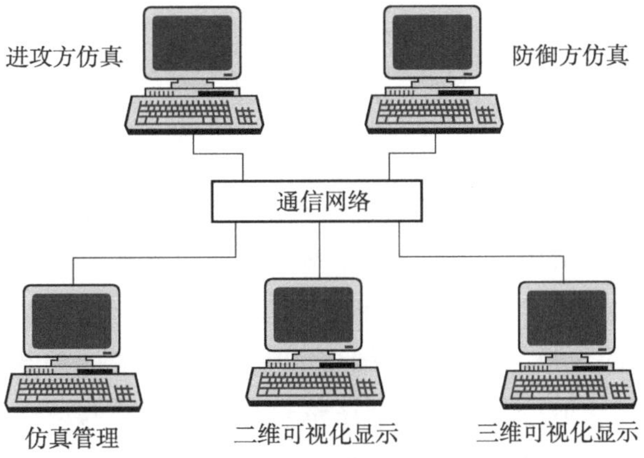

图 7-26　导弹攻防仿真系统总体框架

整个仿真系统的运行由仿真管理节点协调，仿真管理节点控制着仿真系统的信息流流向和仿真事件的执行顺序。仿真管理节点根据各仿真节点的仿真推进状态进行仿真控制，保证整个仿真系统的有序运行。

仿真系统的信息流关系如图 7－27 所示。

图 7－27　仿真系统整体信息流

导弹攻防仿真系统基于普通以太网开发，通过 TCP/IP 协议交互数据，运行于普通 PC 机的 Windows 系统环境。

7.4.2　可视化需求分析

可视化系统需要根据接收到的仿真数据，将攻防双方预警卫星的工作过程，以及导弹机动、发射、中途修正、拦截等过程实时呈现给用户，并允许用户进行人机操作，如调整可视化的观察视点、分析运动轨迹变化等。

根据攻防仿真系统的总体要求，将可视化系统的需求细化如下。

1）具备二维可视化显示功能。通过网络接口接收模型仿真节点产生的仿真数据，以二维平面图形的方式实时显示导弹飞行过程中的卫星、导弹星下点及卫星侦察覆盖情况，以图标的形式显示相应的导弹、卫星，二维显示地图具有移动、缩放等人机交互功能。

2）具备三维可视化显示功能。通过网络接口接收模型仿真节点产生的仿真数据，以三维立体图形的方式实时显示导弹飞行过程中的卫星、导弹星下点及卫星侦察覆盖情况，以三维实体模型的形式显示相应的导弹、卫星、地球等，三维显示场景具有观察目标选择、移动、缩放等人机交互功能。

7.4.3　二维可视化实现

二维可视化显示节点主要给出导弹的全局运动景象，包括导弹与卫星、地面站等之间的位置关系显示及通信链路显示等，呈现导弹攻防整体态势。

7.4.3.1　程序框架设计

二维可视化显示节点的功能模块组成如图 7－28 所示。

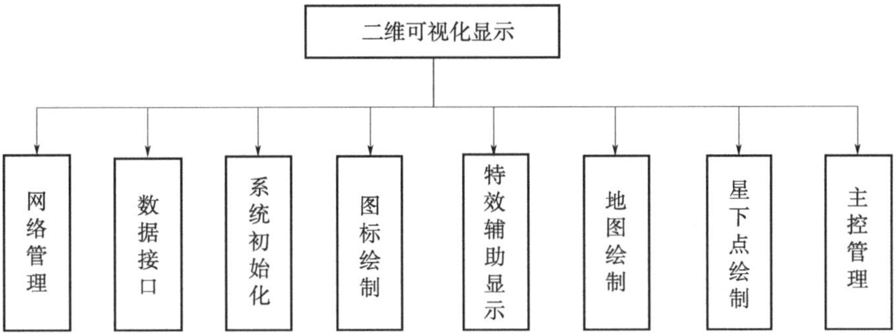

图 7－28　二维可视化显示节点模块划分

网络管理模块负责对网络进行初始化、连接网络和本结点的网络维护，通过网络接收数据和报告本结点的在线状态。

数据接口模块对读取的网络仿真数据进行解析、转换，处理成二维态势显示便于使用的形式。

系统初始化模块完成图形系统的初始化，如绘图环境的初始化等，并读取地图配置文件、图标文件等初始化数据。

图标绘制模块则根据飞行器的位置、状态等参数绘制出飞行器相应图标，如导弹、卫星等，并且根据地面站的位置、状态等参数绘制地面站图标。

特效辅助显示模块主要完成卫星覆盖区域显示，并用动态连线的方式表示导弹与地面站、卫星及卫星与地面站之间的通信链路。

地图绘制模块绘制出背景地图，包括纹理地图、大陆数字边界图，标注主要城市，以及实现使用鼠标进行地图的放大、缩小、漫游等。

星下点绘制模块根据接收到的导弹和卫星运动数据，在二维背景地图上绘制实体运动的星（弹）下点轨迹。

主控管理模块可以交互定制各仿真实体的显示效果，比如图标、轨迹线以及信息链路关系的显示与否和显示属性，并响应用户的相关操作。

7.4.3.2　程序流程设计

二维可视化显示节点的数据流关系如图 7－29 所示（周剑勇，2009）。

二维态势显示作图的主要工作有：设置相应的矩阵模式完成视口变换、投影变换；根据需要作二维纹理底图和数字线框图；根据需要标注主要城市名；记录各类实体的飞行数据，以便绘制各实体的飞行轨迹；绘制各实体对应的图标及星（弹）下点轨迹线；根据各卫星的工作状态动态显示卫星与导弹等的信息链路连线；若需对地图进行缩放则画出定义的缩放区域橡皮线；地图的漫游操作等。二维可视化显示节点的流程如图 7－30 所示。

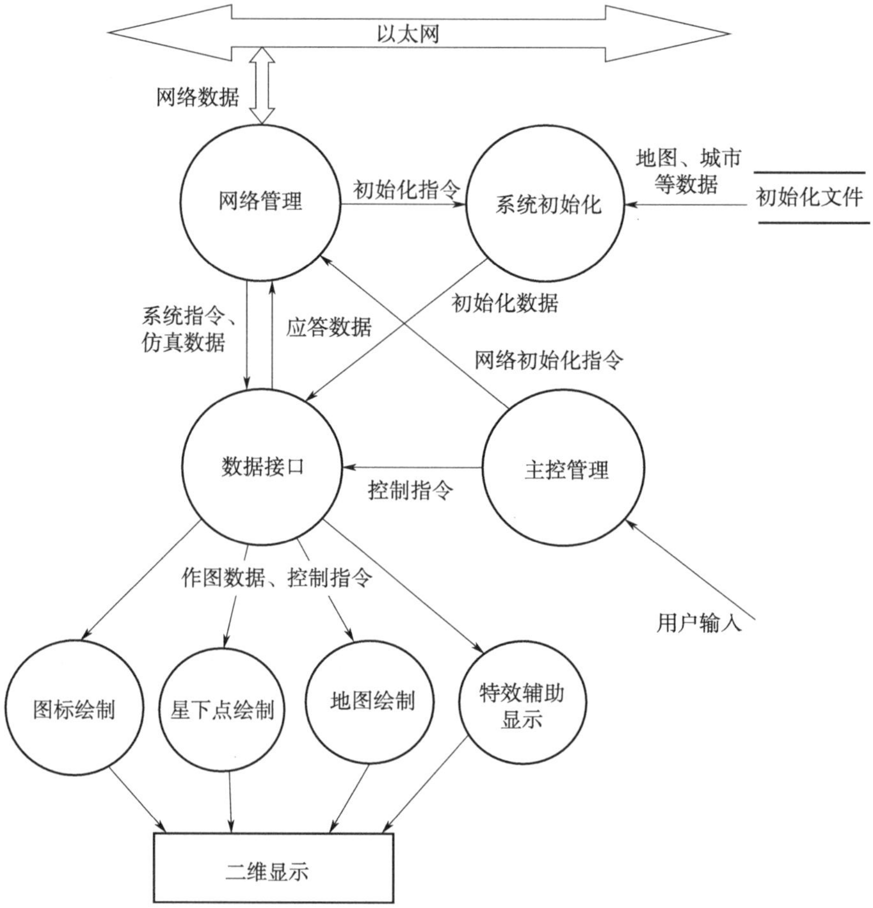

图 7-29　二维可视化显示节点数据流图

7.4.3.3　典型实现效果

由于二维可视化不需要建立和驱动实体的三维模型，只要使用实体的图标代替即可，因此二维可视化基于 OpenGL 开发。

每一个 Windows 程序都必须有一个设备描述表。在这个设备描述表中包含了图形如何在窗口中显示的信息。例如，屏幕的绘制模式、图形的映射模式和其他图形显示所必需的信息。实现过程中，使用 MFC 框架调用 OpenGL 函数编写二维作图程序时必须使用该描述表，同时，还要处理翻译描述表（Rendering Context）。翻译描述表是另一种设备描述表的形式，在翻译描述表中存放了一些 OpenGL 和操作系统之间相互联系的信息。

由于使用 OpenGL 作图时需要使用翻译描述表，因而必须先建立翻译描述表，在建立翻译描述表以前，又必须设置设备的点格式。点格式指定了设备的绘制性质。例如，点是用 RGBA 模式表示还是使用颜色索引表模式表示，显示是采用单缓冲还是使用双缓冲等。Win32 提供了四个管理点格式的函数，这些函数见表 7-1。

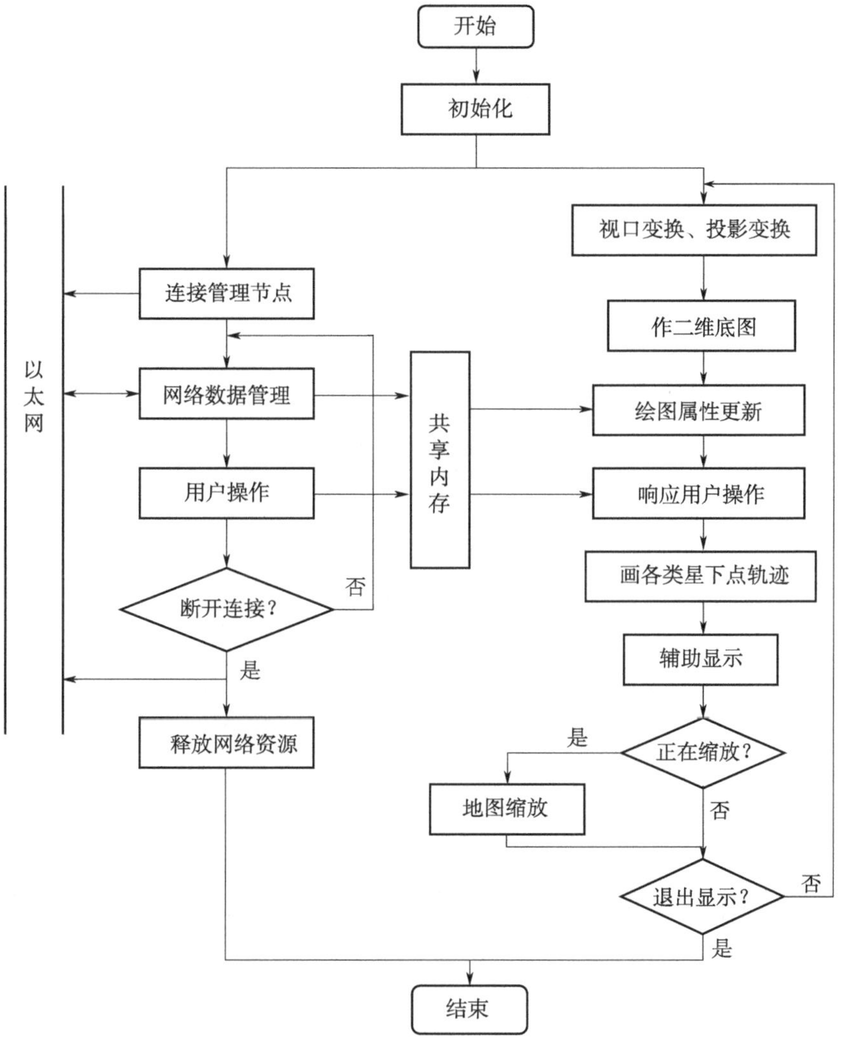

图 7-30　二维可视化显示节点流程图

表 7-1　点格式管理函数表

函数	功能
ChoosePixelFormat()	返回和需求的点格式的最相近的点格式
DescribePixelFormat()	获得给定点格式的信息
GetPixelFormat()	获得给定设备的点格式
SetPixelFormat()	设置给定设备的点格式

调用 OpenGL 函数进行绘图，需调用 wglMakeCurrent()函数，使该翻译描述表成为当前翻译描述表。不用的翻译描述表调用函数 wglDeleteContext()进行删除。Windows 提供了五个翻译描述表管理函数。表 7-2 给出了这五个函数的简单介绍。

表 7－2　翻译描述表的管理函数

函数	功能
wglCreateContext()	建立一个翻译描述表
wglDeleteContext()	删除一个翻译描述表
wglGetCurrentContext()	获得当前的翻译描述表
wglGetCurrentDC()	获得和当前翻译描述表相联系的设备
wglMakeCurrent()	使指定的翻译描述表为当前的

最后完成的二维可视化显示效果如图 7－31 所示。

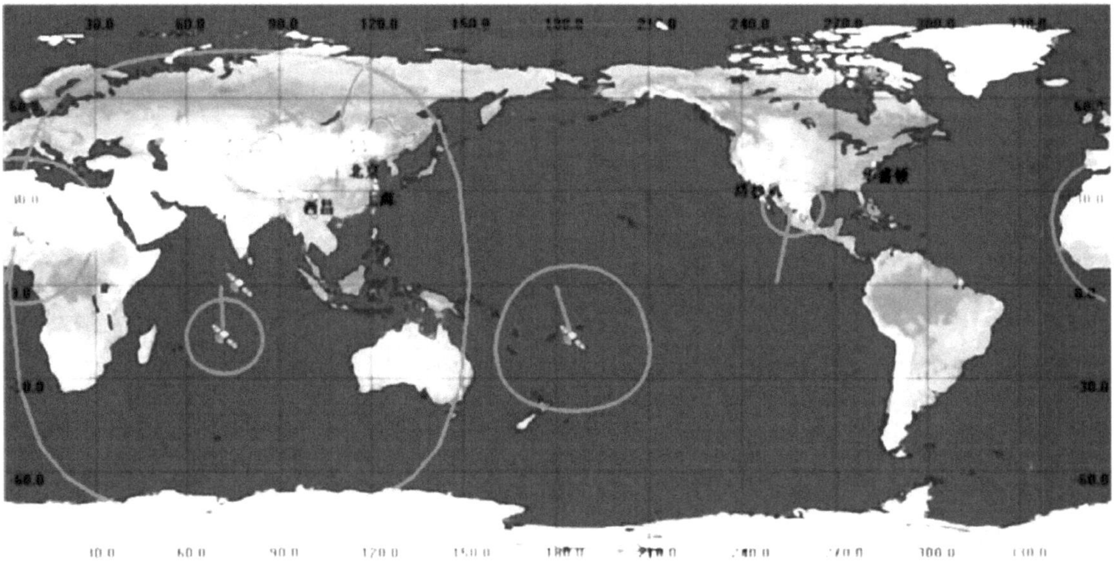

图 7－31　二维可视化显示效果

7.4.4　三维可视化实现

三维可视化显示可以直观地对仿真数据进行校核和验证，能够演示仿真对象的工作情况，包括发射、预调姿、机动变轨、再入飞行等过程，具有较强的交互功能，是整个仿真系统的重要组成部分。

三维可视化显示节点分别以导弹发射场和三维地球、星空等为基础背景，通过三维图形的形式显示导弹的飞行过程。

7.4.4.1　程序框架设计

为了实现良好的用户交互界面，三维可视化基于成熟的 Vega 平台开发，Vega 可视化渲染作为一个单独的线程运行，从网络接口获取仿真数据并利用 VS 集成环境开发的界面接收人机交互信息，如用户的鼠标操作等。

三维场景显示节点的功能模块组成如图 7－32 所示。

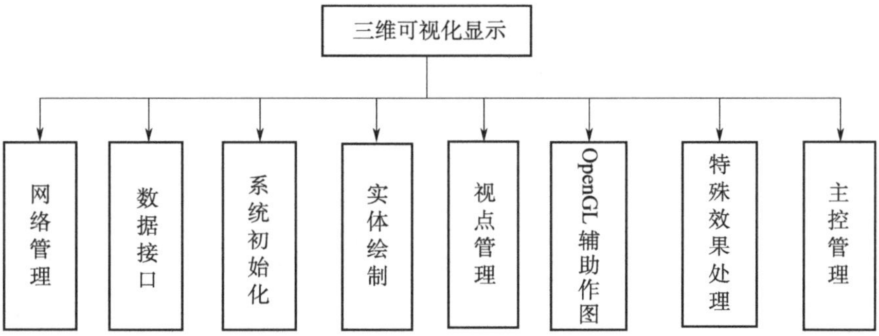

图 7－32　三维显示节点模块划分

网络管理模块提供网络的初始化、与服务器的网络连接、数据读写、关闭网络等功能。

数据接口模块负责对接收到的网络数据进行转换，供三维场景显示节点使用。

系统初始化模块包括两部分：数据初始化和图形系统初始化。数据初始化将视点数据、星空数据等从数据文件中读出，形成初始化配置数据，图形系统初始化完成 Vega 对运行环境、模型和纹理文件的初始化。

实体绘制模块根据仿真状态、导弹的位置和状态、场景环境等参数，显示包括导弹、环境等元素在内的三维景象。

视点管理模块根据仿真状态、导弹状态，实现自动/手动控制视点参数，并切换到相应的显示场景。

OpenGL 辅助作图模块根据用户要求，显示导弹、卫星等的轨迹以及地面站、卫星通信的波束等。

特殊效果处理模块负责处理和更新系统定义的粒子特效和声音特效等，如发动机火焰、爆炸、声效等。

主控管理模块主要处理用户交互事件，完成对本节点的运行管理。

7.4.4.2　程序流程设计

设计的三维场景显示节点数据流关系如图 7－33 所示。

三维场景的组织和管理是三维场景显示节点的核心，它负责三维实体的绘制和驱动，以及各种特效的加载和显示等。软件开发需要关注的重点是场景的绘制和程序流程的设计，至于底层的场景裁剪、粒子系统中粒子的产生和更新等则由 Vega 开发环境进行底层操作。

在三维场景显示中，使用 OpenGL 实现的各种特效，如轨迹、星空、通信波束等均以回调函数的形式应用于程序中，回调函数有帧前回调和帧后回调两种，帧后回调是在每一帧绘制结束时进行 OpenGL 函数调用，显示相应特效，帧前回调则正好相反。

以程序的人机交互（主控管理模块）为例，用户可以定义键盘快捷键或鼠标键，由可

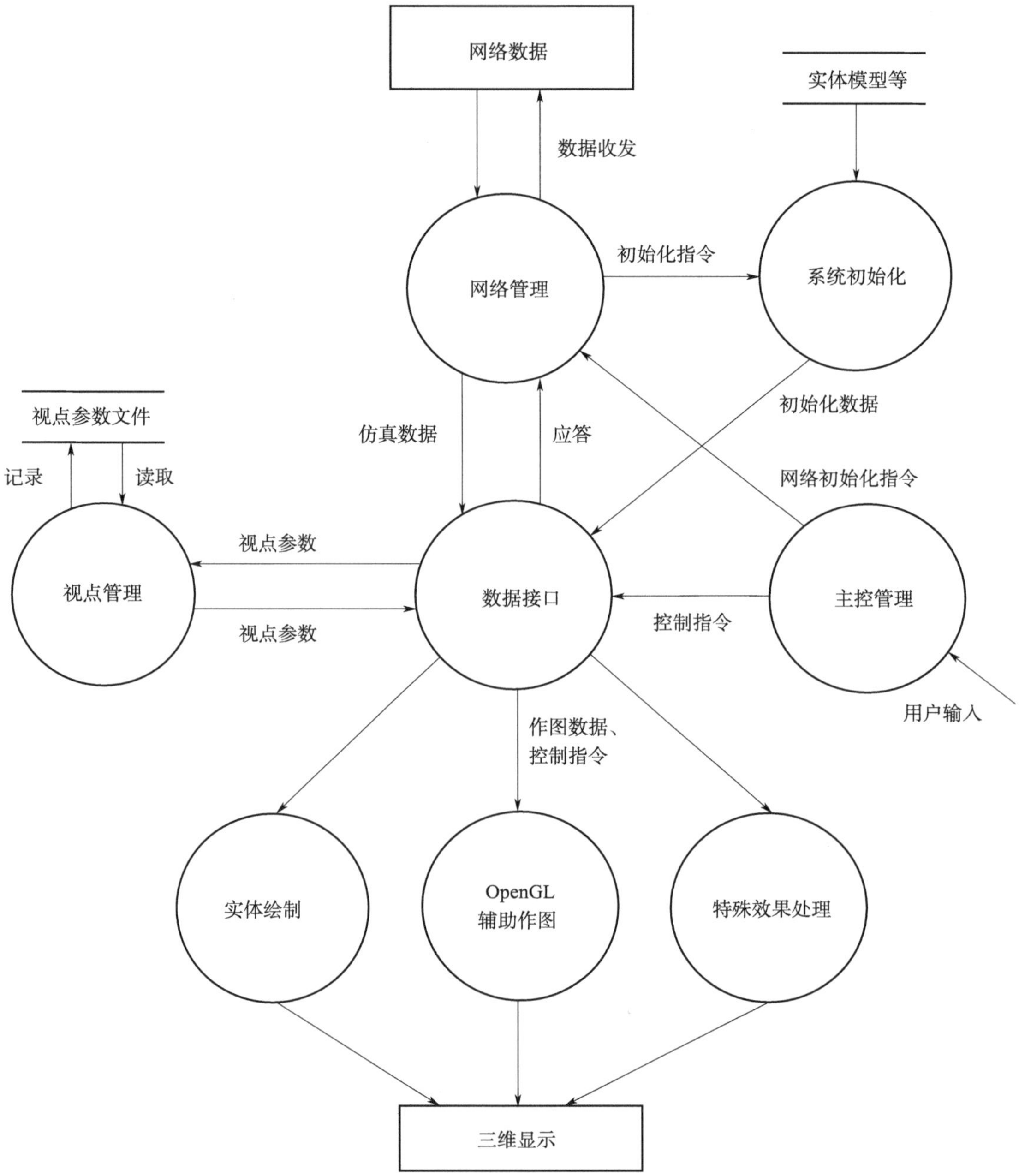

图 7－33　三维显示节点数据流图

视化程序响应相应的输入并对可视化显示内容进行操作，包括切换观察视点、隐藏/显示信息、更改显示信息样式等。

比如，通过定义以下键盘响应函数，并在主函数中进行回调，可以设置数值“1”来切换观测视点，设置“Home”键来切换二维或三维可视化场景。

```
void ChangeView (int type)
{
    switch (type) {
    case 1://响应数值键"1",切换到卫星视点
        glMatrixMode(GL_MODELVIEW);
        glLoadIdentity();
        gluLookAt(0, 0, -1.5e5, 0, 0, 0, 0, 1, 1);
        break;
    case GLUT_KEY_HOME://响应 Home 键,切换二维或三维场景
        if (b2D){
            glMatrixMode(GL_PROJECTION);
            glLoadIdentity();
            gluOrtho2D(-1024, 1024, -512, 512);
            b2D = 0;
        }
        else{
            glMatrixMode(GL_PROJECTION);
            glLoadIdentity();
            gluPerspective(45.0, aspect, 0.1, 3e5);
            b2D = 1;
        }
        break;
    default:
        break;
    }
}

int main(int argc, char *argv[])
{
    glutKeyboardFunc(ChangeView); //控制台主函数回调人机交互函数
    glutMainLoop();
    return 1;
}
```

三维场景显示节点的程序流程如图 7－34 所示。

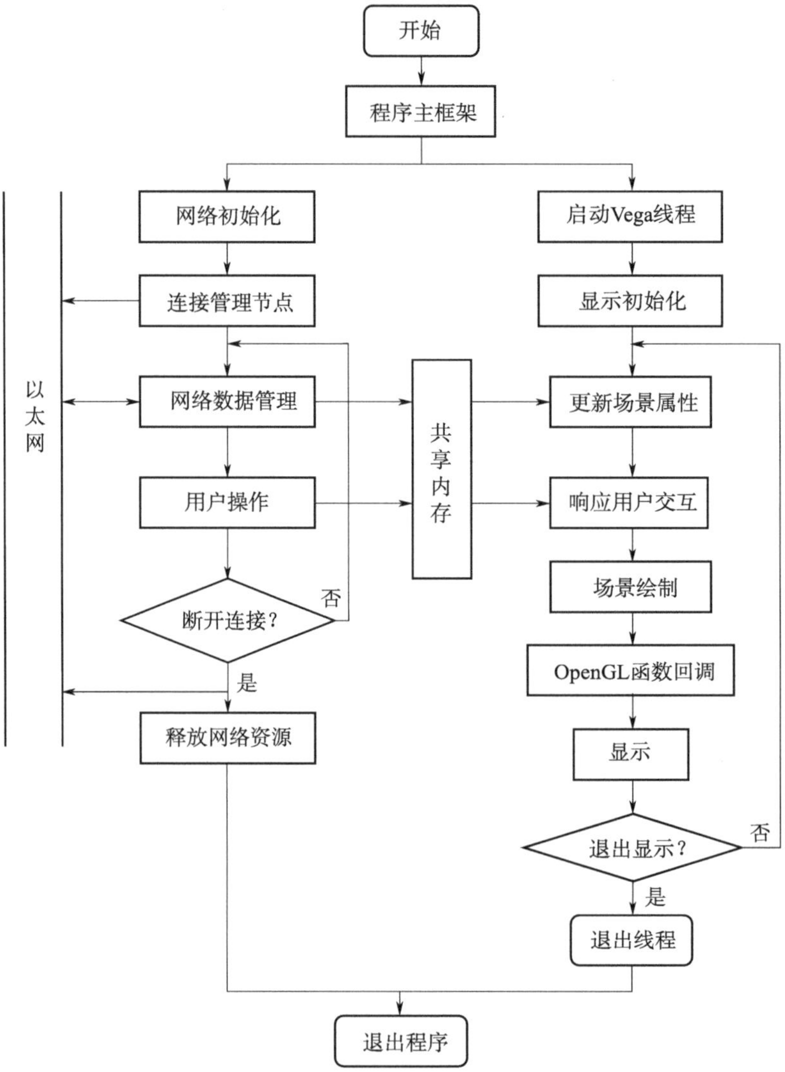

图 7－34　三维显示节点流程图

三维可视化程序中，场景管理和显示类 VegaView 是最核心的类，主要实现三维实体模型的读取、裁剪、绘制、Vega 场景特效等。该类派生于 CView 类，类构成如图 7－35 所示。

在 VegaView 类中还包含了所有与显示相关的图形绘制函数和数据转换函数，通过数据转换函数的计算和转换，输入的数据就可以直接用于驱动场景显示。

7.4.4.3　典型实现效果

三维场景显示节点的部分显示效果如图 7－36 所示。

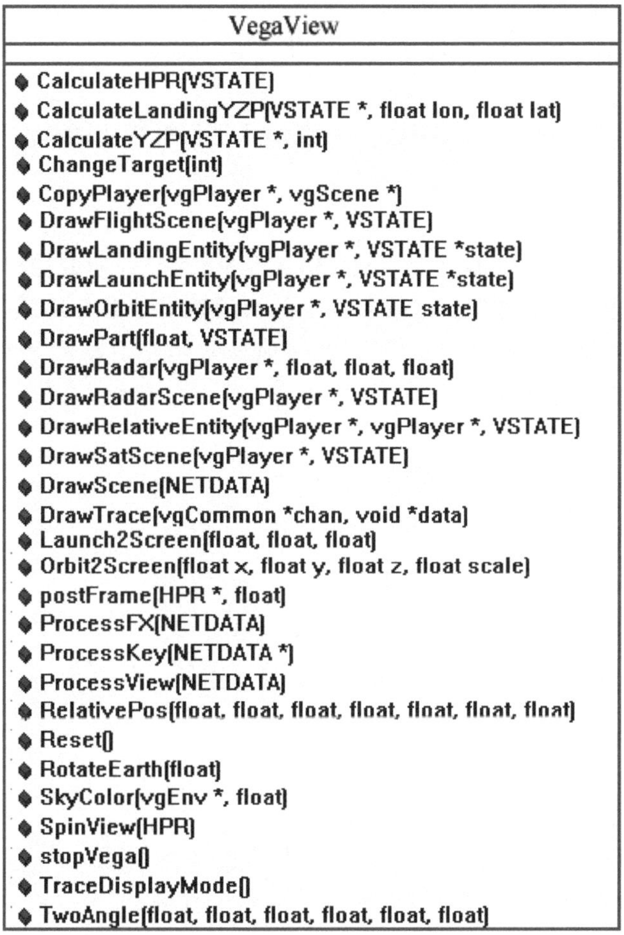

图 7－35　VegaView 类图

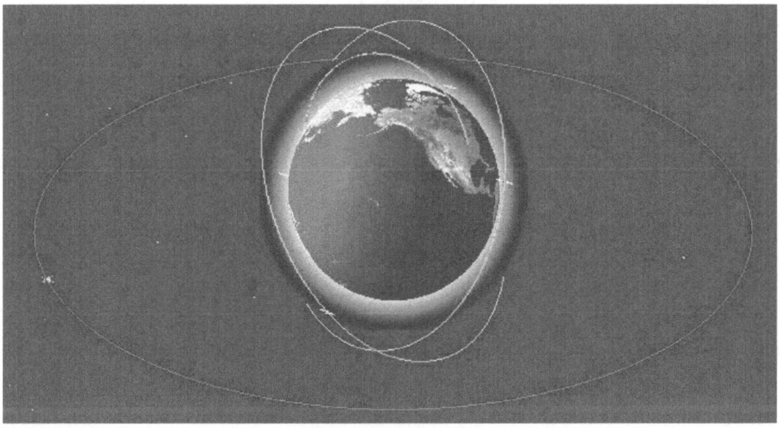

图 7－36　导弹攻防系统全球场景

7.5 基于 OpenGL 的卫星可视化实例

本节给出一个基于 OpenGL 编写的卫星绕地球飞行可视化的程序示例。

7.5.1 实例描述

实例为卫星绕地球飞行的 OpenGL 可视化仿真程序，含三维可视化和二维可视化两部分。

卫星动力学采用二体轨道模型，按照设定的初始轨道参数自由飞行。三维可视化部分以三维的形式呈现卫星的飞行过程，可以展示地球实体、卫星实体和卫星轨道（轨迹），支持基本的人机交互（视点旋转、场景切换等）。

7.5.2 总体结构

7.5.2.1 主要变量

案例程序的主要变量包括以下几项。

1）struct BLH：定义卫星在地心系中的经纬高。

2）struct Vec3：定义卫星在惯性系中的位置、速度三维数组。

7.5.2.2 主要函数

案例程序的主要函数包括以下几项。

1）InitWindow()：初始化可视化程序。

2）LoadTexture()：读取、加载地球、卫星等实体的纹理。

3）DrawEarth()：绘制地球，并粘贴加载的地球纹理。

4）DrawSatellite()：绘制运动的卫星，并粘贴加载的卫星纹理或使用简单的颜色填充卫星实体。

5）DrawTrackLine()：绘制卫星运动轨迹。

6）DrawEarthMap()：进行墨卡托投影变换，绘制二维地图和卫星。

7）DrawTrackLineOnMap()：进行墨卡托投影变换，在二维地图上绘制星下点轨迹。

8）Keyboard()：相应人的键盘按键输入，实现基本的人机交互。

9）Display()：清楚缓冲区，将当前绘制内容写入显示缓冲区并进行显示。

10）ChangeView()：三维、二维场景切换。

11）main()：控制台主函数。

7.5.2.3 运行流程

卫星可视化仿真运行流程如图 7－37 所示。

7.5.3 程序实现

7.5.3.1 可视化主程序

主程序主要定义了各种回调函数和循环函数，负责可视化程序的整体运行。

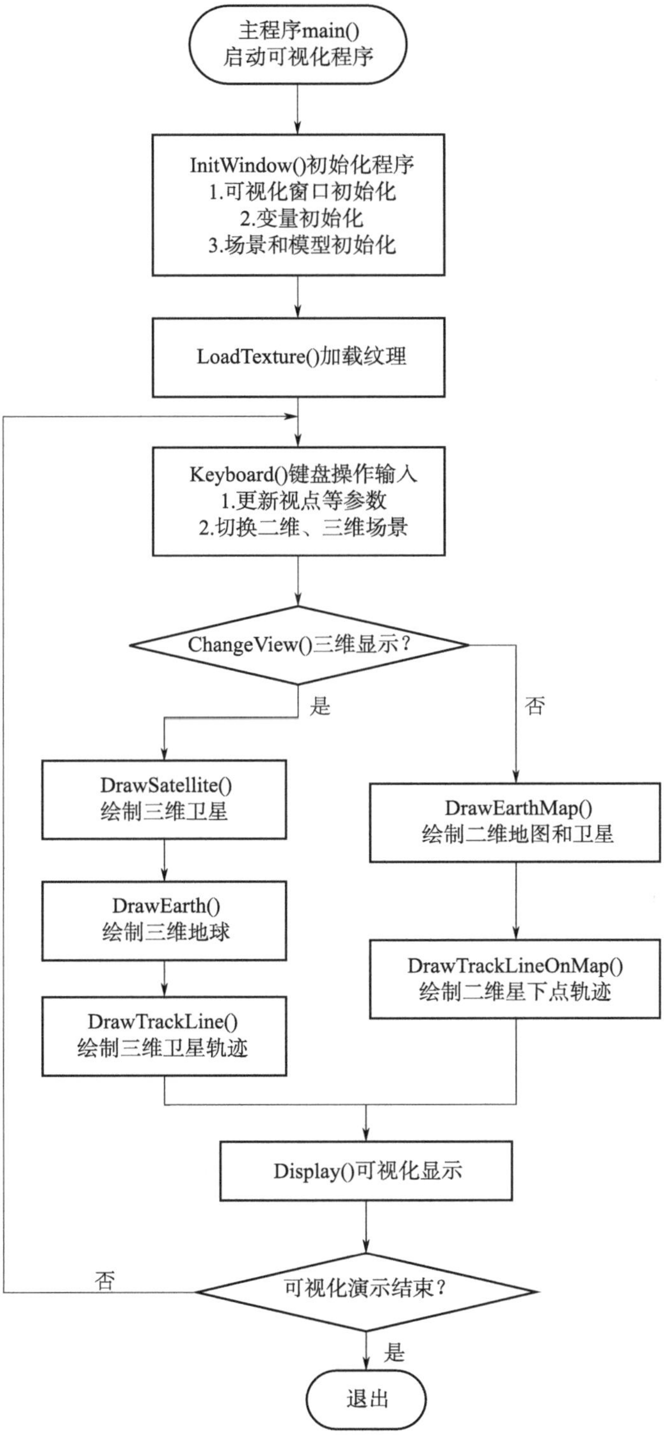

图 7－37　OpenGL 可视化实例主要流程

```
int main(int argc, char * argv[])
{
    glutDisplayFunc(display);//显示功能回调函数
    glutIdleFunc(display);
    glutKeyboardFunc(keyboard); //键盘响应功能回调函数
    glutMainLoop();//启动主循环
    return 1;
}
```

7.5.3.2　*初始化函数*

初始化函数主要完成对 OpenGL 绘图环境、显示窗口、基本变量等的初始化，包括设置窗口大小和位置、OpenGL 显示模式等。

```
void InitWindow(int argc, char * argv[], int width, int height, const char * title)
{
    glutInit(&argc, argv);//初始化 OpenGL 环境
    glutInitDisplayMode(GLUT_DOUBLE | GLUT_RGBA | GLUT_DEPTH);
    glutInitWindowSize(width, height);//指定窗口大小
    glutInitWindowPosition(100, 100);//定义窗口默认位置
    glutCreateWindow(title);//创建 openGL 渲染窗口

    glClearColor(0, 0, 0, 1);//设置清除颜色
    glClearDepth(1.0f);
    glDepthFunc(GL_LEQUAL);
    glShadeModel(GL_SMOOTH);
    glHint(GL_PERSPECTIVE_CORRECTION_HINT, GL_NICEST);
    LoadTextures(texture_id, 3);
    glEnable(GL_TEXTURE_2D);
    glEnable(GL_DEPTH_TEST);
    glEnable(GL_ALPHA_TEST);
    glEnable(GL_BLEND);
    glBlendFunc(GL_SRC_ALPHA, GL_ONE_MINUS_SRC_ALPHA);
}
```

7.5.3.3　*其他主要函数*

LoadTexture () 函数读取 BMP 等格式的图片文件作为地球或卫星的纹理，满足地球或卫星的精细化建模要求，提高可视化开发效率和图形渲染效率。

```
int LoadTexture(const char * filename, int width, int height, int depth, GLenum
color_type, GLenum filter_type) //地球三维模型的纹理加载
{
    GLubyte * raw_bitmap;
    FILE * file;
    errno_t err = fopen_s(&file, filename, "rb");
    if (err ! = 0)
      return 1;
      raw_bitmap = (GLubyte * )malloc(width * height * depth * sizeof(GLubyte));
    if (raw_bitmap = = NULL)
    {
        fclose(file);
        return 2;
    }
    fread(raw_bitmap, width * height * depth, 1, file);
    fclose(file);
    glTexParameteri(GL_TEXTURE_2D, GL_TEXTURE_MAG_FILTER, filter_type);
    glTexParameteri(GL_TEXTURE_2D, GL_TEXTURE_MIN_FILTER, filter_type);
    glTexEnvf(GL_TEXTURE_ENV, GL_TEXTURE_ENV_MODE, GL_MODULATE);
    gluBuild2DMipmaps(GL_TEXTURE_2D, 3, width, height, color_type, GL_UNSIGNED_
BYTE, raw_bitmap);
    free(raw_bitmap);
    return 0;
}
```

DrawEarth()函数在 OpenGL 环境中绘制三维地球，首先是利用 OpenGL 函数绘制一个球体，然后利用读取的 BMP 地球纹理绘制三维可视化地球。

```
void DrawEarth(float r, float angle) //在 OpenGL 环境中绘制三维地球
{
    glBindTexture(GL_TEXTURE_2D, 1);
    glPushMatrix();
    glRotatef(90, 0, 0, 1);
    GLUquadricObj * sphere = gluNewQuadric();
    gluQuadricDrawStyle(sphere, GLU_FILL);
    gluQuadricNormals(sphere, GLU_SMOOTH);
    gluQuadricTexture(sphere, GL_TRUE);
    gluSphere(sphere, r, 1000, 1000);
    glPopMatrix();
}
```

DrawSatellite()函数在 OpenGL 环境中绘制卫星的三维实体模型，并根据计算的卫星

状态，实时驱动实体模型运动。卫星模型可根据具体要求，与 DrawEarth 一样加载 BMP 格式的卫星纹理或直接使用颜色进行填充。

```
void DrawSatellite(Vec3 _p,bool bUseModel)
{
    glPushMatrix();//设置卫星绘制的 OpenGL 环境
    glTranslated(_p.x, _p.y, _p.z);
    glDisable(GL_LIGHTING);
    glDisable(GL_TEXTURE_2D);
    glEnable(GL_DEPTH_TEST);
    glScaled(1000.0f, 1000.0f, 1000.0f);
    glBegin(GL_QUADS); //绘制矩形方式的卫星实体
    glColor3f(1.0f, 0.0f, 0.0f); //设置卫星模型的填充色
    glNormal3f(0.0f, 0.0f, 1.0f); //卫星的第 1 个面
    glTexCoord2f(0.0f, 0.0f);  glVertex3f(-1.0f, -1.0f, 1.0f);
    glTexCoord2f(1.0f, 0.0f);  glVertex3f( 1.0f, -1.0f, 1.0f);
    glTexCoord2f(1.0f, 1.0f);  glVertex3f( 1.0f,  1.0f, 1.0f);
    glTexCoord2f(0.0f, 1.0f);  glVertex3f(-1.0f,  1.0f, 1.0f);
    glNormal3f(0.0f, 0.0f, -1.0f); //卫星的第 2 个面
    glTexCoord2f(1.0f, 0.0f);  glVertex3f(-1.0f, -1.0f, -1.0f);
    glTexCoord2f(1.0f, 1.0f);  glVertex3f(-1.0f, 1.0f, -1.0f);
    glTexCoord2f(0.0f, 1.0f);  glVertex3f(1.0f, 1.0f, -1.0f);
    glTexCoord2f(0.0f, 0.0f);  glVertex3f(1.0f, -1.0f, -1.0f);
    glNormal3f(0.0f, 1.0f, 0.0f); //以此类推,卫星的第 i 个面
    ......
    glEnd();
    glPopMatrix();
    glEnable(GL_TEXTURE_2D);
}
```

DrawTrackLine()函数在三维场景中绘制卫星运动的轨迹（即轨道）。

```
void DrawTrackLine(float lineWidth = 1.0f)
{
    glLineWidth(lineWidth); //设置运动轨迹的粗细
    glPushMatrix();
    glBegin(GL_LINE_STRIP);
    for (int i = 0; i < track_line.size(); i++)//读取轨迹数据链表,实时绘制运
动轨迹
    {
        glVertex3f(track_line[i].x, track_line[i].y, track_line[i].z);
        glColor3f(1, 1, 1); //设置运动轨迹的线条颜色
```

```
        }
    glEnd();
    glPopMatrix();
}
```

DrawEarthMap()在 OpenGL 环境中绘制二维地球地图，即墨卡托投影后的地球平面地图。

```
void DrawEarthMap()
{
    glBindTexture(GL_TEXTURE_2D, 1); //设置地图纹理模式
    GLfloat w = 2048;
    GLfloat h = 1024;
    glBegin(GL_QUADS); //加载和匹配地图纹理
    glTexCoord2d(0, 0);
    glVertex2f(-w / 2, -h / 2);
    glTexCoord2d(0, 1);
    glVertex2f(-w / 2, h / 2);
    glTexCoord2d(1, 1);
    glVertex2f(w / 2, h / 2);
    glTexCoord2d(1, 0);
    glVertex2f(w / 2, -h / 2);
    glEnd();
}
```

Keyboard()函数响应键盘输入，实现场景选择、场景切换等基础人机交互功能。

```
void Keyboard(unsigned char key, int x, int y)
{
    switch (key) {
    case 'w':                  //响应 w 键,场景向上旋转
        up++;
        break;
    case 's':                  //响应 s 键,场景向下旋转
        up--;
        break;
    case GLUT_KEY_HOME://响应 Home 键
        if (b2D){              //根据显示状态,切换到二维场景
          glMatrixMode(GL_PROJECTION);
```

```
        glLoadIdentity();
        gluOrtho2D(-1024, 1024, -512, 512);
        b2D = 0;
    }
    else{          //根据显示状态,切换到三维场景
        glMatrixMode(GL_PROJECTION);
        glLoadIdentity();
        gluPerspective(45.0, aspect, 0.1, 3e5);
        b2D = 1;
      }
      break;
    default:
      break;
    }
}
```

Display()函数将三维、二维场景根据需要写入显示缓存区，进行最终的可视化显示。

```
void Display()
{
    glEnable(GL_DEPTH_TEST); //设置 OpenGL 图形环境
    glClear(GL_COLOR_BUFFER_BIT | GL_DEPTH_BUFFER_BIT);
    angle_earth -= 1;
    angle_satellite -= 0.001;
    float earthR = 6.378137e4;
    float r = 1.1 * earthR;
    auto p = CalSatellitePosition(r);
    if (b2D) {                        //根据用户输入状态,切换为二维显示
        DrawEarthMap();               //显示二维地图场景
        if (bTrack)
          DrawTrackLineOnMap();       //显示二维星下点轨迹
    }
    else {                            //根据用户输入状态,切换为三维显示
        DrawEarth(earthR, angle_earth); //显示三维地球实体模型
        DrawSatellite(p,false);       //显示三维卫星实体模型
        if (bTrack)
          DrawTrackLine();            //显示三维场景的卫星运动轨迹(轨道)
    }
    glutSwapBuffers();
}
```

7.5.4　可视化效果

实例运行于 Visual Studio 2015 版本，包含 OpenGL 的 glut32 库。实例的三维场景和二维显示效果如图 7-38 所示。实例程序支持键盘 w、s、a、d 键对三维场景的旋转，及 home 键对二维或三维场景的切换等人机交互操作。

(a) 实例的三维场景效果

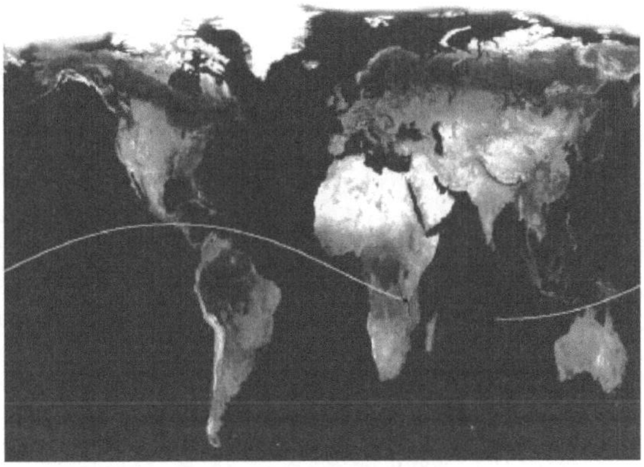

(b) 实例的二维场景效果

图 7-38　OpenGL 的可视化实例效果

参考文献

[1] Hearn D，Baker M P，Carithers W R. 计算机图形学（第四版）[M]. 蔡士杰，杨若瑜，译. 北京：电子工业出版社，2014.

[2] 贾岛，余曜，蒋涛，等. 基于 Unity 3D 的防空导弹引战配合可视化仿真研究 [J]. 弹箭与制导学报，2021，41 (6)：49－52.

[3] 卢文浩，杨立洪. 基于 Unity 3D 的积分可视化研究 [J]. 创新教育研究，2021，9 (2)：396－402.

[4] 李春梅，郑修林，韩娟. 浅谈应用多媒体技术进行物理课堂的有效教学 [J]. 物理通报，2008，27 (9)：38－40.

[5] 杨化斌. Open Scene Graph 3.0 三维视景仿真技术开发详解 [M]. 北京：国防工业出版社，2012.

[6] 周剑勇. 分布式仿真系统设计及应用研究 [D]. 长沙：国防科技大学，2008.

[7] 周剑勇，王跃峰，罗汝斌. 导弹攻防对抗视景仿真系统的设计与实现 [J]. 系统仿真学报，2009，21 (18)：5779－5782.

第8章　高级仿真技术

本章介绍航天系统仿真中的几个高级技术，包括并行仿真、分布式仿真、半实物仿真等。在实际航天系统仿真中，这些技术经常用来提高仿真性能或满足实际硬件接入闭环仿真回路等需求。

提高仿真性能的方法有以下几项。

（1）软件改进

软件的具体实现中，有些操作可能不适合实时仿真。必须区分那些不适合实时仿真的操作，并找出替代的实现。

①读写硬盘操作

初始化时，将文件读入内存，当仿真运行结束后，再将结果存入硬盘。

在一个具有优先级操作的多任务环境中，当高优先级仿真任务空闲时，采用较低优先级的进程进行文件I/O操作。

②动态内存分配

大量的内存动态分配和释放将产生很多内存碎片。再次分配时，程序将为其搜索足够的空间，当内存池已经变得很碎，并且有大量已分配内存时，这种搜索是很耗时的。

尽量避免或减少动态内存分配。具体方法包括，在编译时确定最大维数，多次分配改为一次分配，多次仿真只分配一次内存。

在仿真初始化时完成所有内存分配，然后在不使用时释放。

引入高级内存管理，对频繁的小内存动态分配进行统一管理。

避免在频繁使用的类中使用动态内存分配。

③避免具有不确定执行时间的算法

有些算法需要一些与输入数据相关的处理步骤，如搜索函数在一段时间内的最小值就是一个典型的例子。

建立插值函数，以提供近似算法，可以提供需要的速度和精度，如果函数比较复杂或有多个输入，可能需要很大的插值表。在飞行器仿真中，飞行器的气动计算通常就是采用插值方法，建立气动力和力矩与攻角、侧滑角、马赫数等的插值表。

采用具有确定时间的替代算法，多数情况下，平均执行时间比原算法时间长，但最坏情况下的性能却较好。

将原算法与确定时间算法结合，以提供全局的确定时间操作，如先采用确定算法求得近似解，然后使用有限迭代步骤的原算法改进这一结果。

（2）积分步长改进

如果实时仿真不能满足定时周期，或者非实时仿真速度不够快，可以尝试增加数值积分步长。

仔细考察仿真模型，以确定每个模型的最大可接受时间步长，这些步长中最短时间步长就是系统仿真中可接受的最大时间步长。

每次运行时增加帧时间，通过仿真调试确定在保证精度和稳定计算的条件下的最大步长。找到该临近时间后，适当缩短一些，并在各种条件下运行，以检查结果的精度和稳定性。

采用多帧速技术，即不同模型采用不同的时间步长。

(3) 算法改进

①算法优化

有时仿真模型中的算法是具有确定时间的，但对于仿真来说又太慢了，此时需要用更快的算法代替。例如一维不等间距插值，标准方法是使用二分法进行搜索，可以在仿真中记住搜索得到的位置，下一次搜索时直接判断是否与上一次在同一间隔，或判断是否在下一插值点间隔内。

②非滚动循环

尽可能使用一系列的内联操作，而避免使用循环结构。如将循环程序中的单步程序直接改写成多步直接执行，节省循环检查与运算的开销。该方法只是在循环比较简单，循环开销占一定比重时才有意义。

③将不变的运算移到循环以外

有些在循环中使用的数值只需要被计算一次，这些计算应该在进入循环之前完成，以避免进行冗余计算。类似地，有些数值在整个仿真中不变，应该将其放到初始化程序中，而不是在每个仿真的帧时间中重复运算。

这种优化技术总能改进仿真速度，改进效果决定于计算的复杂程度和可避免的重复计算量。

④内联函数

内联函数可以减少程序调用及传递参数的开销。当程序较小并且调用频繁时，该技术将大大改进运行速度。

(4) 硬件改进

提高仿真速度最简单的方法是购买更快的处理器。从单处理器系统转换成多处理器(多核)系统，或从单机转换成分布式系统。进行这项工作的难点在于仿真软件的合理分解。

(5) 仿真策略改进

过去数年，处理器单核性能的提升一度成为应用程序运行时间提升的主要贡献。但是，目前单线程 CPU 性能几乎停滞不前，现代 CPU 的性能提升主要来源于核心数目的增多。为充分利用现代体系结构的优势，需要将仿真从串行改为并行，并行包括算法并行和策略并行。

8.1　并行仿真

8.1.1　并行仿真概述

8.1.1.1　并行仿真基本概念

并行仿真是一种利用多个处理器或计算资源同时执行多个任务的仿真方式，以提高计算效率和性能。它涉及任务划分、同步与互斥、通信与通信开销等概念和技术。并行仿真的正确实现需要解决数据竞争、负载平衡、同步与互斥等挑战，并借助调试和性能分析工具来提高开发效率和程序性能。

并行与并发是两个不同概念。并发是指多个任务交替执行的能力，而并行是指多个任务同时执行的能力。并发可以在单个处理器上通过快速切换任务的上下文来实现，而并行需要多个处理器或计算资源的支持。

并行仿真是针对串行仿真提出的，主要是为了提高仿真速度和精度，满足大型动态系统仿真的需要。分析并行仿真需要了解几个基本概念（Schmidt，2018）。

（1）加速比（Speedup）

加速比定义为使用单个处理器运行程序花费的时间 $T(1)$ 除以使用 p 个处理器运行程序花费的时间 $T(p)$ 得到的商，为

$$S=\frac{T(1)}{T(p)} \tag{8-1}$$

（2）效率（Efficiency）和开销（Cost）

通常期望得到的最好加速比是一个线性加速比，也就是说，用 p 个处理器或核心，能够得到最大加速比为 p（也存在例外情形，被称为超线性加速比）。效率等于加速比 S 除以 p，表示为

$$E=\frac{S}{p}=\frac{T(1)}{T(p)\times p} \tag{8-2}$$

效率度量了加速比与处理器或核心个数的关联关系。开销定义为

$$C=T(p)\times p \tag{8-3}$$

（3）可扩展性（Scalability）

我们常常不仅想度量特定数目的处理器或核心的加速效率，还想知道处理器或核心数目变化场景下的加速效率，这称为可扩展性分析，表明处理器数目增多时并行程序的行为。除了变化处理器个数外，输入数据的规模可能也是需要变化的参数。因此，有两类扩展性：强扩展性和弱扩展性。对于强扩展性，测量效率时仅变化处理器数目，而输入数据规模保持不变。相反，弱扩展性表明，处理器数目随输入数据规模共同变化，并行程序的效率保持不变，也就是说，当处理器数目翻倍时，我们也把输入数据的规模翻倍。

（4）计算通信比（Computation-to-communication Ratio）

计算通信比定义为计算花费的时间除以处理器间消息通信花费的时间。更高的计算通

信比会带来更好的加速比和效率提升。

8.1.1.2　并行计算机体系结构

(1) 分布式内存系统

分布式内存系统（见图 8－1）由多个处理器 CPU（或节点，或处理单元 PE）组成，全部 CPU 都通过互联网络连接在一起，每个 CPU 只能操作存储在其本地内存中的数据。远程数据访问需要通过跨互联网络的消息传递显示实现。在并行仿真中，一个 CPU 如果访问存储在另一个 CPU 内存中的数据，必须通过一个显示的通信步骤来完成。

互联网络是分布式内存系统的一个重要结构因素，通常用点对点链接或者交换网络实现。Infiniband 或以太网（Ethernet）等标准网络协议常常用来完成通信任务。主流的分布式内存系统是计算集群和片上网络体系结构。

分布式内存系统的编程方法包括 MPI、UPC＋＋（Unified Parallel C＋＋）等。

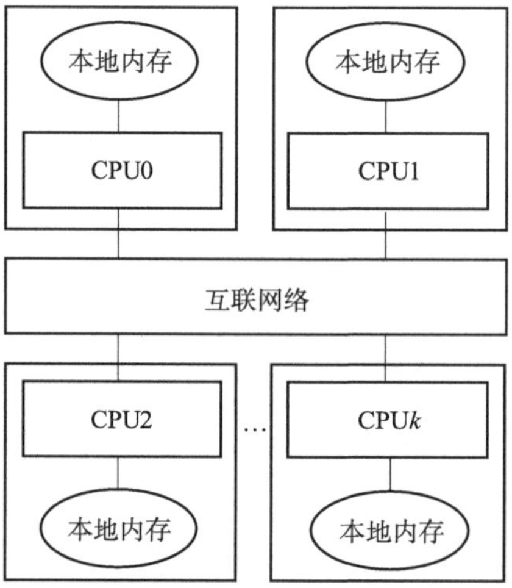

图 8－1　分布式内存系统

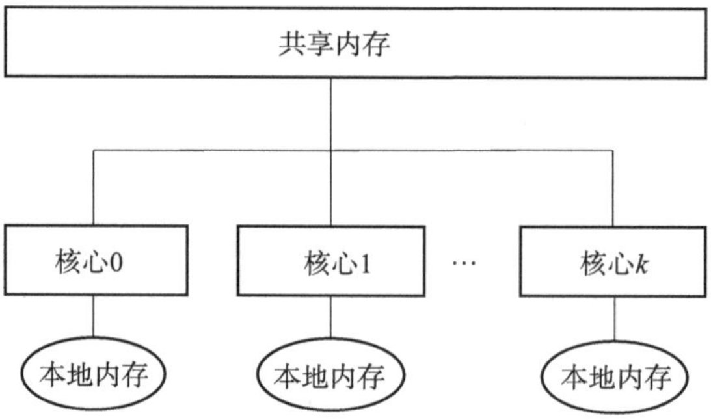

图 8－2　共享内存系统

(2) 共享内存系统

共享内存系统（见图 8－2）通过一个共享总线或者纵横交换机连接所有 CPU，所有

CPU 或核心都能够访问同一块公共内存空间。

现代多核 CPU 工作站和多 CPU 服务器就是典型的共享内存系统，其中的所有核心共享相同的主存空间。除了共享内存外，每个核心通常还包含一块更小的本地内存（如一级缓存），以降低访问主存的高昂代价（被称为冯·诺依曼瓶颈）。

共享内存系统的编程方法包括 C++多线程、OpenMP、CUDA 等。

8.1.1.3　并行仿真层次

并行仿真实现时，可以采用多个层次的并行策略。

（1）节点级并行化

在多台计算机之间实现并行，需要针对分布式内存计算机的模型实现算法，主要采用的技术包括 MPI、UPC++等。MPI 将在后续章节介绍。UPC++ 是统一并行 C++的简称，是一个基于 C++的扩展库，它使用 C++模板和运行库提供分隔全局地址空间（Partitioned Global Address Space，PGAS）功能。PGAS 融合了传统消息传递模型和共享内存模型，可以简化现代混合共享内存和分布式内存架构上的仿真开发，提高现代集群和超级计算机的可编程性而不牺牲性能和可移植性。

（2）节点内并行化

在单台计算机内实现并行，基于共享内存计算机的高级语言，包括 C++多线程、OpenMP 等。节点内并行化通常采用多线程或单节点上的多进程实现。多线程交互借助公共内存实现，多进程交互仿真数据借助进程间通信（Inter - Process Communication，IPC）实现，常用的 IPC 方式见表 8 - 1。

表 8 - 1　IPC 方式

名称	说明	特点与用途
管道（Pipe）	管道是一种半双工的通信方式，数据只能单向流动，需要双方通信时，需要建立两个管道。只能在具有亲缘关系的进程间使用。进程的亲缘关系通常是指父子进程关系	父子进程通信
有名管道（Named Pipe）	有名管道也是半双工的通信方式，但是它允许无亲缘关系的进程间通信	允许无亲缘关系的进程间通信
信号量（Semophore）	信号量是一个计数器，可以用来控制多个进程对共享资源的访问。它常作为一种锁机制，防止某进程正在访问共享资源时，其他进程也访问该资源。因此，主要作为进程间以及同一进程内不同线程之间的同步手段	不能传递数据，只能用来同步
消息队列（Message Queue）	消息队列是消息的链表，存放在内核中并由消息队列标识符标识。消息队列克服了信号传递消息量少、管道只能承载无格式字节流以及缓冲区大小受限等缺点	比管道、有名管道灵活性更大，可以在几个进程间复用，队列随内核持续
信号（Signal）	信号是一种比较复杂的通信方式，用于通知接收进程某个事件已经发生。除了用于进程间通信外，进程还可以发送信号给进程本身	用于通知接收进程某个事件已经发生

续表

名称	说明	特点与用途
共享内存 (Shared Memory)	共享内存就是映射一段能被其他进程访问的内存，这段共享内存由一个进程创建，但多个进程都可以访问。共享内存是最快的 IPC 方式，它是针对其他进程间通信方式运行效率低而专门设计的。共享内存本身没有提供任何同步功能，因此它往往与其他通信机制，如信号量，配合使用，来实现进程间的同步与通信	速度最快，可用于一台计算机上仿真进程间的通信
套接字 (Socket)	套接字也是一种进程间通信方式，与其他通信方式不同的是，它还可以用于不同计算机的进程通信	通用性强，主要用于计算机之间的数据通信

（3）加速卡级并行化

把一部分计算任务分配给加速卡承担，比如大规模并行 GPU 等，需要包括 CUDA 在内的特定语言。CUDA 是 NVIDIA 公司 2007 年发布的统一计算设备架构（Compute Unified Device Architecture）的简称。它允许使用 C 语言或 Fortran 语言，借助 GPU 的计算能力，针对复杂应用程序展开便捷编程。尽管有其他供应商为 GPU 编程提供统一编程的方法，例如 OpenCL 和 OpenACC，但 CUDA 是目前 GPU 编程主流的并行计算框架。

8.1.1.4 并行仿真步骤

本质上讲，并行仿真是一种将仿真任务分解成多个子任务并在多个处理器上并行执行的方法，进而达到加快仿真速度的目的。为了实现并行仿真，通常需要考虑以下几个典型因素。

1）划分：对于一个给定的问题，首先将其分解成若干个子问题。并行仿真中用到的主要划分方法有数据并行、任务并行、模型并行等。

2）通信：进程或线程之间需要的通信量和通信类型通常由划分方式决定。

3）同步：线程或进程之间通常需要同步，同步方式决定仿真计算结果的准确性与效率，因此同步机制或者同步算法需要预先确定。

4）负载平衡：多个线程或进程之间的工作量需要平均分配，以平衡它们之间的负载，并最小化空闲时间。

以常用的多线程并行方式可得并行仿真程序的设计步骤如下。

1）分解计算任务：将计算任务划分成尽可能多的小任务，开拓并发性。

2）制定通信方式：确认各任务间的数据交流，评估任务划分的合理性。

3）组合任务：依据任务的局部性，将小任务组合成大任务。

4）映射至线程：将组合后的任务分配到各个线程，确保负载平衡与同步机制适合。

完整设计流程如图 8－3 所示。

实现并行仿真的几种方式都有其优缺点，选择哪种方式要根据具体的仿真任务和计算资源来进行权衡。同时，需要注意在并行仿真中数据同步和通信的开销，以及并行算法的正确性和稳定性等方面的问题。

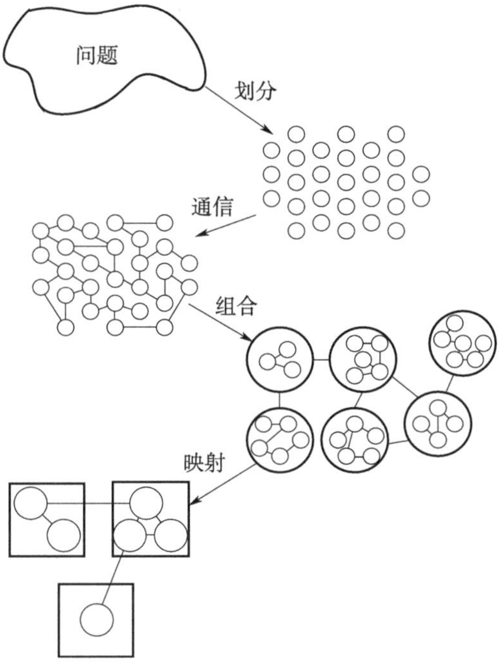

图 8-3　并行仿真程序设计步骤

8.1.1.5　并行仿真特点

并行仿真的优势在于它可以大大缩短仿真时间，提高仿真效率，同时可以处理大规模的仿真模型。这是因为并行化可以将一个大型仿真模型分解成多个小型子模型，每个子模型可以在不同的计算节点上并行运行，从而减少计算时间。此外，并行化还可以提高仿真的准确性和可靠性，因为可以使用更多的计算资源来进行仿真。

然而，并行仿真也面临一些挑战。首先，需要对仿真模型进行分解和并行化，这需要深入理解模型的结构和行为，以及并行计算的原理和技术。其次，需要考虑如何合理分配计算资源和任务，以达到最优的性能和效率。此外，由于并行计算的异步性和不确定性，还需要处理好线程同步、数据共享和负载均衡等问题，以避免出现死锁、竞争和性能瓶颈等问题。

总的来说，尽管并行仿真存在一些挑战，但是通过合理分解、并行化和优化，可以充分发挥计算资源的潜力，提高仿真效率和准确性，从而实现更加高效和可靠的仿真系统。

8.1.2　C++多线程并行仿真

8.1.2.1　多线程并行仿真基本概念

作为并行仿真技术中一类主要的实现方式，多线程仿真可以将一个仿真程序分为多个线程并发执行，从而提高仿真程序的执行效率和响应速度。在多线程仿真中，每个线程都可以独立执行仿真的某个部分，而且线程之间可以共享数据和资源，以实现更高效的仿真设计和运行。

（1）多线程与多进程

线程和进程是操作系统中的两个重要概念，它们是多任务处理的基础。进程是操作系统中的一个概念，它是一个正在执行中的程序的实例，每个进程都有自己的地址空间和系统资源。进程之间是独立的，它们不能直接访问对方的地址空间和资源，需要通过进程间通信机制来进行数据交换和协作。而线程是进程中的一个执行单元，它共享进程的地址空间和系统资源。

进程和线程之间的区别可以总结为以下四点。

1）资源分配：每个进程都有自己的地址空间和系统资源，而线程共享进程的地址空间和资源。

2）执行单元：进程是一个执行单元，它可以包含一个或多个线程；而线程是进程中的一个执行单元，它是 CPU 调度的最小单位。

3）上下文切换：进程的上下文切换需要保存和恢复整个进程的状态，而线程的上下文切换只需要保存和恢复线程的状态。

4）通信协作：进程之间需要通过进程间通信机制来进行数据交换和协作，而线程之间可以直接访问共享的地址空间和资源。

多进程并行仿真中，由于操作系统对进程提供了大量的保护机制，以避免一个进程修改了另一个进程的数据，因此使用多进程比使用多线程更容易写出相对安全的代码。但是多进程并行仿真的缺点有两个：一是在进程间的通信，无论是使用信号、套接字，还是文件、管道等方式，其使用要么比较复杂，要么就是速度较慢或者两者兼而有之；二是运行多个进程的开销很大，操作系统要分配很多的资源来对这些进程进行管理。

多线程并行仿真中，线程是轻量级的进程，每个线程可以独立运行不同的指令序列，但是线程不拥有独立资源，依赖于创建它的进程而存在。也就是说，同一进程中的多个线程共享相同的地址空间，可以访问进程中的大部分数据，指针和引用可以在线程间进行传递。这样，同一进程内的多个线程能够很方便地进行数据共享以及通信，也就比进程更适用于并发操作。但是，由于缺少操作系统提供的保护机制，在多线程共享数据及通信时，就需要程序员做更多的工作以保证对共享数据段的操作是以预想的操作顺序进行，并且要极力避免死锁。

（2）线程数量确定

确定线程数量的方法通常取决于应用程序的性质和运行环境的特点。以下是一些常用的方法。

1）根据处理器内核数量确定线程数量：将线程数量设置为处理器数量的内核数是一个常见的做法。这是因为现代处理器通常有多个内核，部分处理器还有超线程功能，可以同时执行多个线程，从而提高应用程序的性能。

2）根据任务数量确定线程数量：如果应用程序中存在多个独立任务，可以为每个任务分配一个线程。这可以确保每个任务都可以在单独的线程中独立执行，从而提高程序的并发性和性能。

3）动态确定线程数量：有些应用程序需要根据当前负载和可用资源来动态确定线程数量。例如，如果应用程序需要处理大量的数据，可以动态增加线程数量以加快处理速度。如果资源不足，可以减少线程数量以避免过度竞争和资源浪费。

4）根据硬件资源限制确定线程数量：在某些情况下，硬件资源的限制可以限制线程数量。例如，如果应用程序需要使用大量的内存或磁盘空间，可以根据可用的内存或磁盘空间来确定线程数量。

在多线程并行仿真中，对于 CPU 密集型场景，线程数量 n 通常设置为

$$n = n_C \tag{8-4}$$

式中，n_C 为 CPU 内核数。

有时在工程上，线程的数量会设置为 $n_C + 1$，这样当线程因为偶尔 I/O 等操作阻塞时，这个额外的线程可以利用，从而保证 CPU 的利用率。

对于 I/O 密集型场景，线程数量 n 通常设置为

$$n = n_C\left(1 + \frac{t_{IO}}{t_{CPU}}\right)u \tag{8-5}$$

式中，n_C 为 CPU 内核数，t_{IO} 为平均等待时间或 I/O 耗时，t_{CPU} 为平均工作时间或 CPU 耗时，u 为目标 CPU 利用率。

8.1.2.2　线程创建

（1）C++线程类

传统的 C++（C++11 标准之前）中并没有引入线程这个概念，在 C++11 出现之前，如果想要在 C++中实现多线程，需要借助操作系统平台提供的 API，在 Linux 下包含在头文件<pthread.h>中，在 Windows 下包含在头文件<windows.h>中。C++11提供了语言层面上的多线程，解决了跨平台的问题，提供了管理线程、线程间同步操作、原子操作、条件变量等类。

C++11 标准中线程类见表 8-2。

表 8-2　C++11 线程类

类和命名空间	主要成员函数	函数功能
thread	get_id()	获取线程 id
	join()	并入
	detach()	分派
	joinable()	判断线程处于并入还是分派状态
this_thread	get_id()	获取线程 id
	yield()	放弃线程执行，回到就绪状态
	sleep_for(std::chrono::seconds(1))	暂停一段时间
	sleep_until()	暂停至指定时间

当线程启动后，一定要在与线程相关联的 thread 销毁前，确定以何种方式等待线程执行结束，包括两种：

1）detach 方式，调用 detach()函数实现分派，启动的线程自主在后台运行，当前的代码继续往下执行，不等待新线程结束。

2）join 方式，调用 join()函数实现并入，等待启动的线程完成，才会继续往下执行。

可以使用 joinable()函数判断是 join 模式还是 detach 模式。

命名空间 std::this_thread 提供了一组关于当前线程的函数，用来获取线程 ID 或进行时间操作。

编写多线程时，无法避免地要进行线程间数据同步和通信。如果依靠全局变量传递，从安全角度看不够完美，因此 C++11 定义了 std::future 和 std::promise 在不同线程之间进行单向数据传递，见表 8－3。std::future 是数据的输出端，std::promise 是数据的输入端。

表 8－3　future 和 promise 类

类	主要成员函数	函数功能
future	share()	将当前转移共享状态给 shared_future 并返回
	get()	返回结果
	valid()	检查 future 是否拥有共享状态
	wait()	等待结果变得可用
	wait_for()	等待结果，如果在指定时间间隔仍然无法得到，则返回
	wait_until()	等待结果，如果在指定时间点仍然无法得到，则返回
promise	get_future()	返回与 promise 关联的 future
	set_value()	设置结果为指定值
	set_exception()	设置结果为指示异常
	set_value_at_thread_exit()	设置结果为指定值，同时仅在线程退出时分发提醒
	set_exception_at_thread_exit()	设置结果为指示异常，同时仅在线程退出时分发提醒

（2）仿真时间度量

C++语言可以通过函数获取时间来获得仿真线程消耗时间，主要函数包括以下几种。

1）time()函数，函数原型为 time_t time（time_t *timer)，获取的是相对 1970 年 1 月 1 日的秒数，精确到秒。

2）clock()函数，函数原型为 cloct_t clock()，获取的是系统启动以后的 CPU 时钟计时单元数，精确到 1/CLOCKS_PER_SEC 秒，在 Windows 系统中精度为毫秒，在 Linux 系统中精度为微秒。

```
clock_t start_time = clock();
//自己的计算代码…
clock_t end_time = clock();
double Times = (double)(end_time - start_time) / CLOCKS_PER_SEC;
```

3）chrono 库，该库是 C++11 支持的跨系统日期和时间库，其中的 high_resolution_

clock 提供了纳秒精度级别的时钟，可用于仿真高精度计时。

利用 chrono 库实现仿真运行消耗时间的宏 TIMERSTART 和 TIMERSTOP，可以记录线程运行开始时间和结束时间，并输出运行消耗时间。

```
#defineAsMTimerStart (label)                                              \
    std::chrono::time_point<std::chrono::system_clock> a##label, b##label;\
    a##label = std::chrono::system_clock::now();

#defineAsMTimerStop(label)                                                \
    b##label = std::chrono::system_clock::now();                          \
    std::chrono::duration<double> delta##label = b##label - a##label;     \
    std::cout << "# elapsed time ("<< #label <<"):"                       \
              << delta##label.count()  << "s" << std::endl;
```

(3) C++多线程仿真实现

并行仿真中通常存在大量计算任务，以数据求和计算任务为例，采用两个线程完成任务，将函数求和的计算任务分配至两个子线程中，之后汇总子线程中的计算结果，得到最终计算结果。

```
//计算函数
void GetResult(int id, int num_threads, const std::vector<int>& largeArrays,
double& result)
{
    int num = largeArrays.size();
    int lower = id * num/num_threads;
    int upper = (id + 1) * num/num_threads;
    if (id == num_threads - 1)
        upper = num;

    for (int i = lower; i<upper; i++)
    {
        for (int j = 0; j<10; j++)
            result += sin(largeArrays[i]);
    }
}
```

```
//静态分发
void StaticScheduling(
    std::vector<int>& largeArrays,
    int num_threads = 2)
{
    //创建子线程
    std::vector<std::thread> threads;
    vector<double> results(num_threads);

    for (int id = 0; id<num_threads; id++)
    {
        results[id] = 0;
        threads.emplace_back(GetResult, id, num_threads, std::cref(largeArrays),
std::ref(results[id]));
    }

    //主线程要等待子线程执行完毕
    for (auto& thread :threads)
        thread.join();

    //汇总各个子线程的结果
    double resultSum = 0;
    for (int id = 0; id<num_threads; id++)
    {
        resultSum += results[id];
    }
}

//多线程静态分发
void MultiThreadStatic()
{
    AsMTimerStart(ini_data)
    long long num = 4000000;
    vector<int> largeArrays(num);
    for (int i = 0; i<num; i++)
    {
```

```
        largeArrays[i] = 1;
    }
    AsMTimerStop(ini_data)

    AsMTimerStart(compute_result)
    StaticScheduling(largeArrays,4);
    AsMTimerStop(compute_result)
}
```

可以看到，程序中定义了两个子线程 first 和 second，各子线程 thread 函数中调用计算函数 GetResult()。主函数中调用 join 函数启动子线程而阻塞主线程，子线程会按照开启的先后顺序同步运行，当子线程运行结束后，才会继续运行主线程。

8.1.2.3　线程同步

在多线程并行仿真技术中，线程同步是非常重要的一项内容，它可以确保多个线程在共享资源时不会发生冲突，从而保证仿真的准确性和可靠性。

(1) 线程同步实现方式

1) 互斥锁：互斥锁是一种最常见的线程同步技术，它可以保证在任何时刻，只有一个线程能访问共享资源。当一个线程访问共享资源时，它会尝试获取锁，如果锁已经被其他线程占用，则该线程会一直等待，直到锁被释放为止。

2) 信号量：信号量是一种计数器，它可以用来控制对共享资源的访问。当一个线程访问共享资源时，它会尝试获取信号量，如果信号量的值为 0，则该线程会一直等待，直到其他线程释放信号量为止。当一个线程离开共享资源时，它会释放信号量，使其他线程可以继续访问共享资源。

3) 条件变量：条件变量是一种用于线程间通信的机制，它可以让一个线程等待某个特定条件的发生。当一个线程进入共享资源时，它会检查某个条件是否满足，如果条件不满足，则该线程会等待条件变量的通知。当其他线程改变了共享资源的状态，并且该状态符合条件时，它会发送条件变量的通知，使等待的线程可以继续执行。

以上线程同步实现方式各有特点，不同的实现方式适用于不同的场景，需要根据实际情况选择合适的同步机制。

(2) C++线程互斥类

C++11 中的线程互斥类和条件变量类见表 8-4 和表 8-5。

表 8-4　C++11 互斥类

类	类功能
mutex	基本互斥类
recursive_mutex	递归互斥类
time_mutex	定时互斥类

续表

类	类功能
recursive_timed_mutex	定时递归互斥类
lock_guard	轻量级互斥锁
unique_lock	重量级互斥锁

std::mutex 是 C++11 中最基本的互斥量，std::mutex 对象提供了独占所有权的特性，即不支持递归地对 std::mutex 对象上锁，而 std::recursive_lock 则可以递归地对互斥量对象上锁。

lock _ guard 是 C++11 中一个简单的锁，用于在作用域内自动管理互斥量的锁定和解锁。当 lock _ guard 对象被创建时，它会自动锁定互斥量，当对象离开作用域时，它会自动解锁互斥量，lock _ guard 不支持手动锁定和解锁，也不支持条件变量。

unique _ lock 是 C++11 中一个更灵活的锁，它允许手动锁定和解锁互斥量，以及与条件变量一起使用（是 lock _ guard 的进阶版）。与 lock _ guard 类似，当对象离开作用域时，它会自动解锁互量。unique _ lock 还支持延迟锁定、尝试锁定和可转移的锁所有权。

表 8-5　C++11 条件变量类

类	主要成员函数	函数功能
condition_variable	wait()	等待通知
	wait_for()	等待一段时间，或收到通知
	wait_until()	等待至时间点，或收到通知
	notify_one()	解锁一个线程
	notify_all()	解锁所有线程

condition _ variable 条件变量可以阻塞（wait、wait _ for、wait _ until）调用的线程直到使用（notify _ one 或 notify _ all）通知恢复为止。

（3）无锁多线程仿真

应用程序性能的主要瓶颈通常由同一个共享资源的竞争引起。对于基于互斥锁编程的情形，全体参与线程通常尝试并行获取同一个锁，这实际上串行化了一些轻量级操作。C++11 引入了原子数据类型，可以在并发条件下安全操作，而无需获取耗时的锁，称为无锁多线程仿真。

现代 CPU 和支持 CUDA 的 GPU 具有高效的硬件级指令，可用于 32 位和 64 位整数类型的原子操作，具有 x86 _ 64 指令集的 CPU 还支持 8 位、16 位或 128 位整数类型的原子操作。这些硬件指令允许单个变量的原子递增/递减，或者两个变量间无间断的原子交换。

C++11 提供了对 8 位、16 位、32 位或 64 位等多种通用整数数据类型的支持。还可以使用 std::atom＜T＞来包装不同长度的结构体和对象，见表 8-6。在此情况下，编译器通常将这类对象视为原子对象，但使用代价较大的锁来实现它们的并发操作。需要由

std::atom<T>包装的结构体和对象不允许有构造函数。成员函数 is _ lock _ free()可以用于判断，针对相应数据类型的操作是使用原子操作还是互斥锁实现。

表 8－6　C++11 原子操作类

类	主要成员函数	函数功能
atomic<T>	is_lock_free()	检查当前对象是否支持无锁操作
	store()	将给定的值存储到原子对象中
	load()	获取原子变量的当前值
	exchange()	将包含的值替换并返回它前面的值
	compare_exchange_weak()	比较一个值和一个期望值是否相等，如果相等则将该值替换成一个新值，并返回 true，否则不操作并返回 false
	compare_exchange_strong()	比较一个值和一个期望值是否相等，如果相等则将该值替换成一个新值，保证原子性
	fetch_add()	添加到包含的值并返回操作之前的值
	fetch_sub()	从包含的值中减去并返回操作之前的值
	fetch_and()	在参数和原子对象的值之间执行按位与，并获得先前保存的值
	fetch_or()	在参数和原子对象的值之间执行按位或，并获得先前保存的值
	fetch_xor()	在参数和原子对象的值之间执行按位异或，并获得先前保存的值
atomic_flag	test_and_set()	将标志位置为 true，并返回之前的值
	clear()	将标志位置为 false

（4）线程同步仿真实现

对单个变量的并发递增操作使用互斥锁和原子方法，比较它们的执行时间。从执行结果来看，使用原子操作的方法相比使用互斥锁的方法能够提高约 7 倍效率。而且，从代码来看，原子操作的代码更简洁。

```
void MultiThreadAtomic()
{
    std::mutex mutex;
    std::vector<std::thread> threads;
    const uint64_t num_threads  = 10;
    const uint64_t num_iters = 100000000;

    auto lock_count  =  [&](volatile uint64_t * counter,
    const auto& id) -> void
    {
        for (uint64_t i = id; i<num_iters; i + = num_threads)
        {
          std::lock_guard<std::mutex> lock_guard(mutex);
```

```
            (*counter)++;
        }
    };

    auto atomic_count = [&](volatile std::atomic<uint64_t>* counter,
        const auto& id) -> void
    {
        for (uint64_t i = id; i<num_iters; i += num_threads)
            (*counter)++;
    };

    AsMTimerStart(mutex_multithreaded)
    uint64_t counter = 0;
    threads.clear();
    for (uint64_t id = 0; id<num_threads; id++)
        threads.emplace_back(lock_count, &counter, id);
    for (auto& thread:threads)
        thread.join();
    AsMTimerStop(mutex_multithreaded)

    AsMTimerStart(atomic_multithreaded)
    std::atomic<uint64_t> atomic_counter(0);
    threads.clear();
    for (uint64_t id = 0; id<num_threads; id++)
        threads.emplace_back(atomic_count, &atomic_counter, id);
    for (auto& thread:threads)
        thread.join();
    AsMTimerStop(atomic_multithreaded)

    std::cout << counter << " " << atomic_counter << std::endl;
}
```

8.1.2.4　线程负载均衡

在并行仿真技术中，线程负载均衡是一项非常重要的指标，它可以使多个线程在处理任务时分配到相同的负载，以充分利用多核处理器的性能。线程负载均衡的实现方式主要包括静态分发调度机制和动态分发调度机制两种。

(1) 静态分发调度机制

静态分发调度机制是指在程序开始运行时，将任务静态分配给每个线程，每个线程负责一部分任务。这种方式的优点是简单易用，缺点是不能动态调整线程的负载，容易出现负载不均衡的问题。静态分发包括区块分发、循环分发、区块循环分发等多种分发机制。

设有 m 个任务需要 p 个线程计算，每个线程处理 m/p 个任务。如果 m 并不是 p 的整倍数，每个线程应该至少计算 m/p 个任务。线程块的大小 c 根据安全整数除法的近似表达式为

$$c = \frac{m + p - 1}{p} \geqslant \frac{m}{p} \tag{8-6}$$

在每个线程中计算 c 个任务，例如线程 0 计算任务 0 至 $c-1$，线程 1 计算任务 c 至 $2c-1$，这种模式就称为静态区块分发。

如果把 m 个任务循环分发给 p 个线程，线程 0 计算任务 0、p、$2p$ 等，线程 1 计算任务 1、$p+1$、$2p+1$ 等，这种模式就称为静态循环分发。

区块分发和循环分发结合起来，就是块循环分发（Block - cyclic Distribution）。这种方法为每个线程分发一个包含 c 个任务的固定块，这些任务由每个线程顺序处理，如果第一轮不能分完全部任务，则重复分发直至全部任务分发完成。块循环分发其实就是在固定长度 c 上的循环分发。纯粹的区块分发和循环分发可以看做块循环分发的特例。

(2) 动态分发调度机制

动态分发调度机制是指在程序运行时，根据当前线程的负载情况，将任务动态分配给空闲的线程。这种方式的优点是可以动态调整线程的负载，使任务可以均衡分配给每个线程，缺点是实现比较复杂。

动态分发可以以单个任务为基础实现，也可以以块为单位实现，前者可以视为后者中块为 1 的特例。对于工作分布严重不均匀的情况，小的块尺寸更为合适，这样可以使每个块有大概相等的运行时间，避免线程负载不均衡。

采用动态分发调度机制实现多线程函数 MultiThreadDynamic()，根据输入块大小 chunk_size 动态分配计算任务。

```
//动态分发
void DynamicScheduling(
    std::vector<int>& largeArrays,
    int num_threads = 4,
    int chunk_size = 64)
{
    // declare mutex and current lower index
    int global_lower = 0;
    int num = largeArrays.size();
```

```
auto dynamic_block_cyclic = [&] (int id, double& result ) -> void
{
    // assume we have not done anything
    int lower = 0;

    // while there are still rows to compute
    while (lower < num) {
      // update lower row with global lower row
      {
        std::lock_guard<std::mutex> guard(mutex);
            lower   = global_lower;
        global_lower += chunk_size;
      }

      // compute the upper border of the block (exclusive)
      const int upper = std::min(lower + chunk_size, num);

      for (int i = lower; i<upper; i++)
      {
        for (int j = 0; j<10; j++)
          result += sin(largeArrays[i]);
      }
    }
};

//创建子线程
std::vector<std::thread> threads;
vector<double> results(num_threads);

for (int id = 0; id<num_threads; id++)
{
    results[id] = 0;
    threads.emplace_back(dynamic_block_cyclic, id, std::ref(results[id]));
}

//主线程要等待子线程执行完毕
```

```
    for (auto& thread :threads)
        thread.join();

    //汇总各个子线程的结果
    double resultSum = 0;
    for (int id = 0; id<num_threads; id++)
    {
        resultSum += results[id];
    }

}

//多线程动态分发
void MultiThreadDynamic()
{
    AsMTimerStart(ini_data)
    long long num = 4000000;
    vector<int> largeArrays(num);
    for (int i = 0; i<num; i++)
    {
        largeArrays[i] = 1;
    }
    AsMTimerStop(ini_data)

    AsMTimerStart(compute_result)
    DynamicScheduling(largeArrays);
    AsMTimerStop(compute_result)
}
```

8.1.2.5　多线程并行仿真特点

多线程并行仿真最突出的优势首先表现在提高程序的执行效率和响应速度层面。多线程并行仿真可以充分利用多核 CPU 的计算资源，实现并发执行，从而提高程序的吞吐量，也可以实现更复杂的程序设计和功能，例如图形界面、网络通信、多媒体处理等。

多线程并行仿真也存在一些挑战和难点，使用中需要比较收益与成本，需要考虑以下方面。

1）开发与维护成本。使用多线程并行仿真的代码在很多情况下难以理解，因此编写和维护多线程代码就有直接的脑力成本，同时额外的复杂性也可能导致更多的错误。除非潜在的性能增益足够大或关注点分离得足够清晰，能抵消确保其正确所需的额外的开发时间，以及与维护多线程代码相关的额外成本，否则不要使用并行。

2）性能收益。多线程并行仿真性能增益可能不会如预期的那么大，在启动线程时存在固有的开销。操作系统必须分配相关的内核资源和堆栈空间，然后将新线程加入调度器中，所有这一切都占用时间。如果在线程上运行的任务完成得很快，那么任务实际占据的时间与启动线程的开销时间相比显得微不足道，可能会导致应用程序的整体性能还不如直接执行该任务。

3）资源占用。如果让太多的线程同时运行则会消耗操作系统资源，并且使操作系统整体运行更缓慢。因为每个线程都需要一个独立的堆栈空间，运行太多的线程会耗尽进程的可用内存或地址空间。对于一个可用地址空间限制为 4 GB 的 32 位进程来说这尤其是个问题，如果每个线程都有一个 1MB 的堆栈，那么 4 096 个线程将会用尽所有地址空间。虽然 64 位或者更大的系统不存在这种直接的地址空间限制，它们仍然只具备有限的资源，如果运行太多的线程最终会导致问题。

4）线程数量。运行越多的线程操作系统就需要做越多的上下文切换。每个上下文切换都需要耗费本可以花在有价值工作上的时间，所以在某些时候增加一个额外的线程实际上会降低而不是提高仿真程序的整体性能。

为了性能而使用多线程并行仿真就像所有其他优化策略一样，拥有极大提高应用程序性能的潜力，但也可能使代码复杂化使其更难理解和更容易出错。因此只有对仿真程序中的那些具有显著增益潜力的性能关键部分才值得这样做。

8.1.3 OpenMP

8.1.3.1 OpenMP 简介

OpenMP 是一种跨平台共享内存的并行编程接口 API，可以用于共享内存系统上的多线程编程任务，它的基本原理是将程序中的一部分代码并行化执行，以提高程序的性能。OpenMP 提供了相对于低级别多线程原语的高级别抽象层，相比 C++等多线程需要的手动派生、并入和同步，OpenMP 使用简单的编译器指令语句实现半自动并行方法，提高串行代码性能。OpenMP 的基本思想是通过将指令插入现有代码中来实现并行化，而不需要重写整个程序。

OpenMP API 规范由 OpenMP 规范审查委员会创建和发布，第一版是 1997 年 10 月为 Fortran 发布的 OpenMP 规范，紧接着是 1998 年发布的 C 和 C++的 OpenMP 规范。在 2002 年、2008 年、2013 年、2018 年分别发布了 2.0 至 5.0 规范，截至 2023 年最新版本是 5.2。相应版本的规范可在 OpenMP 架构审查委员会网站 https：//www.openmp.org 上获得。

OpenMP 是一种基于指令集的并行编程模型，可以在 C、C++和 Fortran 等编程语言中使用。OpenMP 使用指令集来指定程序中哪些部分可以并行执行，以及如何分配线程和共享内存。OpenMP 提供了一组预定义的指令，可以让程序员轻松地将串行程序转换为并行程序。

8.1.3.2　OpenMP 原理

OpenMP 主要采用 Fork - Join 并行执行模型，如图 8 - 4 所示。其中，Fork 代表主程序创建新的线程或者唤醒已有进程的操作，Join 代表多个线程会合的操作，即在该模型中，程序开始于一个单独的主线程，主线程会一直串行地执行，遇到第一个并行域，通过如下过程完成并行操作。

1）Fork。主线程创建一系列并行的线程，由这些线程来完成并行域的代码。

2）Join。当所有并行线程完成代码的执行后，它们或被同步或被中断，最后只剩下主线程在执行。

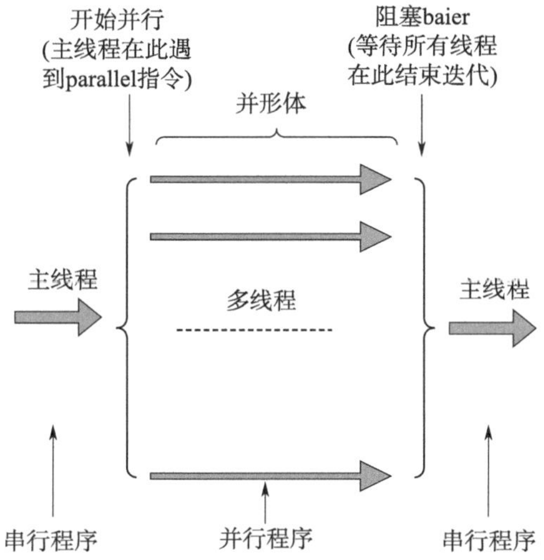

图 8 - 4　OpenMP 原理示意图

使用 OpenMP 的程序在运行时会维护一个相应的线程池，线程池中的线程用作并行区域中的从线程。当某个线程遇到并行结构并且需要创建包含多个线程的线程组时，该线程将检查线程池并且从中获取空闲线程，将其作为线程组的从线程。如果线程池中没有足够的空闲线程，那么主线程将获取比所需要少的从线程。当线程组完成执行并行区域时，从线程就会返回到该线程池中。

在 OpenMP 编程的过程中，需要特别注意数据之间是否存在依赖性，因为数据之间的这一性质可能会导致结果出错。此外，OpenMP 要求循环过程必须为有限次并且不能使用 break、return、exit、goto 等退出循环。

8.1.3.3　OpenMP 组成

OpenMP 使用的主要技术包括编译器指令、环境变量和运行时库函数。OpenMP 中的编译器指令包括多种类型的指令，如并行化指令、同步指令、数据环境指令等。并行化指令用于指定哪些代码块可以并行执行，同步指令用于同步线程的执行，数据环境指令用于管理共享内存中的数据。OpenMP 还提供了一些环境变量和库函数，用于管理线程和共享内存。环境变量可以控制线程数、线程绑定和动态调度等。库函数可以用于创建和销毁线程、获取线程 ID、管理锁和条件变量等。

（1）编译器指令

OpenMP 的编译器指令的目标主要有：产生一个并行区域，划分线程中的代码块，在线程之间分配循环迭代，序列化代码段，同步线程间的工作。编译器指令都以＃pragma omp 开头。

主要编译器指令见表 8－7。

表 8－7　OpenMP 编译器指令

编译器指令	功能
＃pragma omp parallel	创建一个并行执行的区域，其中的代码会被多个线程同时执行
＃pragma omp for	将一个 for 循环并行化，使多个线程同时执行循环中的代码
＃pragma omp sections	将一个代码段分成多个部分，并行执行
＃pragma omp single	指定只有一个线程执行的代码段

（2）环境变量

OpenMP 提供了一些环境变量，用来在运行时对并行代码的执行进行控制。这些环境变量可以控制：设置线程数；指定循环如何划分；将线程绑定到处理器；启用/禁用嵌套并行，设置最大的嵌套并行级别；启用/禁用动态线程；设置线程堆栈大小；设置线程等待策略。

主要环境变量见表 8－8。

表 8－8　OpenMP 环境变量

环境变量	功能
OMP_NUM_THREADS	指定线程数
OMP_PROC_BIND	指定线程绑定策略
OMP_SCHEDULE	指定动态调度策略

（3）运行时库函数

OpenMP 提供了一些库函数，用于管理线程和共享内存。OpenMP 中的运行时库函数是不断增长的，其主要目标包括：设置和查询线程数；查询线程的唯一标识符，线程的祖先标识符，或者线程组的大小等；设置和查询动态线程的属性；查询是否在并行区域，以及在什么级别的并行区域；设置和查询嵌套并行；设置、初始化以及终止锁或者嵌套锁；查询挂钟时间和分辨率。

主要运行时库函数见表 8－9。

表 8-9　OpenMP 运行时库函数

运行时库函数	功能
omp_set_num_threads()	设置当前线程数
omp_get_num_threads()	获取当前线程数
omp_get_thread_num()	获取当前线程号
omp_set_lock()	设置锁
omp_unset_lock()	解锁
omp_init_lock()	初始化锁
omp_destroy_lock()	销毁锁
omp_set_schedule()	设置动态调度策略
omp_get_schedule()	获取动态调度策略
omp_get_num_procs()	返回多处理机的处理器个数

8.1.3.4　OpenMP 并行仿真实现

仿真中一类常用的方法就是循环并行化，大多数程序的主要计算量都集中在循环计算中，对循环进行并行化处理可以大大提高应用程序的运行效率。以循环并行化问题为例，简要介绍 OpenMP 的并行程序实现过程。

(1) 编译配置

如果采用 gcc 编译器，开启 OpenMP 的命令行为-fopenmp。如果采用 Visual Studio 2015，在工程属性配置页面，“C/C++”“语言”选项中的“OpenMP 支持”选项更改为“是”(见图 8-5)。注意不同编译器对 OpenMP 的支持不同，Visual Studio 2015 仅支持 OpenMP 2.0 规范。

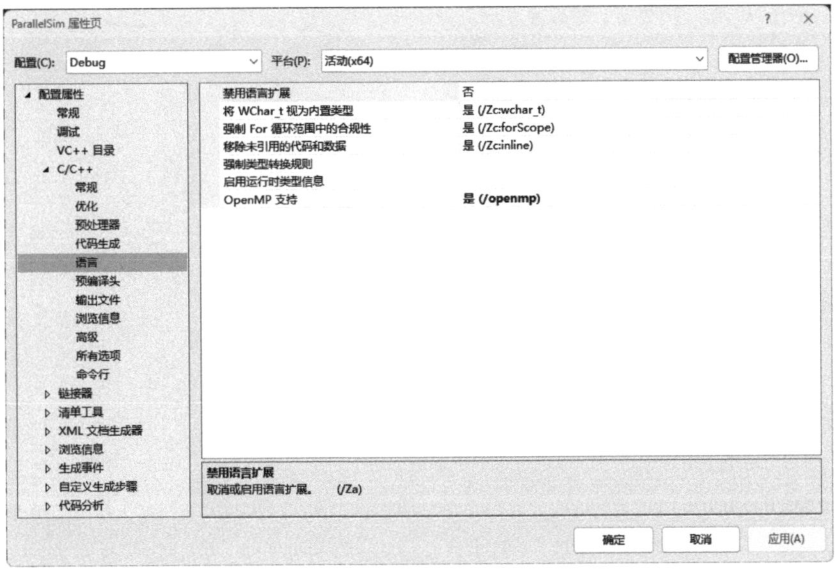

图 8-5　Visual Studio 2015 中 OpenMP 设置

（2）仿真实现

下面通过一个简单算例展示 OpenMP 的易用性，源程序基于 C++代码实现。首先在头文件中包含#include " omp. h" 命令。程序主要功能是实现循环调用一个计算函数，并行计算中开辟 4 个线程。通过时间统计函数计算时间，与串行结构的循环计算函数时长对比。

```
void GetMPResult()
{
    int a = 0;
    double sum = 0;
    for (int i = 0; i<10000000; i + +)
      {
        for (int j = 0; j<10; j + +)
          sum + = sin(i);
    }
}

void SimOpenMP()
{
    //获取开始执行时间
    AsMTimerStart(OpemMP_Parallel);

    //调用 4 个子线程同时进行计算
    omp_set_num_threads(4);
#pragma omp parallel for
    for (int i = 0; i < 4; i + +)
    {
        GetMPResult();
    }

    AsMTimerStop(OpemMP_Parallel);

    //获取开始执行时间
    AsMTimerStart(Serial);

    for (int i = 0; i < 4; i + +)
    {
        GetMPResult();
    }
    AsMTimerStop(Serial);
}
```

可以看到，代码中通过添加 #pragma omp parallel for 语句将其后面的循环计算任务分配到了 4 个子线程中计算。通过运行程序，打印计算结果，可得到不同计算方式的时长。

8.1.3.5　OpenMP 特点

作为一种用于并行编程的 API，OpenMP 可以将一个程序分成多个线程来并行执行。OpenMP 的优势包括以下几个方面。

1）简单易用，OpenMP 使用基于指令注释的方式来并行化程序，因此它使用起来比较简单。

2）跨平台支持，OpenMP 是一个跨平台的 API，可以在多种操作系统和编译器上使用。

3）可以实现高效并行，OpenMP 采用共享内存并行模型，可以利用多核处理器和共享内存架构来提高程序的并行效率。

4）可移植性，OpenMP 是一个标准的 API，可以在多种编程语言（如 C、C++和 Fortran）中使用，这使得其代码具有很高的可移植性。

5）可扩展性，OpenMP 可以在不同的并行级别上进行优化，从线程级别到进程级别，甚至是分布式计算级别。

OpenMP 虽然有很多优点，但在使用过程中也会遇到一些问题和挑战，主要包括以下几个方面。

1）数据共享和同步问题，OpenMP 采用共享内存并行模型，多个线程之间需要共享数据。但是，数据共享和同步的管理可能会导致一些问题，如数据竞争、死锁等。

2）负载均衡问题，OpenMP 将任务分配给不同的线程来执行，但是，任务的大小和复杂度可能不同，因此需要进行负载均衡，以确保所有线程都能够充分利用。

3）线程创建和销毁问题，OpenMP 创建和销毁线程的开销相对较大，因此在并行化程序时需要考虑线程的数量和创建销毁的次数。

4）内存管理问题，OpenMP 中的并行化可能会导致内存分配和释放的问题，如内存泄漏、访问越界等。

5）调试和性能分析，并行程序的调试和性能分析比串行程序更加复杂，通常需要使用专门的工具和技术来进行调试和性能分析。

综上所述，OpenMP 是一个高效、简单易用、跨平台、可移植和可扩展的并行编程 API，可以帮助程序员轻松地将仿真程序并行化，提高程序的性能。Visual Studio 2015OpenMP 面临着数据共享和同步、负载均衡、线程创建和销毁、内存管理、调试和性能分析等问题和挑战。因此，在使用 OpenMP 进行并行编程时需要注意这些问题，并采取相应的措施来解决这些问题。

8.1.4　MPI

8.1.4.1　MPI 简介

MPI（Message Passing Interface）是一种并行计算编程模型和标准，用于在多个计算节点之间进行通信和协作，最初由 Message - Passing Interface Forum 组织开发和维护，现在已经成为并行计算领域的标准之一。MPI 提供了一组函数和语义，用于在不同的计算节点之间发送和接收消息，实现数据的交换和同步。MPI 可以在共享内存系统和分布式内存系统中使用，支持不同的通信模式和拓扑结构，可以实现灵活的并行算法和应用程序。

MPI 应用程序可以运行在多个计算节点上，每个节点都有自己的内存和处理器。MPI 应用程序通常由一个主进程和多个工作进程组成，主进程负责协调和控制整个程序的执行流程，工作进程负责实际的计算任务和数据通信。

此外，MPI 提供了一些高级功能，如动态进程管理、进程组通信、非阻塞通信、集合通信、一对多通信、多对多通信等，可以满足不同应用场景的需求。MPI 应用程序通常使用 C、C++或 Fortran 编写，也可以使用其他编程语言的 MPI 接口库来实现。

MPI 规范第一版是 1994 年发布的 MPI - 1，截至 2023 年最新版本是 4.1。相应版本的规范可在 MPI 论坛网站 https：//www. mpi - forum. org 上获得。

MPI 仅仅是一个接口定义，在不同的架构上有不同的实现。很多 MPI 实现都能够直接从 C、C++和 Fortran 代码中调用。MPI 实现的版本如开源的 MPICH、OpenMPI，以及 Intel、IBM 等开发的商业版本。所有遵循 MPI 规范的并行代码应该能在上述所有 MPI 实现上运行，但是性能有所差异。

MPI 的基本概念包括以下几项。

1）进程：MPI 程序中的基本执行单元，每个进程都有自己的地址空间和系统资源。

2）通信：MPI 程序中进程之间的信息交换，包括点对点通信和集体通信。

3）通信域：MPI 程序中进程之间通信的逻辑集合，通常是一个进程组。

4）通信模式：MPI 程序中通信的方式，包括同步和异步通信，阻塞和非阻塞通信。

5）数据类型：MPI 程序中传输数据的类型，包括基本数据类型和派生数据类型。

6）进程号：在一个通信域内部，每个 MPI 进程在进程初始化时系统会自动分配一个唯一的整数标识符，称为进程号。进程号是连续的，从 0 开始，通过 Get _ rank()获得。

MPI 的主要特点可以总结为：

1）支持点对点通信和集体通信；

2）支持阻塞和非阻塞通信；

3）支持同步和异步通信；

4）支持数据类型的定义和传输；

5）支持进程的动态创建和销毁。

现阶段 MPI 在科学计算、图像处理、机器学习等领域都得到了广泛的应用，是高性能计算领域的一个重要技术。

8.1.4.2 MPI 组成

MPI 实现的基本逻辑通常包括两个部分：MPI 库和 MPI 运行时环境。

MPI 库是 MPI 程序的核心，提供了一组函数接口，用于实现进程之间的通信和同步。MPI 库通常由 MPI 实现厂商提供，MPI 程序需要链接 MPI 库才能正常运行。

MPI 运行环境是 MPI 程序的支持环境，它负责启动 MPI 程序，创建 MPI 进程，管理 MPI 进程的通信和同步，以及处理 MPI 程序的错误和异常情况。MPI 运行环境通常由 MPI 实现厂商提供，可以是一个独立的软件包，也可以集成在操作系统或其他软件中。

MPI 提供了许多函数，用于在不同的计算节点之间进行通信和协作，每个函数都以 MPI _ 开头。常用的 MPI 函数见表 8 - 10，内置数据类型见表 8 - 11。

表 8 - 10　MPI 常用函数表

函数名称	功能描述
MPI_Init()	初始化 MPI 环境
MPI_Finalize ()	结束 MPI 环境
MPI_Comm_size()	获取通信域中的进程总数
MPI_Comm_rank()	获取自身进程在通信域中的进程号
MPI_Send()	发送消息
MPI_Recv()	接收消息
MPI_Bcast()	广播消息
MPI_Reduce()	汇总消息
MPI_Allreduce()	汇总并广播消息
MPI_Scatter()	按照指定方式将数据分发到各个进程
MPI_Gather()	将各个进程的数据汇总到根进程
MPI_Barrier()	同步各个进程的执行

这些函数可以用于实现不同的通信模式和算法，如点对点通信、集合通信、归约操作等。MPI 还提供了一些高级功能，如动态进程管理、进程组通信、非阻塞通信、一对多通信、多对多通信等，可以满足不同应用场景的需求。

表 8 - 11　MPI 内置数据类型与 C++对应表

MPI 数据类型	C++数据类型
MPI_CHAR	signed char
MPI_DOUBLE	double
MPI_FLOAT	float
MPI_INT	int
MPI_LONG	long
MPI_LONG_DOUBLE	long double
MPI_SHORT	short
MPI_UNSIGNED_CHAR	unsigned char
MPI_UNSIGNED	unsigned int
MPI_UNSIGNED_LONG	unsigned long
MPI_UNSIGNED_SHORT	unsigned short

8.1.4.3　MPI 并行仿真实现

MPI 程序的运行过程通常包括以下步骤：

1）初始化 MPI 运行时环境；

2）创建 MPI 进程，指定通信域和进程个数；

3）在 MPI 进程中调用 MPI 库函数，实现进程之间的通信和同步；

4）终止 MPI 进程，释放 MPI 资源；

5）最后关闭 MPI 运行时环境。

MPI 实现的具体方式取决于 MPI 库的选择和配置，它们提供了不同的实现方式和配置选项，可以根据具体的应用需求进行选择和优化。MPI 应用程序通常需要在编译时链接 MPI 库，并使用 MPI 的函数和语义来实现进程之间的通信和协作。常见的 MPI 实现方式包括：

1）基于 TCP/IP 协议的 MPI 实现方式，适用于局域网和广域网环境；

2）基于 InfiniBand 等高速网络的 MPI 实现方式，适用于高性能计算环境；

3）基于共享内存的 MPI 实现方式，适用于单个计算机内部的多进程通信。

MPI 的实现方式是多样化的，设计人员可以根据具体需求选择最合适的实现方式。

基于 Visual Studio 2015 平台使用 MPICH 编写 MPI 仿真程序时，需要以下步骤，如图 8－6 所示。

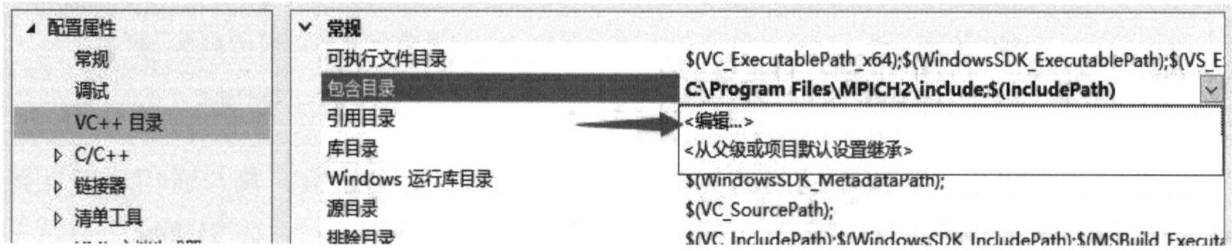

图 8－6　Visual Studio 2015 中 MPI 配置

1）下载。首先需要安装和配置下载并安装 MPICH，Windows 系统可直接去微软下载。

2）配置目录。在 Visual Studio 2015 中点击属性，找到“VC＋＋目录”，在“包含目录”中添加 MPICH 安装头文件目录，在“库目录”中添加 MPICH 安装库目录。

3）添加预处理器。展开“C/C＋＋目录”，点击“预处理器”，在“预处理器定义”中添加 MPICH _ SKIP _ MPICXX。

4）添加库。在“链接器”下，选择“输入”，在“附加依赖项”中，添加 mpi. lib。

5）运行。通过控制台下输入指令或者找到 wmpiexec. exe 可执行文件运行，设置 Number of processes（即进程数目），再选择用户的仿真程序，点击 Execute 按钮运行即可，如图 8－7 所示。

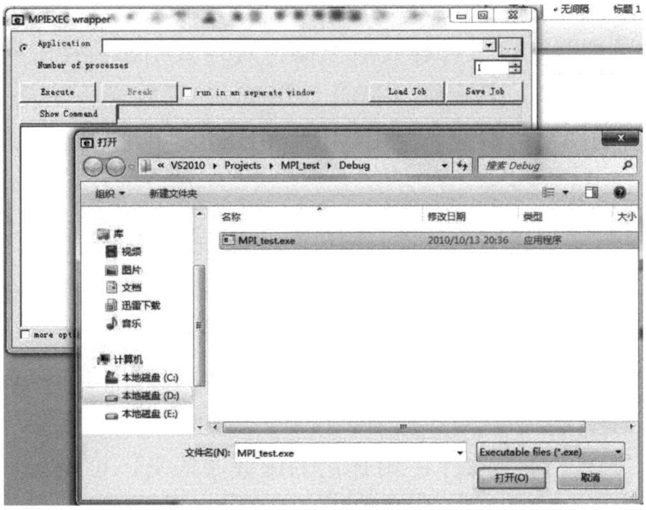

图 8-7　MPI 运行

```
#include <iostream>
#include <mpi.h>

int main(int argc, char *argv[]) {
    int rank, size;
    MPI_Init(&argc, &argv);
    MPI_Comm_rank(MPI_COMM_WORLD, &rank);
    MPI_Comm_size(MPI_COMM_WORLD, &size);

    int message = 0;
    if (rank = = 0) {
      message = 42;
    }

    MPI_Bcast(&message, 1, MPI_INT, 0, MPI_COMM_WORLD);
    int sum = 0;
    MPI_Reduce(&message, &sum, 1, MPI_INT, MPI_SUM, 0, MPI_COMM_WORLD);

    if (rank = = 0) {
      std::cout << "Sum of messages:" << sum << std::endl;
    }
    MPI_Finalize();
    return 0;
}
```

这个程序使用了 MPI_Init()函数来初始化 MPI 环境，MPI _ Comm _ rank()和 MPI _ Comm _ size()函数分别获取自身进程在通信器中的排名和通信器中进程的总数。程序向所有进程发送一个整数消息，然后使用 MPI _ Reduce()函数将所有进程的消息汇总到根进程中，并输出汇总后的结果。最后，使用 MPI _ Finalize()函数来结束 MPI 环境。

8.1.4.4 MPI 的特点

作为一类并行计算编程模型和标准，MPI 的主要优势特点包括以下方面。

1）支持分布式内存：MPI 可以在不同的计算节点之间进行通信和协作，每个节点都有自己的内存和处理器，可以实现灵活的并行算法和应用程序。

2）灵活的通信模式：MPI 支持不同的通信模式和拓扑结构，可以根据应用程序的需要选择合适的通信方式，包括点对点通信、广播、归约、散射、聚集等。

3）易于移植：MPI 标准定义了一组通用的函数和语义，可以在不同的计算平台上实现，并且可以与其他编程语言和工具集集成使用。

4）高效的通信机制：MPI 的通信机制采用了多种优化技术，包括异步通信、缓冲区复用、消息合并、流水线等，可以提高通信效率和系统吞吐量。

5）丰富的功能和扩展性：MPI 提供了一些高级功能，如动态进程管理、进程组通信、非阻塞通信、一对多通信、多对多通信等，可以满足各种复杂的并行计算需求。同时，MPI 也支持扩展，可以根据需要添加新的函数和语义。

MPI 同样存在许多不足和挑战，主要包括以下几点。

1）编程复杂度：MPI 的编程模型相对较复杂，需要开发人员具备一定的并行编程经验和技能，同时也需要考虑诸多细节问题，如进程通信、同步机制、进程管理等。

2）通信开销：MPI 的通信机制虽然高效，但是通信开销仍然是并行计算的瓶颈之一，特别是在大规模并行计算中，通信开销会影响系统的吞吐量和性能。

3）内存占用：MPI 应用程序需要占用大量的内存资源，特别是在大规模并行计算中，需要分配大量的内存来存储数据和进程信息，这会对系统的可扩展性和稳定性产生影响。

4）跨平台兼容性：MPI 标准虽然具有跨平台性，但是在不同的计算平台上，MPI 的实现方式和性能表现可能存在差异，需要进行针对性的优化和调整。

5）新兴技术挑战：随着新兴技术不断涌现，如 GPU 加速、分布式存储、云计算等，MPI 面临新的挑战和机遇，需要不断优化和改进，以适应新的应用场景和需求。

综上所述，MPI 具有易于编程、高效的通信机制、可扩展性、跨平台性和广泛的应用领域等优势，是高性能计算领域不可或缺的一部分。但 MPI 同样存在不足和挑战，主要涉及编程复杂度、通信开销、内存占用、跨平台兼容性和新兴技术挑战等方面，需要不断优化和改进，以提高系统的可用性、可扩展性和性能。

8.2 分布式仿真

分布式仿真的发展经历了网络仿真器 SIMNET（Simulator Networking）、分布交互仿真 DIS（Distributed Interactive Simulation）、聚合级仿真协议 ALSP（Aggregate Level Simulation Protocol）和高层体系结构 HLA（High Level Architecture）等发展阶段。本节重点对 DIS 和 HLA 的概念、组成和特点进行阐述。

8.2.1　分布式仿真概述

8.2.1.1　分布式仿真概念

分布式仿真（Distributed Simulation Architecture）是使仿真程序在分布计算机系统（即由多个互联的计算机组成的系统）上执行的一种仿真体系架构。

分布式仿真与并行仿真都是指仿真程序在包含多个处理器的计算机系统上执行的技术，但两者是不同概念。分布式仿真是与集中式仿真对应的概念，强调仿真程序的地理分布性，并行仿真是与串行仿真相对应的概念，强调仿真程序内部计算的并发性。

分布式仿真与并行仿真的关键特征差异在于地理分布性。并行仿真系统很少按地理上分布的方式执行，因为当通信时延高时很难取得加速比。而分布式仿真中用户和其他资源（例如模拟器、数据库）通常存在地理上的分布。因此，并行仿真典型情况下配置在多处理器上，而分布式仿真通常配置在通过局域网或广域网互联的计算机上。

8.2.1.2　分布式仿真优缺点

分布式仿真的主要好处包括以下几方面。

（1）减少运行时间

通过将大型仿真系统分解为多个子仿真分系统，并且在多个处理器上并行运行，就可以将运行时间最多减少至十分之一。例如，在空间碎片预警仿真中，需要对未来数天内航天器与数万个空间碎片的碰撞危险性进行仿真计算，采用单机仿真很难保证实时性，采用多台计算机分布式仿真则可以提高数倍计算速度。

（2）地理上分布

在一组地理上分布的计算机上运行仿真程序，能够构建一个让位于不同地理位置的人员共同参与的虚拟世界。例如，考虑一次载人飞船的飞行任务仿真模拟训练，它由位于不同地理位置的地面测控系统、航天员训练系统、载人飞船监视系统等组成，参与仿真的人员能够像在单个系统内演练那样相互交互，省去真正集中在一起所需的成本。

（3）集成现有模拟器

假设已经研制了一些模拟器，与把这些不同程序移植到单台计算机上相比，通过把现有运行于不同计算机上的模拟器连接来构成一个虚拟环境可能花费更少。这就要求将仿真计算分布到多个计算机上。

（4）容错

使用分布式仿真的一个潜在好处就是增加容错能力。如果一台计算机失效，则可以由其他计算机来替代它，让仿真计算继续进行下去，如果失效计算机是数据监视等非关键节点，甚至可以直接抛弃该节点。相反，如果在单个计算机上仿真，计算机失效就意味着整个仿真必须停止。

分布式仿真有许多优点，也有许多缺点，主要缺点包括软件和网络两方面。为了将分布在不同计算机上的仿真程序互联起来共同仿真，就需要增加数据管理、时间管理等底层软件，这大大增加了分布式系统的复杂性。另外，由于计算机之间通信网络的性能限制，会导致额外的网络数据传递时间消耗，这也会一定程度上降低仿真系统整体计算速度，特别是计算机之间数据交换频率增大、数据量增加时，网络消耗的时间资源有可能超过计算机仿真消耗的时间资源，这时就需要仔细衡量分布式仿真的必要性。

尽管分布式仿真存在这些潜在问题，许多人还是认为分布式仿真的优点多于缺点，并且普遍认为分布式仿真在未来会越来越重要。实际上，现在航天系统中绝大部分大中型仿真系统都是采用分布式仿真。

综上，相对于集中式仿真，分布式仿真更适合中大规模仿真系统，尤其是对扩展性、集成性要求较高的多方参与开发的中大规模仿真系统。

8.2.2 分布交互仿真 DIS

DIS 的主要任务是，定义一个连接处于不同地域的多种类型仿真的基础设施，为具有高度交互活动的仿真建立真实、复杂的虚拟世界（DIS Steering Committee，1994）。

DIS 的第一个标准是由分布式仿真互操作标准研讨会建立的。该会议由美国国防部建模与仿真办公室和 DIS 规划主管资助，从 1989 年开始，每六个月召开一次。1992 年，工业界确认了 DIS 协议 1.0 版。1993 年，IEEE 采用 DIS 协议 1.0 版作为 IEEE1278—1993，随后被美国国家标准协会（ANSI）认可。

虽然 DIS 目前已被 HLA 代替，但 HLA 是基于 DIS 并扩展了 DIS 的概念，因此 20 世纪 90 年代末期开发的系统中仍然使用了 DIS 的原则。

8.2.2.1 DIS 基本概念

DIS 的基本概念包括：

1）仿真实体（Simulation Entity）；

2）仿真节点（Simulation Node）；

3）仿真应用（Simulation Application）；

4）仿真演练（Simulation Exercise）；

5）仿真管理计算机（Simulation Manager）；

6）仿真主机（Simulation Host）。

仿真实体是仿真环境中的一个单位，每一个仿真应用负责维护一个或多个仿真实体的状态。仿真节点可能是一台仿真主机，也可能是一个网络交换设备。在很多情况下，仿真节点和仿真主机并不严格区分，均指参与仿真演练的计算机。仿真应用包括软件和真实设备之间的计算机硬件接口，每一台仿真主机都驻留一个仿真应用。一个或多个互联交互的仿真应用构成一个仿真演练，参与同一仿真演练的仿真应用共享一个演练标识符。仿真管理计算机中驻留仿真管理软件，负责完成局部或全局的仿真管理功能。图 8－8 表明了以上概念的关系（吴旭光，2008）。

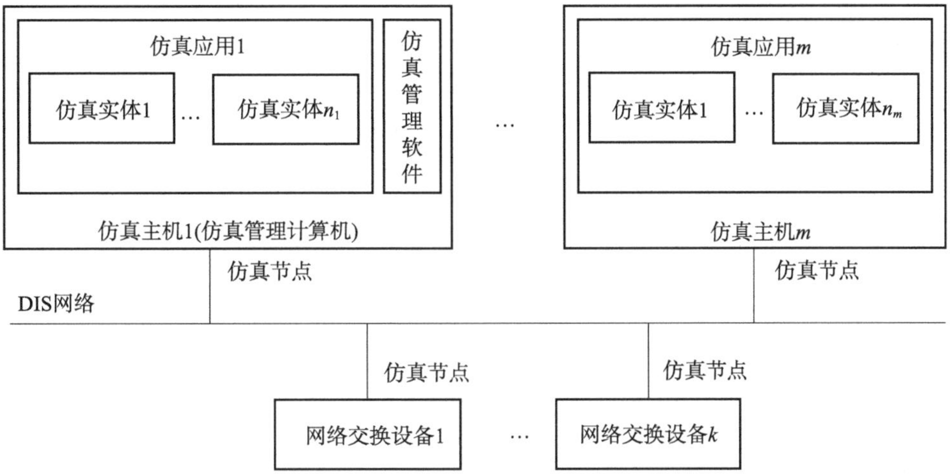

图 8－8　DIS 中的基本概念及其相互关系

8.2.2.2　DIS 组成

DIS 在 IEEE 1278—1993 标准中定义，包括：

1）IEEE1278.1 应用协议（Application Protocols）；

2）IEEE1278.2 通信服务与概要文件（Communication Services and Profiles）；

3）IEEE1278.3 演练管理与反馈（Exercise Management and Feedback）；

4）IEEE1278.4 校核、验证与确认（Verification Validation & Accreditation）；

5）IEEE1278.5 DIS 逼真度描述需求（Fidelity Description Requirements）。

应用协议标准定义了仿真应用及仿真管理之间所交换的 PDU 格式及使用方法。通信服务与概要文件标准规定了通信结构总体框架、通信服务要求和性能要求。演练管理与反馈标准主要对规划及演练前设置、演练设置、演练管理和演练反馈的功能和实现方法进行了说明和规定。

DIS 协议定义了六类 27 种 PDU，见表 8－12。

表 8－12　DIS 中定义的 PDU

序号	分类	PDU 名称
1	实体信息/交互	实体状态 PDU
2		碰撞 PDU
3	战斗	开火 PDU
4		爆炸 PDU

续表

序号	分类	PDU 名称
5	后勤	服务请求 PDU
6		再补给提供 PDU
7		再补给接收 PDU
8		再补给取消 PDU
9		修理完毕 PDU
10		修理响应 PDU
11	仿真管理	开始/恢复 PDU
12		结束/暂停 PDU
13		应答 PDU
14		行动请求 PDU
15		行动响应 PDU
16		数据查询 PDU
17		数据设定 PDU
18		数据 PDU
19		事件报告 PDU
20		注释 PDU
21		实体创建 PDU
22		实体删除 PDU
23	分布式辐射再生	电磁辐射 PDU
24		指示器 PDU
25	无线电通信	发送机 PDU
26		信号 PDU
27		接收机 PDU

对于每个 PDU，标准规定了 PDU 包含的信息、PDU 的发送条件和发送方式、PDU 的接收和 PDU 的格式。

8.2.2.3　DIS 典型仿真演练

DIS 系统中两个模拟器之间的典型动作序列如图 8－9 所示（Fujimoto，2000）：

1）第一个模拟器（图中上部分）检测到操作员按下了坦克开炮装置；

2）模拟器为操作员产生声觉效果，表示已经开炮；

3）产生炮口火焰并为操作员进行局部显示；

4）广播一个开火 PDU 到网络上，第二个模拟器接收；

5）为第二辆坦克的操作员显示第一辆坦克产生的炮口火焰；

6）第一个模拟器进行弹道轨迹计算，显示炮弹轨迹；

7）第一个模拟器局部显示目标的中弹效果；

8）广播爆炸 PDU 到网络上，第二个模拟器接收；

9）弹着效果显示在第二辆坦克上；

10）第二辆坦克进行毁伤效果评估计算；

11）如果有毁伤，通过实体状态 PDU 广播毁伤的可视化效果。

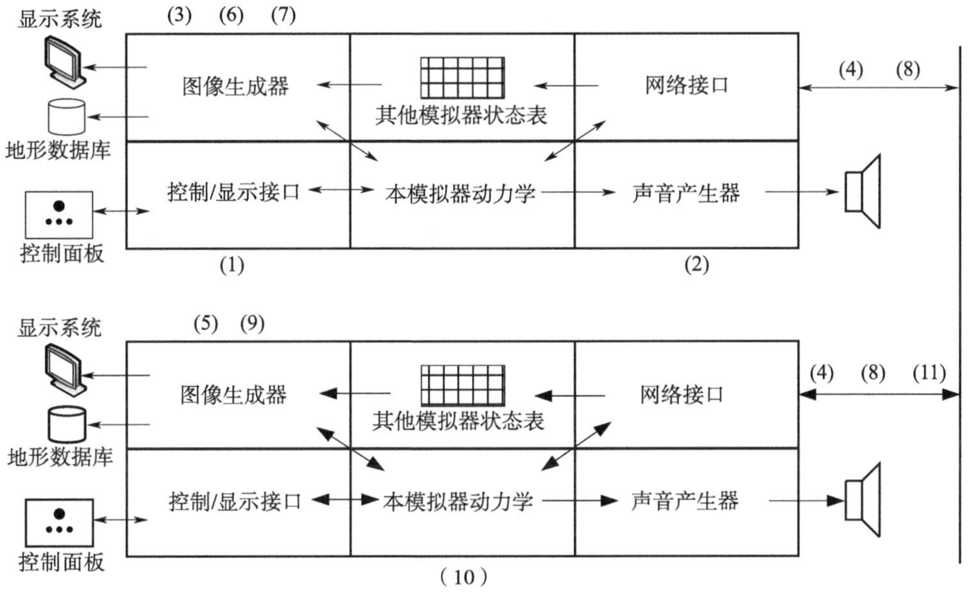

图 8－9　DIS 中两个模拟器之间的动作序列

8.2.2.4　DIS 特点

DIS 的特点如下（DIS Steering Committee，1994）。

（1）自主仿真节点

在仿真执行过程中，DIS 节点负责维护一个或多个实体的状态信息，以及维护与它相关的其他实体的状态表示，例如航天员训练模拟器中航天员能够看到的太阳的位置。当仿真节点引起其他节点可能需要的动作时（例如飞船运动到一个新的位置），仿真节点传输称为协议数据单元 PDU 的信息，通知其他节点该动作的发生。在 DIS 中通过两种特定方法来增强节点间的自主性。

1）DIS 节点不负责确定消息的接收者。由底层分布式仿真基础设施负责确定哪个节点应该收到事件通知，并让接收节点过滤掉对该节点实体无影响的消息。SIMNET 和早期的 DIS 系统采用的一个简单解决方法是广播消息给所有仿真节点，让每个节点决定哪个事件对其建模的实体有影响。

2）DIS 中的每个仿真节点根据局部时钟来推进仿真时间，仿真节点间没有采用协调机制来推进仿真时间。除了通信中可能需要同步这些时钟外，每个节点不依赖于其他节点，自主推进仿真时间。

仿真节点的自主性简化了仿真节点的开发工作，仿真节点开发人员不必太过于关心分布式仿真中其他节点的细节，简化了将现有模拟器集成到仿真系统的过程，并且简化了准许模拟器加入或离开的仿真的过程。

（2）传递真实消息

每个节点发送它所表示实体状态的真实信息，状态信息通常是节点维护状态变量的一个子集。接收者完成对这些信息的任何降级处理，例如由于环境效果或传感器限制产生的数据降级处理。

（3）只传递状态改变信息

为了有效利用通信，仿真节点只传递行为的改变。没有改变的对象信息（例如地面站的位置信息）不必传递到网络上。典型情况下仿真节点每5秒发送活着的消息（称为心跳消息），这样进入仿真的新节点将感知到这些实体。周期性的更新提供了对丢失消息的抵抗能力，也提高了系统的可靠性。

（4）使用航位推测（Dead Reckoning，DR）算法来外推实体状态信息

每个节点维护其他实体信息，当实体通过PDU发送新的状态信息时更新其他实体信息。在状态更新期间，所有模拟器基于先前收到的信息，采用共同的算法来外推其他实体的当前状态。这能够减少节点间所需的通信量。

随着DIS的发展，人们逐渐发现DIS存在一定的局限性，主要表现在：

1）对于聚合级仿真不太适合。DIS定位于实时、平台级的分布式仿真，对于聚合级仿真等要求不同时间推进机制的仿真应用不太适合。

2）网络负载及处理负担。DIS采用广播方式发送数据，加重了网络负荷，当节点数量增加时，网络带宽的消耗成级数增长，同时对大量不相关数据包的处理也浪费了节点系统资源。

3）DR算法增加了主机负载。DIS要求所有系统都使用DR算法模型来推算所有远程实体的当前状态，加重了主机负担，DR算法与具体数据结构紧密相关，降低了底层通用性。

4）协议的扩展。随着DIS应用范围不断拓展，一些新的仿真对象和交互类型相继出现，这就要求DIS标准要不断增加新的内容来描述，导致了DIS标准不断扩展而复杂化。

8.2.3 高层体系结构HLA

HLA起源于以训练为目的的DIS，以及将互操作概念用于兵棋推演的聚合级仿真协议ALSP。HLA的发展开始于1993年10月，国防先进研究项目局（Defense Advanced Research Projects Agency，DARPA）签订了三个合同来开发一个能够包括所有国防部建模与仿真团体的公共体系结构，1995年1月形成了初步的体系结构建议。1995年初，国防建模与仿真办公室（Defense Modeling and Simulation Office，DMSO）组织了一个称为体系结构组（Architecture Management Group，AMG）的小组，监督HLA的开发。AMG于1996年8月将定义的基线HLA推荐给建模与仿真执行委员会（Executive Council for Modeling and Simulation，EXCIMS），EXCIMS依次将此体系结构推荐给国防部副部长（采办和技术）批准和标准化。1996年9月10日，国防部副部长指定HLA为

美国国防部所有建模与仿真活动的标准高层技术体系结构。2000 年 9 月，HLA 作为 IEEE 1516 发布，成为国际通用的标准。

与 DIS 相似，HLA 的主要目标是支持仿真的互操作和重用，但是与 DIS 不同的是，HLA 不仅支持训练仿真，还支持同步分析仿真。

8.2.3.1　HLA 基本概念

HLA 替换并拓展了 DIS 中的基本概念，HLA 中的基本概念包括以下方面。

（1）联邦成员（Federate）

HLA 系统中参与仿真演练的应用程序。联邦成员可以是仿真软件（作战模型、飞行模拟器等）、真实组件（例如仪器化坦克等）或被动数据观察器。

（2）联邦（Federation）

HLA 系统中的仿真演练。联邦由多个联邦成员构成，他们出于共同的仿真目的进行互操作。

（3）联邦执行（Federation Execution）

联邦成员相互交互的过程。

（4）运行支撑系统（Run Time Infrastructure，RTI）

RTI 是 HLA 接口规范的具体实现，从物理上看是分布在 HLA 各仿真主机中的一个软件，在 HLA 联邦运行过程中为联邦成员同步和数据交换提供公共的接口服务。各仿真应用通过与本地 RTI 通信，通知 RTI 要发出或接收哪些数据，RTI 再负责与其他仿真应用进行通信，从而实现各仿真实体间的信息交换，如图 8-10 所示。

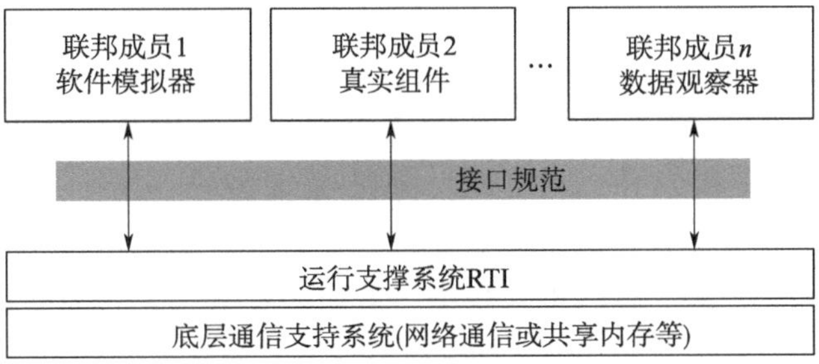

图 8-10　HLA 中的基本概念及其相互关系

HLA 包括运行时部件和非运行时部件。非运行时部件规定了联邦采用的对象模型。运行时部件是 RTI，RTI 提供了允许联邦成员相互交互的工具，以及控制和管理仿真执行的手段。

联邦的状态变量保存在联邦成员中，而不是 RTI 中。RTI 对传输信息的语义一无所知，这有利于 RTI 的通用化。

（5）仿真对象模型（Simulation Object Model，SOM）

用来描述在联邦运行中联邦成员能够公布给联邦的信息，以及它需要从其他联邦成员订购的信息，反映的是联邦成员具备的公布信息的能力和需要订购信息的需求。

(6) 联邦对象模型 (Federation Object Model，FOM)

用来定义联邦成员间的公用数据交换，规定了特定联邦的所有共享信息（对象、属性、联系和交互）。

8.2.3.2　HLA 组成

HLA 由三部分组成。

(1) HLA 规则 (Rules)

HLA 规则总结了 HLA 的关键原则，见表 8-13。

表 8-13　HLA 规则

序号	规则
1	联邦必须有一个 HLA 联邦对象模型 FOM，且 FOM 必须符合 HLA 对象模型模板 OMT
2	在一个联邦中，所有与仿真有关的对象实例表示必须在联邦成员中，不能在 RTI 中
3	联邦执行过程中，联邦成员间所有的 FOM 数据交换必须通过 RTI
4	联邦执行过程中，联邦成员与 RTI 的交互必须遵循 RTI 接口规范
5	联邦执行过程中，对象实例的属性在任何时候最多只能为一个联邦成员所拥有
6	联邦成员必须要有一个 HLA 仿真对象模型 SOM，SOM 必须符合 HLA 对象模型模板
7	联邦成员必须能够按 SOM 的规定，从外部更新和/或反射其 SOM 中的任何对象属性，以及发送和/或接收 SOM 交互
8	联邦成员必须能够按 SOM 的规定，在联邦执行过程中动态转移和/或接收属性的所有权
9	联邦成员必须能够按 SOM 的规定改变对象属性更新的条件（例如阈值）
10	联邦成员必须能够以某种方式管理局部时间，从而可以与联邦的其他成员协调来交换数据

(2) HLA 对象模型模板 (Object Model Template，OMT)

HLA 对象模型模板描述了建立 HLA 对象模型应遵循的书写规范。HLA 中的联邦对象模型 FOM 和仿真对象模型 SOM 都通过 OMT 来描述。

联邦成员可以通过两种方式来相互交互，一是通过对象类，二是通过交互类。交互用来对于对象属性无直接联系的瞬时事件建模，例如作战单元之间的交火通常采用交互来建模。OMT 规定了对象类和交互类的层次结构，以及对象属性的详细类型和语义。

OMT 由以下表格组成：

1) 对象模型鉴别表；

2) 对象类结构表；

3) 属性表；

4) 交互类结构表；

5) 参数表；

6) 路径空间表；

7) SOM/FOM 字典。

(3) HLA 接口规范 (Interface Specification)

HLA 接口规范描述了联邦成员与 HLA 运行支撑系统 RTI 之间的功能接口。RTI 服务包括如下六类。

1）联邦管理（Federation Management）。包括建立联邦执行和删除联邦执行的服务，让仿真加入或离开已有联邦，还包括暂停联邦服务、建立联邦执行检查点和恢复联邦执行的服务。

2）声明管理（Declaration Management）。提供服务使联邦成员声明它们能够创建和期望接收的对象状态和交互信息，实现基于对象类或交互类的数据过滤。

3）对象管理（Object Management）。提供创建、删除对象，以及传输对象数据和交互数据等服务。

4）所有权管理（Owneship Management）。提供联邦成员间转换对象属性所有权服务。

5）时间管理（Time Management）。控制协调不同局部时钟管理类型的联邦成员在联邦时间轴上的推进，为各联邦成员对数据的不同传输要求提供服务。

6）数据分布管理（Data Distributed Management）。通过对路径空间和区域的管理，提供数据分发服务。允许联邦成员规定它发送或接收数据的分发条件，以便更有效分发数据。

8.2.3.3　HLA 典型联邦执行

典型的联邦执行如下。

1）调用联邦管理服务来进行初始化，即使用 Create Federation Execution 服务启动执行，每个联邦成员通过 Join Federation Execution 服务加入联邦。

2）每个联邦成员使用声明管理说明它能为联邦提供的信息，以及它对哪些信息感兴趣。联邦成员通过调用 Publish Object Class 服务来表示它能够提供特定类型对象的状态新值，调用 Subscribe Object Class 服务表示联邦成员将接收某类对象的所有更新。联邦成员可使用数据分发管理服务进一步对这些订购进行限制，例如表示联邦成员只对飞行高度大于 1 000 m 的飞机感兴趣。联邦成员可接着通过 Register Object Instance 服务通知 RTI 存储在它中间的特定对象实例。

3）联邦执行初始化之后，每个联邦成员对它负责的实体行为进行模拟。联邦成员可通过对象管理服务与其他联邦成员交互，调用 Update Attribute Value 对象管理服务，通过 RTI 将由它控制的对象的状态改变通知其他联邦成员，这使 RTI 为所有通过订购表达对接受这些更新感兴趣的联邦成员产生消息。同时，联邦成员也可以通过 Send Interaction 服务向其他联邦成员发送交互，例如可用交互传递武器开火信息。

4）在联邦执行过程中，分析仿真调用时间管理服务来保证按时戳顺序处理事件并推进仿真时间，例如 Next Event Request 服务向 RTI 请求最小时戳的时间，并引起联邦成员的仿真时间推进。

5）最后，在联邦执行结束时，每个联邦成员调用 Resign Federation Execution 服务，通过调用 Destroy Federation Execution 服务来终止联邦执行。

8.2.3.4 HLA 特点

HLA 的特点可概括如下。

1）提供通用的、相对独立的支撑服务程序，将应用层与底层支撑环境分离，仿真应用之间不直接通信，网络通信功能集中由 RTI 实现。

2）系统可扩展性强。HLA 各节点能够确定它们将产生什么信息，需要接收什么信息，数据传输服务的类型，因此相比 DIS，在整个仿真应用范围内发送的数据量明显减少，系统扩展性增强，规模可以更大。

3）支持聚合级仿真。

4）支持时间驱动、事件驱动等多种时钟推进方式，能进行超实时和欠实时仿真。

虽然 HLA 有很多优点，但是 HLA 仍然存在一些缺点。

1）HLA 规则复杂，导致用户学习和使用时间成本增加。

2）从 2002 年起，美国 DMSO 宣布放弃 1998 年来一直奉行的由自己生产与维护 RTI 的策略，而采取商业化模式。目前有美国国防部推出的 DMSO RTI、瑞典 Pitch 公司的 pRTI、美国 MAK 公司 MAK RTI，国内也有国防科技大学、航天二院等单位的 RTI 产品。由于 HLA 并没有规定 RTI 底层实现细节，因此这些产品之间并不能完全互操作。

8.2.3.5 HLA 产品

国内外有丰富的 HLA 货架产品，主要有：

1）Sequoia。

2）美国 Aegis 公司的 OMDT Pro 和 FedProxy。

3）美国 MAK 公司 HLA 相关产品。包括分布式仿真运行平台 MAK RTI、开发工具 VR - Link、数据记录回放工具 Data logger v4.2.2、想定开发/兵力生成工具 VR FORCE、基于 Vega Prime 定制的三维可视化工具 Stealth 等产品。

4）瑞典 Pitch 公司开发的 pRTI。包括联邦建模工具 Pitch Visual OMT，含 FOM（Federation Object Models）建模和 SOM（Simulation Object Models）建模，联邦开发工具 Pitch Developer Studio，分布式仿真运行平台 Pitch pRTI1.3/pRTI1516，联邦记录、回放、分析工具 Pitch Recorder，联邦运行监控工具 Pitch Commander，HLA 联邦模型开发和执行标准过程 FEDEP 全生命周期开发工具等。

5）DMSO 的 RTI，国内已无法得到。

6）加拿大 eNGENUITY 公司的 SimBuilder。

7）德国的 HLA - Toolbox for Matlab。

8）国内开发的 OMDT 和 RTI，主要有国防科技大学自主开发的 KD - HLA 仿真支撑平台、航天二院 RTI 等。

国防科技大学自主开发的 KD - HLA 仿真支撑平台包括分布式仿真系统运行支撑软件 KD - RTI（见图 8 - 11）、联邦桥接工具 KD - FBT、成员框架自动生成工具 KD - FedWizard、基于 BOM 的模型组件开发 KD - BOMDevelop、对象模型开发工具 KD - OMDT、基于 Matlab/Simulink 的成员开发工具箱 KD - HLASimulink、数据采集及观测工具 KD－DCT/KD－FOT、成员一致性测试工具 KD－FCT、总控台软件 KD－FedLayout 和 KD－MCC、系统管理与控制工具 KD－FMT、在线统计与事后评估工具 KD－OS&PET等。

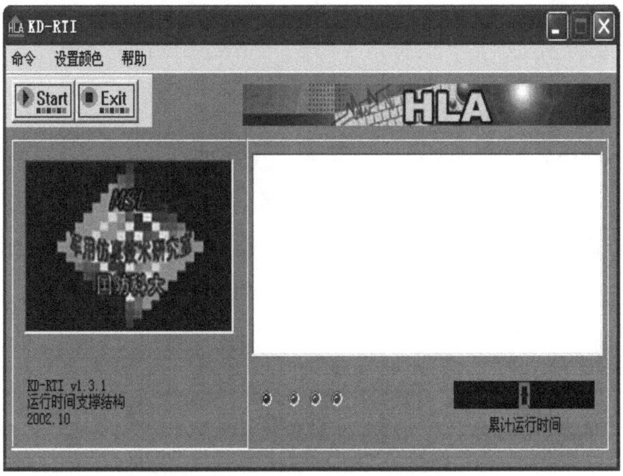

图 8－11　KD－RTI 运行控制界面

8.2.4　分布式仿真平台 dSIM

由于以 HLA 为代表的分布式仿真标准具有相当的复杂性，直接应用 HLA 等产品具有操作繁琐、开发效率低、对开发人员要求高等缺点，因此需要一种既适应于航天仿真系统集成又遵循标准规范的分布式仿真平台。

分布式仿真平台 dSIM 是基于组件化建模和分布式仿真技术的建模仿真平台。提供模型框架自动生成、模型管理、模型图形化组装、数据报告与曲线等系列工具，可为分析论证、仿真验证、参数分析等各领域各层次仿真系统构建集成和运行管理提供完整解决方案。

8.2.4.1　平台简介

分布式仿真平台 dSIM（Distributed Simulation Integration Manager）全称为分布式仿真一体化管理平台，是国防科技大学与载人航天总体研究论证中心等单位联合开发的一体化仿真平台（孙福煜，2014；Sun，2017）。

在航天仿真系统建设中，经常面对复杂的建模与模型集成。例如交会对接全任务仿真系统需要集成多种类型的实际任务软件。这些软件驱动机制、时间步长和运行平台差异很大。在驱动机制方面，有的软件需要按照时间驱动，有的软件需要按照流程驱动。在时间步长方面，GNC 控制回路的周期通常为几百毫秒量级，而天地大回路的控制周期通常为小时量级，每隔数小时才需要进行一次地面控制计算。在运行平台方面，从工作站到微机，从 Solaris 到 Windows，这些难点都给系统仿真平台提出了极大挑战。为了解决传统 HLA 的缺陷，提高模型重用性，提出了 dSIM 仿真平台的开发需求。

dSIM 的设计原则是项目生命周期的一体化和仿真生命周期的一体化。dSIM 平台贯穿项目的全生命周期，在项目可行性分析、方案设计、原型研制、产品测试和操作训练的各个阶段提供支持。dSIM 平台贯穿仿真系统的全生命周期过程，在仿真建模、系统运行、分析评估及态势展现的各个阶段，提供集成开发、运行管理和资源服务等全方位支持。基于一体化思想，dSIM 实现一个平台贯穿整个项目周期、一个平台贯穿整个仿真周期的目标。

dSIM 已成功应用于载人登月、交会对接、空间站仿真等多个大型仿真系统中，极大提高了模型继承性和系统灵活性（王华，2013；Sun，2015；Sun，2018）。

8.2.4.2 组成

分布式仿真平台 dSIM 由应用层、工具层、中间件层、操作系统层和硬件层等五层结构组成，如图 8-12 所示。应用层针对特定任务（如空间站任务仿真）开发具体仿真应用，其他层构成具有可扩展性的通用仿真运行环境。为了在不同操作系统、不同仿真标准间达到仿真模型接口完全一致，dSIM 在操作系统层和工具层之间，增加了一个中间件层来保证仿真模型可移植性。

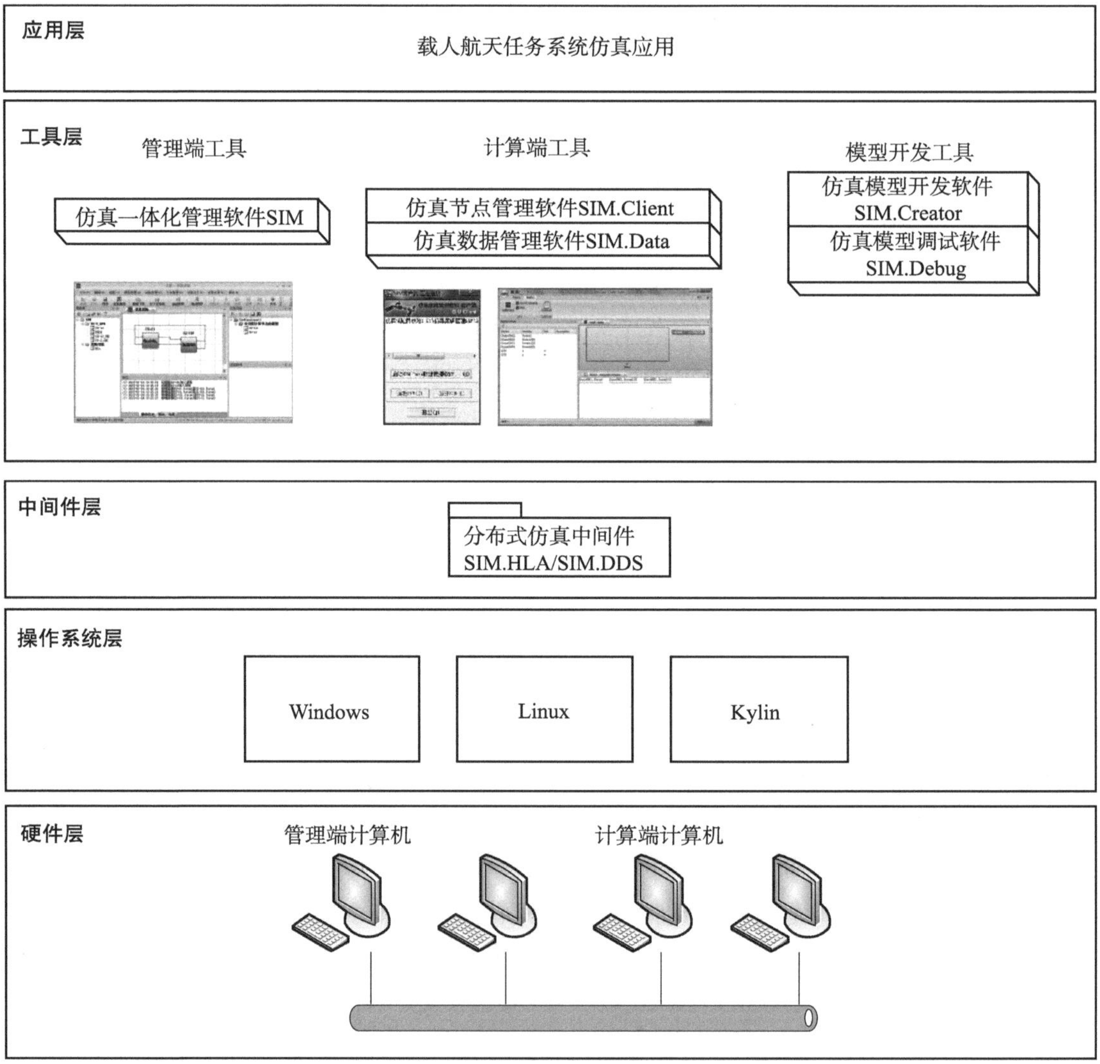

图 8-12 分布式仿真平台 dSIM 的层次结构

(1) 应用层

应用层是针对特点任务开发的仿真系统。使用 dSIM 开发的应用层仿真系统，可以在任何支持的操作系统上运行，而不需要修改源代码。

(2) 工具层

工具层为仿真用户提供模型管理、试验管理、分发管理、运行管理、节点管理、数据管理等多种工具，包括管理端工具、计算端工具和模型开发工具三类。

1) 管理端工具。管理端工具主要是仿真一体化管理软件 SIM，该软件部署在负责仿真统一管理的计算机上，是实现仿真模型管理、试验管理、分布管理、运行管理、数据管理的中心。

2) 计算端工具。计算端工具包括仿真节点管理软件 SIM. Client、仿真数据管理软件 SIM. Data，计算端工具部署在仿真系统中的所有计算机上，辅助完成模型分布、运行功能，同时用于仿真试验时实时查看每个模型的输出数据，以数据报表或曲线形式展示。

3) 模型开发工具。模型开发工具包括仿真模型开发软件 SIM. Creator、仿真模型调试软件 SIM. Debug，用于辅助用户生成仿真模型 C++框架，辅助用户完成模型调试。

(3) 中间件层

中间件层的目标是实现仿真模型与仿真运行支撑软硬件的分离，使得同一套模型不进行修改就可以在多种模式下运行。中间件层包括基于 HLA 标准的 SIM. HLA 和基于 DDS 标准的 SIM. DDS 两个分布式仿真中间件软件，分别用于支持仿真系统在 HLA 和 DDS 标准下运行。

分布式仿真中间件是各软件模块之间数据交互的桥梁，为不同模型间数据传输提供了标准接口，用户不需过多关注底层数据通信协议。

(4) 操作系统层

dSIM 支持目前流行的大多数主流操作系统，包括 Windows、Linux、Kylin 等。由于 dSIM 采用 C++和 Qt 实现，因此也具备移植到其他 Qt 支持的操作系统（如 Solaris 等）的能力。

(5) 硬件层

硬件层由一组通过局域网互联的计算机构成，这些计算机分为两类：一类是负责仿真管理的计算机，数量为 1 台；另一类是负责仿真计算的计算机，数量根据仿真系统需求确定。在仿真系统运行中，用户在仿真管理计算机上操作即可完成模型下发、运行、数据查看等所有工作。

8.2.4.3 关键技术

(1) 分布式仿真中间件技术

①传统 HLA 仿真的缺陷

分布式仿真经过多年发展，已经形成了成熟的仿真标准和产品，例如高层体系结构 HLA，以及数据分发服务 DDS 等。直接采用 HLA 等传统技术进行分布式仿真存在以下缺点：

1）无法充分利用多CPU多核计算能力。目前单个CPU的计算能力已经遇到瓶颈，因此在单台计算机上集成多个CPU、单个CPU上集成多个计算核心已经成为发展趋势。在这种多CPU多核硬件环境中，如果在同一台计算机上部署多个模型进程，利用多进程并行计算就可以充分利用计算资源提高仿真速度。但是，HLA标准具体实现中所有模型之间的交互都是通过网络进行的，将多个模型进程部署在一台计算机上虽然可以提高单机的计算资源利用率，但是模型数据交互仍然通过网络进行，因此相比将仿真模型部署在多台计算机上，仿真系统整体加速比并不能提高。

2）直接使用HLA开发仿真系统难度大。直接采用HLA进行仿真系统搭建存在以下不足：一是HLA规则复杂，模型构建人员需要学习联邦、联邦对象模型等较多仿真知识，同时也需要专人开发维护网络交互程序；二是HLA搭建系统过程复杂，包括对象模型开发、成员框架生成等过程，开发耗时较长；三是仿真模型即使满足HLA标准，实际中也难以在不同厂家的HLA产品之间直接移植。为了降低HLA仿真系统开发难度，目前一般有两种解决方案：一是对RTI的服务接口进行封装以降低RTI编程难度，如HFC（Cox，1998）、HLAfc（Geof，2004）、VR-Link（Mak Technologies，2004）等；二是根据FOM信息自动生成成员框架代码，如SIMplicity（Calytrix Technologies，2005）、KD-Fedwizard（黄健，2004）等。这两种方法虽然减少了用户的编码工作，但是用户仍然面临怎样把领域模型实现代码集成到联邦成员仿真框架之中的困难。因此，直接使用HLA开发仿真模型对模型开发人员要求较高，通常需要HLA仿真专业人员进行辅助和指导。

3）仿真系统修改难度大。采用HLA开发仿真模型时，仿真模型通常采用“硬编码”方式，也就是领域相关代码通常是直接集成到HLA提供的仿真框架代码中，领域代码与HLA仿真框架紧密耦合，这种设计导致任何一方的更改都需要重新编译所有代码。

在HLA仿真系统的联邦运行过程中，联邦成员之间需要进行数据交互，就必须提供一个一致的、单一的FOM，否则，即使HLA是一致的，联邦成员也不能互操作。FOM描述了在仿真系统联邦运行过程中将参与联邦成员信息交互的枚举数据类型定义、复杂数据类型定义、对象类信息、交互类信息、对象类属性特性、交互类参数特性和路径空间信息等。在分布式仿真系统开发的迭代反馈过程中，当FOM被修改时，相关的所有联邦成员都需要进行相应的代码修改，并重新编译，这一过程大大降低了仿真模型的重用性，增加了分布式仿真系统的修改难度。

以上缺点并不是HLA本身的问题，而是基于HLA标准开发仿真系统需要解决的问题。

针对以上缺点，分布式仿真平台dSIM采用分布式仿真中间件技术，实现仿真模型与仿真框架完全分离，解决两者的高耦合，同时充分利用HLA的标准分布仿真能力和共享内存的多进程交互能力，提高仿真速度。

②分布式仿真中间件原理

分布式仿真中间件将分布式仿真标准HLA与共享内存机制结合，形成HLA/

SharedMemory 混合交互架构。仿真模型分布在多个计算节点计算机上，每个计算节点上部署多个仿真模型。每个计算节点上的模型通过 SharedMemory 交互层进行交互，计算节点之间的模型通过 HLA 交互层进行交互。HLA/SharedMemory 混合仿真架构既保留了 HLA 分布式仿真的标准化交互优势，又充分利用了计算节点计算机的多 CPU 多核计算能力，可提高仿真系统整体加速比。

分布式仿真中间件本质上是一个符合 HLA 规范的独立应用程序，是领域模型与 RTI 之间的桥梁。分布式仿真中间件通过 SharedMemory 交互层与领域模型进行数据交互并对其进行仿真控制，并负责同 RTI 通信。分布式仿真中间件技术原理如图 8－13 所示。

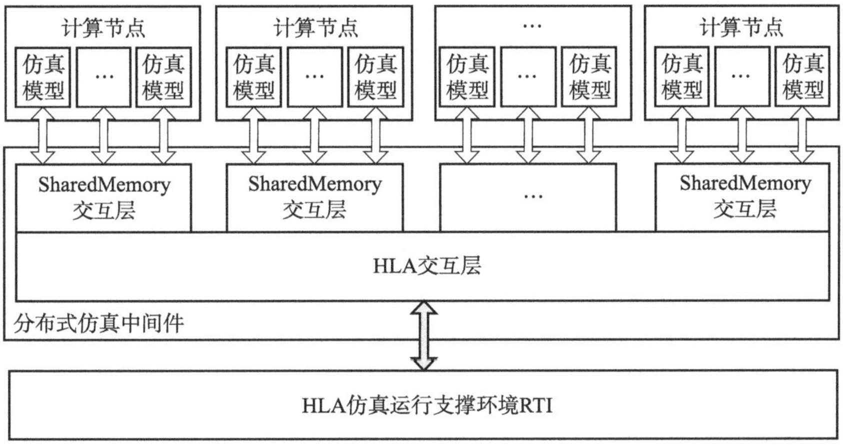

图 8－13　分布式仿真中间件原理图

利用分布式仿真中间件将仿真模型与仿真框架完全分离，解决了 FOM 修改时带来的模型代码修改与编译问题。仿真模型只需考虑具体的领域功能，不需要为建立分布式仿真系统进行额外的重复开发，并且同一套模型无需编译就可以适用于 HLA、DDS 等多种底层交互标准，极大提高了模型重用性。

③分布式仿真中间件运行流程

分布式仿真中间件封装了联邦成员的运行过程和共享内存动态库的调用，并有机组合了 RTI API 和共享内存 API 的调用关系，完成联邦成员与联邦成员、仿真模型与仿真模型、联邦成员与仿真模型之间的数据交互，同时完成所有联邦成员和仿真模型的协同仿真推进。分布式仿真中间件运行流程如图 8－14 所示。

HLA 适配器首先初始化成员数据、（创建）加入联邦、声明时间推进策略、声明公布/订购关系、注册对象实例、注册回调节点与共享内存数据，然后进入仿真主循环。

（2）标准化模型规范

在航天系统仿真中，通常采取机理建模和统计建模两类方法建立系统的数学模型，在将数学模型映射到仿真模型时，必须基于标准化模型规范进行，以利于仿真模型在不同系统间的重用。

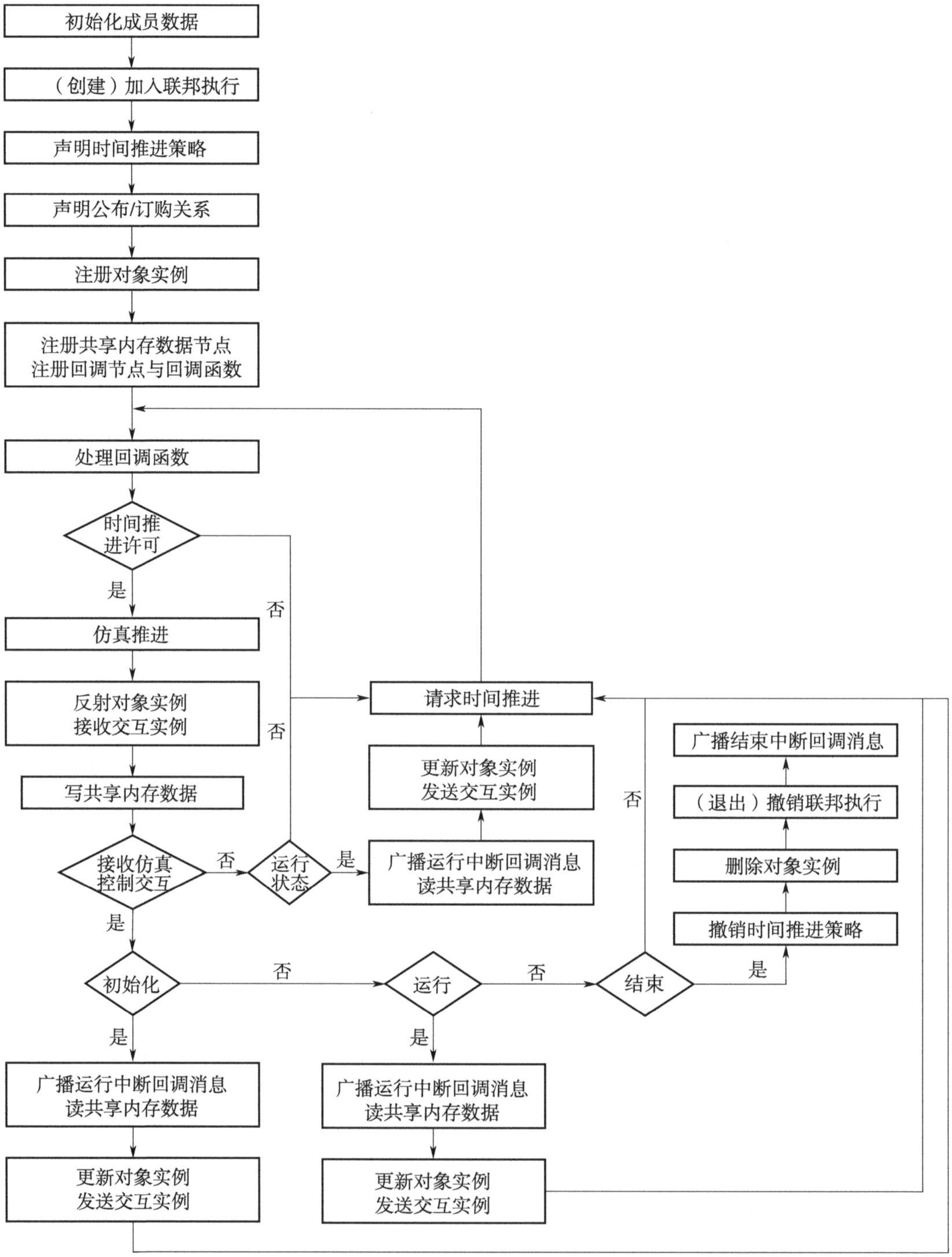

图 8-14　分布式仿真中间件运行流程

①模型形式化描述

在航天系统仿真中，仿真模型通常分为连续系统模型和离散事件模型两大类。无论是连续系统模型还是离散事件模型，在 dSIM 中统一采用步长推进机制，因此可将仿真模型看做是一个具有输入输出端口的系统，其形式化描述可表示为六元组

$$Model = < t, X, S, Y, F, G >$$

式中，t 是时间，X 是输入变量，Y 是输出变量，S 是系统状态变量，$F(t, \Delta t, X, S)$ 是状态转移函数，$G(t, X, S)$ 是输出函数。

模型执行语义为：系统在仿真时钟 t_i 时状态为 S_i ，仿真时钟推进到 $t_{i+1} = t_i + \Delta t$ 时，系统状态变为 $S_{i+1} = F(t_i, \Delta t, X_i, S_i)$ ，系统输出为 $Y_{i+1} = G(t_{i+1}, X_i, S_{i+1})$ ，如图 8－15 所示。其中，Δt 为仿真推进步长。

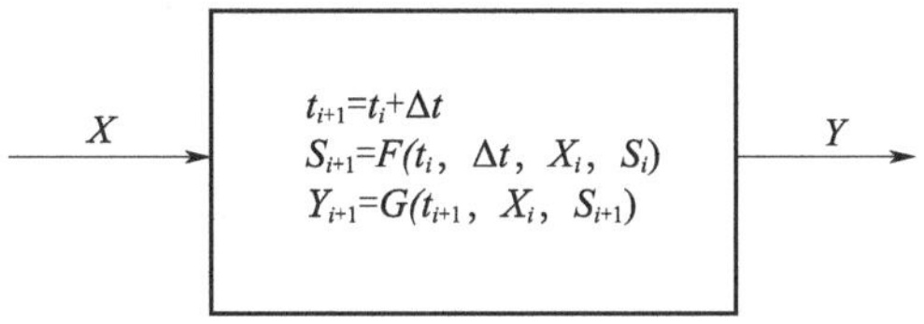

图 8－15　仿真模型形式化描述

②模型描述规范

dSIM 遵循模型描述与实现相分离的原则，因此模型规范包括模型描述与模型实现两方面。在模型描述中登记模型各种参数，包括模型名、模型类型、模型说明、模型文件信息、模型接口、模型图形化信息等内容。模型实现则是使用高级编程语言（如 C、C＋＋、C＃等）或建模仿真软件（如 Matlab/Simulink 等），基于特定算法对模型进行具体实现。

在 dSIM 中，仿真系统构建人员在使用模型时，只需对模型描述进行理解，无需关心模型的具体实现，模型实现由具有领域知识的建模人员保证。只要模型描述不变，模型实现可以任意替换，而不需要重新搭建仿真试验。模型描述包括的关键字见表 8－14。

表 8－14　dSIM 模型描述的关键字及含义

关键字	表示信息
Name	模型名称
Description	模型说明
Dir	模型路径
File	模型文件
Type	模型类型
InitParam	模型配置参数
InputParam	模型输入参数
OutputParam	模型输出参数
Gfx	模型图形化信息

在 dSIM 中，采用 XML 格式存储模型描述信息，结合模型包等概念实现对模型描述

信息的分类分级存储和管理。

③模型实现规范

在模型实现方面，dSIM 允许存在多种不同形式的模型，例如可执行程序、动态库、Simulink 模型等，因此必须针对这些模型实现形式制定具体的模型规范。dSIM 中的模型规范最主要定义了各种形式模型的基本框架。

（ⅰ）可执行程序模型规范

可执行程序可以采用控制台、对话框等多种具体形式，但必须实现一个回调函数，回调函数原型为

void MdlCallback (int msg, int nDataSize, const void * pMsgData)

其中，msg 为回调处理消息标志，pMsgData 为仿真信息结构指针。回调函数内根据 msg 值不同，需要不同处理，见表 8－15。

表 8－15　可执行程序模型消息

消息名称	消息作用
初始化消息	处理读取数据文件、数据初始化等工作，在每次仿真开始时调用一次。同时要处理断点恢复操作
推进消息	处理仿真时间推进计算，在每次仿真推进时调用。同时要处理跳时、断点保存等操作
停止消息	处理保存数据文件等工作，在每次仿真结束时调用一次
退出消息	处理程序退出，在模型程序退出时调用一次

（ⅱ）动态库模型规范

动态库模型需开发初始化、推进、停止三个函数，见表 8－16。

表 8－16　动态库模型函数

函数名称	消息作用
初始化函数 MdlInit	处理读取数据文件、数据初始化等工作，在每次仿真开始时调用一次
推进函数 MdlAdvance	处理仿真时间推进计算，在每次仿真推进时调用
停止函数 MdlStop	处理保存数据文件等工作，在每次仿真结束时调用一次

(3) 可视化仿真模型组装技术

传统的分布式仿真系统开发，在建立仿真模型后，需要仿真系统集成人员根据仿真模型之间的交互关系、仿真模型的部署位置等，手动编写底层交互代码，实现模型组装集成，过程繁琐易出错，且对仿真集成人员要求很高。

可视化是利用计算机图形学原理，将数据转换成图形或图像在屏幕上显示出来，并进行交互处理的理论、方法和技术（Gershon，1997）。它涉及计算机图形学、图像处理、计算机视觉、计算机辅助设计等多个领域，是研究数据表示、数据处理、决策分析等一系列问题的综合技术。利用可视化技术将仿真模型及其组装过程直观展现，具有直观、易理解、易操作等特性，可以大大提高仿真系统构建效率。

dSIM 利用可视化技术为用户提供概念简单、使用方便的组装工具，其具有以下特点：1）实现了仿真模型可视化；2）操作简单，通过仿真模型图形端口之间的连线建立模型之间的交互关系，通过友好的交互界面，对仿真模型参数进行配置；3）实现了模型组装零编程，对图形的操作完全替代了繁琐的手工编程。

①仿真模型的可视化表现

仿真模型的可视化表现如图 8－16 所示。仿真模型表现包括以下要素：

1）模型名称。模型在仿真试验中的名称。

2）模型输入端口。模型所有输入变量集合。

3）模型输出端口。模型所有输出变量集合。

4）模型属性。模型所有可配置参数，在可视化表现中隐藏，通过双击模型等操作进入二级界面配置。

仿真模型的可视化表现不仅对模型名称、端口名称作了直观表现，而且对端口方向也做了分类，输入端口在左边表示，输出端口在右边表示。

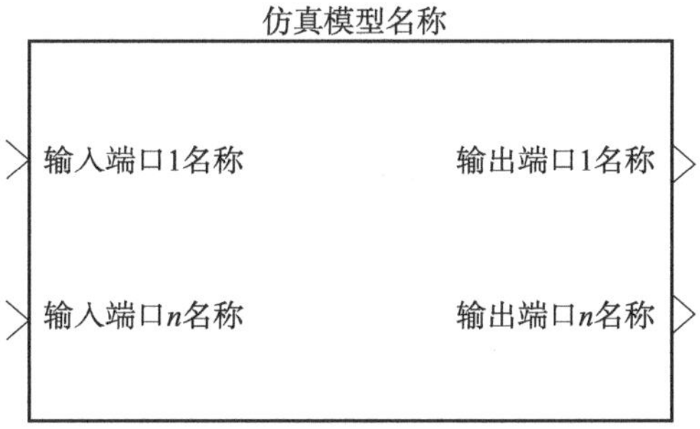

图 8－16　仿真模型可视化表现

②仿真模型组装关系可视化表现

建立起仿真模型的可视化表现，组装的可视化就变得非常直观。在仿真系统构建中，根据仿真模型的输入输出依赖关系，在相应的仿真模型可视化图形端口之间建立连接，就得到仿真模型组装的可视化图形。在 dSIM 中，用户通过鼠标点击、拖动等操作，就可将模型输入输出端口连接起来，完成模型组装。组装过程 dSIM 自动进行端口类型匹配检查，如果存在输入输出数据不匹配情况，dSIM 将给出不匹配提示信息。

如仿真模型 2 的输入端口 n 数据来自于仿真模型 1 的输出端口 1，仿真模型 1 的输入端口 n 数据来自于仿真模型 2 的输出端口 n，则组装可视化图形如图 8－17 所示。

8.2.4.4　使用流程

使用 dSIM 进行建模与仿真通常分为仿真建模、试验组装、仿真运行和仿真评估四个步骤，如图 8－18 所示。

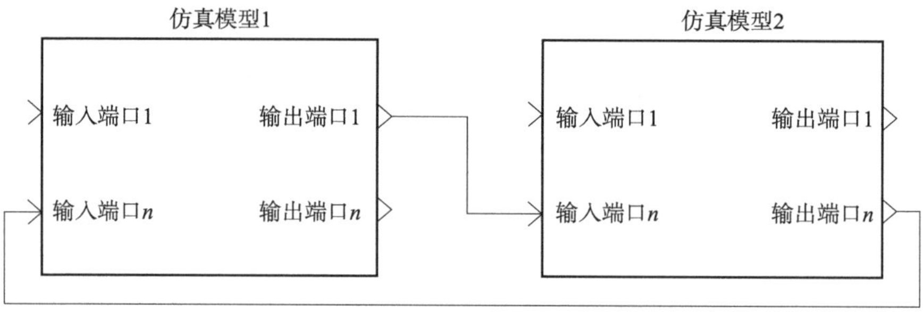

图 8－17　仿真模型组装关系可视化表现

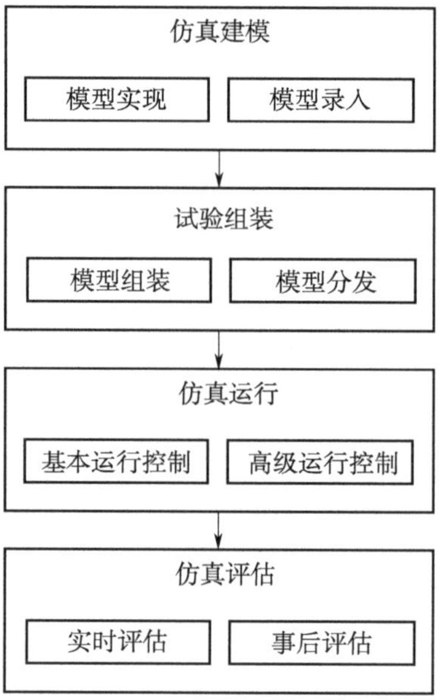

图 8－18　dSIM 使用流程

8.3　半实物仿真

8.3.1　半实物仿真概述

8.3.1.1　半实物仿真概念

半实物仿真，又称为硬件在回路中的仿真，是指在仿真试验系统的仿真回路中接入部分实物的实时仿真。实时性是进行半实物仿真的必要前提。

半实物仿真同其他类型的仿真方法相比，具有经济地实现更高真实度的可能性。从系统的观点来看，半实物仿真允许在系统中接入部分实物，意味着可以把部分实物放在系统中进行考察，从而使部件能在满足系统整体性能指标的环境中得到检验，因此半实物仿真是提高系统设计的可靠性和研制质量的必要手段。

8.3.1.2　半实物仿真特点

半实物仿真和数学仿真都是飞行器研制的强有力手段，具有提高研制质量、缩短研制周期和节省研制费用的优点。但半实物仿真与其他仿真类型相比具有更高真实度，是置信度水平较高的一种仿真方法。半实物仿真具有以下特点：

1）对于系统中很难建立准确数学模型、进行纯数学仿真十分困难或难以取得理想效果的子系统或部件，以实物代之参与仿真试验；

2）利用半实物仿真可以进一步检验系统数学模型的正确性和数学仿真结果的准确性；

3）利用半实物仿真可以检验构成真实系统的某些实物部件乃至整个系统的性能及可靠性，准确调整系统参数和控制规律。

在航空航天、武器系统等领域，半实物仿真已成为不可缺少的手段。随着高新技术的迅猛发展，飞行器将呈现“网络化、集成化、智能化、高效化”的特点，必将为半实物仿真技术的发展带来新的挑战与机遇，半实物仿真必将向“高效、智能、可靠”的方向发展。

1）未来实时仿真计算平台将采用更加开放的体系结构，成为集高效数值计算、数据处理、知识储备的智能化、一体化、交互式的建模/仿真软硬件系统，对多体物理对象具有分布式处理能力；仿真软件将朝着可互操作性、可重用性、面向对象、一体化、智能化的方向发展。

2）环境模拟设备将朝着空间高度集成化、机械日益轻量化、试验多功能化的方向发展。

3）仿真实时网络通信技术将向着高速、高效、高可靠性的方向发展。

8.3.2　实时仿真计算机、软件及接口

仿真计算机是专门用于仿真的计算机系统，是用计算机系统模拟现实世界的物理系统，是各种动力学连续系统的仿真工具。仿真计算机、软件和接口是构建计算机仿真系统的核心组成部分，是先进仿真技术的主要载体，是体现仿真系统高质量、仿真应用结果高置信度的重要保障。

8.3.2.1　实时仿真计算机

目前，国外实时仿真计算机在国内依然强势，以 dSPACE、RT - LAB、AD - RTS 和 Power Hawk Model 940 等为代表的产品依然占据国内大部分市场份额。这些国外实时仿真计算机首先是集成 Matlab - Simulink/RTW 等高性能仿真软件开发环境，具备很强的拓展性，扩大了仿真机产品在不同领域的应用范围；其次是大都采用开放式体系结构，具备良好的实时性和扩充性。

国内实时仿真计算机发展也比较迅速，如国防科技大学研制的基于通用微机的 KDRTS/YH - AStar/YH - SUPE，航天三院海鹰仿真中心研制的海鹰实时仿真工作站系列，北京华力创通科技股份有限公司开发的主副机结构半实物仿真系统 HRT1000 等，大都采用主副机结构或单机系统结构，实时控制能力达到国际同类产品的水平，在航天、航

空等军用仿真领域得到了应用。但由于其针对特定应用领域，软件开发环境采用通用程序语言开发，没有形成成熟完备的建模仿真软件开发环境。尽管国内实时仿真机产品也初步实现了与 Matlab - Simulink 的集成，但其软件的功能、扩充性、丰富性等方面与国际产品相比仍然存在差距，从而也限制了产品的应用和推广。

国内外典型实时仿真机的情况总结见表 8 - 17。

表 8 - 17　典型实时仿真机总结

序号	实时仿真机	国家	特点
1	AD 系列仿真机	美国	共享存储器不对称的多处理机系统，硬件结构是上位机/目标机的体系结构
2	xPC Target	美国	采用上位机/目标机架构，用户可根据应用需求自行配置系统所支持的硬件板卡及开发所需软件
3	LabVIEW - RT 实时仿真平台	美国	信号采集板卡和信号模拟板卡方面具有巨大优势，但无法实现系统级的资源分配和组合优化
4	iHawk 并行实时仿真多处理平台	美国	既支持高密度集中式实时应用，又支持分布式实时环境
5	RT - LAB 实时仿真系统	加拿大	仿真机的强实时环境满足半物理实时仿真所需的实时特性，无法实现多领域问题的统一建模
6	dSPACE 实时仿真平台	德国	实时性强、可靠性高、扩充性好
7	银河仿真工作站和高性能仿真计算机系统	中国	支持 SBS、VMIC 等实时网，支持分布式半实物实时仿真系统的建立

8.3.2.2　实时仿真软件开发环境

实时仿真软件开发环境是一类面向仿真用途的专用软件，为在计算机上进行仿真试验提供支持。它的特点是面向问题、面向用户，体现了仿真技术研究的许多活动。国外仿真软件开发环境经过长期积累，形成了功能完备、性能丰富和系列化产品，如 ADSIM、Matlab - Simulink/RTW 等，并与实时仿真计算机硬件系统实现了高度一体化集成，在现有实时仿真计算机系统的发展和应用中具有非常重要的地位。

国内的实时仿真计算机（如 YH - F2、YH - AStar、HY - RTS 等）配置了与 ADSIM 相当的 YFSIM、HYSIM 高级实时仿真语言，支持含有广泛外部硬件的复杂硬件在回路半实物仿真，在国内建立了八大仿真系统，并已产生巨大的国防效益和经济效益。目前，一些实时仿真计算机软件产品（如 KDRTS、HY - RTSIII、HRT1000 等）也初步实现了 Matlab - Simulink/RTW 接口的集成。

国内外典型的实时仿真软件开发环境见表 8 - 18。

表 8 - 18　典型实时仿真软件开发环境

序号	实时仿真软件开发环境	国家	特点
1	ADI 公司仿真软件集成开发环境	美国	ADSIM 软件系统运行在 VAX 的 VMS 操作系统下，具有一体化建模/仿真软件环境所要求的各种功能
2	RT - LAB 仿真平台软件及支持环境	加拿大	可以使工程师对大型复杂的硬件在回路和快速控制原型的实时仿真进行分布式并行计算

续表

序号	实时仿真软件开发环境	国家	特点
3	dSPACE 系统仿真软件开发环境	德国	由两大部分组成，一部分是实时代码的生成和下载软件，另一部分是测试软件
4	并行仿真建模环境 SimWB	美国	运行在安装有 RedHawk 实时 Linux 操作系统的 iHawk 的对称多处理器平台上，支持多达数十个 Intel 或 AMD 处理器/核，具有高速 I/O 吞吐、对外部事件快速响应的时间确定性，以及进程间通信优化等实时特性
5	“银河”一体化仿真环境	中国	将 YH－F2、VAX、PC 通过 DEC net 网络相连，构成一个开放式的集成仿真环境，用户与 PC 可控制操作 YH－F2 的一切仿真过程，并可进行仿真结果的曲线生成、性能分析、试验报告生成

8.3.2.3　实时网络及接口技术

(1) 仿真系统网络

构建飞行器半实物仿真系统，需要建立数据传输网络，实现各种被试设备（包含综合控制计算机、舵系统、惯导、导引头等机上设备和测试系统等相关支持设备）与物理效应模拟器（如三轴转台、五轴转台、舵机负载模拟器、高度表模拟器、目标特性模拟器等）、仿真主控计算机、接口模拟设备、场景及图像生成设备等仿真设备之间数据的高速、共享传输，紧密协同完成半实物仿真任务。

仿真系统的网络系统一般由实时网络和非实时网络两部分组成。实时网络主要实现对实时性有较高要求的数据传输；非实时网络主要用于试验前的数据分发、试验后的数据管理、文件共享等对实时性没有特别要求的应用场合。

①非实时网络

仿真系统的非实时网络一般采用通用的、技术成熟的以太网，可以提高网络的易用性、可维护性，降低成本。

②实时网络

由于仿真系统要连接的设备众多，采用 InfiniBand、SerialRapidIO 等点对点的网络，会使系统的数据通信交联关系变得非常复杂，且不利于维护。因此，仿真系统的实时网络一般采用反射共享内存式网络（通常称为实时光纤反射内存网络，简称实时光纤网）。

实时光纤网中的所有节点在逻辑上共享一片存储区，每个对象只和共享内存进行数据交互，大大降低了程序的耦合度，更适合仿真系统的实际需求。

(2) 实时光纤网

实时光纤网不但具有严格的传输确定性和可预测性，还具有数据传输速度高、通信协议简单、宿主机负载轻、软硬件平台适应性强等特点。

实时光纤网由插在节点终端的光纤连接在一起，形成一个环网。数据一点写入，多点同时更新，通过这种方式实现数据的高速传输与共享。

实时光纤网目前主流的产品有美国 GE（通用电气）公司的 VMIC－5587 系列、VMIC－5565 系列光纤网产品和海鹰仿真中心的 FB－2125 G 系列光纤网产品等。

FB－2125 G 系列光纤网产品借鉴了 VMIC 的优点，并在数据的完整性、传输协议的功能性上进行了改进，运行稳定可靠，已在航空航天、兵器、船舶等领域的半实物仿真系统中得到了大量应用，并实现了与美国 GE 的 VMIC 系列光纤网产品互联互通。

FB－2125 G 系列光纤网产品包括 FB－2125 G 光纤反射内存接口板及 HY－FHX8 光纤 HUB 等。

表 8－19 为以太网与 VMIC 实时光纤网比较。

表 8－19　以太网与 VMIC 实时光纤网比较

	以太网	实时光纤网
传输介质	双绞线或光纤	光纤
节点数	理论上没有限制	最大 256
传输距离	双绞线 100 m，光纤几百米至几千米	多模传输 300 m，单模传输 10 m
传输速率	10 Mbps 至 1 000 Mbps	43 Mbps 到 170 Mbps
传输延迟	约 10 ms	约 400 ns
拓扑结构	星形连接	单向环形连接和星形连接
操作系统	Windows，Linux，VxWorks 等	Windows，Linux，VxWorks 等
通用性	好	差
成熟度	高	较高
价格	低	较高

（3）仿真系统时钟同步技术

飞行器半实物仿真系统对时间一致性要求较高，尤其是针对多实验室协同仿真、多飞行器协同制导半实物仿真及多系统联合的体系级对抗仿真等，更需要时钟同步技术支持。

典型的时统设备通常由 1 套主站时钟、若干从站时钟及各个节点上的时统信号接收板（PCI 或 PCIe 接口）、便携式检测调试设备和配套连接光缆等部分构成。

时统主站时钟输出高精度时频信号的参考源，经过光纤通道传输给从站时钟，再经光纤送到时统信号接收板；时统信号接收板获取、解析主站时钟下发的时频信息，通过计算处理，为用户提供标准的时间信息和用户设定的时钟同步中断信号，以供用户实时仿真系统数据同步使用。此外，便携式检测调试设备还可以用到复现主站时钟信号，供平时检测、调试使用。

时统设备主要功能如下：

1）具有高频率、高精度时钟信号连续生成与传输功能；

2）支持卫星授时、恒温晶振等高精度时钟发生器授时等授时方式；

3）具有时统信号的光纤远距离抗干扰传输能力；

4）时统信号接收板具有时钟同步信号中断输出功能，仿真节点可基于中断信号控制自身运行时间推进。

时统设备主要技术指标一般应考虑仿真节点间时钟误差及节点授时精度等，满足仿真系统构建要求。

(4) 仿真系统实时控制技术

系统实时性是进行半实物仿真的必要前提，要求仿真时间标尺与实际系统的实时标尺一致。仿真系统的实时控制机制通常采用以下三种方式。

①Windows+RTX 实现机制

由于 Windows 对实时调度、资源的访问控制以及不可预知的中断处理等存在一定的局限性，难以满足半实物仿真的实时性控制要求，因此，出现了基于 Windows 操作系统的 RTX 实时扩展技术（Real - time Extension for Control Windows）。RTX 通过在 HAL 层（硬件抽象层）增加 RT - HAL（实时 HAL）扩展来实现基于优先级的抢占式实时任务管理和调度。RTX 实时子环境 RTSS（Real - Time Sub - System）任务优先于所有 Windows 任务，提供对中断、I/O、内存的精确控制，确保实时任务的可靠性。通过高速的 IPC（服务请求调用）通信和同步机制，实现与 Windows 之间的信息交换。

②Linux+RTAI 实现机制

Linux 操作系统因其免费、开源以及广泛的软硬件支持等特性，得到了广泛的应用。标准的 Linux 具备一定的实时特征，但由于其核心进程及调度不可被抢占、硬件中断不能保证实时响应和内存管理方式等原因，不能完全满足强实时系统的要求。通过对 Linux 内核进行实时性改造，开发了基于 Linux 内核的实时操作系统，如 RTAI（Real Time Application Interface）等。RTAI 采用双内核——RTAI 实时内核和 Linux 内核。RTAI 以系统内核模块的形式驻留在系统内核空间，并以实时内核调度器来取代 Linux 的标准调度器，决定整个系统的任务调度。

③VxWorks 实现机制

VxWorks 属于强实时操作系统，具有高性能的微内核设计，将优先级抢占作为默认调度策略实现对多任务的控制。该调度机制为各个任务分配不一样的优先级，就绪队列中的任务通过优先级来竞争 CPU 资源，当较高优先级任务从就绪状态转入运行时，内核立即记录该任务的上下文，然后切换到该高优先级任务。当有内核调用或有中断到来时，内核重新调度。这样用户对需要尽快处理的任务可以设置高优先级，相对无关紧要的任务则设置为低优先级，保证紧急任务得到尽快处理，满足强实时性要求。

(5) 仿真系统接口适配技术

仿真系统接口适配总体上分两种类型：一种是以专门的接口计算机实现，通过实时光纤网接入系统，这类接口主要有特殊协议的串口、LVDS 接口等；另一种接口功能固定，有统一的标准和协议，如模拟量、开关量、RS - 422 等，这类接口采用基于实时光纤网的智能 I/O 接口设备实现接口适配，既能保证接口的实时性，又能方便整个系统对接口数据的共享。

①通过通用接口板及接口计算机实现接口适配

通过 PCI 或 CPCI 接口板+接口计算机来实现接口适配，接口计算机编写专用的控制程序控制相应的接口操作，同时接口计算机通过实时光纤网与整个系统交互数据。

②通过智能 I/O 接口设备实现接口适配

智能 I/O 接口设备基于仿真系统实时光纤网实现，可以作为仿真系统实时网络上的一个节点存在，相当于一个接口代理，仿真系统实时网络上的节点都可以通过操作光纤网来实现对智能 I/O 设备的操作，实现数据交互。

智能 I/O 接口设备具有与高速实时仿真光纤总线连接的能力，并能够通过光纤网络接口模块接收光纤网络数据，并控制对应的 I/O 接口板实现实时智能网络 I/O，网络 I/O 支持的接口包括主流的常用接口，如开关量接口、模拟量接口、高度脉冲接口、RS－422 接口、1553B 接口等，同时还支持高速的 LVDS 接口用于图像数据传输。

智能 I/O 接口设备利用光纤时隙交换完成 I/O 信号数据的传输，转换/传输过程的实时控制调度帧周期一般不大于 0.1 ms，完成光纤到 I/O 接口信号转换的时间可以小于 0.05 ms，各个 I/O 信号间的时间一致性延时可小于 0.01 ms，既确保了信号转换的正确性，又满足了信号传输的实时性要求。

8.3.3 物理效应仿真技术

物理效应仿真技术是飞行器半实物仿真系统实现的核心技术，主要包括运动特性仿真技术、负载特性仿真技术、目标与背景特性信号仿真技术、其他传感器仿真技术。本节主要针对运动特性仿真技术进行介绍，运动特性仿真技术是在实验室内实现仿真对象的角运动、线运动等过程模拟，解决仿真对象的空间一致性问题。

8.3.3.1 角运动仿真技术

角运动仿真是指在实验室内实现仿真对象的角运动过程模拟，一般采用飞行器仿真转台来实现。

飞行器仿真转台是飞行器半实物仿真试验的重要设备之一，用于模拟飞行器空间姿态角速度和角速度变化。在仿真回路中，转台接收并跟踪仿真机发送的角位置等指令信号，将其转换为可被敏感的物理运动，为被试设备提供试验环境。

转台主要由动力系统、伺服控制系统和机械台体等部分构成。动力系统为转台提供动力支持，可以是液压驱动，也可以是电动机驱动；伺服控制系统是转台运动的控制中心，包括控制器、驱动元件、测量和反馈元件等，可模拟控制或数字控制；机械台体被驱动产生实际的角度和角速度变化，为被试设备提供姿态变化的物理环境。

转台的伺服控制原理：仿真机负责产生指令信号，测量和反馈元件反馈转台的实际角度及角速度等信息，由控制器对这些指令信号和反馈信号进行综合，生成控制信号送给驱动元件，产生驱动电压或电流，驱动执行元件带动机械台体运动。由测速元件构成角速度内环，提高系统抗干扰能力；测角元件构成角位置外环，形成位置伺服控制。但由于测速元件在实际使用时往往含有大量噪声，因此很多转台只含有角位置闭环。

从不同的维度考虑，仿真转台有不同的分类方式，常见的有以下几种分类方法。

(1) 按照回转自由度，可分为单轴转台、两轴转台、三轴转台、四轴转台和五轴转台

单轴转台和两轴转台由于不能表征飞行器在空间环境中的全部旋转自由度，因此一般

常用在惯性及光学测试领域，在动态仿真环境下使用较少，这里不再赘述。

三轴转台的每个旋转轴对应一个姿态角，能够模拟飞行器在空间滚转、俯仰和偏航三个姿态的变化，在目前半实物仿真中应用最多。

当三轴转台发生运动学奇异，会丢失一个自由度模拟能力，出现转台“自锁”现象。因此，四轴转台应运而生，即在三轴转台的基础上增加一个冗余轴，利用冗余自由度机构的特点避免奇异，使之能够模拟任意的三自由度姿态运动。

五轴转台采用三轴加二轴的结构，其中三轴部分用于模拟飞行器姿态运动，二轴部分用于模拟飞行器和目标之间的空间位置关系（视线角），要求五轴转台二轴部分的回转中心与三轴转台的回转中心重合。

(2) 按照旋转方式，可分为立式结构和卧式结构

以三轴转台为例，立式结构的外、中、内框按照偏航→俯仰→滚转的顺序运动，而卧式结构的外、中、内框按照俯仰→偏航→滚转顺序运动。立式三轴转台具有三个独立运动的陀螺环架，外环框架轴垂直向上，对应飞行器偏航角运动，转动范围较大，适用于偏航角运动范围大的飞行器仿真；内环框架支承在中环框架上，支承轴为 X 轴，内环框架可以绕 X 轴自由旋转；中环框架支承在外环框架上，支承轴为 Z 轴，Z 轴与 X 轴相互垂直，当中环框架绕自身 Z 轴旋转时，也带动内环框架旋转；外环框架通过旋转 Y 轴支承在台体基座上，当外环框架绕 Y 轴旋转时，同时带动中环框架和内环框架转动，这样内环框架相对台体基座的运动，相当于飞行器在空中的姿态角运动。通过控制三个框架的旋转运动，便可完全复现出飞行器在空间的姿态角运动。

对于只有俯仰角运动范围大的情况，常采用卧式三轴转台（见图 8-19）。卧式结构与立式结构的不同之处在于，其外环框架轴为水平方向，与飞行器的俯仰方向的角运动相对应，且转动范围较大，适用于俯仰角变化大的飞行器。

图 8-19　卧式三轴转台

(3) 按照驱动方式，可分为电动转台、液压转台和电液混合转台

电动转台和液压转台的区别主要在于动力系统。液压转台运动部分转动惯量较小，加速性能好，系统响应速度快，精度较高，但液压驱动系统复杂，占地规模一般较大，且维

护工作量大。相比之下，电动转台的工作频段、精度等性能正逐步提高，使用起来更加简便、环保，应用日趋广泛（见图 8-20）。

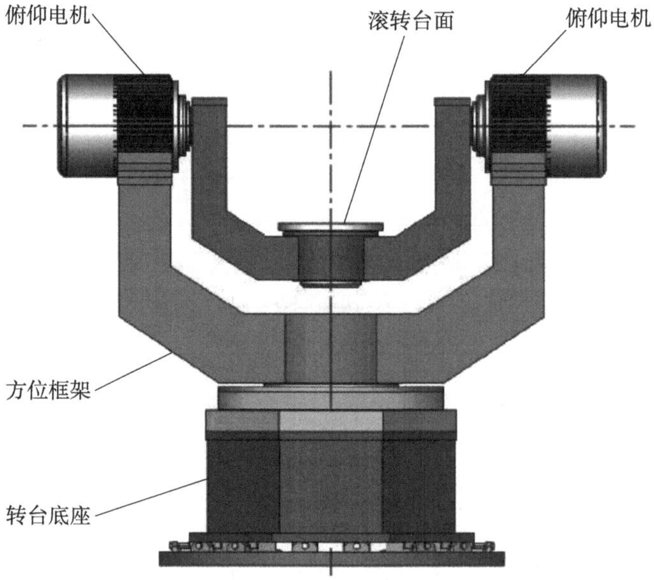

图 8-20　电动射频仿真转台

8.3.3.2　线运动仿真技术

线运动仿真是指在实验室内实现仿真对象的线运动过程模拟。针对飞行器半实物仿真试验环境来讲，主要包括飞行器自身的位置运动（如惯性测量系统的线速度）模拟，以及飞行器与其他物体间的相对位置运动（如飞行器交会对接运动过程）模拟。

飞行器自身位置运动信息通常通过测量系统内的加速度计测量的加速度进行积分计算得到。因此，其线运动模拟的关键是线加速度的模拟。常见的实现方式有：1）利用接口适配装置进行数据融合模拟；2）信号注入式数据融合模拟；3）基于线性加速度模拟器的加速度模拟。

飞行器相对线运动模拟主要是实现飞行器与目标、飞行器之间等相对线运动的模拟。针对飞行器类型与试验任务的不同，常见的实现方式有：1）发射平台线运动模拟；2）匹配制导线运动模拟；3）目标毁伤过程线运动模拟；4）交会对接线运动模拟。

8.3.3.3　负载特性仿真技术

负载特性仿真技术是在实验室内实现仿真对象所受到的力与力矩特性模拟，如舵机负载特性仿真、摆动喷管负载特性仿真等。

舵机负载特性仿真是在实验室内复现飞行器在空中飞行时，空气舵或燃气舵所受到的铰链力矩和惯性负载。要研究舵机系统在动态载荷下的性能，需要开展动态仿真，舵机负载模拟器是不可缺少的设备。在仿真回路中，舵机负载模拟器接收并跟踪仿真机发送的力矩指令信号，复现舵面所受的铰链力矩，为被试设备提供试验条件。

摆动喷管负载特性仿真是指通过伺服机构带动整个发动机或部分喷管摆动，使喷流方向发生偏转，产生所需的侧向力和力矩，包括球窝接头摆动喷管方式、柔性摆动喷管方式、铰接接头摆动喷管方式、液浮轴承摆动喷管方式和常平架摆动喷管方式等。

8.3.3.4　目标与背景特性信号仿真技术

目标与背景特性是指目标与背景的固有和可测量的属性或性质。目标一般指被探测信息的对象；背景是除目标以外的自然环境及诱发环境产生的信号。根据电磁辐射频段范围，可分为光学目标与背景特性信号、雷达目标与背景特性信号。

光学目标与背景特性信号仿真是指在内场建立目标与背景特性模型，利用可见光目标模拟器、红外目标模拟器、激光目标模拟器等设备为光学导引头模拟接近真实的光学场景仿真环境。根据光学探测器的种类不同，一般可将光学目标与背景特性信号仿真分为可见光图像仿真、红外目标与背景特性仿真以及激光目标特性仿真等。

雷达目标与背景特性信号仿真是在实验室内，利用仿真模型、信号生成及特征调制设备，构建飞行器飞行过程中雷达末制导系统感知的射频信号环境。根据雷达末制导体制及射频信号多维度特征，通常从主动雷达目标及干扰信号模拟、被动雷达环境特性信号模拟和射频信号空间角度模拟三个方面实现主被动雷达末制导系统射频仿真环境构建。

8.3.3.5　其他传感器仿真技术

通常半实物仿真系统的被试设备中还有飞行器测高或测速等用途的传感器，如气压高度表、雷达高度表等传感器。针对不同的测量需求，在实验室内生成相应的物理信号，实现对传感器工作环境的模拟，解决仿真系统环境相似性的问题。

当飞行器以气压高度表作为飞行高度和飞行速度等观测信息的传感器时，半实物仿真试验系统中通常采用气压高度表模拟器实现不同高度和速度下的气压信号模拟。

当飞行器以雷达高度表作为飞行高度测量传感器时，通常半实物仿真试验系统中以雷达高度表模拟器实现雷达高度仿真。

8.3.4　遥操作半实物仿真实例

本节主要针对上面介绍的半实物仿真技术，结合半实物仿真系统案例，进行一个具体应用介绍。我国载人航天工程二期和三期的任务重点是建设空间实验室和空间站。空间站的建造和运行期间，需要进行大量交会对接活动来完成空间站舱段的在轨组装以及人员和物品的天地往返运输，这就对交会对接过程的安全性与可靠性提出了更高的要求。目前我国开展了对空间站、货运飞船自动控制和手动控制交会对接的研究，并进行了相关的系统设计。为验证手控交会对接系统的可行性和正确性，必须有相应的半实物仿真系统进行仿真试验，为真实系统的设计提供依据。遥操作交会仿真系统正是为了解决这一问题而开展设计与研制的。它以货运船和空间站手控交会对接为背景，以数字仿真的形式构建了一套手控交会对接仿真系统，模拟航天员手控交会对接过程，从而达到仿真试验的目的（周剑勇，2012）。

基于遥操作交会系统模型，设计并研制遥操作交会仿真系统，对遥操作交会任务场景进行模拟。基于该仿真系统，可开展人在回路的仿真试验，对遥操作交会安全性及控制方法进行研究和验证（周剑勇，2013；张波，2014）。

如图 8－21 所示，遥操作交会仿真系统由综合仿真子系统、遥操作控制台子系统、运动平台子系统和可视化子系统组成，各子系统之间通过高速以太网相连。下面主要介绍遥操作交会仿真系统的实时仿真计算机、软件开发环境和运动平台。

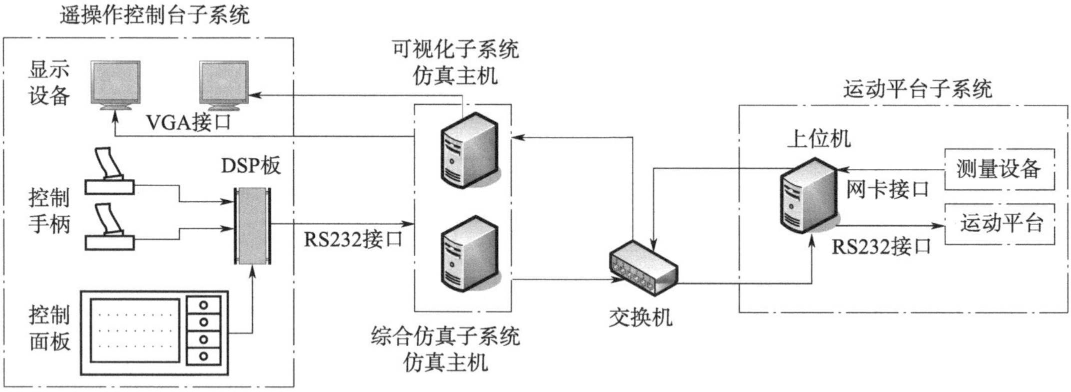

图 8－21　遥操作交会仿真系统组成

遥操作交会仿真系统的开发工作都是基于普通 PC 机平台展开，根据系统硬件运行环境的需求，PC 机硬件最低配置要求见表 8－20。

表 8－20　运行环境 PC 机硬件配置情况

名称	型号或参数
处理器	Intel Core i5 3.2 GHz
内存	8 GB DDR3 1333
显卡	Nvidia Geforce GTX460 或以上
网卡	双端口 Broadcom GigEthernet 网卡
交换机	Ruijie S2926 G

遥操作交会仿真系统借助开源的图像处理库 OpenCV、CSerialPort 串口通信库和 TV 摄像机开发库 Pleora eBus SDK，利用 VC＋＋2008 进行程序编写和测试。TV 摄像机模拟分系统设计过程中，利用了图像处理软件 PhotoShop 进行了图像像素点数据获取，测量图像中目标对象所占据的像素数，以验证视场角切换的正确性。

运动平台子系统以实物方式模拟交会航天器的相对运动，并为测量敏感器和航天器模型提供安装平台，其结构由上位机、九自由度运动平台、测量敏感器和航天器缩比模型组成。下面重点介绍九自由度平台。九自由度运动平台的电机控制器接收上位机发送的运动平台各轴运动数据，将其转化为伺服电机的控制信号，继而驱动相应航天器模拟端到达指定位置。9 个自由度按照“4＋5”结构分布在两个航天器模拟端，即追踪航天器端 4 个自由度，目标航天器端 5 个自由度。9 自由度运动平台可提供相对轨道运动 12 m×2 m×2 m 的模拟行程，及追踪航天器和目标航天器姿态运动各 ±30° 的模拟行程。其示意图如

图 8－22 所示。

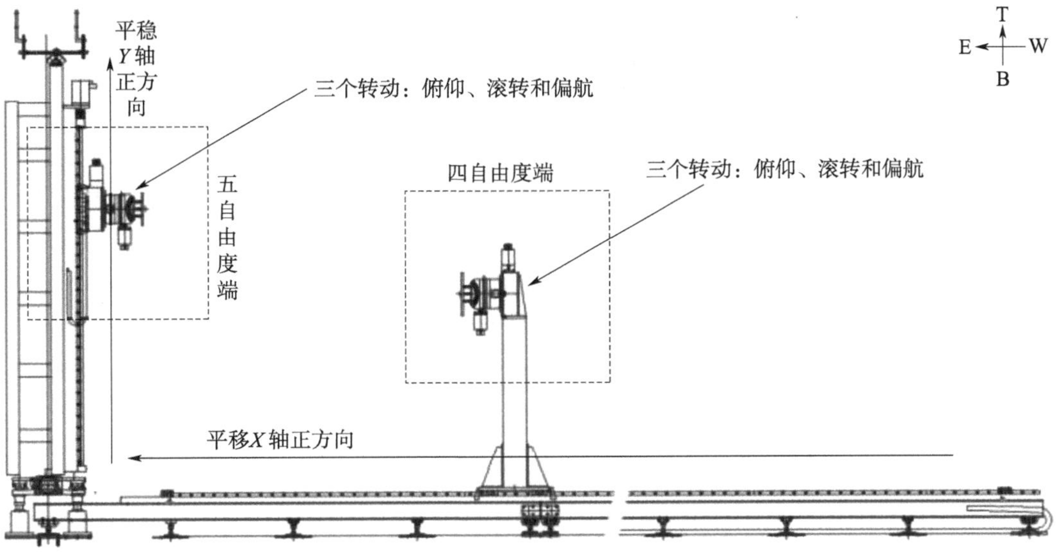

图 8－22　九自由度运动平台组成示意图

追踪航天器端由一个平动导轨和三个转动机构组成，具备一个平移自由度和三个姿态自由度。目标航天器端由两个平动导轨和三个转动机构组成，具备两个平移自由度和三个姿态自由度。运动平台的平动机构全部采用伺服电机驱动，丝杆或齿轮传动方式，伺服电机前端配装减速器。采用这种结构主要考虑到两方面因素，一方面提高平动的控制精度，另一方面能够控制平动速度范围并保证平动向的安全性。运动平台的转动机构采用步进电机驱动，齿轮传动方式，前端也配装减速器。

遥操作交会仿真系统的主要接口关系见表 8－21。

表 8－21　遥操作交会仿真系统主要接口关系

相关系统		接口内容
综合仿真子系统	输入	控制手柄、控制面板的操作信号
		压缩图像数据
	输出	延迟的遥操作控制指令
		延迟的运动图像和状态数据
遥操作控制台子系统	输入	操作员手控动作
		测量数据
		预测数据
	输出	控制手柄、控制面板的操作信号
		测量图像和数据
		预测图像和数据

续表

相关系统		接口内容
运动平台子系统	输入	遥操作控制指令
		运动状态仿真数据
	输出	测量数据
可视化子系统	输入	延迟的运动图像和状态数据
		预测的运动图像和状态数据
	输出	运动图像数据
		运动状态数据

由各组成系统之间的接口关系，可绘制遥操作交会仿真系统的基本信息流如图 8－23 所示。

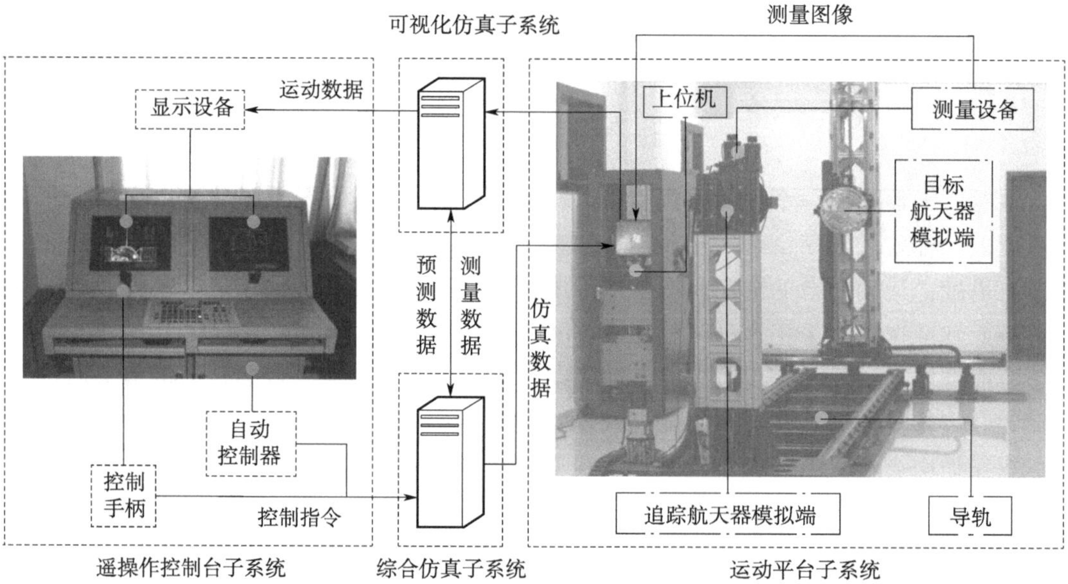

图 8－23　遥操作交会仿真系统信息流

8.4　模型的校核、验证与确认

校核、验证与确认是建模与仿真过程中的重要组成部分，没有一定置信度的仿真系统其结果是毫无意义的，甚至可能造成错误的决策，校核、验证与确认（VV&A）技术是保证建模与仿真置信度的有效途径。

8.4.1　VV&A 基本概念

校核、验证与确认从字面上理解的意义非常接近，但在仿真系统的 VV&A 中，它们的含义有一定的区别（Balci，1998）。

校核：确定仿真系统准确地代表了开发者的概念描述和设计的过程。校核关心的是“是否正确地建立模型及仿真系统的问题”。更详细地说，校核关心的是设计人员是否将问题的陈述转化为模型阐述，是否按照仿真系统应用目标和功能需求的要求正确地设计出仿真系统的模型，仿真软件开发人员是否按照设计人员提供的仿真模型正确地实现了模型。

验证：从仿真系统应用目的出发，确定仿真系统代表真实世界的正确程度的过程。验证关心的是“建立的模型和仿真系统是否正确”，更详细地说，验证关心的是仿真系统在具体的应用中多大程度反映了真实世界的情况。

确认：权威机构正式接受仿真系统为专门的应用目的服务的过程。仿真系统确认是在校核验证的基础上，由仿真系统主管部门和用户组成的验收小组，对仿真系统可接受性和有效性做出正式确认。

校核、验证与验收之间有着十分密切的联系。校核工作为验收系统的各项功能提供了依据，验证工作为系统有效性评估提供了依据，而系统性能的好坏可能是校核与验证都关心的问题。有兴趣进一步了解 VV&A 相关知识的读者请参考美国国防部 5000.61 计划（DoD，2018）以及 Balci 的文献（Balci，1996）。

8.4.2　VV&A 技术与方法

VV&A 技术与方法是在 VV&A 过程中为完成 VV&A 工作各阶段目的而采用的各种技术、工作策略的总称。仿真系统是融合了建模技术、系统科学、软件工程和其他有关领域知识的复杂系统，因此复杂系统的 VV&A 应该充分吸收相关领域成功的测试与评估方法。美国国防部公布的 VV&A 规范中总结了 76 种校核与验证方法，分为非形式化方法、静态方法、动态方法和形式方法四大类。该部分内容非常繁杂，本书仅列出一些有代表性的方法，更详细内容请参考文献（DoD，2018）。

（1）模型校核方法

模型校核的主要目的和任务是考察模型从一种形式转化成另一种形式的过程是否正确。由此可以发现，实际上软件工程中的很多技术方法都可以直接认为是校核方法。表 8－22 列出了比较有代表性的模型校核方法。

表 8－22　可用于模型校核的方法

分类	方法名称
非正规方法	程序员自查；概念执行；代码自查；设计审查；过程审查
静态分析方法	词法分析；语义分析；结构分析 数据流分析；一致性分析
动态测试方法	自上而下测试；自下而上测试 黑箱测试；白箱测试；临界测试；调试；运行跟踪；运行监控 运行描绘；符号调试；递归测试
符号分析	符号运行；路径分析；原因—效果图示；分区分析
约束分析	断言检测；归纳检测；边界分析
理论证明	正确性证明；Lamda 微积分；谓词变换；推理；逻辑演绎；归纳

其中，符号分析、约束分析、理论证明是模型验证的高级手段，虽然效果好，但是实施起来困难较大，对于有些复杂的程序甚至是不可能的。

(2) 模型验证方法

模型验证的目的是考察模型在作用域内是否准确地代表了原型系统，主要包括以下两方面的含义：

1) 检查概念模型是否正确地描述了原型系统；

2) 检测模型输入输出行为是否充分接近原型系统的输入/输出行为。

对于复杂系统的模型和仿真，要想从理论上证明其正确性或得到其准确度，是十分困难的甚至是不可能的。模型验证的最终方法就是通过实践来检验，即通过比较模型结果与实际系统运行结果的偏差来表示模型的准确度。如果实际系统的准确结果无法获得或者只能部分获取，则无法准确地得到模型的准确程度，可以用参考系统的数据替代实际系统数据来近似验证。

几种常用的模型验证方法见表 8-23。

表 8-23　模型验证方法

名称	描述
主观有效性评价法	由熟悉实际系统的专家评价模型及其输出结果是否合理
理论比较法	将模型结果与理论计算结果进行比较，以判断模型的正确性
手算法	模型的所有输入值和内部变量都采用规定值，看模型输出结果是否与手算结果相同
模型比较法	看模型输出结果与已被普遍认为有效的模型输出结果比较，根据偏差评价模型的有效性
事件有效性检验法	将仿真过程中出现的事件与实际发生的事件进行比较，看它是否相同
局部测试法	移走模型的某些部分，或设定适当的输入值，然后测试模型输出结果，看其是否符合一定的规律
历史数据法	利用历史数据中的一部分建立模型，而用另一部分来检验模型的正确性
内部有效性评价法	通过多次运行模型来确定模型随机性的大小，然后判断模型有效性
参数有效性检验法	改变模型的内部变量和输入值，观察其对输出结果的影响，判断这种影响关系与真实系统是否一致
极端条件测试法	采用极端条件或对不同层次的影响因素进行组合，看模型的输出结果是否合理
追踪测试法	对模型中不同类型实体的行为进行跟踪，以确定模型逻辑是否正确
动态关联分析法	提出关联性能指标，利用该指标对仿真输出与原型系统输出进行定性分析、比较，据此给出两者一致性的定性结论
灵敏度分析法	用灵敏度分析技术确定模型的输入输出关系，并检查其合理性

续表

名称	描述
多阶段校核法	分三个阶段，首先提出模型假设，然后检验假设的有效性，最后检验模型输入输出关系的正确性
子模型有效性分析法	按照一定的原则将模型分解成若干个子模型，通过对子模型的确认得到对总模型的有效性认识
预测有效性法	把模型预测与实际系统的输出结果进行比较，看它们是否相同
统计检验法	使用数理统计方法检验和评估模型的有效性
曲线法	比较模型输出结果曲线和实际系统输出结果曲线之间的吻合程度
动画法	将模型输出结果进行动画显示，凭直觉判断模型的正确性

参考文献

[1] Balci O. Verfication, Validation and Accreditation [C]. Proceedings of the 1998 Winter Simulation Conference, DC Washington, USA, December 13-16, 1998, 41-48.

[2] Balci O, Glasow P, Muessing P, et al. Department of Defense Verification, Validation and Accreditation (VV&A) Recommended Practice Guide [R]. Alexandria: Defense Modeling and Simulation Office, 1996.

[3] Calytrix Technologies. Welcome to SIMplicity [EB/OL] (2003.7) (2004.4), http://www.simplicity.calytrix.corn, 2005.

[4] Cox K. A Framework-based Approach to HLA Federate Development [C]. Proceedings of the Fall 1998 Simulation Interoperability Workshop 1998.

[5] DIS Steering Committee. The DIS Vision, A Map to the Future of Distributed Simulation [R]. Institute for Simulation and Training, Orlando, FL, 1994.

[6] DoD. DoD Modeling and Simulation (M&S) Verification, Validation and Accreditation (VV&A): DoD5000.61 [S]. 2018.

[7] Gershon N D, Eick S G. Information Visualization [J]. IEEE Computer Graphics and Applications. 1997, 17 (4), 29-31.

[8] Geoff S. HLAfc and Other Simulation Environment Middleware Wrapper Approaches [C]. Proceedings of the Fall 2004 Simulation Interoperetbility Workshop, 2004.

[9] Mak Technologies. VR-Link Develper' S Guide [EB/OL] (2003.1) (2003.12) http://www.mak.com, 2014.

[10] Sun F Y, Wang H, Guo S, et al. A Flexible, Scalable and Expandable Simulation Platform Applying to Lunar Orbit Rendezvous Mission [C]. 5th International Conference on Simulation and Modeling Methodologies, Technologies and Applications, 2015.

[11] Sun F Y, Wang H, Zhou J P. Simulation Integrated Management: A New Type of Simulation Platform Application for Aerospace Systems Engineering [J]. Simulation: Transactions of the Society for Modeling and Simulation International. 2017, 93 (2): 149 - 171.

[12] Sun F Y, Zhou J P, Xu Z. A Holistic Approach to SIM Platform and Its Application to Early-Warning Satellite System [J]. Advances in Space Research. 2018, 61 (1): 189 - 206.

[13] Schmidt B, Gonzalez-Dominguez J, Hundt C, et al. 并行程序设计：概念与实践 [M]. 张常有，吴长茂，解庆春，译. 北京：机械工业出版社，2020.

[14] 黄健，郝建国，黄柯棣. 基于 HLA 的分布仿真环境 KD-HLA 的研究与应用 [J]. 系统仿真学报，2004，16 (2)：214-221.

［15］ 吴旭光，杨慧珍，王新民．计算机仿真技术［M］. 北京：化学工业出版社，2008.

［16］ 徐小生．导弹攻防分布式仿真管理设计与实现［D］. 长沙：国防科技大学，2016.

［17］ 王华，尤岳，林西强，等．空间交会对接任务仿真系统架构设计与实现［J］. 载人航天，2013，19（3）：46－51.

［18］ 孙福煜，王华，周晚萌．载人交会对接任务分布式仿真集成管理平台研究［J］. 系统仿真学报，2014，26（10）：2330－2334.

第 9 章　交会对接仿真实例

本章以交会对接接近段为背景，给出航天系统仿真的一个综合实例。首先介绍交会对接概念，其次给出交会对接接近段的仿真模型，再次对接近段进行仿真实现，最后进行标称仿真和蒙特卡洛仿真试验。

9.1　交会对接概述

9.1.1　交会对接概念

交会对接（Rendezvous and Docking，RVD）技术是指两个航天器于同一时间在轨道同一位置以相近速度会合，并在结构上连成一个整体的技术。参与交会对接的两个航天器通常一个为被动航天器，一个为主动航天器。被动航天器不做任何机动或做少量机动，称为目标航天器或目标器，例如空间站或飞船。主动航天器要执行一系列轨道机动飞向目标器，称为追踪航天器或追踪器，例如飞船或航天飞机等。航天器的交会问题实质上是飞行时间固定或受约束、在自然摄动与轨道机动作用下的两点边值问题（Fehse，2003；王华，2019）。

9.1.2　交会对接任务飞行阶段

交会对接任务一般分为多个阶段进行设计和控制，各阶段飞行任务、飞行程序以及控制方式差异较大。本节对交会对接各飞行阶段进行阐述。

从追踪航天器入轨后开始，交会对接飞行阶段一般分为：远距离导引段、近距离导引段（寻的段、接近段）、平移靠拢段、对接段、组合体飞行段和撤离段，其中近距离导引段和平移靠拢段统称为自主控制段，远距离导引、近距离导引和平移靠拢段统称为交会段。图 9－1 给出了一个典型的－V－bar 交会对接飞行阶段。如果对接轴不在水平轴上，一般在靠拢段之前，还需要进行绕飞控制，图 9－2 是一个典型的 R－bar 交会对接。

（1）远距离导引段

远距离导引段从追踪航天器入轨开始到追踪航天器上的敏感器捕获到目标航天器并转入自主控制为止。根据地面测控系统的制导能力和船载测量设备的能力，远距离导引终点两航天器距离约为一百多千米至几十千米。远距离导引段主要由地面进行测定轨和机动计算，因此又称地面导引段，国外通常称该阶段为调相段（Phasing）（唐国金，2008；张进，2013）。

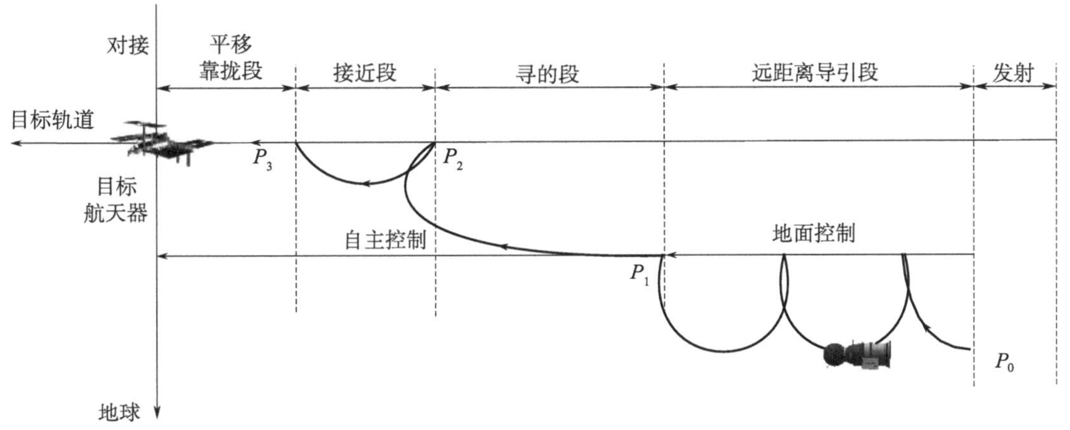

图 9-1　-V-bar 交会对接飞行阶段划分示意图

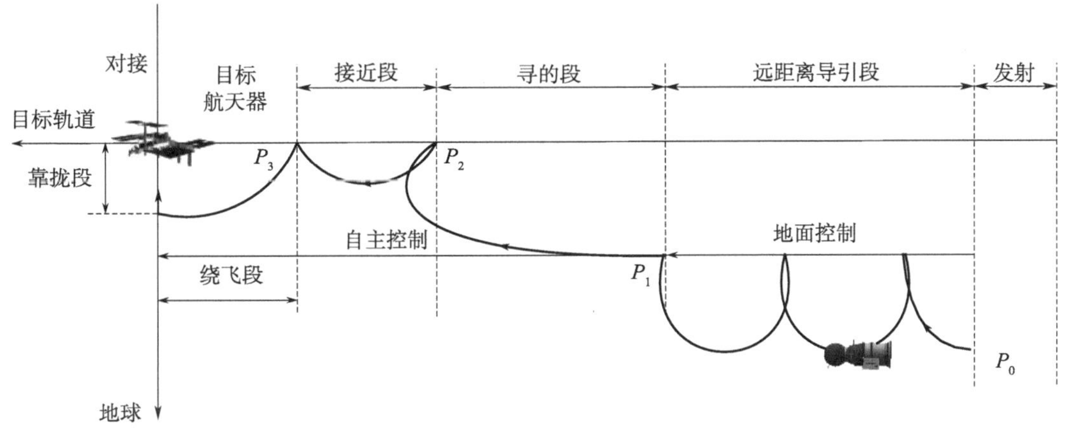

图 9-2　R-bar 交会对接飞行阶段划分示意图

(2) 自主控制段

自主控制段共分为三个小段：寻的段（Homing）、接近段（Closing）和平移靠拢段。

寻的段从星上敏感器捕获到目标航天器起，到追踪航天器自主控制到停泊点为止，该停泊点通常是 V-bar 上距目标航天器几千米的点，要求在目标航天器的接近椭球之外。典型的寻的段飞行时间约为大半个轨道周期。

接近段追踪器通常从距目标器几千米开始转移到接近走廊外的位置保持点，该位置保持点通常在距目标器几百米位置，在接近段终端追踪航天器应当满足合适的位置、速度、姿态和角速度条件，保证最后平移靠拢段需要的初始条件。典型的接近段飞行时间约为半个轨道周期。

平移靠拢段是指从追踪航天器进入接近走廊开始到追踪航天器与目标航天器对接机构开始接触为止的飞行段。在平移靠拢段，追踪器在接近走廊内逼近目标器，沿准直线轨迹做受迫运动，直到两航天器对接机构接触（朱仁璋，2004；周晚萌，2015）。平移靠拢段在国外也被称为最终逼近段（Final Approach）。

(3) 对接段和组合体飞行段

从追踪器与目标器对接机构首次接触开始，至对接机构将两个航天器连接为一个整体并进行气密性等项检查为止称为对接段。从对接机构完成对接起，经两个航天器组合飞行，至追踪航天器与目标航天器分离为组合体飞行段。在对接段，对接机构主要依靠逼近速度产生的能量进行对接，一般不需要主动控制。在组合体飞行段，通常依靠追踪器或目标器一方进行轨道和姿态控制，控制一方通常选择为两个航天器中较大的一个。

(4) 撤离段

从对接的两个航天器解锁开始，到追踪器自主控制撤离到安全距离为止称为撤离段。这里的安全距离能够保证追踪器执行大冲量机动变轨或再入时不会影响到目标器。

9.2 交会对接接近段仿真建模

考虑三自由度交会对接接近段仿真模型，追踪器作为主动航天器需要动力学和控制模型，控制模型考虑测量、制导、执行环节，目标器作为被动航天器不进行任何控制，不需要控制模型，只需要动力学模型。

接近段通常从两个航天器相距几千米开始到相距上百米左右结束，该阶段通常分为接近段Ⅰ和接近段Ⅱ两个小阶段。接近段Ⅰ通常在 V-bar 上将两个航天器距离进一步缩小，如图 9-3 所示，接近段Ⅱ通常用于调整追踪器的位置满足对接走廊起始位置，保证最后平移靠拢段需要的初始条件。接近段的轨道控制可采用 C-W 制导和视线制导（王华，2019）。

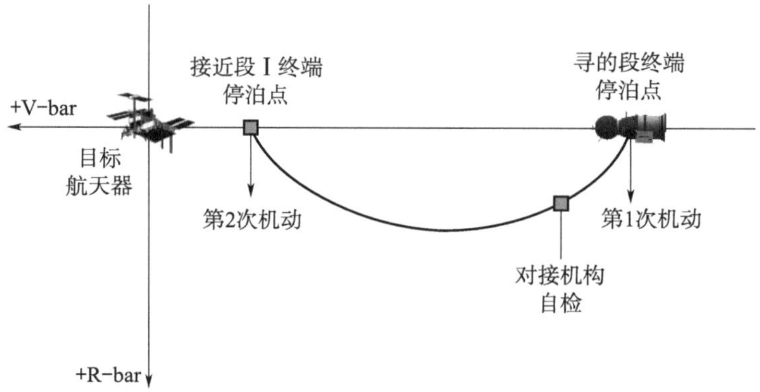

图 9-3 接近段Ⅰ飞行程序示意图

9.2.1 轨道动力学模型

9.2.1.1 绝对轨道动力学模型

交会对接整个过程通常需要数小时至数天时间，考虑到姿态稳定控制对轨道运动的影响很小，因此在交会对接仿真中可以采用三自由度轨道模型，姿态则保持对地定向状态。

由于追踪器和目标器的轨道在约 200～400 km 高度，受到的大气摄动和地球非球形引力场摄动较显著，在高精度的仿真中，轨道模型必须考虑大气摄动和地球非球形引力场摄动，其他摄动因素也要适当考虑，例如大气光压、三体引力等。具体模型参见第 3 章。

9.2.1.2　相对轨道 C－W 方程

自主控制段两个航天器距离较近，通常在几十千米以内，在相对导航和制导计算时需要采用相对动力学模型。

(1) C－W 方程

在两个航天器（如交会对接中的追踪航天器和目标航天器）相对距离较近时，用航天器相对运动动力学方程来描述两个航天器的相对状态更加方便。研究航天器相对运动，首先假设航天器为刚体，其次假设航天器只受地球引力和推力器产生的推力作用，不考虑地球自转和公转的影响，不考虑其他摄动影响。在交会过程中，目标航天器在圆轨道或近圆轨道上运行，不作机动飞行，而追踪航天器受推力控制作机动飞行，实现轨道交会，如图 9－4 所示。

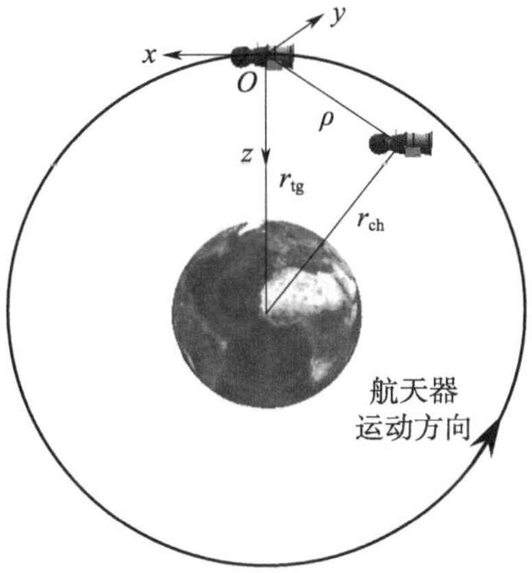

图 9－4　追踪器相对目标器位置

目标航天器和追踪航天器的运动方程分别为

$$\ddot{\boldsymbol{r}}_{tg}=-\frac{\mu}{r_{tg}^3}\boldsymbol{r}_{tg}$$
$$\ddot{\boldsymbol{r}}_{ch}=-\frac{\mu}{r_{ch}^3}\boldsymbol{r}_{ch}+\frac{\boldsymbol{P}}{m} \tag{9-1}$$

式中，下标 tg 和 ch 分别表示目标航天器和追踪航天器，$\boldsymbol{P}$ 为追踪航天器所受的推力，m 为追踪航天器的质量，μ 为地球引力常数。设 $\boldsymbol{\rho}=\boldsymbol{r}_{ch}-\boldsymbol{r}_{tg}$，式（9－1）的两式相减得

$$\ddot{\boldsymbol{\rho}}+\frac{\mu}{r_{tg}^3}\left(\frac{r_{tg}^3}{r_{ch}^3}\boldsymbol{r}_{ch}-\boldsymbol{r}_{tg}\right)=\frac{\boldsymbol{P}}{m} \tag{9-2}$$

追踪航天器位置矢量大小可表示为

$$r_{ch}^2=r_{tg}^2\left[1+\left(\frac{\rho}{r_{tg}}\right)^2+2\,\frac{\boldsymbol{r}_{tg}\cdot\boldsymbol{\rho}}{r_{tg}^2}\right] \tag{9-3}$$

对于空间交会来说，两个航天器之间的距离和它们离地球的距离相比是非常小的，所以式（9-3）中的 $\frac{\rho}{r_{tg}}$ 可以近似为0，然后将其代入式（9-2）得到

$$\ddot{\boldsymbol{\rho}}+\frac{\mu}{r_{tg}{}^{3}}\left[\boldsymbol{\rho}-3\frac{\boldsymbol{r}_{tg}\cdot\boldsymbol{\rho}}{r_{tg}^{2}}(\boldsymbol{r}_{tg}+\boldsymbol{\rho})\right]=\frac{\boldsymbol{P}}{m} \tag{9-4}$$

将上式进一步简化，得

$$\ddot{\boldsymbol{\rho}}+\frac{\mu}{r_{tg}^{3}}\left(\boldsymbol{\rho}-3\frac{\boldsymbol{r}_{tg}\cdot\boldsymbol{\rho}}{r_{tg}^{2}}r_{tg}\right)=\frac{\boldsymbol{P}}{m} \tag{9-5}$$

上式左端第二项表示两个航天器所受的重力差

$$\Delta\boldsymbol{g}=\frac{\mu}{r_{tg}^{3}}\left(\boldsymbol{\rho}-3\frac{\boldsymbol{r}_{tg}\cdot\boldsymbol{\rho}}{r_{tg}^{2}}r_{tg}\right)=\omega^{2}\frac{r_{tg}}{p}\left(\boldsymbol{\rho}-3\frac{\boldsymbol{r}_{tg}\cdot\boldsymbol{\rho}}{r_{tg}^{2}}\boldsymbol{r}_{tg}\right) \tag{9-6}$$

式中，$p=a(1-e)$ 为目标航天器轨道的半通径；ω 是目标航天器轨道角速度的大小，即目标航天器的轨道角速度。将上面得到的结果投影到目标器 VVLH 轨道坐标系中，目标航天器位置矢量可以表示为 $r_{tgx}=0$，$r_{tgy}=0$，$r_{tgz}=-r_{tg}$，在目标航天器轨道为一般椭圆轨道的情况下，重力加速度一阶近似后的相对动力学方程可以表示为

$$\begin{cases}\ddot{x}-2\omega\dot{z}-\omega^{2}x=-\omega^{2}\left(1+\dfrac{3z}{a}\right)x+a_{x}\\ \ddot{y}=-\omega^{2}\left(1+\dfrac{3z}{a}\right)y+a_{y}\\ \ddot{z}+2\omega\dot{x}-\omega^{2}z=-\dfrac{\mu}{a^{2}}+\omega^{2}\left(1+\dfrac{3z}{a}\right)(a-z)+a_{z}\end{cases} \tag{9-7}$$

式中，x、y、z 分别是追踪航天器相对目标航天器矢量在 VVLH 轨道坐标系的投影，a_x、a_y 和 a_z 分别是追踪航天器加速度在轨道坐标系各轴上的投影。

当目标航天器为圆轨道时，$\omega=\sqrt{\dfrac{\mu}{a^{3}}}$ 为常数，忽略二阶小量，则轨道坐标系相对动力学方程为

$$\begin{cases}\ddot{x}-2\omega\dot{z}=a_{x}\\ \ddot{y}+\omega^{2}y=a_{y}\\ \ddot{z}+2\omega\dot{x}-3\omega^{2}z=a_{z}\end{cases} \tag{9-8}$$

此动力学方程称为 C-W 方程（Clohessy，1960），在目标航天器为圆轨道或近圆轨道且两航天器相对距离不是很大，特别是高度差不大的情况下，解的精度足够高，可以满足交会动力学分析的要求。

（2）C-W 方程的齐次解

将 C-W 方程写成状态方程形式为

$$\dot{\boldsymbol{X}}=\boldsymbol{AX}+\boldsymbol{BU} \tag{9-9}$$

式中

$$\boldsymbol{X}=[\boldsymbol{\rho}^{\mathrm{T}}\quad\boldsymbol{V}^{\mathrm{T}}]^{\mathrm{T}}=[x\quad y\quad z\quad \dot{x}\quad \dot{y}\quad \dot{z}]^{\mathrm{T}}\qquad \boldsymbol{U}=[a_{x}\quad a_{y}\quad a_{z}]^{\mathrm{T}} \tag{9-10}$$

$$
\boldsymbol{A}=\begin{bmatrix}0&0&0&1&0&0\\0&0&0&0&1&0\\0&0&0&0&0&1\\0&0&0&0&0&2\omega\\0&-\omega^2&0&0&0&0\\0&0&3\omega^2&-2\omega&0&0\end{bmatrix}\quad \boldsymbol{B}=\begin{bmatrix}0&0&0\\0&0&0\\0&0&0\\1&0&0\\0&1&0\\0&0&1\end{bmatrix}
$$

由状态方程式（9-9）得状态转移矩阵为

$$
\boldsymbol{\Phi}(t,t_0)=\begin{bmatrix}1&0&6(\omega\Delta t-s)&\dfrac{4s-3\omega\Delta t}{\omega}&0&\dfrac{2(1-c)}{\omega}\\0&c&0&0&\dfrac{s}{\omega}&0\\0&0&4-3c&\dfrac{2(c-1)}{\omega}&0&\dfrac{s}{\omega}\\0&0&6\omega(1-c)&4c-3&0&2s\\0&-\omega s&0&0&c&0\\0&0&3\omega s&-2s&0&c\end{bmatrix}\tag{9-11}
$$

式中，$c=\cos(\omega t)$，$s=\sin(\omega t)$，$\Delta t=t-t_0$。则 C-W 方程的齐次解为

$$
\begin{cases}x=2\left(2\dfrac{\dot{x}_0}{\omega}-3z_0\right)\sin\omega\Delta t-\dfrac{2\dot{z}_0}{\omega}\cos\omega\Delta t+3(2\omega z_0-\dot{x}_0)\Delta t+\left(x_0+2\dfrac{\dot{z}_0}{\omega}\right)\\ y=\dfrac{\dot{y}_0}{\omega}\sin\omega\Delta t+y_0\cos\omega\Delta t\\ z=\dfrac{\dot{z}_0}{\omega}\sin\omega\Delta t-\left(3z_0-2\dfrac{\dot{x}_0}{\omega}\right)\cos\omega\Delta t+2\left(2z_0-\dfrac{\dot{x}_0}{\omega}\right)\\ \dot{x}=2(2\dot{x}_0-3\omega z_0)\cos\omega\Delta t+2\dot{z}_0\sin\omega\Delta t+3(2\omega z_0-\dot{x}_0)\\ \dot{y}=\dot{y}_0\cos\omega\Delta t-\omega y_0\sin\omega\Delta t\\ \dot{z}=\dot{z}_0\cos\omega\Delta t+(3\omega z_0-2\dot{x}_0)\sin\omega\Delta t\end{cases}\tag{9-12}
$$

9.2.2 追踪器制导控制模型

本节介绍建立接近段追踪器制导控制模型。目标器在整个交会对接过程中仅进行姿态稳定控制，不进行轨道调整，因此目标器在整个过程中可以采用三自由度轨道模型进行仿真，不需要制导控制模型。

9.2.2.1 相对测量模型

接近段的测量信息主要由激光雷达和相对 GPS 提供，在接近段终端，CCD、电视摄像机等近距离敏感器开始工作。激光雷达测量信息为角度、距离信息，相对 GPS 测量信息为相对位置速度，它们的测量误差与相对距离等参数有关。

假设相对测量采用相对 GPS，测量信息为相对位置速度。仿真中，轨道动力学模型计算出的参数是追踪器和目标器的绝对位置速度，测量模型需要建立绝对位置速度 $\boldsymbol{r}_{\mathrm{ch}}$、$\boldsymbol{r}_{\mathrm{tg}}$、

$\boldsymbol{v}_{ch}$、$\boldsymbol{v}_{tg}$ 与相对位置速度 $\boldsymbol{\rho}$、$\boldsymbol{V}$ 之间的关系，选择目标器 VVLH 坐标系为相对坐标系有

$$\begin{cases}\boldsymbol{\rho}=\boldsymbol{r}_{ch}-\boldsymbol{r}_{tg}\\ \boldsymbol{V}=\boldsymbol{v}_{ch}-\boldsymbol{v}_{tg}-\boldsymbol{\omega}\times\boldsymbol{\rho}\end{cases}\tag{9-13}$$

式中，$\boldsymbol{\omega}$ 是目标器 VVLH 坐标系的角速度。

假设测量误差 ε 为符合 Gauss 分布的随机误差，建立相对测量的简化模型为

$$\begin{cases}\hat{\boldsymbol{\rho}}=\boldsymbol{\rho}+\boldsymbol{\varepsilon}_{\rho}\\ \hat{\boldsymbol{V}}=\boldsymbol{V}+\boldsymbol{\varepsilon}_{V}\end{cases}\tag{9-14}$$

9.2.2.2 交会制导模型

C-W 制导是自主控制段追踪器经常采用的制导方式，本节介绍其基本原理。

C-W 制导是基于线性 C-W 方程的制导方式。将式（9-11）表示的 C-W 方程状态转移矩阵写为四个 3×3 的子矩阵形式

$$\boldsymbol{\Phi}(t-t_0)=\begin{bmatrix}\boldsymbol{\Phi}_{11} & \boldsymbol{\Phi}_{12}\\ \boldsymbol{\Phi}_{21} & \boldsymbol{\Phi}_{22}\end{bmatrix}\tag{9-15}$$

则在无摄动力和主动力的情况下式（9-9）可写为

$$\begin{bmatrix}\boldsymbol{R}_f\\ \boldsymbol{V}_f\end{bmatrix}=\begin{bmatrix}\boldsymbol{\Phi}_{11} & \boldsymbol{\Phi}_{12}\\ \boldsymbol{\Phi}_{21} & \boldsymbol{\Phi}_{22}\end{bmatrix}\begin{bmatrix}\boldsymbol{R}_0\\ \boldsymbol{V}_0\end{bmatrix}\tag{9-16}$$

双脉冲交会时，给定起始时刻 t_0，交会时刻 t，起始条件 $\boldsymbol{R}_0=(x_0\quad y_0\quad z_0)^{\mathrm{T}}$、$\boldsymbol{V}_0=(\dot{x}_0\quad \dot{y}_0\quad \dot{z}_0)^{\mathrm{T}}$，以及交会终端条件 $\boldsymbol{R}_f=(x_f\quad y_f\quad z_f)^{\mathrm{T}}$、$\boldsymbol{V}_f=(\dot{x}_f\quad \dot{y}_f\quad \dot{z}_f)^{\mathrm{T}}$，则交会起始速度增量 $\Delta\boldsymbol{V}_1$ 和终端速度增量 $\Delta\boldsymbol{V}_2$ 应满足下列条件

$$\begin{cases}\boldsymbol{R}_f=\boldsymbol{\Phi}_{11}\boldsymbol{R}_0+\boldsymbol{\Phi}_{12}(\boldsymbol{V}_0+\Delta\boldsymbol{V}_1)\\ \boldsymbol{V}_f=\boldsymbol{\Phi}_{21}\boldsymbol{R}_0+\boldsymbol{\Phi}_{22}(\boldsymbol{V}_0+\Delta\boldsymbol{V}_1)+\Delta\boldsymbol{V}_2\end{cases}\tag{9-17}$$

于是得到交会时的两次速度矢量增量为

$$\begin{aligned}\Delta\boldsymbol{V}_1&=\boldsymbol{\Phi}_{12}^{-1}(\boldsymbol{R}_f-\boldsymbol{\Phi}_{11}\boldsymbol{R}_0)-\boldsymbol{V}_0\\ \Delta\boldsymbol{V}_2&=\boldsymbol{V}_f-[\boldsymbol{\Phi}_{21}\boldsymbol{R}_0+\boldsymbol{\Phi}_{22}(\boldsymbol{V}_0+\Delta\boldsymbol{V}_1)]\end{aligned}\tag{9-18}$$

将式（9-18）写成矩阵形式为

$$\begin{bmatrix}\boldsymbol{V}_0+\Delta\boldsymbol{V}_1\\ \boldsymbol{V}_f-\Delta\boldsymbol{V}_2\end{bmatrix}=\begin{bmatrix}\boldsymbol{G}_{11} & \boldsymbol{G}_{12}\\ \boldsymbol{G}_{21} & \boldsymbol{G}_{22}\end{bmatrix}\begin{bmatrix}\boldsymbol{R}_0\\ \boldsymbol{R}_f\end{bmatrix}\tag{9-19}$$

式中

$$\boldsymbol{G}_{11}=-\boldsymbol{\Phi}_{12}^{-1}\boldsymbol{\Phi}_{11}\qquad \boldsymbol{G}_{12}=\boldsymbol{\Phi}_{12}^{-1}$$

$$\boldsymbol{G}_{21}=\boldsymbol{\Phi}_{21}-\boldsymbol{\Phi}_{22}\boldsymbol{\Phi}_{12}^{-1}\boldsymbol{\Phi}_{11}\qquad \boldsymbol{G}_{22}=\boldsymbol{\Phi}_{22}\boldsymbol{\Phi}_{12}^{-1}$$

从上面各式可以看出，交会特征速度（$V_{ch}=|\Delta\boldsymbol{V}_1|+|\Delta\boldsymbol{V}_2|$）与交会起始条件和预定的交会时间间隔（$t-t_0$）密切相关。在给定初始状态条件下，可选择最优交会时间间隔，使特征速度最小。C-W 制导方式适用于交会距离较近的情况，计算时只需要知道目标航天器的轨道角速度。

9.2.2.3　执行机构模型

交会对接接近段追踪器通常采用三个方向独立的发动机进行控制，此时三个方向的执行误差可以看做独立随机变量。假设制导计算得到的交会速度增量为 ΔV ，执行误差 ε 为符合 Gauss 分布的随机误差，则实际执行后的速度增量为

$$\begin{cases}\Delta \overline{V}_x = \Delta V_x + \varepsilon_{\Delta x} \\ \Delta \overline{V}_y = \Delta V_y + \varepsilon_{\Delta y} \\ \Delta \overline{V}_z = \Delta V_z + \varepsilon_{\Delta z}\end{cases} \tag{9-20}$$

9.3　交会对接接近段仿真实现

9.3.1　总体架构设计

采用面向对象思想，将交会对接接近段仿真抽象为 CSpacecraft、CChCtrl 和 CRendezvous 三个类，如图 9-5 所示。

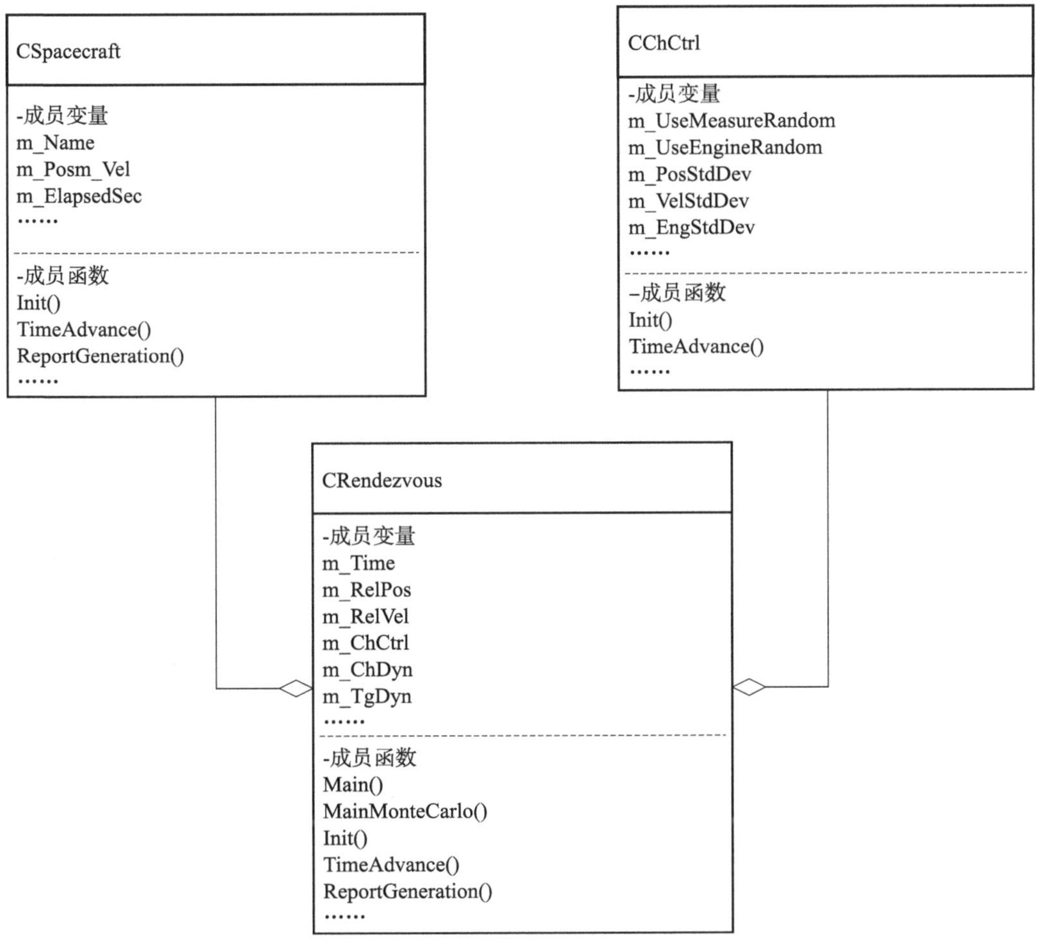

图 9-5　交会对接接近段仿真类图

航天器动力学类 CSpacecraft 实现航天器动力学功能，由于追踪器和目标器动力学模型相同，因此将追踪器和目标器抽象为一个统一的类。

追踪器制导控制类 CChCtrl 实现追踪器控制功能，包含测量偏差、执行偏差均在此类考虑。

仿真总控类 CRendezvous 实现交会对接仿真总体控制功能，该类与 CSpacecraft、CChCtrl 为聚合关系，将航天器动力学类 CSpacecraft 实例化为追踪器动力学和目标器动力学两个成员变量，将追踪器控制类 CChCtrl 实例化为追踪器控制成员变量，对交会对接进行仿真。

仿真中，仿真人员通过 CRendezvous 类进行仿真过程控制，向 CRendezvous 发送仿真开始消息，CRendezvous 依次调用 CSpacecraft、CChCtrl 的初始化函数完成初始化，循环调用 CSpacecraft、CChCtrl 的推进函数完成推进，最后调用 CSpacecraft、CChCtrl 的报告生成输出仿真结果报告。整个过程如图 9－6 所示。

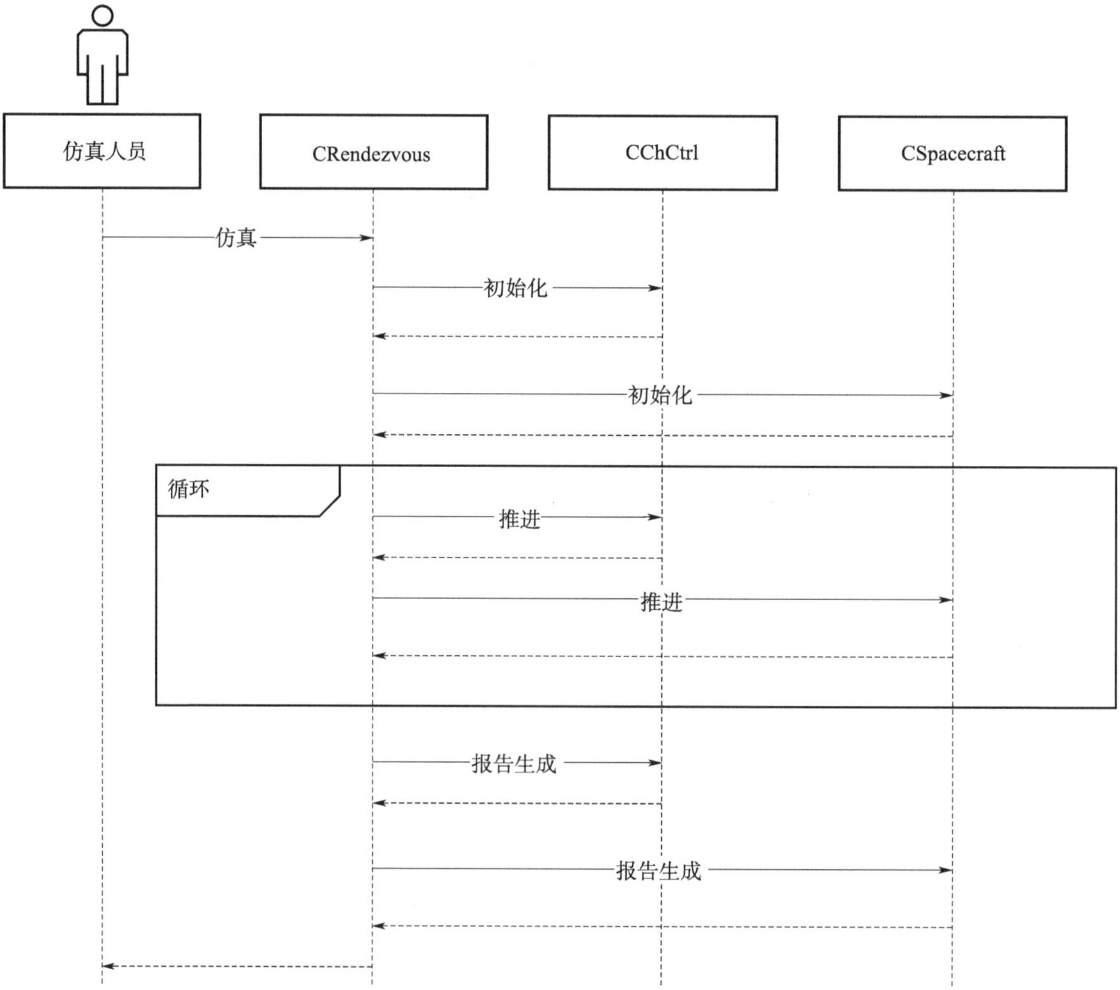

图 9－6　交会对接接近段仿真序列图

9.3.2 航天器动力学仿真实现

9.3.2.1 主要成员函数和成员变量

航天器动力学功能由 CSpacecraft 类实现，它包含的主要成员函数和成员变量见表 9－1 和 9－2。

表 9－1　CSpacecraft 类主要成员函数

成员函数	功能
Init()	对时间、状态变量等进行初始化
TimeAdvance()	用于推进时间，计算下一步状态变量
ReportGeneration()	用于仿真结束进行统计分析、保存结果数据等

表 9－2　CSpacecraft 类主要成员变量

成员变量	功能
m_Name	航天器名称
m_Pos	航天器位置
m_Vel	航天器速度
m_ElapsedSec	累计时间
m_HistoryData	保存仿真历史数据

```
class CSpacecraft
{
public:
    CSpacecraft();
    virtual ~CSpacecraft();

    //
    //属性操作函数
    //
    inline void     SetName (const std::string& name);    // 设置飞行器名称
    inline void     SetPos (const CCoord& pos);           // 设置飞行器位置
    inline void     SetVel (const CCoord& vel);           // 设置飞行器速度
    inline void     SetElapsedSec (double sec);           // 设置累计时间
    inline const std::string&     GetName() const;        // 得到飞行器名称
    inline const CCoord&          GetPos() const;         // 得到飞行器位置
    inline const CCoord&          GetVel() const;         // 得到飞行器速度
    inline double                 GetElapsedSec() const;// 得到累计时间
```

```
    void Init();                                      // 仿真初始化
    void TimeAdvance(double step, int burnCoordSys,
         const CCoord& burnValue);                    // 时间推进
    void ReportGeneration();                          // 结果报告生成

private:
    void UpdateBuffer();
public:
    std::string      m_Name;          // 飞行器名称
    CCoord           m_Pos;           // 飞行器位置,地心惯性坐标系表示
    CCoord           m_Vel;           // 飞行器速度,地心惯性坐标系表示
    double           m_ElapsedSec;    // 累计时间(s)

public:
    struct CHistoryData
    {
        std::vector<double>     m_ElapsedSec;       // 仿真总共消耗时间[s]
        std::vector<CCoord>     m_Pos;              // 位置状态 [m]
        std::vector<CCoord>     m_Vel;              // 速度状态[m/s]
    };
    CHistoryData m_HistoryData;          // 历史数据

protected:
    COrbit        m_Orbit;               // 轨道积分类
};
```

9.3.2.2　*初始化函数*

初始化函数 Initialization()实现时间、状态变量的初始化，同时清空结果数据缓存。

```
void CSpacecraft::Init()
{
      //变量赋初值
      m_ElapsedSec    = 0.0;

      //清空历史数据
      m_HistoryData.m_ElapsedSec.resize(0);
      m_HistoryData.m_Pos.resize(0);
      m_HistoryData.m_Vel.resize(0);
}
```

9.3.2.3　时间推进函数

时间推进函数 TimeAdvance()实现航天器三自由度模型的仿真推进，它调用了轨道外推类 COrbit 进行轨道计算，计算完成后调用 UpdateBuffer()函数将位置、速度等数据放入缓存，等待仿真完成后统一保存。

```
void CSpacecraft::TimeAdvance(double step, int burnCoordSys, const CCoord&
burnValue)
{
    CCoord    burnValueInertial, burnValueBody, momentVCF, sunPos;
    CMatrix<double> mtx;

    //速度增量
    switch (burnCoordSys)
    {
    case 0:
        m_Vel += burnValue;
        break;
    case 1:
        AsVVLHToICSMtx(m_Pos, m_Vel, mtx);
        m_Vel += burnValue.RotateTo(mtx);
        break;
    }

    //轨道计算
    m_Orbit.OrbitStep(step, m_Pos, m_Vel);

    //递推时间
    m_ElapsedSec += step;

    UpdateBuffer();
}
```

9.3.2.4　报告生成函数

报告生成函数 ReportGeneration()将结果数据保存为以飞行器名称 m_Name 命名的文本文件。

```
void CSpacecraft::ReportGeneration()
{
    ofstream oss(".\\Output\\" + m_Name + ".txt");
    int n = m_HistoryData.m_ElapsedSec.size();
    for (int i = 0; i<n; i++)
    {
        oss <<m_HistoryData.m_ElapsedSec[i]<<""
            <<m_HistoryData.m_Pos[i][0]<<""
            <<m_HistoryData.m_Pos[i][1]<<""
            <<m_HistoryData.m_Pos[i][2]<<""
            <<m_HistoryData.m_Vel[i][0]<<""
            <<m_HistoryData.m_Vel[i][1]<<""
            <<m_HistoryData.m_Vel[i][2]<<endl;
    }
    oss.close();
}
```

9.3.3 追踪器制导控制仿真实现

9.3.3.1 主要成员函数和成员变量

航天器制导控制功能由 CChCtrl 类实现，它包含的主要成员函数和成员变量见表 9－3 和表 9－4。

表 9－3 CChCtrl 类主要成员函数

成员函数	功能
Init()	对时间、状态变量等进行初始化
TimeAdvance()	用于推进时间，计算下一步状态变量

表 9－4 CChCtrl 类主要成员变量

成员函数	功能
m_UseMeasureRandom	是否考虑测量误差
m_UseEngineRandom	是否考虑执行误差
m_PosStdDev	位置测量标准差
m_VelStdDev	速度测量标准差
m_EngStdDev	执行误差标准差

```
class CChCtrl
{
public:
    CChCtrl();
    virtual ~CChCtrl();

    void   Init();
    void   TimeAdvance(double step, const CCoord& chPos, const CCoord& chVel,
           const CCoord& tgPos, const CCoord& tgVel, double flyTimeApproach,
           const CCoord& endPos, bool& isEnd, CCoord& impulse);

private:
    void   GuidanceImpulse1(
           const CCoord& chPos, const CCoord& chVel,
           const CCoord& tgPos, const CCoord& tgVel, const CCoord& endRelPos,
           double flyTime, CCoord& impulse);
    void   GuidanceImpulse2(const CCoord& chPos, const CCoord& chVel,
           const CCoord& tgPos, const CCoord& tgVel,
           const CCoord& endRelVel, CCoord& impulse);

    void   Measure(const CCoord& chPos, const CCoord& chVel,
           const CCoord& tgPos, const CCoord& tgVel,
           CCoord& relPos, CCoord& relVel);
    void   Engine(CCoord& impulse);

public:
    //测量误差
    int      m_UseMeasureRandom;     // 是否考虑测量误差:0 = 无随机;1 = 随机
    int      m_UseEngineRandom;      // 是否考虑执行误差:0 = 无随机;1 = 随机
    double   m_PosStdDev;            // 位置测量标准差
    double   m_VelStdDev;            // 速度测量标准差
    double   m_EngStdDev;            // 执行误差标准差

private:
    double   m_FlyTime;              // 从施加第一次冲量开始的飞行时间
    int      m_PulseNum;             // 冲量次数
    CRandom  m_RandomPos[3];         // 位置随机数
    CRandom  m_RandomVel[3];         // 速度随机数
    CRandom  m_RandomEng[3];         // 执行机构随机数
};
```

9.3.3.2 初始化函数

初始化函数 Initialization()实现控制系统初始化，同时初始化随机数类 CRandom。随机数种子采用 AsRandomSeed()函数生成，保证了多次仿真随机数种子不同。

```
void CChCtrl::Init()
{
    m_FlyTime   = 0;
    m_PulseNum = 0;

    //随机数初始化
    int seed  =  AsRandomSeed();
    for (int i = 0; i<3; i++)
    {
        m_RandomPos[i].Init(seed - i * 3 - 1);
        m_RandomVel[i].Init(seed - i * 3 - 2);
        m_RandomEng[i].Init(seed - i * 3 - 3);
    }
}
```

9.3.3.3 时间推进函数

时间推进函数 TimeAdvance()实现追踪器测量、制导、执行计算。

```
void CChCtrl::TimeAdvance(double step,
            const CCoord& chPos, const CCoord& chVel,
            const CCoord& tgPos, const CCoord& tgVel,
            double flyTimeApproach, const CCoord& endPos,
            bool& isEnd, CCoord& impulse)
{
    isEnd  =  false;
    impulse.SetDataAll(0);

    //至终端
    if (m_PulseNum == 0)
    {
        m_PulseNum  =  1;
        m_FlyTime    =  0;
        GuidanceImpulse1(chPos, chVel, tgPos, tgVel, endPos, flyTimeApproach,
        impulse);
    }
```

```
    //终端冲量
    else if (m_PulseNum = = 1 && m_FlyTime> = flyTimeApproach)
    {
          m_PulseNum  =  2;
          m_FlyTime   =  0;
          GuidanceImpulse2(chPos, chVel, tgPos, tgVel, CCoord(0,0,0), impulse);
    }
    else if (m_PulseNum = = 2)
    {
          isEnd  =  true;
    }

    //脉冲施加后时间累积
    m_FlyTime  + =  step;
}
```

9.3.4 仿真总控仿真实现

9.3.4.1 主要成员函数和成员变量

航天器总控功能由 CRendezvous 类实现，它包含的主要成员函数和成员变量见表 9－5 和表 9－6。

表 9－5　CRendezvous 类主要成员函数

成员函数	功能
Main()	标称仿真主函数
MainMonteCarlo()	蒙特卡洛仿真主函数
Init()	对时间、状态变量等进行初始化
TimeAdvance()	用于推进时间，计算下一步状态变量
ReportGeneration()	用于仿真结束进行统计分析、保存结果数据等

表 9－6　CRendezvous 类主要成员变量

成员函数	功能
m_Time	仿真时间
m_ChCtrl	追踪器控制
m_ChDyn	追踪器动力学
m_TgDyn	目标器动力学
m_HistoryData	保存仿真历史数据

```
class CRendezvous
{
public:
    void Main();                         // 仿真主程序
    void MainMonteCarlo();               // MonteCarlo 仿真主程序

private:
    void Initialization();               // 初始化
    bool TimeAdvance(double step);       // 时间推进
    void ReportGeneration();             // 结果报告生成

public:
    double        m_Time;               // 仿真时间
    CCoord        m_RelPos;             // 相对速度
    CCoord        m_RelVel;             // 相对速度

public:
    //保存仿真中间数据
    struct CHistoryData
    {
      std::vector<double> m_TimeList;     // 仿真总共消耗时间[s]
      std::vector<CCoord> m_RelPosList;   // 相对位置状态[m]
      std::vector<CCoord> m_RelVelList;   // 相对速度状态[m/s]
    };
    CHistoryData m_HistoryData;           // 历史数据

private:
    CChCtrl         m_ChCtrl;             // 追踪器控制
    CSpacecraft     m_ChDyn;              // 追踪器动力学
    CSpacecraft     m_TgDyn;              // 目标器动力学
};
```

9.3.4.2　标称仿真主函数

标称仿真主函数 Main()主要实现对初始化、时间推进和报告生成函数的调用。

```
void CRendezvous::Main()
{
      bool isEnd = false;

      //步长
      double step  =  0.2;

      //初始化
      Initialization();

      //循环到仿真结束
      while (! isEnd)
      {
        isEnd  =  TimeAdvance(step);
        m_Time  + =  step;
      }

      //结果报告生成
      ReportGeneration();
}
```

9.3.4.3　蒙特卡洛仿真主函数

蒙特卡洛仿真主函数 MainMonteCarlo()主要实现对偏差设定和多次仿真，多次仿真终端相对位置速度保存到文件 MonteCarlo.txt。

```
void CRendezvous::MainMonteCarlo()
{
    ofstream oss(".\\Output\\MonteCarlo.txt");
    for (int i = 0; i<500; i + + )
    {
        bool isEnd = false;

        //步长
        double step  =  0.2;

        //初始化
        Initialization();
```

```
        //偏差仿真
        m_ChCtrl.m_UseMeasureRandom = 1;
        m_ChCtrl.m_UseEngineRandom = 1;

        //循环到仿真结束
        while (! isEnd)
        {
          isEnd = TimeAdvance(step);
          m_Time + = step;
        }

        //结果报告生成
        ReportGeneration();

        oss <<m_HistoryData.m_RelPosList.back()[0]<<""
          <<m_HistoryData.m_RelPosList.back()[1]<<""
          <<m_HistoryData.m_RelPosList.back()[2]<<endl;
        cout<<"第"<<i<<"次仿真结束"<<endl;
    }

    oss.close();
}
```

9.3.4.4 初始化函数

初始化函数 Initialization()实现时间、追踪器、目标器的初始化，同时清空结果数据缓存。

```
void CRendezvous::Initialization()
{
    //初始化时间
    m_Time = 0;

    //初始化追踪器和目标器
    CCoord tgPos(6758137,0,0), tgVel(0, 5707.28, 5138.85);
    CCoord chPos, chVel;
    AsVVLHRelStateToState(CCoord( - 3000, 0, 0), CCoord(0, 0, 0),
        tgPos, tgVel, chPos, chVel);
```

```
    m_ChDyn.SetName("Chase");
    m_ChDyn.SetPos(chPos);
    m_ChDyn.SetVel(chVel);
    m_TgDyn.SetName("Target");
    m_TgDyn.SetPos(tgPos);
    m_TgDyn.SetVel(tgVel);

    //初始化控制误差
    m_ChCtrl.m_UseMeasureRandom = 0;
    m_ChCtrl.m_UseEngineRandom = 0;
    m_ChCtrl.m_PosStdDev = 0.1;
    m_ChCtrl.m_VelStdDev = 0.002;
    m_ChCtrl.m_EngStdDev = 0.002;

    //初始化动力学和控制
    m_TgDyn.Init();
    m_ChDyn.Init();
    m_ChCtrl.Init();

    //清空缓存
    m_HistoryData.m_TimeList.resize(0);
    m_HistoryData.m_RelPosList.resize(0);
    m_HistoryData.m_RelVelList.resize(0);
}
```

9.3.4.5　时间推进函数

时间推进函数 TimeAdvance()实现交会对接的仿真推进，它调用 CSpacecraft 和 CChCtrl 类执行追踪器和目标器控制、轨道计算。

```
bool CRendezvous::TimeAdvance(double step)
{
    bool  isEnd = false;
    CCoord  impulse;

    //追踪器和目标器推进
```

```
    m_ChCtrl.TimeAdvance(step, m_ChDyn.GetPos(), m_ChDyn.GetVel(),
        m_TgDyn.GetPos(), m_TgDyn.GetVel(),
        2300, CCoord(-400, 0, 0), isEnd, impulse);
    m_ChDyn.TimeAdvance(step, 1, impulse);
    m_TgDyn.TimeAdvance(step, 0, CCoord(0, 0, 0));

    //保存中间数据
    AsStateToVVLHRelState(m_ChDyn.GetPos(), m_ChDyn.GetVel(),
        m_TgDyn.GetPos(), m_TgDyn.GetVel(),
        m_RelPos, m_RelVel);
    m_HistoryData.m_TimeList.push_back(m_Time);
    m_HistoryData.m_RelPosList.push_back(m_RelPos);
    m_HistoryData.m_RelVelList.push_back(m_RelVel);

    return isEnd;
}
```

9.3.4.6　**报告生成函数**

报告生成函数 ReportGeneration()将结果数据保存为文件 RelPosVel.txt。

```
void CRendezvous::ReportGeneration()
{
    ofstream oss(".\\Output\\RelPosVel.txt");
    int n = m_HistoryData.m_TimeList.size();
    for (int i=0; i<n; i++)
    {
        oss <<m_HistoryData.m_TimeList[i]<<""
            <<m_HistoryData.m_RelPosList[i][0]<<""
            <<m_HistoryData.m_RelPosList[i][1]<<""
            <<m_HistoryData.m_RelPosList[i][2]<<""
            <<m_HistoryData.m_RelVelList[i][0]<<""
            <<m_HistoryData.m_RelVelList[i][1]<<""
            <<m_HistoryData.m_RelVelList[i][2]<<endl;
    }
    oss.close();

    m_ChDyn.ReportGeneration();
    m_TgDyn.ReportGeneration();
}
```

9.4　交会对接接近段仿真试验

9.4.1　标称仿真

设所有输入参数采用标称设计的初始值，进行确定性分析。

选择追踪器从后方靠近的典型接近段过程，初始时刻 $t_0=0$ s，终点时刻 $t_f=2\ 300$ s，目标器在 t_0 时刻的六个轨道根数为 $a_0=6\ 758\ 137$ m，$e_0=0$，$i_0=42°$，$\Omega_0=0°$，$\omega_0=0°$，$f_0=0°$。

追踪器从目标器后方 3 000 m 处接近至后方 400 m 处，追踪器 t_0 时刻相对状态为

$$[-3\ 000\ \text{m}\quad 0\ \text{m}\quad 0\ \text{m}\quad 0\ \text{m/s}\quad 0\ \text{m/s}\quad 0\ \text{m/s}]^{\mathrm{T}}$$

追踪器 t_f 时刻相对状态为

$$[-400\ \text{m}\quad 0\ \text{m}\quad 0\ \text{m}\quad 0\ \text{m/s}\quad 0\ \text{m/s}\quad 0\ \text{m/s}]^{\mathrm{T}}$$

采用 C－W 双脉冲制导算法进行制导计算，将两个变轨时刻设为 $t_1=0$ s、$t_2=2\ 300$ s 进行标称仿真，结果见表 9－7 和表 9－8。

表 9－7　标称仿真 C－W 制导计算结果

变轨时刻	Δv_x /(m/s)	Δv_y /(m/s)	Δv_z /(m/s)	脉冲总量 Δv /(m/s)
$t_1=0$ s	0.135 8	0	1.004 8	2.273 2
$t_2=2\ 300$ s	−0.126 5	0	1.006 1	

表 9－8　标称仿真终端相对位置

参数	位置/m	位置偏差/m
终端相对位置 x	−408.735	−8.735
终端相对位置 y	0	0
终端相对位置 z	−4.7117	−4.7117

利用 graph.m 对结果数据进行绘图，相对位置和相对速度随时间变化曲线如图 9－7 所示，面内相对轨迹如图 9－8 所示。

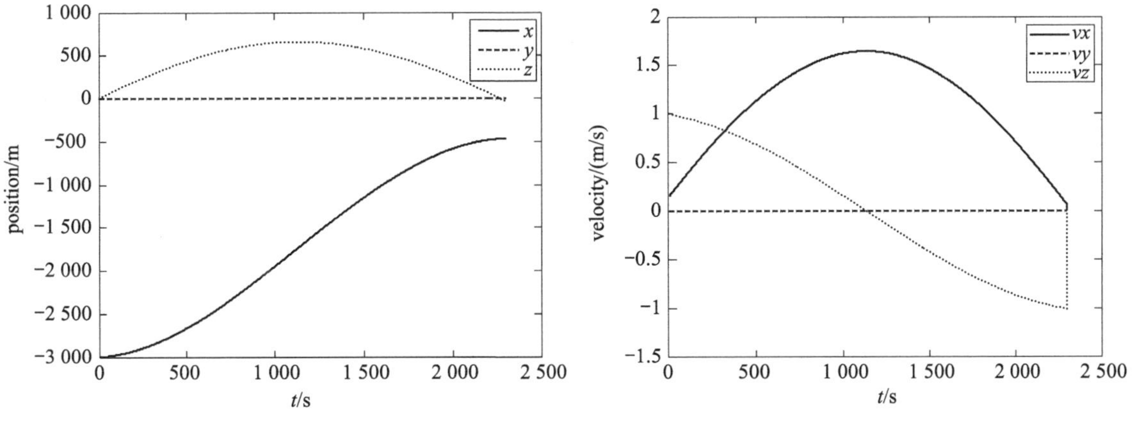

图 9－7　相对位置和相对速度随时间变化曲线

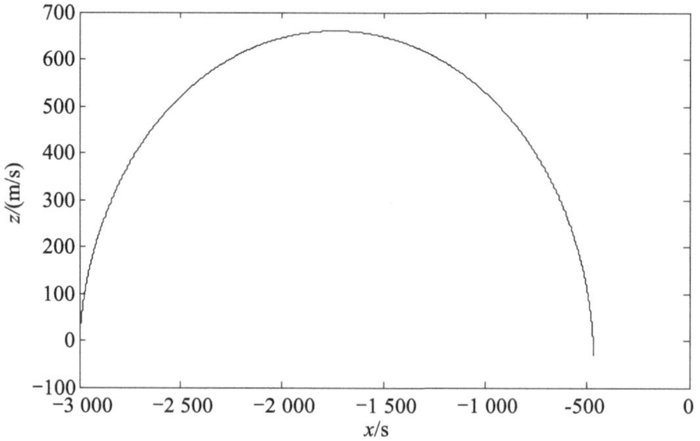

图 9-8　轨道面内相对轨迹图

从上面结果可以看出，终端相对位置存在约 8 m 偏差，这是由于 C-W 制导是在线性化假设下的简化模型，因此存在制导偏差。如果要减小终端位置误差，可以增加修正脉冲或者采用其他更精确的制导方法。

9.4.2　蒙特卡洛仿真

在实际交会对接过程中，存在测量偏差、执行偏差等随机因素，需要考察在这些随机因素作用下接近段终端位置是否能够满足下一阶段的控制要求。

取测量偏差和执行偏差见表 9-9。

表 9-9　测量偏差和执行偏差

参数	均值	标准差
位置测量误差/m	0	0.1
速度测量误差/(m/s)	0	0.002
执行误差/(m/s^2)	0	0.002

进行 500 次蒙特卡洛仿真，利用 graph. m 对结果数据进行绘图，得到终端相对位置均值和标准差见表 9-10，终端相对位置散布如图 9-9 所示，终端相对位置直方图如图 9-10 所示。

表 9-10　终端相对位置统计结果

参数	均值/m	标准差/m	最大值/m	最小值/m
终端相对位置 x	−408.076 2	11.287 1	−373.176 0	−443.808 0
终端相对位置 y	0.011 8	0.885 9	2.932 3	−3.058 1
终端相对位置 z	−4.221 7	6.055 8	17.297 0	−22.749 3

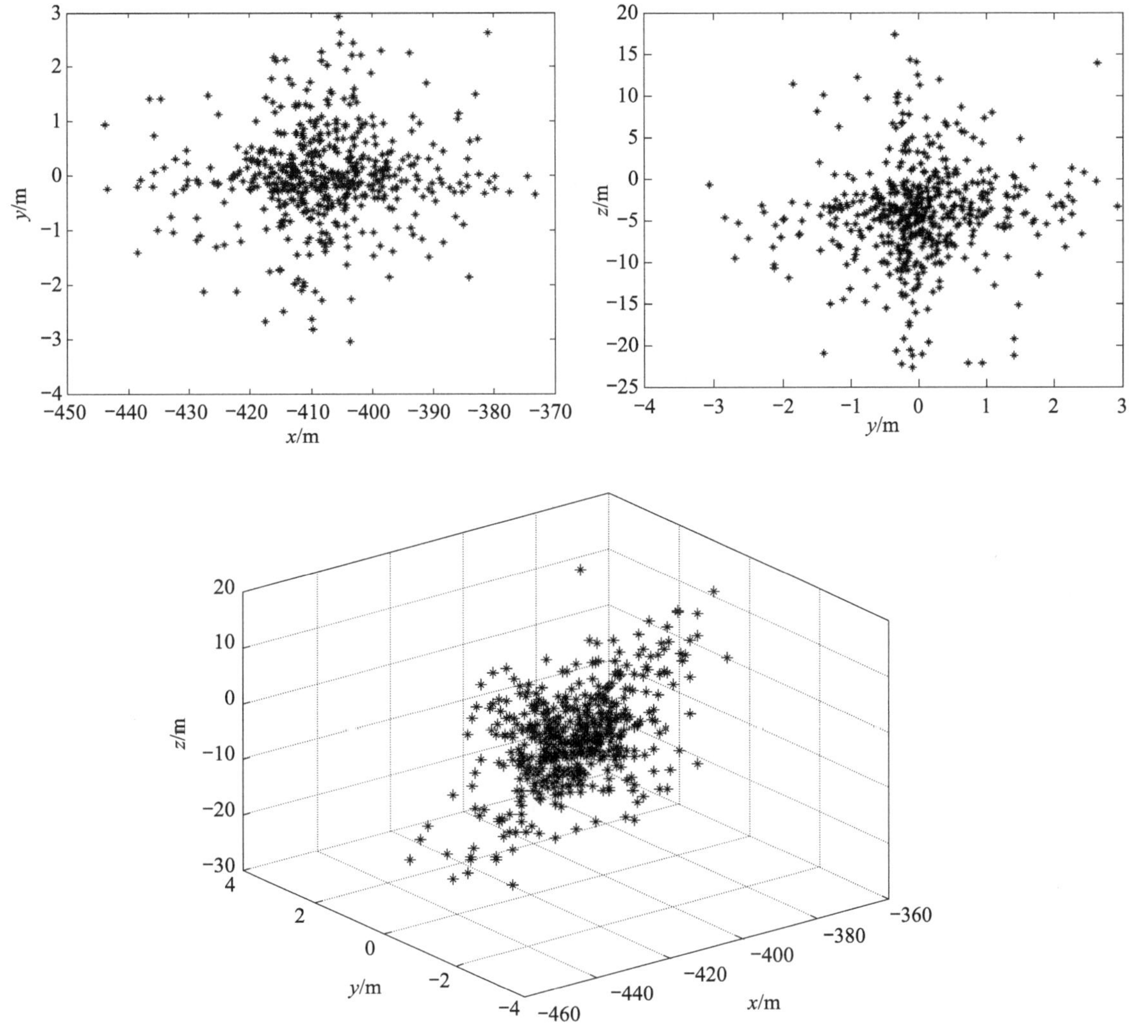

图 9-9　终端相对位置散布图

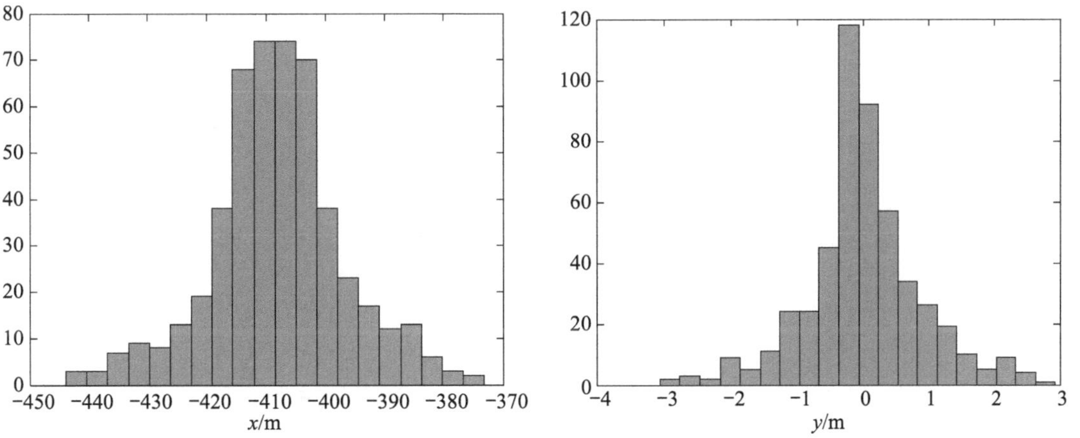

图 9-10　终端相对位置直方图

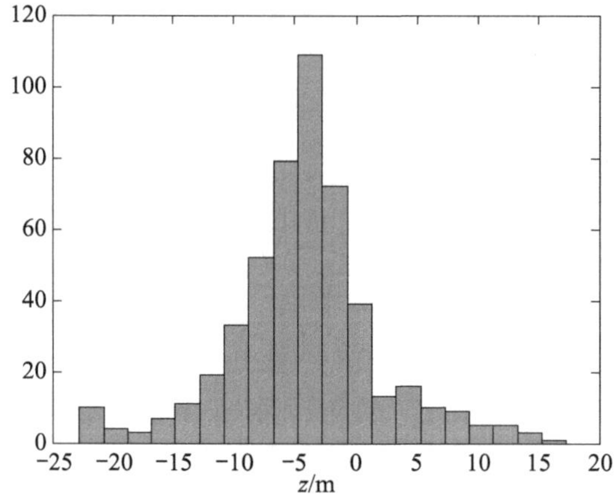

图 9 - 10　终端相对位置直方图（续）

从表 9 - 10 中可以看出，随机仿真的终端相对位置均值与标称仿真接近，但由于考虑了随机因素，因此终端相对位置存在偏差。其中，x 方向（迹向）偏差最大，标准差达到约 11 m；z 方向（负径向）偏差次之，标准差约 6 m；y 方向（负法向）偏差最小，标准差小于 1 m。

从图 9 - 9 和图 9 - 10 可以看出，终端位置与 Gauss 分布类似，在均值附近散布较多，离均值越远散布越少。

参 考 文 献

[1] Clohessy W H，Witshire R S. Terminal guidance system for satellite rendezvous [J]. Journal of the Aerospace Science，1960，27 (9)：653 - 658，67.

[2] Fehse W. Automated Rendezvous and Docking of Spacecraft [M]. London：Cambridge University Press. 2003.

[3] 唐国金，罗亚中，张进．空间交会对接任务规划 [M]. 北京：科学出版社，2008.

[4] 王华，李海阳，周晚萌．载人航天系统建模与仿真 [M]. 北京：中国宇航出版社，2019.

[5] 张进．空间交会任务解析摄动分析与混合整数多目标规划方法 [D]. 长沙：国防科技大学，2013.

[6] 周晚萌．空间交会离散逆仿真系统建模与操作性能评价 [D]. 长沙：国防科技大学，2015.

[7] 朱仁璋，汤溢，尹燕．空间交会最终平移轨迹安全模式设计 [J]. 宇航学报，2004，25 (7)：443 - 448.

附录 A　思考题

A.1　第 1 章

A.1.1　仿真三要素是什么？

A.1.2　系统仿真分类有哪些，试举例说明你遇到的仿真属于哪种类型？

A.1.3　举例说明仿真步骤。

A.1.4　航天仿真分为哪几个层次？

A.1.5　举出几个你所遇到的仿真实例。

A.2　第 2 章

A.2.1　系统数学模型都有哪些类型？

A.2.2　试举例说明你遇到的时间系统和事件类型。

A.2.3　试编写不同时间系统、不同时间类型转换代码。

A.2.4　试举例说明你遇到的坐标系统和坐标类型。

A.2.5　试编写不同坐标系统、不同坐标类型转换代码。

A.3　第 3 章

A.3.1　针对你熟悉的航天器仿真场景，讨论是否有新的运动参数描述方法。

A.3.2　试开发位置速度与轨道根数的转换程序，并与 STK、ATK 等软件进行对比。

A.3.3　航天器质心动力学方程可建立在不同惯性系中，试比较在地心惯性系和发射惯性系中实现火箭动力学方程各有何优缺点。

A.3.4　针对你熟悉的航天器仿真场景，建立质心动力学和姿态动力学等模型。

A.3.5　针对你熟悉的航天器仿真任务，讨论还需要增加什么模型。

A.4　第 4 章

A.4.1　设一微分方程为

$$\dot{y} + y^2 = 0$$

初始条件为 $y(0)=1$。试编写一个程序用欧拉法求其数值解。

A. 4. 2　考虑如下一阶系统

$$\dot{y}+10y=0$$

初始条件为 $y(0)=1$，其解析解为 $y(t)=\mathrm{e}^{-10t}$ 。用欧拉法求解数值解，分析其稳定区域，分别计算当步长 h 在稳定区内、在稳定区外、在稳定区边缘时数值解的变化情况。

A. 4. 3　兰彻斯特方程是作战仿真最著名的模型，设红、蓝双方在初始时刻兵力为 $x(0)=x_0$、$y(0)=y_0$，单位时间内蓝（红）方每一战斗单位毁伤红（蓝）方战斗单位的数量为 $\alpha(\beta)$，称为损耗系数，则兰彻斯特平方律方程为

$$\begin{cases}\dfrac{\mathrm{d}x}{\mathrm{d}t}=-\alpha y\\ \dfrac{\mathrm{d}y}{\mathrm{d}t}=-\beta x\end{cases}$$

试编程求解兰彻斯特方程。

A. 4. 4　航天仿真中除数值积分方法之外，还经常使用插值、排序、线性方程组求解、非线性方程组求解等算法，试编程实现其中几个算法。

A. 4. 5　离散事件仿真有几种策略，比较它们的特点。

A. 5　第 5 章

A. 5. 1　仿真工具选择应该考虑哪些因素？

A. 5. 2　从本书的基于 AstroLib 和基于 Matlab/Simulink 两种仿真来看，两者的仿真建模、系统实现、仿真试验、结果分析等过程有何差异，分析两者的优缺点。

A. 5. 3　下载本书附带的航天器六自由度仿真实例，修改初始条件、力、力矩等参数，运行仿真，查看结果。

A. 5. 4　基于 AstroLib 或基于 Matlab/Simulink 实现一个你熟悉的航天器相关模型，执行仿真，比较两者运行结果和运行时间的差异。

A. 5. 5　从本章选择合适的仿真软件工具，或选择你熟悉的航天器相关专业软件，获取并安装，进行仿真实例应用。

A. 6　第 6 章

A. 6. 1　运行 6. 1. 5 节中例子的代码，观察随着仿真次数增加仿真结果的变化。

A. 6. 2　总结蒙特卡洛法的使用注意事项。

A. 6. 3　针对你熟悉的航天器相关模型，提取仿真试验因素和水平，进行一次正交试验设计。

A. 6. 4　开发一个随机变量生成器，该变量的概率密度函数为

$$f(x)=\begin{cases}\dfrac{1}{3} & 0\leqslant x\leqslant 2\\ \dfrac{1}{24} & 2<x\leqslant 10\\ 0 & \text{other}\end{cases}$$

A.6.5 开发一个航天器相关模型的随机变量生成器，例如指数分布、威布尔分布等。

A.7 第7章

A.7.1 自选仿真对象和仿真过程（可以是直接基于仿真对象的运动过程解析公式）产生仿真数据，基于 OpenGL 或 OSG 等可视化仿真平台，设计和开发简单的可视化仿真程序。

A.7.2 可视化仿真系统通常采用分布式仿真系统架构，其优缺点有哪些？

A.7.3 可视化建模的精细程度会影响可视化仿真的最终显示效果，确定建模的精细程度时，主要考虑哪些因素？

A.7.4 虚拟现实技术是未来高级仿真技术的发现方向，虚拟现实技术与一般的可视化仿真有什么区别与联系？

A.7.5 并行计算和分布式计算是现代仿真的基础技术之一，可视化仿真能否基于一般的云计算平台实施分布式计算、场景渲染等？

A.8 第8章

A.8.1 C++11 不支持线程优先级配置，然而，我们可以通过 std::thread::vative_handle 访问底层的 POSIX 线程。实现一个简单的程序，通过操纵相关的 POSIX 线程，允许 C++11 线程的优先级操作。

A.8.2 修改本章 OpenMP 代码，总结不同线程数对并行计算速度的影响。

A.8.3 总结比较不同并行仿真方式的优缺点。

A.8.4 总结分布式仿真优缺点，比较不同分布式仿真协议的特点。

A.8.5 在你熟悉的领域，调研半实物仿真应用，针对其中一个典型半实物仿真总结其中使用的计算机、软件、接口、物理效应设备。

A.9 第9章

A.9.1 运行本章的代码，进行交会对接标称仿真，改变初始位置、终端位置、飞行时间等参数，观察终端位置的变化。

A.9.2 运行本章的代码，进行交会对接蒙特卡洛仿真，改变测量偏差、执行偏差、仿真次数等参数，对终端位置进行统计分析，观察统计值的变化。

A. 9. 3　试对本章的交会对接制导控制模型进行改进，以改善接近段终端相对位置误差。

A. 9. 4　如果进行高精度月球交会对接仿真，讨论在仿真模型、仿真实现、仿真试验方面进行哪些改进。

A. 9. 5　选择一个你熟悉的航天器相关仿真实例，讨论如何进行仿真建模、仿真实现和仿真试验。

附录 B　Gitee 使用

B.1　Gitee 概述

B.1.1　Gitee 简介

Gitee（码云）是开源中国社区 2013 年推出的基于 Git 的代码托管服务，目前已经成为国内知名的代码托管平台，致力于为国内开发者提供优质稳定的托管服务。更多 Gitee 帮助参见帮助网站 www.gitee.com/help。

Gitee 除了提供基础的 Git 代码托管之外，还提供代码在线查看、历史版本查看、Fork、Pull Request（合并请求）、打包下载任意版本、Issue、Wiki、保护分支、代码质量检测、PaaS 项目演示等方便管理、开发、协作、共享的功能。

B.1.2　Git 版本控制

版本控制是一种记录一个或若干文件内容变化，以便将来查阅特定版本修订情况的系统。采用版本控制系统可以将某个文件回溯到之前的状态，甚至将整个项目都回退到过去某个时间点的状态。可以比较文件的变化细节，查出最后是谁修改了哪个地方，从而找出导致怪异问题出现的原因，又是谁在何时报告了某个功能缺陷等。

Git 是目前世界上采用最广泛的分布式版本控制系统。同生活中的许多伟大事件一样，Git 诞生于一个极富纷争、大举创新的年代。Linux 内核开源项目有着为数众多的参与者。绝大多数的 Linux 内核维护工作都花在了提交补丁和保存归档的繁琐事务上（1991—2002 年间）。从 2002 年起，整个项目组开始启用分布式版本控制系统 BitKeeper 来管理和维护代码。到了 2005 年，开发 BitKeeper 的公司收回了 Linux 内核开源社区免费使用 BitKeeper 的权力。这就迫使 Linux 开源社区（特别是 Linux 的缔造者 Linus Torvalds）不得不开发版本控制系统 Git。

自诞生以来，Git 日臻成熟完善，在高度易用的同时，仍然保留着初期设定的目标。它的速度飞快，极其适合管理大项目，它还有着令人难以置信的非线性分支管理系统，可以应付各种复杂的项目开发需求。

同 Git 类似的版本控制系统还有 CVS 和 SVN，但他们都是集中式版本控制系统，而 Git 是分布式版本控制系统，具有更好的稳定性和易用性。

目前，国内外最流行的基于 Git 的代码托管平台主要有 GitHub、Bitbucket、GitLab 和 Gitee。GitHub 使用人数最多，可以免费托管，包含很多开源项目，如果创建私人仓库需要付费。Bitbucket 使用人数仅次于 GitHub，有免费的私有仓库和分支持有的权限控制。Gitee 是国内最大的托管平台，国内使用时速度更快。GitLab 一般用于大企业项目，通过安装到企业内部服务器，实现项目的内部自治。

B. 2　Gitee 入门

B. 2. 1　注册账号

目前 Gitee 提供了面向个人开发者的社区版和面向企业研发团队的企业版服务，支持 Git/SVN 管理，提供代码审核、Bug 跟踪以及 Webhook 钩子回调等功能，开发者可以在 Gitee 自行创建仓库。

个人开发者可免费创建 1 000 个仓库（不限公有、私有），提供最多 5 G 的免费代码存储空间。通过访问 https：//gitee. com/，从首页右上角点击「注册」即可注册个人账号，如图 B－1 所示。

图 B－1　Gitee 注册账号界面

B. 2. 2　创建仓库

在注册完成并成功登录 Gitee 账号后，用户可以开始创建自己的第一个仓库。

1）通过网站右上角的「＋」号，选择「新建仓库」，进入新建仓库页面，如图 B－2 和图 B－3 所示。

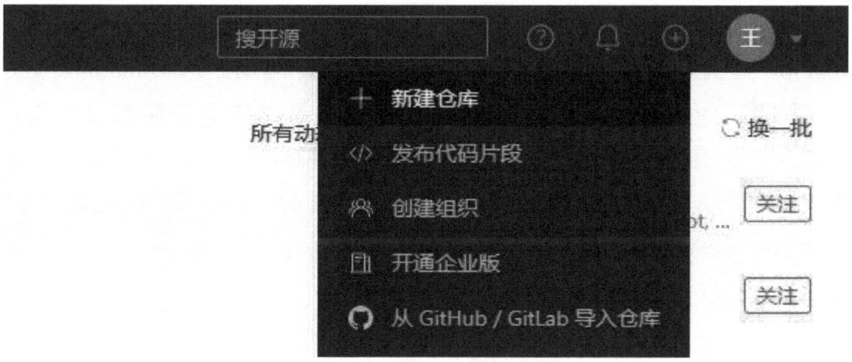

图 B－2　新建仓库操作界面

图 B-3　新建仓库设置界面

2）在新建仓库页面填写仓库信息。

仓库名称：仓库的名称，用于仓库命名。

归属：仓库归属账户，可以是个人账号/组织/企业中的一种，创建成功后该账户默认为仓库的拥有者（管理员）。

路径：仓库的 Git 访问路径，由“用户个性地址＋仓库路径名称”组成。创建仓库后用户将通过该路径访问仓库。

仓库介绍：仓库的简单介绍。

是否开源：设置仓库是否为公开仓库，公开仓库对所有人可见，私有仓库仅限仓库成员可见。Gitee 默认只能创建私有仓库，创建后经过审核才能变为开源仓库。

初始化仓库：可以选择语言，添加 .gitignore 和开源许可证。

设置模板：设置 Readme 和模板文件，Readme 文件是项目仓库自述文档，通常包含软件描述或使用注意事项。模板文件包括 Issue 或 Pull Request 文件模板。

选择分支模型：Master 分支是主干分支，锁定，仅用于发布新版本，只做代码合并和标记。Develop 分支是开发分支，非锁定，平时开发使用。Feature 是特性分支，非锁定，来源于 Develop 分支，合并到 Develop，为了开发某种特定功能而建。Release 是预发布分支，锁定，来源于 Develop，合并到 Develop 和 Master，为了新版本的发布做准备。Hotfix 是补丁分支，非锁定，来源于 Master，合并到 Develop 和 Master，为了修复生产缺陷而建。对于简单的项目而言，单分支模型（只创建 Master 分支）和生成/开发模型（支持 Master/Develop 类型分支）已经够用了。

3）点击「创建」，即可在 Gitee 上创建第一个仓库。

B.2.3　提交第一行代码

在创建完仓库之后，用户可以通过如下方式，可以向仓库提交第一行代码。

此处我们以用户账号 wanghmail 下命名为 AstroLib 的仓库为例。对应的仓库地址为：https：//gitee. com/wanghmail/AstroLib. git。

（1）方法 1：先将仓库 clone 到本地，修改后再 push 到 Gitee 的仓库

$ git clone https：//gitee. com/ wanghmail/AstroLib. git ＃将远程仓库克隆到本地。

在克隆过程中，如果仓库是一个私有仓库，将会要求用户输入 Gitee 的账号和密码。按照提示输入即可。

当然，用户也可以通过配置本地的 Git 配置信息，执行 git config 命令预先配置好相关的用户信息，配置执行如下：

$ git config -- global user. name“你的名字或昵称”

$ git config -- global user. email“你的邮箱”

在 Gitee 平台中，强烈建议您在【设置-多邮箱管理】中的“提交邮箱”与上面配置信息中的邮箱地址保持一致，这样平台就能及时地统计您在平台中提交代码的贡献了。

修改代码后，在仓库目录下执行下面命令：

$ git add . ＃将当前目录所有文件添加到 git 暂存区

$ git commit - m " my first commit" ＃提交并备注提交信息

$ git push origin master ＃将本地提交推送到远程仓库

（2）方法 2：本地初始化一个仓库，设置远程仓库地址后再做 push

和方法 1 的差别，在于先创建仓库。

$ gitinit

$ git remote add origin https：//gitee. com/ wanghmail/AstroLib. git

这样就完成了版本的一次初始化。接下去，进入你已经初始化好的或者克隆仓库的目录，然后执行：

$ git pull origin master

修改/添加文件，否则与原文件相比就没有变动。

$ git add .

$ git commit - m“第一次提交”

$ git push origin master

然后如果需要账号密码的话就输入账号密码，这样就完成了一次提交。此时，你可以在你的个人面板、仓库主页查看到你的提交记录。

在新建仓库时，如果在 Gitee 平台仓库上已经存在 readme 或其他文件，在提交时可能会存在冲突，这时用户需要选择的是保留线上的文件或者舍弃线上的文件，如果您舍弃线上的文件，则在推送时选择强制推送，强制推送需要执行下面的命令（默认不推荐该行为）：

$ git push origin master -f

如果您选择保留线上的 readme 文件，则需要先执行：

$ git pull origin master

B.2.4 Visual Studio 2015 上使用 Gitee

在 Visual Studio 上通过团队资源管理器可以管理 Gitee 上的源代码，原理如图 B-4 所示。

Git 涉及的操作主要包括：

1）拉取（Pull），将远程版本库合并到本地版本库，相当于（Fetch＋Meger）；

2）获取（Fetch），从远程版本库获得最新版本；

3）合并（Meger），将两个版本库进行合并操作；

4）提交（Commit），将所做的更改，存入本地暂存库；

5）推送（Push），将所做的更改，存入远程版本库；

6）同步（Pull＋Push），先将远程库拉取，再将本地库推送到远程库，相当于（Pull＋Push）；

7）变基到（Switch），切换分支（双击即可切换）。

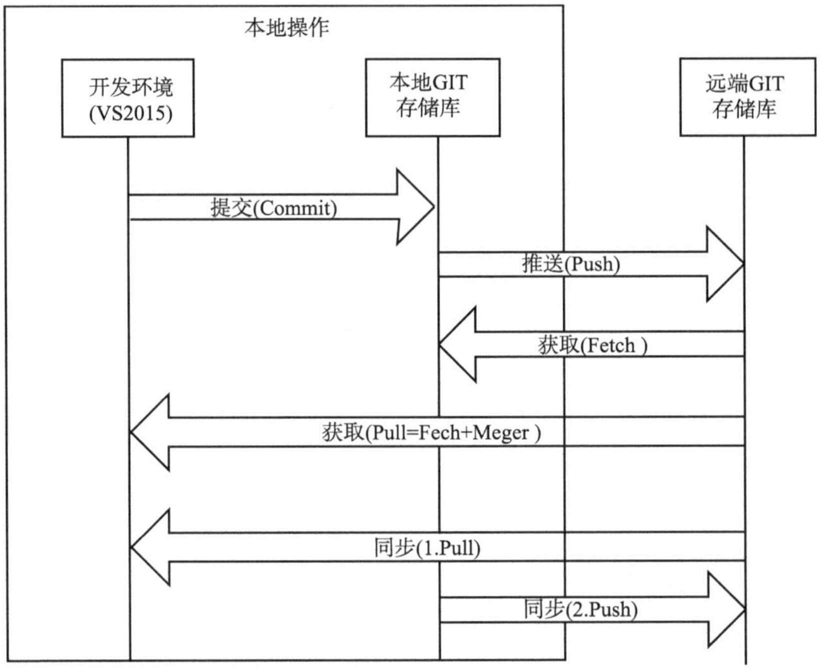

图 B-4　Visual Studio 2015 操作 Git 原理图

（1）新建 Git 本地存储库

打开团队资源管理器窗口，单击「克隆」，打开如图 B-5 所示界面，输入 Gitee 项目的 HTTPS 的 URL 链接地址，以及本地 Git 存储库的路径。单击「克隆」按钮就可以将

Gitee 上的代码克隆到本地 Git 存储库。

图 B-5　新建 Gitee 本地存储库

(2) 打开 Git 本地存储库解决方案并编辑

双击 Git 库，就可以打开解决方案，如图 B-6 所示中的 AstroLib 解决方案。打开解决方案后，就可以在本地编辑打开的解决方案中的代码。

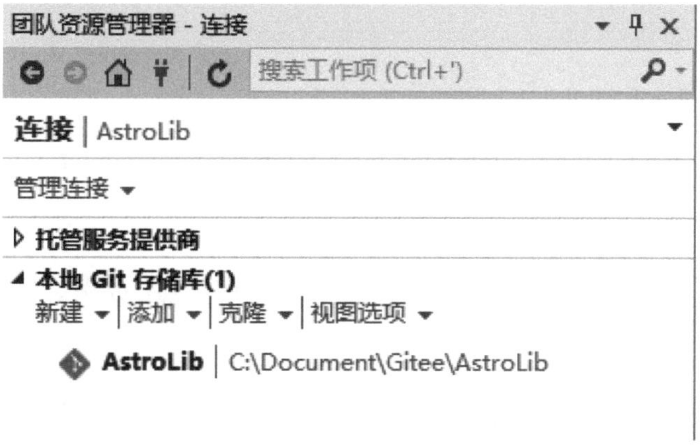

图 B-6　打开本地 Git 存储库

(3) 版本控制管理

在团队资源管理器界面上可以进行代码的版本控制管理操作，如图 B-7 所示。

1) 更改。负责文件的修改、添加、忽略文件、删除文件提交到本地服务器。

2) 分支。负责合并分支、切换分支，主要是合并、重定基本值、查看分支修改等。

3) 同步。远程 Git 存储库与本地 Git 存储库操作，主要是推送、同步、拉取、获取。

图 B-7 团队资源管理器的版本控制操作

4）设置。设置用户名、密码、远程地址、比较工具与合并工具等。

B.3 Fork+Pull 模式代码协作

参与 Gitee 中的仓库开发，最常用和推荐的首选方式是“Fork + Pull”模式。在“Fork+Pull”模式下，仓库参与者不必向仓库创建者申请提交权限，而是在自己的托管空间下建立仓库的派生（Fork）。至于在派生仓库中创建的提交，可以非常方便地利用 Gitee 的 Pull Request 工具向原始仓库的维护者发送 Pull Request。

B.3.1 Fork 仓库

Fork 仓库时非常简单的，进到仓库页面，然后找到右上角的 Fork 按钮，点击后选择 Fork 到的命名空间，再点击确认，等待系统在后台完成仓库克隆操作，就完成了 Fork 操作，如图 B-8 所示。

图 B-8 Fork 仓库界面

B. 3. 2　提交 Pull Request

Fork 仓库后，可以利用 Gitee 的在线编辑工具编辑代码，或者利用 Visual Studio 2015 在本地编辑代码，并同步到 Gitee 上派生的仓库，然后向原始仓库 Pull Request。

Pull Request 时，您的仓库与目标仓库必须存在差异，这样才能提交，如图 B－9 所示。

图 B－9　Pull Request 界面

如果不存在差异，或者目标分支比你提 Pull Request 的分支还要新，则会得到如图 B－10 所示的提示。

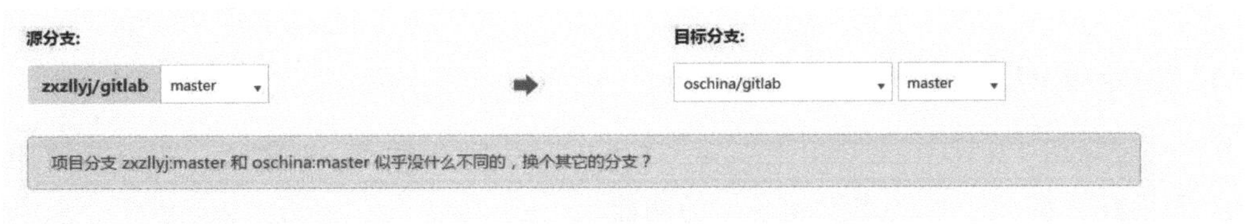

图 B－10　Pull Request 错误提示

然后，填入 Pull Request 的说明，点击提交 Pull Request，就可以提交一个 Pull Request 了，结果如图 B－11 所示。

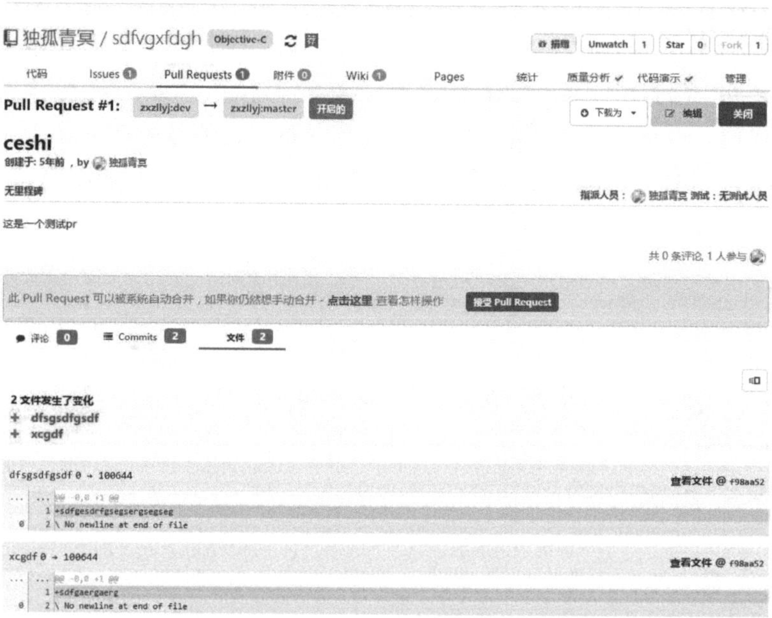

图 B－11　Pull Request 成功界面

B. 3. 3　Pull Request 不能自动合并处理

在提交完 Pull Request 的后，在这个 Pull Request 处理期间，由原本能自动合并变成不能自动合并，这是非常正常的事情。这时，我们有两种选择，一种是继续合并到目标，然后手动处理冲突部分；另一种则是先处理冲突，使得该 Pull Request 处于可以自动合并状态，然后采用自动合并。通常推荐第二种处理方式，具体操作如下。

先在本地切换到提交 Pull Request 的分支，然后拉取目标分支到本地，这时，会发生冲突，将冲突处理完毕，然后提交到 Pull Request 所在的分支，等待系统后台完成 Pull Request 的更新后，Pull Request 就变成了可自动合并状态。

B. 4　轻量级 PR 模式代码协作

B. 4. 1　轻量级 RP 简介

Gitee 轻量级 PR（Gitee Pull Request Lite）是一种无须 Fork 仓库，即可快速向某个特定仓库创建并提交一个 Pull Request 的功能。

在开源世界中，大多数开发者并不是开源项目仓库的开发者（Developer）或维护者(Maintainer)，因此大多数开发者向一个开源项目提交贡献往往需要以下几个步骤完成：

1）开发者 Fork 主仓库到自己账号成为副本仓库；

2）在副本仓库完成代码贡献（添加、删除、修改代码等等）；

3）将副本修改的内容向主仓库提交 PR（Pull Request）；

4）作者审核提交的代码，并决定是否合并。

上述过程用户需要将开源项目仓库 Fork 一份副本，占用名下仓库空间，在 Fork 和 Clone 过程中存在一定的网络传输和等待时间，为创建一个 Pull Request 带来一定的时间和操作成本。

通过轻量级 PR，开发者只需在 Web 端完成代码贡献（添加、删除、修改代码等），就能一键向开源项目仓库提出 Pull Request 请求，减去了中间大量的繁琐操作。

B.4.2　单文件修改

以向开源项目 https://gitee.com/normalcoder/Gitee-Trending-Explore-for-Alfred-Workflow 提交 PR 完善 README 内容为例，在浏览其开源项目 README 时，发现其中可以改进的地方，通过访问相应仓库文件内容，在页面上找到「编辑」按钮，如图 B-12 所示，无需 Fork 仓库到自己的 Gitee 账号名下，即可直接进入编辑页面，如图 B-13 所示。在完善内容并填写提交信息后，通过点击「提交审核」，即可创建向作者快速创建并提交一个轻量级 PR，如图 B-14 所示，待作者审核通过后即可合入仓库。

图 B-12　轻量级 PR 编辑按钮

图 B-13　轻量级 PR 单文件修改界面

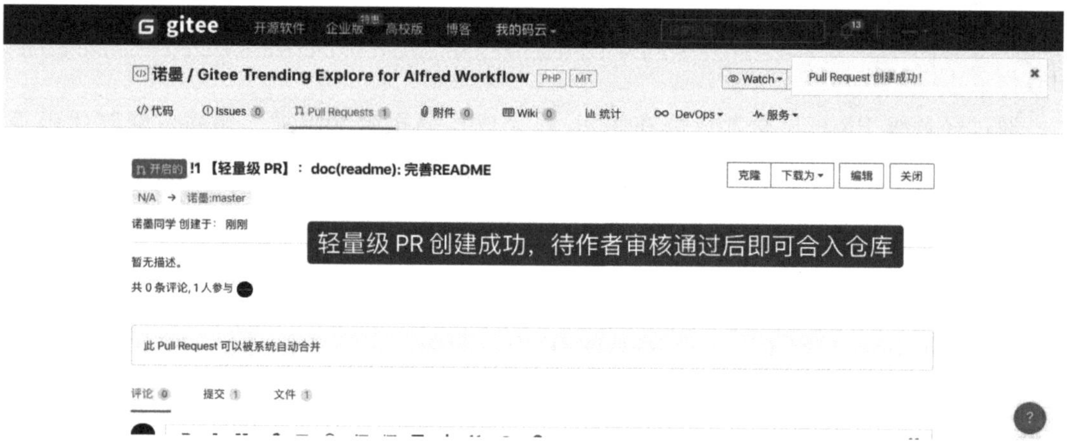

图 B-14　轻量级 PR 创建成功界面

B.4.3　多文件编辑

以向开源项目 https://gitee.com/normalcoder/Gitee-Trending-Explore-for-Alfred-Workflow 提交 PR 完善 README 内容为例。在浏览其开源项目 README 时，发现其中可以改进的地方，通过访问相应仓库文件内容，在页面上找到「Web IDE」按钮，如图 B-15 所示，无需 Fork 仓库，进入 Web IDE 编辑界面，如图 B-16 所示。在 Web IDE 中编辑完善后，再提交改动内容并创建轻量级 PR，即可向作者快速创建并提交一个轻量级 PR，待作者审核通过后即可合入仓库。

图 B-15　轻量级 PR 多文件修改 Web IDE 界面

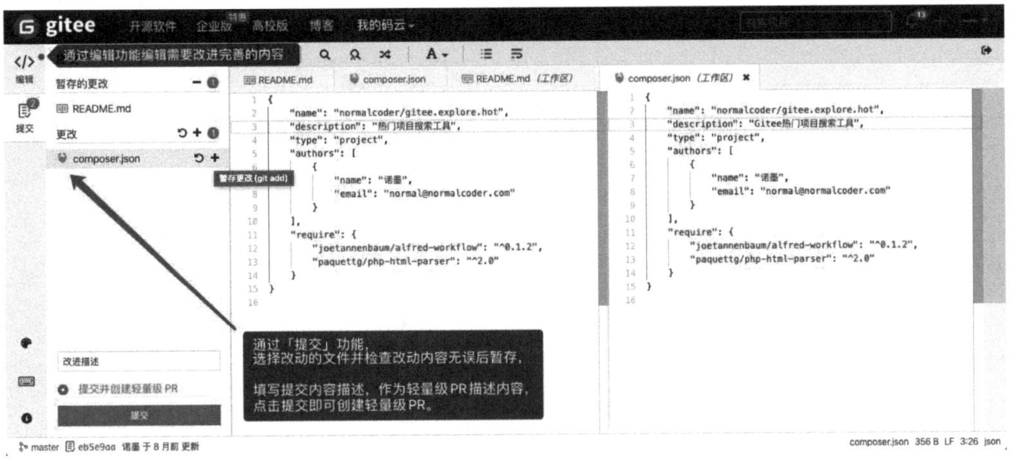

图 B－16　轻量级 PR 多文件修改界面

附录 C 航天仿真相关网站

C.1 航天相关机构和组织

1）国家航天局

http：//www.cnsa.gov.cn/

2）中国载人航天工程网

http：//www.cmse.gov.cn/

3）中国探月与深空探测网

http：//www.clep.org.cn/

4）高分辨率对地观测系统

http：//www.cheos.org.cn/

5）北斗卫星导航系统

http：//www.beidou.gov.cn/

6）中国航天科技集团有限公司

http：//www.spacechina.com/n25/index.html

7）中国航天科工集团有限公司

http：//www.casic.com.cn/

8）中国科学院

https：//www.cas.cn/

9）中国空间技术研究院

https：//www.cast.cn/

10）中国运载火箭技术研究院

http：//www.calt.com/

11）中国宇航学会

http：//www.csaspace.org.cn/

12）中国航空学会

http：//www.csaa.org.cn/

13）美国国家航空航天局（NASA）

https：//www.nasa.gov/

14）欧洲航天局（ESA）

https：//www.esa.int/

15）俄罗斯航天国家集团（ROSCOSMOS）

https：//www. roscosmos. ru/

16）美国航空航天协会（AIAA）

https：//www. aiaa. org/

17）国际天文学联合会（IAU）

https：//www. iau. org/

18）美国海洋及大气管理局（NOAA）

https：//www. noaa. gov/

C.2 卫星星历与发射信息

1）Space – Track

https：//www. space – track. org/

2）CelesTrak

https：//celestrak. com/

3）UCS Satellite Database

https：//www. ucsusa. org/resources/satellite – database

4）Spaceflight Now

https：//spaceflightnow. com/launch – schedule/

C.3 地球自转服务和空间天气

1）国际地球自转和参考系服务 IERS

https：//www. iers. org

2）国际地球参考框架 ITRF

https：//itrf. ign. fr/en/homepage

3）中国国家空间天气监测预警中心

http：//www. weather. com. cn/space/

4）中国科学院空间环境预报中心

http：//www. sepc. ac. cn/

5）美国海洋及大气管理局空间天气预报中心

https：//www. spaceweather. gov/

6）美国海洋及大气管理局国家环境信息中心

https：//ngdc. noaa. gov/

7）NASA 协调建模中心

https：//ccmc. gsfc. nasa. gov/

C.4　航天仿真软件

1）NASA 开源软件

https：//software. nasa. gov/

2）NASA GSFC 开源软件

https：//opensource. gsfc. nasa. gov/

3）GMAT 软件

https：//sourceforge. net/projects/gmat/

4）JAT 软件

https：//jat. sourceforge. net/

5）Open－SESSAME 软件

https：//sourceforge. net/projects/spacecraft

6）stellarium 软件

http：//www. stellarium. org/

C.5　天文计算与显示

1）时间和日期

https：//www. timeanddate. com/

2）日出日落时间

https：//sunsetsunrisetime. com/sun

3）Heavens Above 卫星过境和天文计算

https：//www. heavens－above. com/main. aspx

4）Astropixels 天文网站

http：//astropixels. com/

5）实时太阳系

https：//www. theplanetstoday. com/the _ planets. html

6）wiki 天文网站

http：//www. wikisky. org/

7）一光年宇宙电台

http：//www. lightyear. fm/

8）10 万颗星星

http：//stars. chromeexperiments. com/

9）一起去看流星雨

https：//www. meteorshowers. org/

10）太空漂浮物查询

https：//stuffin. space/